国家出版基金项目

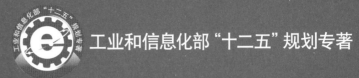
工业和信息化部"十二五"规划专著

航天发射科学与技术

航天发射总体技术

SPACE LAUNCH SYSTEM TECHNOLOGY

赵瑞兴　编著

北京理工大学出版社
BEIJING INSTITUTE OF TECHNOLOGY PRESS

内 容 简 介

《航天发射总体技术》内容包括地(舰)面固定和机动、液体和固体火箭发射技术,及其实现航天发射技术的地面设备系统。

第1章简要概述航天发射技术的发展史和发展趋势,第2章介绍火箭、导弹和航天器的分类、组成及特点,第3章重点阐述火箭和导弹的发射方式,第4章介绍导弹武器系统的生存能力,第5章介绍地面设备系统的组成,第6章介绍地面设备系统的总体设计原则、设计依据、总体方案论证和方案设计,第7章介绍地面设备系统的使用环境与适应性设计,第8章介绍地面设备系统试验。

版权专有　侵权必究

图书在版编目(CIP)数据

航天发射总体技术 / 赵瑞兴编著 . —北京:北京理工大学出版社,2015.6
(航天发射科学与技术)
国家出版基金项目　工业和信息化部"十二五"规划专著
ISBN 978-7-5682-0750-8

Ⅰ . ①航… 　Ⅱ . ①赵… 　Ⅲ . ①航天器发射 　Ⅳ . ①V525

中国版本图书馆 CIP 数据核字(2015)第 134270 号

出版发行／北京理工大学出版社有限责任公司
社　　址／北京市海淀区中关村南大街 5 号
邮　　编／100081
电　　话／(010)68914775(总编室)
　　　　　 (010)82562903(教材售后服务热线)
　　　　　 (010)68948351(其他图书服务热线)
网　　址／http://www.bitpress.com.cn
经　　销／全国各地新华书店
印　　刷／北京地大天成印务有限公司
开　　本／787 毫米×1092 毫米　1/16
印　　张／30.5
字　　数／581 千字
版　　次／2015 年 6 月第 1 版　2015 年 6 月第 1 次印刷
定　　价／115.00 元

责任编辑／封　雪
文案编辑／封　雪
责任校对／周瑞红
责任印制／王美丽

图书出现印装质量问题,请拨打售后服务热线,本社负责调换

航天发射科学与技术
编写委员会

名誉主编： 于本水　　黄瑞松　　刘竹生

主　　编： 杨树兴　　包元吉

副 主 编：（按姓氏笔画排序）

万　全　　王生捷　　刘　浩

姜　毅　　胡习明　　贺卫东

葛令民

编　　委：（按姓氏笔画排序）

于殿君　　王东锋　　邓　科

朱恒强　　刘占卿　　汤元平

李建冬　　李　梅　　何家声

赵瑞兴　　荣吉利　　党海燕

傅德彬　　路　峰　　谭大成

航天发射科学与技术

学术顾问委员会

（按姓氏笔画排序）

丁旭昶	于 倩	于建平
王 缜	牛养慈	任跃进
刘淑艳	李喜仁	张泽明
陈亚军	陈登高	周凤广
赵长禄	郝志忠	秦 烨
唐胜景	曾智勇	

总序

世界各国为了进一步提高综合国力，都在大力开发空间资源和加强国防建设。作为重要运载器的火箭、导弹，以及相关的发射科学技术，也相应地都得到了广泛的重视。发射科学技术综合了基础科学和其他应用科学领域的最新成就，以及工程技术的最新成果，是科学技术和基础工业紧密结合的产物。同时，发射科学技术也反映了一个国家相关科学技术和基础工业的发展水平。

航天发射科学技术的发展历史漫长，我国古代带火的弓箭便是火箭的雏形。火箭出现后，被迅速用于各种军事行动和民间娱乐。随着现代科学技术的发展和人类需求的增加，美国、俄罗斯、中国、日本、法国、英国等航天大国，投入了大量的人力、物力进行航天发射的研究和开发，并取得了丰硕成果，代表了世界的先进水平。火箭、导弹的发射水平，决定了一个国家航天活动和国防保障区域的范围。因此，各航天大国均把发展先进的发射和运载技术作为保持其领先地位的战略部署之一。无论是空间应用、科学探测、载人航天、国际商业发射与国际合作，还是国防建设，都对发射技术提出了新的要求，促使航天发射科学技术向着更高层次发展。

综上所述，系统归纳、总结发射领域的理论和技术成果，供从事相关领域教学、研发、设计、使用人员学习和参考，具有重要的意义。这对提高教育水平、提升技术能力、推动科学发展和提高航天发射领域的研发水平将会起到十分重要的作用。

航天发射科学技术构成复杂，涉及众多学科，而且内容广泛，系列丛书的编写需要有关领域的专家、学者来共同完成。因此，北京理工大学、北京航天发射技术研究所、北京机械设备研究所、北京特种机械研究所、总装备部工程设计研究院等国内从事相关领域研究的权威单位组建了本丛书的作者队伍，期望将发射科学技术的重要成果著作成册，帮助读者更深入地了解和掌握航天发射领域的知识和技术，推动我国航天事业的发展。

本丛书力求系统性、完整性、实用性和理论性的统一，从发射总体技术、发射装置、地面支持技术、发射场总体设计、发射装置设计、发射控制技术、发射装置试验技术、发射气体动力学、发射动力学、弹射内弹道学等多个相互支撑的学科领域，以发射技术基本理论，火箭、导弹发射相关典型系统和设备为重点，全面介绍国内外的相关技术和设备、设施。

本丛书作者队伍是一个庞大的教育、科研、设计团队，为了编写好本丛书，编写人员辛勤劳动，做出了很大努力。同时，得到了相关学会，以及从事编写的五个单位的领导、专家及工作人员的关心和大力支持，在此深表感谢！由于种种原因，书中难免存在不当之处，敬请读者批评指正！

编写委员会

中国的航天事业自 1956 年创建以来，坚持走自力更生、艰苦奋斗的道路，从"两弹一星"发展到载人航天工程，经历了无数个夜以继日的艰难鏖战、无数次惊心动魄的模拟实验，依靠全国大协作和集体的智慧，取得了举世瞩目的成就。在研制工作中造就了一大批有理论和实践经验、善于技术攻关的优秀科技人才。本书旨在将丰富的实践经验科学化、理论化、系统化，使这些成果见之于文字。

《航天发射总体技术》是"航天发射科学与技术"系列丛书的一个分册，内容包括地（舰）面固定和机动、液体和固体火箭发射技术，及其实现航天发射技术的地面设备系统。全书主要侧重于地面机动发射和固定阵地发射的技术内容，既反映整个系统的完整性，又对每一部分进行了具体论述。

全书共 8 章，从概论开始，引出火箭、导弹的发射方式、生存能力、地面设备系统、总体设计、使用环境与适应性设计和地面设备系统试验等内容。

全书以工程应用为主，力求做到内容翔实、逻辑严谨、概念清楚、结论正确，给出了必要的公式、数据、图表和引证依据，便于工程技术人员、管理人员和高等院校相关专业师生查阅参考。

本书在编写过程中，得到了北京航天发射技术研究所、北京机电工程研究所及北京工程机械研究所有关领导和专家的帮助，在此一并表示感谢！

鉴于编写人员水平有限，编写时间仓促，缺点和错误在所难免，恳请广大读者批评指正。

作　者
2013 年 12 月

目 录
CONTENTS

第1章 概　　论

1.1　引　　言

航天技术是将航天理论用于火箭、导弹及航天器研究、设计、制造、试验、发射、飞行、返回、控制和管理等工程实践而形成的一门综合性工程技术，也是探索、开发和利用太空及地球外天体的综合性工程技术。航天技术包括喷气推进技术、制导与控制技术、姿态控制技术、轨道控制技术、热控制技术、电源技术、空间通信技术、遥测技术、生命保障技术、火箭设计技术、航天器设计技术、火箭制造技术、航天器制造技术、火箭试验技术、航天器试验技术、环境控制技术、发射技术、航天器返回技术和航天系统工程等。

发射技术是火箭、导弹及航天器发射技术的简称。发射技术是航天技术的一个分支，是航天技术的重要组成部分。发射技术是对火箭或导弹的发射方式、地面设备系统和发射工程设施等进行研究、设计、制造、试验和使用的工程技术。发射技术是高度综合的现代实用技术，在基础科学与技术科学的基础上，它集中应用了诸如力学、车辆学、材料学、热力学、光学、土力学、气象学、电子技术、自动控制技术、低温技术、液压技术、真空技术、可靠性技术、计算机技术、系统工程理论、侦察技术、伪装防护技术、军事理论、武器设计理论、核爆炸理论和制造工艺学等工程技术的最新成果。上述工程技术对发射技术的发展发挥了至关重要的作用，而发射技术的发展又促进了相关科学技术的进步。

车辆学、材料学和土力学等学科的研究成果推动了发射技术的发展，譬如，高性能载重汽车底盘、大吨位铁路转向架、高强度轻质合金材料和高强度路面与路基等为导弹的公路机动发射与铁路机动发射创造了条件。

真空技术和低温技术的发展使低温推进剂得到了广泛的应用，为低温推进剂加注系统的研制打下了良好的技术基础。

电子技术、自动控制技术和计算机技术等的研究成果主要用于车辆的定位与导航、火箭或导弹的测试、瞄准和发射控制等，它们提高了地面设备系统的使用可靠性，加快了地面设备系统实现小型化、集成化、自动化、数字化和智能化的步伐，改变了地面设备系统的研制模式。

军事理论、武器设计理论、伪装防护技术和核爆炸理论等对地面设备系统的研制、发射工程设施的设计和导弹武器系统的部署等具有重要的理论指导作用。

20世纪以来，随着航天技术的发展，发射技术的研究内容日益丰富，发射方式越来越多，地面设备系统的组成越来越复杂，发射工程设施的规模越来越大。由于地面设备系统或发射工程设施的任何一个隐患都可能危及人员、设备、场地甚至火箭（或导弹、航天器）的安全，故要求发射技术采用系统工程的方法，将导弹武器系统或运载火箭系统的设计要求与使用要求有机地融合起来，依照研制程序将各种要求与规范逐步变成研制者与使用者的具体工作，通过具体工作将地面设备系统与发射工程设施组合成一个技术合理、经济性能良好、接口协调、运转灵活、使用可靠和研制时间较短的实际工程系统。发射技术既是应用系统工程的受益者，同时也为应用系统工程的发展提供了实践的平台。

发射技术直接影响导弹武器系统或运载火箭系统的技术水平、使用性能、研制周期、研制成本和使用可靠性。研究发射技术的主要目的是快速提高导弹武器系统的战术技术指标和运载火箭系统的技术经济指标，快速提高导弹武器系统的作战效能和运载火箭系统的市场竞争能力。发射技术领域的研究成果不仅丰富了航天技术，提高了地面设备系统和发射工程设施的使用性能，而且也对国民经济的众多部门和社会生活的很多方面产生了重大的影响。

发射技术直接影响运载火箭或导弹的发射成败，直接影响运载火箭系统的技术经济性能或导弹武器系统的战术技术性能，直接影响运载火箭系统或导弹武器系统的研制时间和研制费用。在选择发射技术时，应综合考虑火箭或导弹的技术要求、作战使用要求、系统协调性和安全性等。对发射技术的基本要求有以下几个方面。

（1）发射技术应将发射方式、地面设备系统和发射工程设施有机地融为一体。根据火箭或导弹的类型、运载火箭系统的技术指标或导弹武器系统的战术技术指标及使用要求等确定发射方式，根据发射方式选择研制地面设备系统与发射工程设施的发射技术。

（2）发射技术应自主或协助实现运载火箭系统的技术经济指标或导弹武器系统的战术技术指标。与发射技术直接有关的运载火箭系统的技术经济指标主要包括发射条件、发射窗口、发射程序、发射准备时间、瞄准精度和发射可靠性等；与发射技术直接有关的导弹武器系统的战术技术指标主要包括射击精度、快速反应能力、环境适应能力、机动能力、伪装防护能力、使用可靠性和效费比等。

（3）发射技术应满足军方的作战使用要求。与发射技术直接有关的军方作战使用要求主要包括目标特性、战场环境、作战模式、使用流程、作战效能、作战评估、信息源保护、协同作战、部署方式、指挥体制、信息传输、维修和保障体制等。

（4）发射技术应保证地面设备系统和发射工程设施具有规定的功能及性能，能在规定的条件下将火箭或导弹可靠地发射出去。譬如，发射设备与发射工程设施能顺利排导火箭发动机喷出的高温高速燃气流；发射设备与发射工程设施能够承受火箭或导弹发射时的动载与振动；发射设备能够保证火箭或导弹离台（轨）时的运动姿态；瞄准设备能持续监视发射前火箭或导弹惯性平台的姿态；低温加注设备能保证火箭低温推进剂贮箱的射前补加精度；低温供气设备能保证火箭低温推进剂贮箱的射前增压精度；弹射动力装置能按既定的内弹道将固体导弹弹出发射筒。

（5）发射技术应使地面设备系统和发射工程设施与火箭或导弹有规定的适应性与协调性。譬如，运输设备的车架不能遮挡火箭或导弹的检查或测试舱口；起重设备不能刮碰火箭、导弹的蒙皮或导管、电缆整流罩；固定塔架不能刮碰起飞过程中的火箭或导弹；脱拔插头、加注自动脱落连接器和供气自动脱落连接器等射前脱落后不能回弹碰撞尚未发射的火箭或导弹；抗核减震装置的性能应与导弹的过载能力相适应；导流设备或设施应避免火箭发动机的燃气流回烧火箭或导弹的尾部。

（6）发射技术应使地面设备系统便于运输、安装、使用、维修和保养。为了提高地面设备系统的运输和安装性能，应对各分系统或设备进行标准化、模块化和组合化设计；为了提高地面设备系统的使用、维修和保养性能，应对各分系统或设备进行通用化、系列化和集成化设计。

（7）发射技术应提高运载火箭系统或导弹武器系统的技术经济性能。与发射技术直接有关且表征运载火箭系统或导弹武器系统技术经济性能的主要指标是：①在规定的任一随机时刻，地面设备系统及发射工程设施应处于可工作或可使用的状态；②在规定任务剖面的任一随机时刻，设备及设施能够使用并具有规定的功能；③在规定的条件下，设备及设施具有给定的定量特征和服务能力；④在等效条件下，设备及设施的寿命周期费用最低，在寿命周期费用相同的情况下，设备或设施的效能最大。

（8）发射技术应保证运载火箭系统或导弹武器系统的安全性能。在运载火箭系统或导弹武器系统寿命周期的各个阶段，以系统效能、使用时间和研制费用为约束条件，通过发射方式、地面设备系统和发射工程设施的论证、设计、生产、使用及管理，获得最佳的安全性能。

新型的火箭或导弹孕育并催生了新的发射技术，新的发射技术完善并提高了火箭或导弹的性能，火箭或导弹与发射技术之间存在着相辅相成和相互制约的关系。无论过去、现在还是未来，军事与市场需求、经济基础、科学与技术水平和研制经验等永远是火箭或导弹及其发射技术发展的原动力。

1.2　航天发射技术的发展史

航天发射技术的发展史即火箭或导弹的发展史。现代发射技术虽然诞生于 20 世纪，但其发展思想与技术基础已有上千年的历史。飞天的渴望、天地起源说、宇宙结构说、占星术、地心说、乌飞兔走的天象、太空科幻小说和战争等是发射技术发展的思想基础，而火箭技术的发明、运用、西传和引进等则是发射技术发展的技术基础。

中国是古代火箭的故乡，中华民族对火箭及其发射技术的发展做出了卓越的贡献。约公元 11 世纪，中国发明了利用推进原理制成的诸如"火枪""突火枪""烟花""地老鼠""穿天猴""霹雳炮"和"走线流星"等的火药火箭。公元 13 世纪初期，中国的火箭及其发射技术传入了阿拉伯国家，而后又经阿拉伯国家传入欧洲。明朝是中国古代火箭及其发射技术发展的重要时期，先后出现了"五虎出穴箭""七星箭""九龙箭""火弩流星箭""火龙箭""长蛇破阵箭""一窝蜂箭""群豹横奔箭""四十九矢飞帘箭""百虎齐奔箭""神火飞鸦"和"飞空击贼震天雷炮"等火箭，这些单只火箭、集束火箭和原始多级火箭及其发射技术均先欧洲着鞭，独步一时。欧洲在使用明朝火箭的同时，也对火箭的结构与材料等做了重大的改进，并掌握了火箭的飞行原理及其发射技术，最终在 19 世纪初期赶上并超过了中国。意大利是欧洲最先制造与使用火箭的国家，之后法国、德国、波兰、英国和俄国等亦陆续掌握了火箭飞行原理及其发射技术。在随后约一个世纪的时间里，中国的火箭及其发射技术的发展日渐式微，在鸦片战争中遭受重创的清政府被迫从欧洲引进西方新式火箭及其发射技术。西方的火药、火箭及其发射技术巧过其师，已经变成了实战的武器，其中比较著名的有第二次世界大战中苏联的"喀秋莎"多发火箭弹及其车载发射装置和美国的"巴苏卡"反坦克火箭弹及其车载发射装置。1942年，德国为了挽回颓势败局，使用"V-2"导弹袭击了伦敦，震动了全世界。"V-2"导弹是世界上最早的液体弹道导弹。第二次世界大战以后，德国的导弹资源（如专家、导弹实物、设计图纸、技术文件和试验资料等）流入许多国家，美国、苏联、法国和英国等均从中受益，这是战败的德国对世界航天事业做出的重大贡献。

美国和苏联等国家的战略弹道导弹及其发射技术的发展大体上经历了四个阶段。

第二次世界大战至 20 世纪 50 年代末期是战略弹道导弹及其发射技术发展的第一阶段。在这一阶段中，美国和苏联在核弹头、液体火箭发动机及控制等方面取得了重要的突破，竞相研制出了第一代地地液体战略弹道导弹，美国研制了"雷神""丘比特"和"宇宙神"等地地单级液体中程弹道导弹，还研制了"大力神1"地地两级液体洲际弹道导弹；在 V-2 导弹的基础上，苏联研制了"P-3""SS-4"和"SS-5"等地地单级液体中程弹道导弹，还研制了"SS-6"地地单级液体洲际弹道导弹。第一代战略弹道导弹的发射方式主要是地面固定发射和井内贮存井口发射。地面固定发射使用的地面设备主要包括发射设备、发射控制设备、测试设备、供电设备、瞄准设备、加注设备、供气设备和辅助设备等。井内贮存井口发射使用的地面设备与设施主要包括地下井、升降发射台、加注设备、供气设备、供电设备、瞄准设备、起重设备、测试设备、发控设备和辅助设备等。第一代战略弹道导弹武器系统具有采用低温液体推进剂、地面发射和战术技术指标与自动化水平较低等特点。

20 世纪 50 年代末期至 60 年代末期是战略弹道导弹及其发射技术发展的第二阶段。在这一阶段中，美国研制了"大力神 2"地地两级液体洲际弹道导弹和"民兵 1""民兵 2"地地三级固体洲际弹道导弹，还研制了"北极星 A－1"潜地单级固体中程弹道导弹；苏联研制了"SS－9"和"SS－11"地地两级液体洲际弹道导弹，还研制了"SS－N－4"潜地单级液体中短程弹道导弹；法国研制了"S－2"地地两级固体中程弹道导弹，还研制了"M－1""M－2"和"M－20"潜地两级固体中程弹道导弹。第二代战略弹道导弹的发射方式主要是地下井自动力发射和潜艇水下发射。地下井自动力发射使用的地面设备与设施主要包括地下井、发射设备、控制设备、测试设备、瞄准设备、供电设备、加注设备、供气设备、运输设备、起重设备、通信设备和辅助设备等，潜艇水下发射使用的地面设备与设施主要包括潜艇、发射设备、控制设备、测试设备、瞄准设备、导航设备和辅助设备等。第二代战略弹道导弹武器系统采用可贮液体推进剂或固体推进剂，具有战术技术指标较高、生存能力较强和使用可靠性较高等特点。

20 世纪 60 年代末期至 70 年代末期是战略弹道导弹及其发射技术发展的第三阶段。在这一阶段中，美国研制了"民兵 3"地地三级固体洲际弹道导弹，还研制了"北极星 A－3"和"海神 C－3"潜地单级固体中远程弹道导弹；苏联研制了"SS－17""SS－18"地地两级液体洲际弹道导弹和"SS－20"地地两级固体中程弹道导弹，还研制了"SS－N－18"潜地三级液体洲际弹道导弹；英国研制了"北极星 A3TK"潜地两级固体中远程弹道导弹。第三代战略弹道导弹的发射方式主要是地下井自动力发射、潜艇水下发射、地下井外动力发射和公路机动外动力发射。地下井外动力发射使用的地面设备与设施主要包括地下井、运输设备、起重设备、发射筒、弹射动力设备、控制设备、测试设备、瞄准设备、供电设备和辅助设备等，公路机动外动力发射使用的地面设备与设施主要包括运输起竖发射车、载弹容器、弹射动力设备、控制设备、测试设备、瞄准设备、供电设备和辅助设备等。第三代战略弹道导弹武器系统的主要特点是：采用可贮液体推进剂或固体推进剂；装备了集束式或分导式多弹头和诱饵类突防装置；在增加射程的同时，提高了命中精度；具有较高的生存能力、快速反应能力和较好的环境适应能力。

20 世纪 80 年代以后是战略弹道导弹及其发射技术发展的第四阶段。在这一阶段中，美国研制了"MX"和"侏儒"地地三级固体洲际弹道导弹，还研制了"三叉戟 1C－4"和"三叉戟 2D－5"潜地三级固体远程弹道导弹；苏联研制了"SS－24"和"SS－25"地地三级固体洲际弹道导弹，还研制了"SS－N－20"潜地三级固液体洲际弹道导弹和"SS－N－23"潜地三级液体洲际弹道导弹；英国研制了"三叉戟 2D－5"潜地三级固体洲际弹道导弹；法国研制了"M－5"潜地三级固体洲际弹道导弹。第四代战略弹道导弹的发射方式主要是公路机动外动力发射、铁路机动外动力发射、潜艇水下发射、地下井自动力发射和地下井外动力发射。铁路机动外动力发射使用的地面设备与设施主要包括铁路发射车、发控车、测试车、电源车、瞄准车、指挥车、通信车、安全设备车和维修车等。第四代战略弹道导弹武器系统的主要特点是采用高能固体推进剂、命中精度高和生存能力强。

美国和苏联等国家的战术弹道导弹及其发射技术迄今已有近 70 年的发展历史。

20 世纪 50 年代是战术弹道导弹及其发射技术发展的第一阶段。在这一阶段中，美国在"V-2"导弹的基础上研制了"红石"地地单级液体战术弹道导弹；苏联研制了"SS-1""SS-2"和"飞毛腿"等地地单级液体战术弹道导弹。第一代战术弹道导弹的发射方式主要是地面固定发射和公路机动发射。地面固定发射使用的地面设备主要包括发射设备、测试设备、运输设备、起重设备、加注设备、供气设备、瞄准设备、供电设备和辅助设备等，公路机动发射使用的地面设备主要包括运输起竖发射车、运弹车、测试车、电源车、指挥通信车、加注车、大地测量车和消防车等。第一代战术弹道导弹武器系统采用液体推进剂，主要特点是射程短、命中精度低、配套设备多、反应慢、发射准备时间长和生存能力低等。

20 世纪 60 年代是战术弹道导弹及其发射技术发展的第二阶段。在这一阶段，美国研制了"潘兴 1A"地地两级固体战术弹道导弹和"长矛"地地单级液体战术弹道导弹；苏联研制了"飞毛腿 B"地地单级液体战术弹道导弹和"SS-12"地地两级固体战术弹道导弹；法国研制了"普吕东"地地单级固体战术弹道导弹。第二代战术弹道导弹的发射方式主要是公路机动发射。第二代战术弹道导弹武器系统的主要特点是采用预装可贮液体推进剂或固体推进剂，快速反应能力较强，命中精度较高，发射准备时间较短，机动性能好，生存能力较强。

20 世纪 70 年代是战术弹道导弹及其发射技术发展的第三阶段。在这一阶段，美国研制了"潘兴 2"地地两级固体战术弹道导弹和"陆军战术导弹系统"地地单级固体战术弹道导弹；苏联研制了"SS-21"和"SS-23"地地单级固体战术弹道导弹；法国研制了"哈德斯"地地单级固体战术弹道导弹。第三代战术弹道导弹的发射方式主要是公路机动发射。第三代战术弹道导弹武器系统采用高性能的固体推进剂，主要特点是射程大、命中精度高、快速反应能力强、机动性能好、抗干扰能力强、环境适应性好，生存能力强。

20 世纪 80 年代以后是战术弹道导弹及其发射技术发展的第四阶段。在这一阶段，除美国和苏联继续研制战术弹道导弹武器系统外，新兴的研制战术弹道导弹武器系统的国家和地区主要有以色列、印度、朝鲜、韩国、埃及、巴基斯坦、伊拉克、利比亚、伊朗、南非、巴西、阿根廷和中国台湾等。第四代战术弹道导弹的发射方式是机动发射。第四代战术弹道导弹武器系统的主要特点是命中精度高、使用可靠性高、技术经济性能好和机动能力强。第四代战术弹道导弹的地面设备系统已经实现了数字化、智能化、标准化、系列化和通用化。

最早的防空导弹是德国在第二次世界大战后期研制的"莱茵女儿"。20 世纪 50 年代，美国、苏联、英国和瑞士等国家研制了第一代防空导弹。美国研制了"波马克"远程防空导弹、"奈基 2"中高空防空导弹、"黄铜骑士"远程舰载防空导弹、"小猎犬"中程舰载防空导弹和"鞑靼人"中近程舰载防空导弹;苏联主要研制了"吉尔德""盖德莱"和"果阿"等中程防空导弹;英国主要研制了"警犬"和"雷鸟"中远程防空导弹,还研制了"海蛇"中程舰载防空导弹和"海猫"近程舰载防空导弹;瑞士主要研制了"奥利康"和"米康"中程防空导弹。第一代防空导弹的发射方式主要有掩体垂直发射、掩体贮存地面倾斜发射、地面场坪多联装倾斜发射、车载多联装倾斜发射、舰载多联装倾斜发射、地面支撑式定角倾斜发射和半机动支撑式倾斜发射等。掩体垂直发射使用的地面设备与设施主要包括掩体、水平支撑设备、起竖设备、发射设备、测试设备、发射控制设备、供电设备和辅助设备等。掩体贮存地面倾斜发射使用的地面设备与设施主要包括掩体、发射设备、升降设备、起竖设备、运输设备、测试设备、发射控制设备和辅助设备等。地面场坪多联装倾斜发射使用的地面设备主要包括多联装发射设备、探测跟踪设备、运输装填车、发射控制车、供电设备和辅助设备等。车载多联装倾斜发射使用的地面设备主要包括履带或轮式车辆、多联装发射设备、测试设备、发控设备、探测跟踪设备、供电设备、瞄准设备和辅助设备等。舰载多联装倾斜发射使用的地面设备主要包括巡洋舰、多联装发射设备、测试设备、发控设备、探测跟踪设备、供电设备、瞄准设备和辅助设备等。第一代防空导弹武器系统的主要特点是大多采用无线电指令制导和液体或固体火箭发动机,作战距离为 50～100 km,最大作战高度约为 30 km,抗干扰能力较差,配套设备较多,结构尺寸较大。

20 世纪 60 年代至 70 年代中期,美国、苏联、英国、法国和意大利等国家研制了第二代防空导弹。美国主要研制了"霍克"中低空防空导弹、"小橛树"近程低空防空导弹、"海麻雀"舰载低空防空导弹和"标准"舰载中远程防空导弹等;苏联主要研制了"加涅夫"中高空防空导弹、"甘蒙"高空远程防空导弹、"根弗"中低空防空导弹、"壁虎"近程低空防空导弹、"果阿"舰载中低空防空导弹和"壁虎"舰载近程低空防空导弹;英国主要研制了"山猫""长剑"近程低空防空导弹和"海标枪"舰载中高空防空导弹,还研制了"海狼"和"斯拉姆"舰载近程低空防空导弹;法国主要研制了"响尾蛇"和"沙伊纳"近程低空防空导弹,还研制了"玛舒卡"舰载中程防空导弹和"海响尾蛇"舰载近程防空导弹;意大利主要研制了"靛青"和"斯帕达"近程低空防空导弹,还研制了"海靛青"舰载近程防空导弹。第二代防空导弹的发射方式主要有车载多联装倾斜发射、舰载垂直发射和舰载倾斜发射等。第二代防空导弹武器系统的主要特点是采用了多种制导体制和固体火箭发动机,作战距离为 1.5～300 km,作战高度为 0.015～35 km,抗干扰能力较强,大多具有越野机动能力,自动化水平与使用可靠性较高,可空中运输或铁路运输。

20 世纪 70 年代中期以后,美国、苏联、英国和法国等国家研制了第三代防空导弹。

美国主要研制了"爱国者"全空域防空导弹、"复仇者"近程低空防空导弹和"宙斯盾"舰载全空域防空导弹；苏联主要研制了"格龙布"低空防空导弹、"牛虻"中低空防空导弹和"斗士"野战型防空导弹，还研制了"格龙布"和"牛虻"舰载中程防空导弹；英国主要研制了"长剑"低空防空导弹和"海光"舰载低空防空导弹；法国主要研制了"西北风"超近程防空导弹和"新一代响尾蛇"近程低空防空导弹。第三代防空导弹的发射方式主要有车载多联装箱式倾斜发射、车载多联装垂直发射、地面固定架发射、车载筒式倾斜发射、掩体倾斜发射、舰载垂直发射和舰载倾斜发射等。第三代防空导弹武器系统的主要特点是采用固体火箭发动机，制导体制实现了复合化，作战距离为 5～10 km，作战高度为 0.015～27 km，抗干扰能力强，反应快，机动性能好，地面设备可以空运，基本具有全天候与全空域作战能力。

虽然采用攻击机、空地导弹、武装直升机和制导炸弹等可以打击敌方的前沿目标，采用地地战术导弹、飞航导弹、空地导弹和无人飞行器等可以攻击敌方的机场和军事指挥中心等纵深目标，但为了缩短作战时间，提高作战效能，实践"空地一体战"和"大纵深主体战理论"，20 世纪 80 年代初期以后，美国和苏联等国家都在积极研发具有较强分层拦截能力、抗干扰能力、机动性能、生存能力和反导功能的新一代防空导弹武器系统。

最早的飞航导弹是德国在第二次世界大战期间研制的"V-1"导弹。20 世纪 40 年代是美国和苏联等国家的飞航导弹及其发射技术发展的初级阶段。在这一阶段，美国主要研制了"鲨蛇"地地亚声速战略飞航导弹、"那伐鹤"地地超声速战略飞航导弹、"斗牛士"地地亚声速战术飞航导弹和"天狮星 1"潜地亚声速战术飞航导弹；在"V-1"导弹的基础上，苏联主要研制了"10XH"地地亚声速战术飞航导弹和"10X"空地亚声速战术飞航导弹。在研制初级阶段，飞航导弹的发射方式主要有陆基发射、空基发射和海基发射。陆基发射使用的地面设备主要包括发射车、目标探测设备、发射控制设备、自动检测设备、起重设备、供电设备、加注设备和导航站等。空基发射使用的地面设备主要包括轰炸机或运输机、目标探测设备、控制设备和导航设备等。海基发射使用的地面设备主要包括潜艇或水面舰只、发射设备、目标探测设备、加注设备和任务规划系统等。飞航导弹武器系统初级阶段的主要特点是飞行时间长，射击精度低，突防能力差，设备体积大，使用可靠性较低，综合作战能力明显低于同期的弹道导弹武器系统。

20 世纪 50 年代至 60 年代是美国和苏联等国家的飞航导弹及其发射技术发展的中级阶段。在这一阶段，美国主要研制了"马斯"地地亚声速战术飞航导弹、"天狮星 2"潜地超声速战略飞航导弹和"大猎犬"空地超声速战术飞航导弹；苏联主要研制了"风暴400"地地超声速洲际飞航导弹、"方案 40"地地超声速战略飞航导弹、"沙道克"地地亚声速战术飞航导弹、"沙道克 SS-N-3"潜地超声速战略战术两用飞航导弹、"袋鼠"空地超声速战略飞航导弹和"厨房"空地超声速战略飞航导弹。飞航导弹武器系统中级阶段的主要特点是射击精度较高，设备体积较小，反应较快，发射准备时间较短，综合作战能力较强。

　　20 世纪 70 年代以后是美国和苏联等国家的飞航导弹及其发射技术发展的高级阶段。在这一阶段，美国主要研制了"新手"陆射飞航导弹、"战斧"多用途飞航导弹、"战斧"对陆核攻击飞航导弹、"战斧"反舰飞航导弹和"战斧"常规对陆攻击飞航导弹；苏联主要研制了"弹弓"地地亚声速远程飞航导弹、"海难"潜舰超声速飞航导弹、"大力士"潜地亚声速飞航导弹、"蝎子"潜地超声速飞航导弹和"撑杆"空地亚声速远程飞航导弹；法国主要研制了"ASURA"空地超声速战略飞航导弹和"APTGD"空地亚声速远程飞航导弹。飞航导弹武器系统高级阶段的主要特点是射击精度高，突防能力强，一个发射平台能够发射多种飞航导弹，一种飞航导弹能够攻击多个目标，能自主检验与评估攻击效果，具有重复攻击目标的能力。

　　至 20 世纪 80 年代，苏联、美国、法国、日本、英国、印度和欧洲空间局等已研制了数十种一次使用或可重复使用的航天运载器。最小运载火箭的起飞质量仅为 10.2 t，其火箭发动机的推力为 125 kN，只能将 1.48 kg 重的人造卫星送入近地轨道。最大运载火箭的起飞质量已达 2 900 多吨，其火箭发动机的推力为 33 350 kN，能将质量超过 120 t 的有效载荷送入近地轨道。

　　从苏联和美国等国家的航天运载器及其发射技术发展的过程可以看出，航天运载器及其发射技术产生与发展的基础仍然是德国在第二次世界大战期间发射的"A–4"火箭，它是世界上最早的液体运载火箭，包括苏联"能源号"运载火箭和美国航天飞机在内的各种航天运载器的基本原理、组成、功能及发射技术等均未脱离"A–4"火箭及其发射技术的基本框架。第三枚"A–4"火箭的成功发射迄今已 60 余年，在这段时间里，航天先驱者的思想与理论、德国的火箭技术、太空开发与利用近地空间的需求增长和弹道导弹及其发射技术的研究成果等使航天运载器及其发射技术迅速发展，并日臻完善。

　　20 世纪 50 年代中期以后，苏联陆续研制了多种一次使用或可多次重复使用的航天运载器。一次使用的航天运载器主要有"东方号"系列运载火箭、"宇宙号"运载火箭、"质子号"系列运载火箭、"旋风号"系列运载火箭、"天顶号"运载火箭和"能源号"运载火箭等。"暴风雪号"轨道飞行器是苏联研制的唯一可重复使用的航天运载器。

　　"东方号"系列运载火箭是世界上第一个运载火箭系列，它开创了人类航天的新纪元，为苏联创造了航天史上的多个世界第一。"东方号"系列运载火箭包括"卫星号""月球号""东方号""上升号""联盟号""进步号"和"闪电号"运载火箭。"上升号""联盟号""进步号"和"闪电号"运载火箭又组成了"联盟号"子系列。"上升号"运载火箭是"联盟号"运载火箭的初始型。"进步号"运载火箭是"联盟号"运载火箭用于发射无人供货飞船时的构型。"闪电号"运载火箭是三级"联盟号"运载火箭的别称。实际上，"联盟号"子系列只有二级型"联盟号"和三级型"联盟号"两种运载火箭。

1957—1958 年，苏联将"警棍"洲际弹道导弹改装成"卫星号"运载火箭，并将世界上第一颗人造卫星送入了轨道，为苏联运载火箭及其发射技术的发展奠定了坚实的技术基础。

1958—1960 年，苏联在"卫星号"运载火箭的基础上研制了"月球号"运载火箭，并将世界上第一颗月球探测器送入了轨道。

1960—1961 年，苏联在"月球号"运载火箭的基础上研制了"东方号"运载火箭，并将世界上第一艘载人飞船送入了地球轨道。

1960—1963 年，苏联在"东方号"运载火箭的基础上研制了"联盟号"子系列运载火箭。二级"联盟号"运载火箭是世界上发射次数最多的运载火箭，它是一直在使用的载人飞船运载火箭。三级"联盟号"运载火箭将世界上第一颗金星探测器和火星探测器送入了轨道。

"宇宙号"运载火箭包括"宇宙号Ⅰ"和"宇宙号Ⅱ"。

1958—1962 年，苏联将"凉鞋"弹道导弹改装成"宇宙号Ⅰ"运载火箭，它是发射近地轨道、中小型卫星的两级液体运载火箭。

1961—1964 年，苏联将"短剑"弹道导弹改装成"宇宙号Ⅱ"运载火箭，它是一种多用途、小型两级液体运载火箭，主要用于发射导航、地球资源、战术通信、数据中继、电子侦察和海洋科学等近地轨道卫星。

"质子号"系列运载火箭是苏联的第一种非导弹衍生且专为航天任务研制的大型系列运载火箭，它包括二级型、三级型和四级型"质子号"运载火箭。二级型"质子号"运载火箭用于发射近地轨道卫星，三级型"质子号"运载火箭用于发射近地轨道卫星、空间站、空间站舱体和航天飞机模型等，四级型"质子号"运载火箭用于发射地球同步轨道卫星、月球轨道卫星、金星轨道卫星、火星轨道卫星和星际探测器等。

"旋风号"系列运载火箭包括二级和三级"旋风号"液体运载火箭。在"悬崖"洲际弹道导弹的基础上，苏联研制了二级"旋风号"运载火箭，用于发射诸如海洋侦察和反卫星等近地轨道卫星。在二级"旋风号"运载火箭的基础上，苏联研制了三级"旋风号"运载火箭，用于发射侦察、海洋、测地、气象和通信等军用卫星。三级"旋风号"运载火箭是世界上第一个采用全自动准备与发射技术的运载火箭；在发射场总装厂房完成总装与测试后，运载火箭的发射准备工作均按规定程序自动进行，沿铁路将运载火箭运往发射台，由控制室监控将运载火箭起竖到垂直位置，自动进行射前总检查，自动加注液体推进剂，自动进行射前增压与发射。

"天顶号"运载火箭包括 2 型"天顶号"和 3 型"天顶号"。2 型"天顶号"是两级液体运载火箭，用于发射近地轨道卫星。3 型"天顶号"是三级液体运载火箭，其一子级和二子级与 2 型"天顶号"相同，用于发射地球同步轨道、其他高轨道或星际轨道卫星。"天顶号"运载火箭是苏联研制的第二个采用全自动地面设备系统的运载火箭；在发射场，运载火箭的测试、转运、起竖、电路连接、气路连接、总检查、加注液体推进剂和点火等均按规定程序自动进行，发射前全部准备工作仅需一人监控。

为了满足载人和不载人、军事和民用航天任务的需要，1976 年，苏联开始研制"能源号"运载火箭，它是通用型运载火箭，是迄今为止世界上起飞质量与火箭发动机推力最大的液体运载火箭，主要用于发射轨道飞行器、大型近地空间飞行器、大型空间站舱段、大型太阳能装置、重型近地轨道卫星、重型地球同步轨道卫星、大型月球有效载荷、大型火星有效载荷和深空有效载荷等。

1978 年，苏联开始研制"暴风雪号"轨道飞行器，它可重复使用 100 次，主要用于操作、维护及维修卫星，为空间站运送人员与货物，回收故障核动力系统、空间站舱段及其他有效载荷，发射大型天文望远镜、空间平台和天线阵等。

苏联研制的航天运载器的发射方式主要是专用发射场地面固定场坪发射，使用的地面设备主要包括发射塔架、发射台、导流设备、运输设备、起重设备、测试设备、发射控制设备、瞄准设备、供电设备、推进剂加注设备、推进剂利用设备、供气设备、消防设备、避雷设备、空调设备和辅助设备等。

苏联的航天运载器及其发射技术的主要特点是：充分利用已有运载火箭及其发射技术的研究成果，提高预研与在研型号的继承性、使用可靠性和技术经济性能；增加发射场或发射工位的数量，满足不同有效载荷和发射频度的需要；在满足技术指标和使用要求的条件下，提高运载器基础级、地面设备系统和发射工程设施的通用性；重视总体优化技术，提高运载火箭系统的综合性能；将退役导弹改装成运载火箭，并最大限度地利用退役导弹的地面设备系统与发射工程设施；为总体设计部门设置生产厂与试验基地；运载火箭与导弹的总体设计部门分工不分家；采用边研制、边生产、边使用和边修改的研制方法。

20 世纪 50 年代中期以后，美国陆续研制了多种一次使用或可部分重复使用的航天运载器。一次使用的航天运载器主要有"先锋号"运载火箭、"丘诺"系列运载火箭、"雷神"系列运载火箭、"宇宙神"系列运载火箭、"德尔它"系列运载火箭、"侦察兵"系列运载火箭、"水星－红石"运载火箭、"土星"系列运载火箭、"大力神"系列运载火箭、"大篷车"系列运载火箭、"飞马座"运载火箭、"金牛座"运载火箭和通用上面级等。可部分重复使用的航天运载器主要包括"X－15"研究机、航天飞机、空天飞机和"德尔它快帆"等。

1955 年，美国研制了第一种不以导弹为基础的"先锋号"三级液固体运载火箭，用于发射地球轨道试验卫星。

1957 年，苏联发射了世界上第一、第二颗人造地球卫星。在美国"先锋号"运载火箭及其发射技术尚未成熟的情况下，美国研制了"丘诺"系列运载火箭，它包括"丘诺Ⅰ"和"丘诺Ⅱ"型运载火箭。"丘诺Ⅰ"型运载火箭用于发射人造地球卫星。"丘诺Ⅱ"

型运载火箭用于发射宇宙探测器和人造地球卫星。

在"雷神"中程弹道导弹的基础上，美国研制了"雷神"系列运载火箭，包括"雷神–艾布尔""雷神–艾布尔星""雷神–阿金纳 A""雷神–阿金纳 B""雷神–阿金纳 D"、加大推力"雷神–阿金纳 D"、长贮箱加大推力"雷神–阿金纳 D"、"雷神–博纳 I"、"雷神–博纳 II"和"雷神–博纳 II A"等运载火箭。1958 年，"雷神"系列运载火箭投入使用，主要用于发射军用卫星、航天探测器和科学试验卫星等。

20 世纪 50 年代末期，在"宇宙神"试验弹和洲际导弹的基础上，美国研制了"宇宙神"系列运载火箭，其基础级有 16 种，总有 20 个型号，主要用于发射通信卫星、侦察卫星、科学卫星、应用技术卫星、海洋卫星、预警卫星、探测卫星、天文卫星、目标卫星、环月卫星、秘密卫星、无人飞船和载人飞船等。

20 世纪 50 年代末期，在"雷神"中程弹道导弹的基础上，美国研制了"德尔它"系列运载火箭，它是美国发射次数最多的运载火箭系列，也是世界上型号最多、改型最快的运载火箭系列，主要用于发射通信卫星、导航卫星、气象卫星、科学卫星和对地观测卫星等。"德尔它"系列运载火箭不仅发射美国研制的卫星，而且为英国、加拿大、日本、印度尼西亚、印度、国际通信卫星组织、北大西洋公约组织和欧洲空间局等也发射了多颗不同用途的卫星。

1958 年，美国开始研制"侦察兵"系列运载火箭，它是研制周期短、性价比高、使用可靠的小型四级固体运载火箭系列，主要包括"侦察兵 X"系列运载火箭、使用型"侦察兵"系列运载火箭和"蓝色侦察兵"系列运载火箭等。"侦察兵 X"系列运载火箭包括 13 种运载火箭，使用型"侦察兵"系列运载火箭包括 5 种运载火箭，"蓝色侦察兵"系列运载火箭包括 4 种运载火箭。"侦察兵"系列运载火箭不仅用于发射美国研制的轨道飞行器、试验卫星和军用有效载荷，而且也为英国、法国和意大利等国家发射了许多航天器。

1959 年，在"红石"导弹和"丘比特 C"运载火箭的基础上，美国研制了"水星–红石"运载火箭，它是美国"水星"计划中使用的第一种载人亚轨道航天运载器。

1959 年，为了实现"阿波罗"飞船登月计划，美国研制了"土星"系列运载火箭，它是大型液体运载火箭系列，主要包括"土星 I""土星 I B"和"土星 V"运载火箭。"土星 I"是研制型液体运载火箭，主要用于发射近地轨道飞船实体模型和"飞马座"宇宙尘探测卫星。"土星 I B"是改进型液体运载火箭，主要用于发射不载人和载人飞船。"土星 V"是最终型液体运载火箭，它已将"阿波罗"载人飞船送入月球过渡轨道。

1962 年，在"大力神 2"洲际弹道导弹的基础上，美国研制了"大力神"系列运载火箭，它主要包括"大力神 2"系列、"大力神 3"系列、"大力神 34"系列和"大力神 4"系列运载火箭。"大力神 2"系列包括 3 种运载火箭，主要用于发射载人飞船、中小量级极地轨道和近地轨道有效载荷。"大力神 3"系列包括 5 种运载火箭，主要用于发射近地轨道、极地轨道、地球同步轨道和日心轨道有效载荷。"大力神 34"系列包括 3 种运载火箭，主要用于发射圆轨道、地球同步转移轨道、地球同步轨道和极地轨道等有效载荷。"大力神 4"系列包括 5 种运载火箭，主要用于发射预警卫星和侦察卫星等。

为了发射中小型卫星，填补由航天飞机、"德尔它"系列运载火箭和"阿里安"运载火箭等留下的世界商业卫星发射市场的空白，1982 年，美国私人企业投资研制了"大篷车"系列商用运载火箭，包括"大篷车 I""大篷车 II"和"大篷车 IV"运载火箭，主要用于发射近地轨道、极地轨道和地球同步转移轨道有效载荷。

1987 年，美国私人企业投资研制了"飞马座"小型商用运载火箭，它是美国第一个从空中发射的一次性使用的航天运载器。"飞马座"运载火箭及其发射技术不受地理条件的限制，运载火箭的载机可以从不同的机场起飞，并可以在地球上空的任何地点发射，这大大提高了运载能力，增加了发射窗口时间，扩大了有效载荷的轨道倾角范围。"飞马座"运载火箭使用的地面设备少，操作简单，主要用于发射极地轨道和近地轨道有效载荷。

1989 年，在"MX"导弹和"飞马座"运载火箭的基础上，美国研制了"金牛座"商用运载火箭，它是用移动平台发射的小型标准固体四级运载火箭。"金牛座"运载火箭及其地面设备在发射场的总装时间不超过 5 天，发射准备时间不超过 72 h，完成一枚运载火箭的发射全过程最多需要 25 人，主要用于发射极地轨道、近地轨道和地球同步转移轨道有效载荷。

20 世纪 50 年代末期以后，美国陆续研制了多种通用上面级——航天运载器的末级火箭。通用上面级主要包括"阿金纳"系列、"半人马座"系列、惯性上面级系列、有效载荷辅助舱系列、转移轨道级、远地点机动级和轨道转移分系统等。

"阿金纳"系列通用上面级是世界上第一个具有三轴稳定与多次启动能力并可实现轨道机动的通用上面级，是美国第一个使用常规液体推进剂的通用上面级，是美国发射次数最多、使用时间最长的通用上面级。"阿金纳"系列包括"阿金纳 A""阿金纳 B""阿金纳 D""上升阿金纳"等型号，与"雷神""宇宙神""大力神"等基础级组合可以发射侦察卫星、预警卫星、测地卫星、气象卫星、科学卫星、试验卫星、太阳辐射卫星、核爆炸探测卫星和月球探测器等。"阿金纳"系列具有环境与载荷适应性强、轨道停候时间长、地面待发时间长和使用可靠性高等特点。

"半人马座"系列通用上面级是世界上第一个使用液氢和液氧的高能通用上面级，包括"半人马座 D""半人马座 D1-A""半人马座 D1-T""半人马座 G""半人马座 II""半人马座 II A"6 个型号，与"宇宙神""大力神"和航天飞机等组合可以发射月球探测器、行星探测器、地球同步卫星和极地轨道卫星等。

惯性上面级系列通用上面级是美国空间运输系统中的关键单元，包括二级状态和三级状态的固体通用上面级火箭，与"大力神 34D""大力神 4""商业大力神"和航天飞机等组合可以发射通信卫星、预警卫星、数据中继卫星和科学探测卫星等。

1982 年，为了发射中型有效载荷，美国研制了有效载荷辅助舱系列，它包括空间运输系统有效载荷辅助舱－DⅡ、"德尔它"有效载荷辅助舱－D、空间运输系统有效载荷辅助舱－D、空间运输系统有效载荷辅助舱－A、有效载荷辅助舱 DⅢ、有效载荷辅助舱－DⅣ、有效载荷辅助舱－S 和"SGS－2"8 个型号。

1983 年，美国研制了转移轨道级，它是一种采用惯性导航、三轴稳定和固体推进剂的上面级火箭，与航天飞机和"大力神"系列运载火箭等组合可发射地球同步轨道有效载荷。

远地点机动级是一种采用双组元液体推进剂的上面级火箭，其主要用途是在转移轨道级基础上充当远地点级，同时也具有近地点级的能力，相当于有效载荷辅助舱系列的最新型号。

1987 年，为了使通信卫星从航天飞机的停候轨道进入地球同步转移轨道，美国研制了轨道转移分系统，它是一种通用、经济的固体上面级火箭，可以作为"大力神 3"商业运载火箭的上面级使用。

1954 年，为了发展载人航天技术，研究与高超声速飞行有关的气动、控制、稳定和生理等问题，美国开始研究空中发射、可重复使用的"X－15"研究机。通过研制"X－15"研究机，美国获得了大量高超声速载人飞行的数据与经验，其中 65% 的数据被后来的载人航天计划所利用，从空中发射的"飞马座"运载火箭也充分利用了"X－15"研究机的成果。

1971 年，美国开始研制航天飞机。航天飞机是世界上第一种往返于地面与宇宙空间的可部分重复使用的航天运载器，主要由轨道飞行器、外贮箱和固体助推器等组成。轨道飞行器能重复使用 100 次，可载 3～7 人，在轨道上逗留 7～30 天，完成会合、对接、停靠、人员运送、货物运输、空间试验，以及卫星发射、检修和回收等任务，具有 2 000 km 横向机动能力，维护周期为 160 h。美国共生产了 6 架轨道飞行器，分别为"企业号""哥伦比亚号""挑战者号""发现者号""阿特兰蒂斯号"和"奋进号"，"企业号"是试验机，其余为工作机，其中"挑战者号"已在 1986 年失事。外贮箱用于贮存轨道飞行器主发动机使用的液氢与液氧，主发动机关机后，外贮箱被抛掉，在进入大气层时解体并溅落于海洋中。固体助推器是目前推力最大并可至少重复使用 20 次的固体发动机，在航天飞机上升过程中，结束工作的两台固体助推器被抛掉并在海上回收。

1985 年，美国开始研制"国家空天飞机"缩比验证机，它是一种能在大气层内外飞行、可在普通跑道上水平起降并可完全重复使用的航天运载器，主要由载机和轨道器组成。"国家空天飞机"研制计划分三个阶段，即可行性研究阶段、技术发展阶段和验证机研究与飞行试验阶段。"国家空天飞机"项目的关键技术是结构布局、轻质耐高温材料和组合推进系统。

为了满足大多数有效载荷的发射需要，为了给在轨飞行器提供服务、回收卫星和减少近地轨道有效载荷的发射费用，1990 年，美国开始研制"德尔它快帆"，它是世界上第一种单机入轨、垂直起降和可完全重复使用的航天运载器，目前已完成了缩比验证机与工作机的研制任务。

美国一次使用的航天运载器的发射方式、地面设备系统和发射工程设施等与苏联大同小异。在航天运载器及其发射技术的发展过程中，诸如"雷神""宇宙神"和"大力神"等系列运载火箭已经派生出了近百个型号，发挥了承上启下的作用。美国的航天运载器及其发射技术的主要特点是：重视采用成熟的技术、材料和元器件，以缩短研制周期，提高运载火箭系统的使用可靠性与性价比；设计通用积木式上面级，通过与基础级的不同组合，可发射多种不同的有效载荷；通过通用上面级与基础级的渐改和标准化，进一步提高运载火箭系统的使用可靠性与性价比；将通用上面级发展成为多用途的星箭共同体，使之与有效载荷一起进入轨道并提供动力，进而演变为独立的宇宙飞行器；增加发射场或发射工位的数量，以满足不断增加的有效载荷的种类与发射频度的要求；将退役导弹改装成运载火箭，充分利用已有的导弹地面设备系统与发射工程设施；采用简化设计、设计竞争、全面论证和全面鉴定的研制方法。

由于航天运载器及其发射技术具有重要的政治、军事、科学、技术、经济和社会价值，因此，当苏联和美国相继进入航天时代以后，包括第三世界国家在内的其他一些国家亦纷纷根据国情制订了本国的航天发展计划，并取得了令世界瞩目的成就。

法国率先打破了苏联和美国对航天技术的垄断，在航天技术的发展过程中具有独特的地位与作用。第二次世界大战以后，法国几乎从零开始发展自己的航天技术。法国政府在资金与政策上的支持使航天技术得以快速地发展。1949 年以后，法国先后研制了"躲闪式""绿宝石"和"蓝宝石"等探空火箭。1960 年，在探空火箭的基础上，法国研制了"钻石"系列运载火箭，主要包括"天鹰座""玛瑙""红宝石""黄玉""金刚石""蓝宝石""钻石 A""钻石 B"和"钻石 BP4"等火箭。"钻石 A""钻石 B"和"钻石 BP4"等是三级液固体运载火箭，主要用于发射地球同步卫星和技术卫星。截至 1975 年，法国用自主研制的火箭已成功地发射了 8 颗卫星。在发展航天运载器及其发射技术的过程中，法国切实地感受到，仅靠自己的力量还无法摆脱对美国的依赖。于是，法国开始游说西欧各国，走联合发展的道路，这使法国很快成为欧洲空间局的骨干与核心。从某种意义上说，法国是当时仅次于苏联和美国的航天大国。

日本是第二次世界大战的战败国，其航天技术的发展过程迥异于其他国家。20 世纪 50 年代初期，日本尚无公开的运载火箭研制计划，完全依靠民间的力量开展一些与航天有关的科学研究活动。譬如，东京大学先后研制了"铅笔"固体火箭、单级"S"系列、多级"K"系列和"L"系列等探空火箭。20 世纪 60 年代初期，在已有的十几种探空火箭的基础上，日本研制了"L–4S"四级固体运载火箭，主要用于发射人造地球卫星。

1963年，在"L-4S"运载火箭的基础上，日本研制了"M"系列运载火箭，包括"M-4S""M-3C""M-3H""M-3SⅡ"和"M-V"等型号，它们是三级或四级固体运载火箭，主要用于发射人造地球卫星和月球与火星探测器。1969年，由于缺乏液体火箭的研制经验，日本从美国引进了"雷神"系列和"德尔它"系列运载火箭及其发射技术，并开始研制"N"系列运载火箭，包括"N-Ⅰ"和"N-Ⅱ"两个型号。"N-Ⅰ"是带固体助推器的三级液固体运载火箭，主要用于发射气象卫星与通信卫星。为了突破美国的技术封锁，1981年，在"N-Ⅱ"火箭的基础上，日本研制了"H"系列运载火箭，包括"H-Ⅰ"和"H-Ⅱ"两个型号。"H-Ⅰ"是带固体助推器与氢氧级的三级液固体运载火箭，主要用于发射近地轨道、中高轨道、大椭圆轨道、太阳同步轨道和地球同步轨道等有效荷载。"H-Ⅱ"是带固体助推器与氢氧级的两级液固体运载火箭，它具有总体布局紧凑、质量轻、运载系数高和发射费用低等特点，主要用于发射近地轨道、太阳同步轨道和地球同步轨道等有效载荷，在国际商业卫星发射市场中具有较强的竞争力。1980年，为了建立空间探测与微重力研究平台，日本开始研制可重复使用的"海姆斯"航天运载器，它是垂直起飞与水平着陆的单级不载人火箭，具有自动导航、制导和控制能力等特点，使用液氢和液氧推进剂，是空间运输系统关键技术的研究试验机，亦可作为空间应用研究的亚轨道试验平台或可重复使用的有翼探空火箭。1987年，日本开始研制由"H-Ⅱ"火箭运载并可重复使用的"霍普"航天运载器，它是小型不载人轨道飞机，主要为实验舱运送货物，从实验舱回收货物，为研制单级入轨的航空航天飞机做技术准备，完成小型空间试验。

第二次世界大战以后，英国得到了德国的液体火箭技术和"V-2"导弹的零部件，这使英国能在较高的起点上发展自己的运载火箭及其发射技术。20世纪50年代中期以后，英国研制了"空中云雀""美洲虎"及"贼鸥"等固体探空火箭，研制了"黑骑士"单级液体火箭和"黑骑士"改进型两级液体火箭。1964年，为了发射人造卫星，在"黑骑士"火箭的基础上，英国开始研制"黑箭"火箭。1971年，英国使用"黑箭"火箭将其第一颗卫星送入近地轨道，成为继苏联、美国、法国、日本和中国之后第六个能用本国研制的运载火箭发射本国研制的卫星的国家。从发展航天技术的过程可以看出，英国的运载火箭及其发射技术主要源于洲际弹道导弹及其发射技术，由于英国政府一直提倡投资少、风险小、收益大及以国际合作为主的政策，故目前英国尚不具备研制大型运载火箭的能力。

印度虽然是第三世界国家，其航天技术却令世界瞩目。印度不仅自主研制了多种应用卫星，而且还将航天技术广泛用于国内的教育、通信、气象和资源勘探等领域。印度一向重视独立研发运载火箭及其发射技术，现已成为继苏联、美国、法国、日本、中国和英国之后第七个能独立研制并成功发射人造卫星的国家。1963年，在其他国家的帮助下，印度开始研制探空火箭，陆续完成了8个型号的研制工作，逐步积累了经验并获得了必要的技术储备。1973 年，在探空火箭的基础上，印度开始研制"卫星"系列运载火箭，主要包括"卫星运载火箭 3""加大推力卫星运载火箭""极地轨道卫星运载火箭"和"地球同步轨道卫星运载火箭"等。"卫星运载火箭 3"是四级固体运载火箭，主要用于发射低轨道有效载荷。"加大推力卫星运载火箭"是带两个固体助推器的四级固体运载火箭，主要用于发射近地轨道有效载荷。"极地轨道卫星运载火箭"是带六个固体助推器的四级固液体运载火箭，主要用于发射极地轨道、太阳同步轨道、近地轨道和地球同步转移轨道有效载荷。"地球同步轨道卫星运载火箭"有两种基本构型，即三级固液型运载火箭和三级固液低温型运载火箭，它们最大限度地利用了"极地轨道卫星运载火箭"的地面设备和发射工程设施，主要用于发射地球同步轨道有效载荷。

20 世纪 50 年代，几个具有较强经济与技术实力的欧洲国家开始研发自己的运载火箭及其发射技术，并逐渐有了一定的技术储备与经验积累。1975 年，欧洲有关国家同意将欧洲空间研究组织与欧洲运载火箭研制组织合并为欧洲空间局，其工作内容主要包括研制运载火箭、发展卫星和开展载人航天活动。自 20 世纪 70 年代初期开始，欧洲空间研究组织和欧洲空间局陆续研制了"阿里安"系列火箭，包括"阿里安 1""阿里安 2""阿里安 3""阿里安 4"和"阿里安 5"火箭。1973 年，在"欧洲号"火箭和法国"钻石"火箭的基础上，欧洲航天局研制了"阿里安 1"火箭，它是带氢氧级的三级液体火箭，主要用于发射地球同步转移轨道和太阳同步圆轨道有效载荷。为了提高运载能力，降低发射成本，1980 年，欧洲空间局开始研制"阿里安 2"和"阿里安 3"火箭。"阿里安 2"火箭也是带氢氧级的三级液体火箭，其地面总推力比"阿里安 1"火箭有所增加，用于发射地球同步转移轨道有效载荷。与"阿里安 2"火箭相比，"阿里安 3"火箭增加了两台固体助推器，它是带固体助推器与氢氧级的三级火箭，用于发射地球同步转移轨道有效载荷。为了保持双星与多星发射能力、改善发射条件、增加发射次数和降低发射成本，1982 年，欧洲空间局开始研制"阿里安 4"火箭，它是带固体或液体助推器与氢氧级的三级火箭，用于发射地球同步转移轨道和太阳同步轨道有效载荷。为了开发利用近地轨道和发射地球同步转移轨道与太阳同步轨道卫星，1988 年，欧洲空间局开始研制"阿里安 5"火箭，它是带固体助推器与氢氧级的两级火箭。为了给"哥伦布"实验室和空间站"哥伦布"搭接舱提供支持，1986 年，欧洲空间局开始研制可重复使用的"使神号"航天运载器，它是往返于空间与地面的带翼载人飞行器，由"使神号"空间飞机和资源舱等组成。"使神号"航天运载器垂直起飞后，由"阿里安 5"火箭助推进入轨道，完成轨道作业后，返回地面水平着陆。经过 30 多年的发展，欧洲空间局在运载火箭及其发射技术方面取得了许多重要成就。

自 20 世纪 50 年代开始，中国陆续研制了近程、中程、远程和洲际战略导弹及其地面设备系统，研制了地地、防空和海防等战术导弹及其地面设备系统，研制了多种运载火箭及其地面设备系统与发射工程设施，取得了举世瞩目的伟大成就，建立了独立完整的科研、生产、试验和管理体系，具体有以下几个方面。

（1）先后独立研制了中程地地液体战略弹道导弹及其地面设备系统、远程地地液体战略弹道导弹及其地面设备系统、洲际地地液体战略弹道导弹及其地面设备系统、潜地固体战略弹道导弹及其地面设备系统、中远程地地固体战略弹道导弹及其地面设备系统和洲际地地固体弹道导弹及其地面设备系统等。在战略弹道导弹及其发射技术的发展过程中，战略弹道导弹武器系统的诸如射程、命中精度、战斗部威力、发射准备时间、机动性能和使用可靠性等战斗性能均有持续稳定的改善或提高。

（2）独立研制了中高空、中低空、低空、超低空和高空远程等防空导弹武器系统。在防空导弹及其发射技术的发展过程中，防空导弹武器系统的机动能力、快速反应能力、抗干扰能力和使用可靠性等迅速增加，拦截能力、空域配系能力、生存能力和作战效能等不断提高，国土防空、野战防空和海上防空体系日臻完善。

（3）独立研制了舰舰飞航导弹及其地面设备、岸舰飞航导弹及其地面设备、空舰飞航导弹及其地面设备、空舰与舰舰两用飞航导弹及其地面设备、空地飞航导弹及其地面设备、地地飞航导弹及其地面设备、潜舰飞航导弹及其地面设备、潜地飞航导弹及其地面设备和反坦克飞航导弹及其地面设备等。在飞航导弹及其发射技术的发展过程中，飞航导弹武器系统的诸如战略与战术兼容性、模块化水平、机动能力、作战范围、命中精度、抗干扰能力、战斗部威力、突防能力、飞行速度、快速反应能力、独立作战能力、连续作战能力、生存能力和使用可靠性等战斗性能均有大幅度的改善或提高。

中国的运载火箭及其发射技术的初期发展情况与苏联和美国等国家基本相同，也是在弹道导弹及其发射技术的基础上，规划与研制初期的运载火箭及其地面设备系统与发射工程设施。

自20世纪60年代中期开始，中国陆续研制了"长征一号"系列运载火箭及其地面设备系统、"长征二号"系列运载火箭及其地面设备系统、"长征三号甲"系列运载火箭及其地面设备系统和"长征四号"系列运载火箭及其地面设备系统等。

1965年，中国开始独立研制"长征一号"系列运载火箭及其地面设备系统。"长征一号"系列运载火箭包括"长征一号"和"长征一号D"两个型号，它们均由中远程液体弹道导弹的第一、二级和第三级固体火箭组成，主要用于发射近地轨道小型有效载荷。1970年，"长征一号"运载火箭成功地将中国第一颗人造地球卫星——"东方红一号"送入太空。20世纪90年代，"长征一号D"运载火箭投入了商业发射。

1970年，中国开始独立研制"长征二号"系列运载火箭及其地面设备系统。"长征二号"系列运载火箭包括"长征二号""长征二号C""长征二号D""长征二号E"和"长征二号F"等型号，它们的基础级均为洲际液体弹道导弹的第一、二级。"长征二号"运载火箭是中国航天运载器的基本型号，在其基础上又研制了"长征二号"系列、"长征三号"系列和"长征四号"系列航天运载器。1975年，"长征二号"运载火箭成功地将中国第一颗返回式卫星送入了预定轨道。为了提高运载火箭的近地轨道运载能力和使用可靠性，对"长征二号"运载火箭进行了改进，将改进后的"长征二号"运载火箭称为"长征二号 C"运载火箭，主要用于发射返回式遥感卫星。为了提高运载火箭的近地轨道运载能力，1990 年，在"长征二号"运载火箭的基础上，采取增加推进剂加注量与起飞推力的方法，研制了"长征二号 D"运载火箭及其地面设备系统。1992 年，"长征二号 D"运载火箭成功地将中国新型返回式科学实验卫星送入了预定的轨道。1987 年，中国开始研制"长征二号 E"运载火箭及其地面设备系统。"长征二号 E"运载火箭是由加长型的"长征二号 C"运载火箭和 4 个液体助推器组成的低轨道两级液体航天运载器。1990 年，"长征二号 E"运载火箭成功地进行了首次飞行试验，1992 年，"长征二号 E"运载火箭成功地将带近地点发动机的澳大利亚第二代通信卫星送入了预定轨道。为了发射宇宙飞船，1995 年，"长征二号 F"运载火箭研制成功，它是由"长征二号 E"运载火箭和配套的上面级组成的航天运载器。1999 年，"长征二号 F"运载火箭成功地将中国第一艘无人试验飞船——"神舟一号"送入了预定轨道；2001 年至 2002 年，成功地将中国第二、三、四艘无人试验飞船——"神舟二号""神舟三号"和"神舟四号"送入了预定轨道；从 2003 年至今，已成功将中国多艘载人飞船送入了预定轨道："神舟五号""神舟六号""神舟七号""神舟八号""神舟九号""神舟十号"相继圆满实现中华民族的飞天梦。

　　1978 年，中国开始独立研制"长征三号"运载火箭及其地面设备系统。随后研制了"长征三号甲"系列运载火箭，包括"长征三号 A""长征三号 B"和"长征三号 C"等型号，它们的基础级均为"长征二号"运载火箭。"长征三号"运载火箭由"长征二号"运载火箭和第三级氢氧火箭组成。自 1984 年开始，"长征三号"运载火箭先后成功地将 5 颗国内通信卫星、美国休斯飞机公司制造的"亚洲一号"通信卫星和 "亚太一号"通信卫星送入了地球同步转移轨道。"长征三号"运载火箭及其地面设备系统的研制成功，表明中国的运载火箭及其发射技术已经跨入了世界先进行列。"长征三号"运载火箭系统为中国发射同步定点通信卫星、电视广播卫星、气象卫星和资源普查卫星等创造了条件，为中国的通信、文化及教育事业的发展奠定了基础，为中国后来其他型号运载火箭系统的对外发射服务建立了可遵循的模式，是中国运载火箭及其发射技术发展过程中的一个重要里程碑。1986 年，中国开始研制"长征三号 A"运载火箭及其地面设备系统。"长征三号 A"运载火箭主要用于发射地球同步转移轨道、低轨道、极地轨道和逃逸轨道等有效载荷。1994 年，成功地进行了首次飞行试验。自 1994 年开始，"长征三号 A"运载火箭先后成功地将"东方红三号"等通信卫星送入了地球同步转移轨道。"长征三号 A"运载火箭及其地面设备系统采用了百余项新技术，其技术性能、使用性能和环境适应性等均比"长征三号"运载火箭及其地面设备系统有了显著提高，是"长征三号 A"系列的基本型运载火箭。1989 年，中国开始研制"长征三号 B"运载火箭及其地面设备系统。"长征三号 B"运载火箭是在"长征三号 A"和"长征二号 E"运载火箭的基础上研制的大型三级液体捆绑航天运载器,其芯级基本上就是"长征三号 A"运载火箭,而助推器及其捆绑结构则与"长征二号 E"运载火箭基本相同。"长征三号 B"运载火箭主要用于发射地球同步转移轨道的重型卫星,亦可用一箭发射多颗轻型卫星或其他轨道的卫星。自 1997 年起,"长征三号 B"运载火箭先后成功地将多颗卫星(包括绕月、登月飞行器)送入了预定轨道。1995 年,中国开始研制"长征三号 C"运载火箭,它也是大型三级液体捆绑航天运载器,其第一、二、三级的性能与结构与"长征三号 B"运载火箭的第一、二、三级完全相同,只是比"长征三号 B"运载火箭少了两个助推器,并去掉了助推器上的尾翼。"长征三号 C"运载火箭主要用于发射地球同步转移轨道有效载荷,亦可进行一箭多星发射或发射其他轨道的卫星。自 2006 年起,"长征三号 C"运载火箭投入了商业发射。

1969 年,中国开始独立研制"长征四号"系列运载火箭及其地面设备系统。"长征四号"系列运载火箭包括"风暴一号""长征四号""长征四号 A"和"长征四号 B"等型号。1969 年,开始研制"风暴一号"运载火箭及其地面设备系统。"风暴一号"运载火箭是使用常规推进剂的两级液体航天运载器,主要用于发射低轨道卫星。自 1972 年起,"风暴一号"运载火箭先后成功地发射了多颗科学试验卫星。1979 年,开始研制"长征四号"运载火箭及其地面设备系统。"长征四号"运载火箭是使用常规推进剂的三级液体航天运载器,主要用于发射太阳同步轨道有效载荷,1982 年停止研制。1979 年,开始研制"长征四号 A"运载火箭及其地面设备系统。"长征四号 A"运载火箭由"风暴一号"运载火箭和第三级常规火箭组成,它是"长征四号"系列的基本型号,主要用于发射对地观测应用卫星。自 1988 年起,"长征四号 A"运载火箭先后成功地将多颗气象和科学试验卫星送入了预定轨道。1989 年,开始研制"长征四号 B"运载火箭及其地面设备系统。"长征四号 B"运载火箭是在"长征四号 A"运载火箭的基础上发展起来的一种运载能力更大的航天运载器,其第一、二、三级与"长征四号 A"运载火箭基本相同,不同的地方是新研制了大直径的卫星整流罩,调整了第三级仪器舱的高度,控制系统采用了电子式程序配电器,控制、遥测、跟踪测量和安全自毁系统的仪器与电缆网等实现了小型化等。"长征四号 B"运载火箭主要用于发射太阳同步轨道对地观测应用卫星。

目前,中国正在研制新型运载火箭及其地面设备系统与发射工程设施。近期,中国将通过新型运载火箭系统的研制和科研生产体制的改革,进一步提高运载火箭及其发射技术的整体水平,提高运载火箭系统在国际商业卫星发射市场上的竞争力。远期,中国将建立完善、高效的航天运输系统,开展新概念航天运载器及其发射技术的研究,建立能发射各类有效载荷并具有多种跟踪测量手段的航天器发射场与测控网。

1.3　航天发射技术的发展趋势

火箭、导弹及其发射技术的发展，不仅使一些国家获得了保卫主权与安全的武器，获得了参与国际事务的发言权，迎来了多元化的国际新秩序，而且也使人类实现了飞向太空、探索宇宙的美好愿望，迎来了标志着人类社会文明高度发展的航天新时代。

随着世界新技术革命与新军事变革的到来，新技术、新思想和新方法的应用将使火箭、导弹及其发射技术的发展实现前所未有的飞跃，将不断孕育新型的火箭或导弹，不断地催生新的发射方式、地面设备系统与发射工程设施，不断地刷新导弹武器系统的战术技术指标或运载火箭系统的技术经济指标。

航天发射技术发展历史表明，火箭、导弹及其发射技术的发展过程不仅与基础科学、技术科学和工业水平直接相关，而且与国际形势、国家体制、经济发展水平、军事思想和安全战略等也有密切的关系。因此，火箭、导弹及其发射技术的发展趋势同样也受上述因素的影响，有关国家对于导弹及其发射技术的研制与部署投入将会持续增加，火箭及其发射技术的发展将会进一步加剧国际商业卫星发射市场的竞争。

目前，世界上拥有战略导弹武器系统的国家正在增加，能够研制战略弹道导弹武器系统的国家也在增加，这使国际形势发生了深刻的变化，也使国际社会产生了新的热点。对于已经拥有并且能够独立研制战略弹道导弹武器系统的国家，它们的战略导弹及其发射技术将进一步向实战化方向发展，将向提高命中精度、战斗部威力、快速反应能力、机动能力和生存能力的方向发展，将向一种导弹有多种发射方式和一套地面设备系统与发射工程设施能发射多种导弹的方向发展，并不断地改进与增加战略导弹武器系统的部署模式。

由于战术导弹具有精度高、使用灵活、部署方便和在短时间内可实施集群发射等特点，故目前拥有或独立研制战术导弹武器系统的国家或地区正在不断增加。根据战术导弹及其发射技术的发展历史和目前国际形势的发展趋势可以预计，在今后相当长的时间内，有关国家将继续发展与本国幅员、自然条件和可能的打击目标相适应且射程按一定档次变化的战术导弹武器系统，将继续采用先进的发射技术进一步提高战术导弹武器系统的快速反应能力、机动能力、使用可靠性和生存能力。

随着 21 世纪的到来，为了适应大规模开发与利用近地空间和外层空间的新形势，有关国家都制订了短期或长期的航天发展计划，拟着力发展自己的航天运载器及其发射技术。在今后相当长的时间内，航天运载器将与发射技术互相牵引，互相促进，共同发展，将采用先进的发射技术，使航天运载器的地面设备系统与发射工程设施逐步向标准化、模块化、通用化、系列化和市场化方向发展；采用先进的发射技术，可进一步缩短发射准备时间，增加发射窗口时间，提高发射频度，减少发射污染，降低发射成本，提高发射的可靠性和安全性；采用先进的发射技术，可研制更适用于战时使用的小型机动通用发射平台。

变化的军事需求、日益扩大的航天市场、多变的国际形势和经济全球化的趋势，将给火箭、导弹及发射技术的发展带来更大的机遇和挑战，抓住机遇、迎接挑战、加速提高导弹武器系统的实战化水平和运载火箭系统的市场化水平将是一个国家发展航天技术的重要目标。

第2章 火箭、导弹和航天器

2.1 概　述

　　火箭是依靠火箭发动机喷射工作介质产生的反作用力向前推进的飞行器,它可以在大气层内外飞行。火箭发动机是一种不需要借助外界任何物质（如空气中的氧气）而完全依靠点燃自身所携带的推进剂（固体、液体和固液混合的推进剂等）就能形成燃气流喷射的发动机。火箭的应用包括军用和民用两个方面,范围十分广泛,有从燃放焰火的小火箭到探空火箭,从单级火箭到将人送上月球的多级运载火箭,从攻击陆地、水上和空中目标的导弹到攻击太空目标的反卫星火箭武器,还有利用火箭助推的鱼雷、靶机、火箭滑车和火箭飞机等。火箭的其他应用还包括：使飞行器旋转稳定的旋转火箭；用于姿态控制和末速修正的微调火箭；使多级火箭实现级间分离的分离火箭；用于驾驶员座椅或座舱应急弹射的救生火箭,以及信号火箭、雷达假目标火箭等。

　　导弹是利用火箭发动机或空气喷气发动机向前推进和依靠制导系统来控制飞行轨迹的飞行器或无人驾驶的飞机式武器,它将炸药弹头或核弹头送到打击目标附近引爆,并摧毁目标。常规导弹或核导弹是杀伤力很强的破坏性武器,具有射程远、速度快、精度高和威力大等特点。自从第二次世界大战期间出现导弹,特别是20世纪50年代出现核导弹以来,导弹在军事上得到了广泛的应用。世界各国都在用各种类型的导弹装备军队。导弹对军队武器装备、军事战略战术、科学技术进步和人类社会生活等都产生了巨大而广泛的影响,主要表现在以下几个方面。

　　（1）导弹使军队的武器装备发生了深刻的变化。军队装备导弹是国防现代化的一个重要标志。导弹的作战范围大,可以攻击近距离目标和一万多公里以外的目标,也可以攻击陆地、水面和水下目标,还可以攻击活动目标和固定目标。导弹的作战空域广,可以在不同的高度作战。战略导弹可以在短时间内攻击敌方的军事、政治和经济等重要战略目标,迅速改变敌我力量对比。导弹武器会对军事战略战术、战争规模、作战方式、指挥通信、军队编制和作战心理等产生重要的影响。

　　（2）导弹武器系统是一种非常复杂的系统,它综合利用了当代的科学技术成果。导弹的研制和发射技术的发展会遇到许多新的技术、材料和工艺等问题,解决这些问题在客观上会促进科学技术的进步。例如,对制导系统的高精度、小型化要求可以提高电子元器件小型化、微型化水平，促进精密仪表技术的发展；恶劣的工作环境要求催生了一批新工艺和新材料；提高生存能力的要求促进了侦察技术、伪装技术、防护技术、车辆技术和发射方式的发展。

（3）导弹及其发射技术为航天技术的发展创造了条件。航天工业源于导弹工业。早期航天使用的运载工具几乎全部都是当时的大型导弹，航天器发射场也借用了导弹试验场。最初的运载火箭及其发射技术也是在导弹及其发射技术的基础上发展起来的。

航天器是按照天体力学的规律运行于地球大气层以外宇宙空间的各类飞行器的统称，又称为空间飞行器。世界上第一个航天器是苏联在 1957 年 10 月 4 日发射的人造地球卫星一号，第一个载人航天器是苏联航天员加加林乘坐的"东方号"飞船，第一个将人送到月球上的航天器是美国的"阿波罗 11 号"飞船，第一个兼有运载火箭、航天器和飞机特征的航天飞机是美国的"哥伦比亚号"航天飞机。迄今为止，世界各国已经发射了数千个航天器，它们均在太阳系内运行。为了完成航天任务，航天器必须与运载火箭、航天器发射场及回收设施、航天测控及数据采集网和用户台站（网）等配合，协调工作，共同组成航天系统，这是一个大型的系统工程。航天器是执行航天任务的主体，是航天系统的主要组成部分。航天器能使人类的活动范围从地球大气层扩展到广阔无垠的宇宙空间，引起了人类认识自然和改造自然能力的飞跃，对社会经济和社会生活产生了重大的影响。航天器在地球大气层以外的宇宙空间运行，可以接收到来自宇宙天体的全部电磁辐射信息，实现了全波段天文观测；航天器离开地球表面，穿过近地空间并进入行星际空间飞行，实现了对空间环境的直接探测、对月球及太阳系大行星的逼近观测和直接取样观测；环绕地球运行的航天器从几百公里到数万公里的距离观测地球，可迅速而大量地收集有关地球大气、海洋和陆地的各种电磁辐射信息，直接服务于气象观测、军事侦察和资源考察等方面；人造地球卫星作为空间无线电中继站，可以进行全球卫星通信和广播，若作为空间基准点，还可以进行全球卫星导航和大地测量；利用宇宙空间的高真空、强辐射和失重等特殊环境，可以在航天器上进行各种重要的科学实验。

2.2 火 箭

火箭的分类方法有很多，根据火箭使用的能源可分为化学火箭、电火箭、核能火箭、激光火箭、太阳能火箭和光子火箭等，根据火箭的用途可分为探空火箭和运载火箭等，根据火箭使用的推进剂，又可分为固体火箭、液体火箭和混合推进剂火箭。

2.2.1 化学火箭

化学火箭是利用化学火箭发动机推进的火箭。

2.2.1.1 固体火箭

固体火箭是利用固体火箭发动机推进的火箭，又称固体推进剂火箭。固体火箭发动机是使用固体推进剂的化学火箭发动机。固体推进剂点燃后在燃烧室中燃烧，化学能转换为热能，生成高温高压的燃烧产物。燃烧产物流经喷管，在其内膨胀加速，使热能转变为动能，以极高的速度喷出产生推力。第二次世界大战时，固体火箭发动机在火箭炮和飞机助推器上得到了应用，但是固体火箭发动机在技术上的突破则始于 20 世纪 50 年代中期。从 1955 年至 20 世纪 70 年代，固体火箭发动机在推进剂性能、材料和发动机结构设计等方面均有重大进展。推进剂由聚氨酯、聚丁二烯、交联双基发展到新型的端羟基聚丁二烯复合推进剂和硝酸酯增塑聚醚推进剂，壳体材料由高强度低合金钢发展到有机纤维–环氧树脂的复合材料，喷管喉部采用三向碳–碳复合材料，推力向量控制机构的设计由偏转环、摆动喷管、二次喷射发展到全轴摆动柔性喷管。在技术发展的基础上，各国先后研制了导弹和运载火箭用的固体火箭发动机。中国于 20 世纪 50 年代末开始研制现代固体火箭发动机，并将之成功地用于探空火箭、航天器和运载火箭。

1. 特点和应用

与液体火箭发动机比较，固体火箭发动机的优点是：结构简单，密度大，贮存在燃烧室内的推进剂可以常备待用，能在自旋状态下工作，失重状态下点火容易；缺点是：比冲较低，工作时间短，加速度大，不利于载人飞行，发动机工作对推进剂初温较敏感，推力不易调节，多次启动和重复使用困难。固体火箭发动机适用于战略导弹、战术导弹、探空火箭和运载火箭等。

2. 组成

固体火箭发动机（图 2–1）由药柱、燃烧室、喷管组件和点火装置等组成。

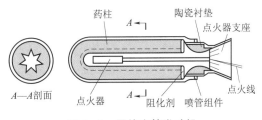

图 2–1 固体火箭发动机

（1）药柱：用均质（双基）或异质（复合、复合改性双基）推进剂制成，装填或直接浇铸于燃烧室中。

（2）燃烧室：贮存药柱并供其燃烧的组件。燃烧室是固体火箭的一部分，外部有连接裙或其他连接部件。发动机工作时，燃烧室承受高温（2 500～3 550 K）和高压（10^6～$2×10^7$ Pa）的作用，它通常用比强度高的金属（高强度钢和钛合金等）或复合材料（玻璃纤维和有机纤维－环氧树脂）制成，并在壳体内壁粘贴隔热层。对于贴壁浇铸药柱的燃烧室，在隔热层固化后往往还喷涂一个薄衬层，用以增强隔热层与药柱之间的黏结力。自由装填药柱的燃烧室还有挡药板等固定装置。

（3）喷管组件：用于将燃烧产物的热能转换为射流的动能并产生推力。喷管有潜入式和非潜入式两种结构。为了控制动力方向，喷管常与推力向量控制系统构成喷管组件。在早期，固定喷管都采用机械偏流装置或液体二次喷射系统实现推力向量控制；后期都采用摆动喷管实现推力向量控制。为了提高高空工作时的喷管面积比，可采用可延伸的出口锥。固体火箭发动机的喷管都是非冷却的，其内壁选用耐高温、抗烧蚀材料制成，外壳与内壁之间的夹层选用隔热材料填充。

（4）点火装置：用于点燃药柱，通常由电发火管和点火药盒组成。点火药为黑火药或烟火剂。电发火管的电热丝周围填有少量热敏药，通电后由热敏药引燃点火药，再点燃药柱。点火装置一般位于燃烧室的头部，也有置于药柱中间或尾端的。为防止意外点火，通常在电发火管与点火药盒之间装有安全保险装置。大型发动机的点火系统本身就是一个小型固体火箭发动机。

2.2.1.2 液体火箭

液体火箭是利用液体火箭发动机推进的火箭，又称液体推进剂火箭。液体火箭发动机是使用液体推进剂的化学火箭发动机，它的特点是比冲高，能多次启动和调节推力，可作为助推发动机、主发动机、游动发动机、姿态控制发动机和远地点发动机使用。使用液体推进剂的姿态控制发动机还可用于固体火箭。

1. 组成

液体火箭发动机（图 2-2）一般由推力室、推进剂供应系统和发动机控制系统组成，有时还包括推进剂贮箱。

（1）推力室：推力室将液体推进剂的化学能转化为推力，由喷注器、燃烧室和喷管组成。液体推进剂通过喷注器进入燃烧室，经过雾化、蒸发、混合和燃烧等过程生成燃烧物，然后以高速（2 500～5 000 m/s）自喷管排出，产生推力。燃烧室的压力从零点几上升到 20 MPa，燃气温度高达 3 000～4 000 K。通常

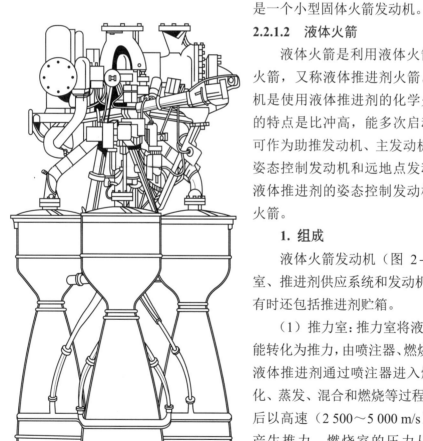

图 2-2　液体火箭发动机

采用再生冷却、薄膜冷却和辐射冷却等方法冷却推力室。非自燃液体推进剂在发动机启动时还需要点火装置。

（2）推进剂供应系统：推进剂供应系统的作用是按要求的流量和压力向推力室供应液体推进剂。挤压式系统是最简单的推进剂供应系统，它借助贮箱的气枕压力将液体推进剂从贮箱输送到液体火箭发动机需要的部位，这种系统适用于小推力和低室压的场合。大推力的液体火箭发动机通常使用泵式推进剂供应系统，其工作原理是：燃气发生器产生的燃气使涡轮转动，涡轮带动泵输送液体推进剂，这种系统结构复杂，但质量小。

（3）发动机控制系统：发动机控制系统的作用是调节和控制发动机的工作程序和工作参数。发动机的工作程序包括启动、主级工作段和关机，发动机的工作参数主要是推力和混合比。

（4）推进剂贮箱：小型液体火箭发动机的推进剂贮箱和增压气瓶是发动机的组成部分，大型液体火箭发动机的推进剂贮箱是火箭结构的一部分。

2. 液体推进剂

对液体推进剂的主要要求是：高的化学能焓、低分子质量的燃烧产物、比热大、导热率高、饱和蒸气压低、化学稳定性好、密度重大、无毒和无腐蚀等。一种液体推进剂不可能完全具备上述这些性能，应综合考虑各种因素选择使用。液体火箭发动机常使用双组元推进剂，氧化剂为液氧和四氧化二氮，燃料为液氢、偏二甲肼和煤油等。单组元推进剂是只有一种组元的推进剂，性能指标较低，但供应系统简单，常用于辅助动力装置，如姿态控制发动机和气体发生器系统。

2.2.1.3　混合推进剂火箭

混合推进剂火箭是利用混合推进剂火箭发动机推进的火箭。混合推进剂火箭发动机是组合使用液体和固体推进剂的化学火箭发动机（图 2 – 3），由喷注器、燃烧室（内装药柱）、喷管和贮箱等组成。混合推进剂火箭发动机的比冲和体积比冲介于液体和固体火箭发动机之间，它可以像液体火箭发动机那样能够进行推力调节，而且只需要一套液体管路、活门和附件，系统较简单。但混合推进剂火箭发动机的燃速低，燃烧不均匀，效率低，一般用于执行特殊任务的导弹。1929 年，德国曾尝试研制混合推

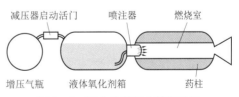

图 2 – 3　混合推进剂火箭发动机

进剂火箭。20 世纪 50 年代，美国研制了使用过氧化氢与聚乙烯的混合推进剂火箭发动机。1964 年，法国成功地发射了使用混合推进剂火箭发动机的气象火箭。按照固体与液体推进剂的组合方式，混合推进剂火箭发动机分为四种：①固 – 液推进剂火箭发动机，它使用固体燃料和液体氧化剂。通常将固体药柱装填在燃烧室内，药

柱中心有轴向孔，当液体氧化剂进入燃烧室，与固体燃料混合后燃烧，产生的燃气从喷管排出。②液－固推进剂火箭发动机，它使用液体燃料和固体氧化剂。③准固－液推进剂火箭发动机，它使用贫氧固体燃料和液体氧化剂，在液体氧化剂完全断流的情况下，这种发动机仍能维持燃烧，产生推力。④三元固－液推进剂火箭发动机，在固体燃料与液体氧化剂混合燃烧的过程中，同时喷入第三组元液氢，进而提高了发动机的能量特性。最佳组合的三元固－液推进剂火箭发动机的理论比冲高达 400 s 以上。

2.2.2 电火箭

电火箭是利用电火箭发动机推进的火箭。电火箭发动机将推进剂电离成粒子，并使它们高速喷出，以产生推力。电火箭发动机与化学火箭发动机不同，其能源和工质是分开的。电能由飞行器提供，一般由太阳能、核能或化学能经转换装置得到。推进剂常用氢、氮、氩或汞和碱金属（铯、铷、锂等）的蒸气。电火箭发动机比冲高、寿命长（可启动上万次，累计工作时间达上万小时）。电火箭有电热式、静电式和电磁式三种。由于各种电火箭的推力都很小，一般不超过 100 N，这样小的推力远远不能将航天器从地面送入太空，而只能用于航天器的姿态控制、位置保持和星际航行等，因此一直未能进入实用阶段。直到 1957 年第一颗人造地球卫星上天以后，电火箭的研究才逐渐被重视起来。1960 年以后，苏联和美国研制出多种电火箭，并进行了多次空间飞行试验。中国和其他一些国家也相继开展了电火箭的研制。迄今为止，各国已成功地研制了上百种电火箭发动机，电火箭已经进入实用阶段。

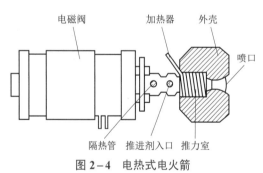

图 2-4 电热式电火箭

电热式电火箭（图 2-4）用电能加热推进剂。电阻加热式电火箭是电热式电火箭的一种，其工作原理是：当电流经过电阻时，焦耳热将流过电阻周围的推进剂加热，然后从喷口高速喷出。

静电式电火箭（图 2-5）是用静电场来加速带电推进剂的火箭。电子轰击式电火箭是静电式电火箭的一种，其工作原理是：将汞、铯、氩和生物废气等推进剂从贮罐送到蒸发器，推进剂蒸气通过高压绝缘器进入电离室，由于推进剂原子受到被磁场加速的电子轰击并发生电离，到达屏栅极附近的离子被屏栅极与加速极之间的静电场加速引出并形成离子束，离子束与来自中和器的电子相混合，形成高速的中性喷射流，产生推力。

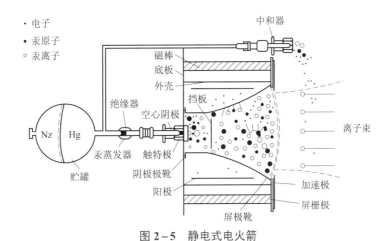

图 2-5　静电式电火箭

电磁式电火箭（图 2-6）是用电磁场将推进剂电离成等离子体射流的电火箭。脉冲等离子体电火箭是电磁式电火箭的一种，其工作原理是：通过电容器周期的充电和放电获得高脉冲电流，它使聚四氟乙烯气体等推进剂发生烧蚀和部分电离，并在气动压力和电磁力的作用下加速喷出，产生推力。电弧喷射式电火箭是电磁式电火箭的另一种，其工作原理是：施加于阴极与阳极之间的电压使氩、氨等推进剂气体放电，放电电流产生磁场，它与放电室的大电流相互作用，使等离子状态的推进剂加速从喷口喷出。

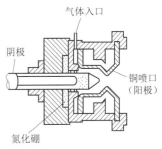

图 2-6　电磁式电火箭

2.2.3　核能火箭

核能火箭（图 2-7）是利用核火箭发动机推进的火箭。核火箭发动机利用重元素的核裂变反应或放射性衰变释放出的热量来加热推进剂，并使之高速喷出，以产生推力。人们曾设想让液氢通过核反应堆，吸收反应堆的热量后，其温度可急剧升至约 2 500 ℃，然后进入喷管内膨胀并高速喷出。由于核裂变的能量比推进剂燃烧产生的能量约大 100 万倍，因此核能火箭自身的质量比化学火箭小很多，有效载荷的质量也会大大增加。目前，这种核能火箭还在研究中。由于核聚变释放的能量是核裂变的几十倍，若利用氢元素聚变产生的能量推进火箭，将使之获得更高的效能和速度。例如：利用氢的同位素氘进行聚变，可产生温度高达 1 亿℃的等离子体，排气速度可达 15 000 km/s，但这种氘火箭的研制才刚刚起步。核火箭发动机的比冲高、寿命长，但技术复杂，适用于长期工作的航天器，也可用于运载火箭的高能末级。虽然核火箭发动机从 20 世纪 60 年代初就开始研制，但至今仍处于试验阶段。研制中存在的主要技术问题是辐射防护、排气污染、反应堆的控制和高效率换热器的设计等。

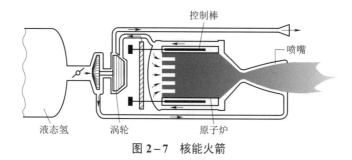

图 2-7　核能火箭

2.2.4　激光火箭

激光火箭是用强激光束加热推进剂并产生推力的火箭。激光火箭的工作原理是：强激光束将气体推进剂加热到很高的温度，使原子电离，形成等离子区，并发生微型爆炸。爆炸产生的冲击波以超声速迎着激光扩散，一方面产生作用力，另一方面使激光失去作用。冲击波过后，激光恢复作用，再产生冲击波，如此循环，形成了激光脉冲。激光火箭使用很少的推进剂就能在宇宙空间中连续、大规模地运输物资，如使用固定发射装置从地面或月球上发射激光火箭，可将材料、设备和仪器零件等运送到航天站、轨道工厂或航天器上。

2.2.5　太阳能火箭

太阳能火箭是靠太阳加热式火箭发动机推进的火箭。太阳加热式火箭发动机的工作原理是：利用发动机上的轻型抛物面反射镜，将太阳光聚集到火箭燃烧室，热能将推进剂（如氢）加热到 2 000 多摄氏度，加热后的推进剂从喷管高速喷出产生推力。这种发动机的比冲可达 400~700 s。太阳能火箭的推力一般不超过 5 N，只能作为太空动力，但作用时间长，可使航天器慢慢加速。太阳能火箭离太阳越远，阳光越弱，推力越小。美国国家航空航天局正在研究太阳能热动力末级火箭 STUS，它使用一面可充气的大镜子，将阳光反射到液氢贮箱上，液氢被加热到 2 300 ℃，然后从喷嘴喷出，产生推力，将卫星从低轨道送到地球同步轨道。

2.2.6　光子火箭

光子火箭是用光子火箭发动机推进的火箭。光子火箭发动机靠电磁辐射量子（光子）的定向流产生推力，理论上来看，它具有最高的效能和比冲，其主要结构部件是光子源。为了在光子源中获得足够大的光压，通常需要 50 000~250 000 K 的高温。目前，光子火箭尚处于理论探索阶段。

2.2.7　探空火箭

探空火箭是对近地空间进行探测和科学试验的火箭。探空火箭可以在高度方向探测大气层的结构、成分和参数，用于研究电离层、地磁场、宇宙线、紫外线和陨尘等多种日－地物理现象。探空火箭比探空气球飞得高，比低轨道运行的人造地球卫星飞得低，是 30～200 km 高空的有效探测工具。探空火箭所获取的资料通常用于天气预报、地球和天文物理研究，为弹道导弹、运载火箭、人造卫星和载人飞船等飞行器的研制提供必要的环境参数。探空火箭亦可用于某些特殊问题的试验研究，如利用探空火箭提供的失重状态研究生物机体的变化和适应性，以及利用探空火箭进行新技术、新材料、新工艺和仪器设备的验证性试验等。探空火箭一般为无控制火箭，具有结构简单、成本低和发射方便等优点。探空火箭特别适用于临时观测短时间出现的特殊自然现象（如极光、日食和太阳爆发等）和持续观测某些随时间、地点变化的自然现象（如天气）。对探空火箭发射技术的主要要求是：保证飞行稳定，达到预定的探测高度，减少弹道顶点和落点的散布。1945 年，美国成功地发射了世界上第一枚用于高空大气探测的"女兵下士"探空火箭（图 2－8），它将 11 kg 有效载荷送到了 70 km 的高空。第二次世界大战以后，美国和苏联利用缴获的"V－2"火箭发射了一批探空火箭。20 世纪 50 年代的"国际地球物理年"活动促进了探空火箭的发展，许多国家开始了探空火箭的研制。到了 20 世纪 80 年代，世界上已有 20 多个国家研制或发射了探空火箭，探空火箭的年发射量高达数千枚。1958 年以前，中国就发射过试验性探空火箭。1958 年，中国正式研制探空火箭，先后研制了"T－7"液体探空火箭（图 2－9）和改进型"T－7A"探空火箭。1965 年，中国开始研制固体探空火箭。

图 2－8　"女兵下士"探空火箭的发射

图 2－9　"T－7"液体探空火箭的发射

2.2.7.1　分类

按照研究对象，探空火箭可分为气象火箭、地球物理火箭、生物火箭、防雹火箭和气球发射火箭等。

1. 气象火箭

气象火箭是探测低于 100 km 高空大气参数（温度、压力、密度和风）的探空火箭。气象火箭获得的高空大气资料主要用于天气预报和灾害性天气研究。气象火箭通常是小型无控火箭，其起飞质量一般为数十千克至百余千克，携带的仪器重几千克，火箭弹道顶点高度一般大于 60 km。气象火箭探测高空大气的方法有多种，其中常用的有两种：

一种是在火箭飞行中用探测仪器直接测量大气参数；另一种是在火箭弹道顶点附近，从火箭头部弹出探测仪器，它挂在降落伞上，在下降过程中综合测量大气参数。上述两种方法都要通过仪器上的遥测装置向地面接收站传送探测信息。也有的气象火箭在弹道顶点高度附近抛出能充气膨胀的球体，用地面雷达跟踪，以测定大气密度、风速和风向。还有的气象火箭在高空弹出金属箔条和化学发光物等示踪物，用地面雷达跟踪示踪物，

图 2-10 "和平 2 号"固体气象火箭准备发射

以测定高空风和紊流。还有的气象火箭可弹出榴弹，靠接收站接收榴弹在空中爆炸发出的声波，用以间接测定大气的温度。气象火箭可靠性高，使用方便，成本低。目前，世界上已有数十个国家研制和发射了气象火箭，已建立 80 多个气象火箭发射场，从赤道到两极，从陆地到海洋，均有探测网站。1968 年，中国发射了"和平 2 号"固体气象火箭（图 2-10），1979 年，中国发射了"和平 6 号"固体气象火箭。

2. 地球物理火箭

地球物理火箭是探测高于 120 km 高空地球物理参数的探空火箭，其主要任务是：①探测地球大气层和电离层；②测量地球高空磁场；③测量太阳辐射、太阳风和研究日-地关系；④测定地球形状和引力场。

3. 生物火箭

生物火箭是用于生物学研究的探空火箭（图 2-11），生物火箭的主要任务是：将实验生物送到高空，研究实验生物对火箭密封舱的适应性和对飞行综合因素作用的忍受能力；研究超重、失重、高空弹射和宇宙辐射等对实验生物机体主要生理功能的影响，为空间生物学研究和载人飞船的生活舱及生命保障系统提供设计依据。生物火箭研制的关键是解决密封生物舱、生命保障系统和数据获取系统等的工程技术问题。生命保障系统应保证生物舱内有适宜实验生物生存的环境条件：舱内压力为

图 2-11 "T-7A"生物火箭

0.1 MPa，温度为 15 ℃～25 ℃，舱内氧气浓度、二氧化碳浓度和相对湿度接近地面大气水平。1951 年，美国发射了"空蜂号"生物火箭，它将几只老鼠和一只猴子送到了高空，并成功地回收。1964 年，中国开始发射生物火箭，实验生物均安全返回地面。

4. 防雹火箭

防雹火箭（图 2-12）是将催化剂（如碘化银、介乙醛）及炸药送到 3～8 km 的云层分别播撒、爆炸并进行消雹降雨的探空火箭，它是人类改造自然环境的工具之一。对防雹火箭的主要要求是：发射安全，易于制造，使用方便，固体推进剂来源丰富，成本低。防雹火箭的壳体一般用纸或塑料制造。固体推进剂一般是易于制取的黑火药或性能较好的复合火药。

5. 气球发射火箭

气球发射火箭（图 2-13）是由气球带到高空发射的探空火箭。

燃烧时间很短的固体火箭从地面起飞并穿过稠密的大气层后，其飞行速度损失很大，飞行高度会下降很多。若将小型固体火箭悬挂在气球下方，随气球上升至距地面 20 km 以上的高空时，再根据无线电指令发射火箭，则火箭飞行阻力就会显著减小，飞行高度可达 90 km。气球发射火箭的应用高度一般为 100～

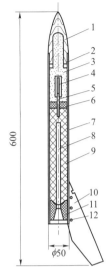

图 2-12　简易防雹火箭

1—木质箭头；2—木螺丝；3—炸药；
4—雷管；5—导火索；6—泥隔层；
7—纸壳箭筒；8—燃烧室；9—发射药；
10—尾翼（三片）；11—泥喷管；
12—箍尾翼铁丝孔

200 km，可用于探测宇宙线、地磁场和极光等物理现象。气球发射火箭在高空获得的弹道性能相当于在地面发射时多加一级火箭，故气球发射火箭的结构尺寸和质量都比较小。气球发射火箭的主要缺点是气球易随风飘移，火箭落点不易控制。若缺少风场资料，火箭落点的散布范围一般为以气球施放点为圆心、半径约 160 km 的圆。为了安全，气球发射火箭只能在人口稀少的地区发射。

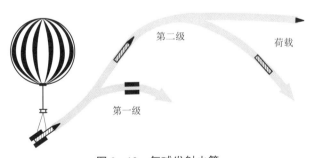

图 2-13　气球发射火箭

2.2.7.2　组成

探空火箭系统一般由有效载荷、火箭、发射装置和地面台站组成。有效载荷大多装在火箭头部的仪器舱内。仪器舱的直径有时可大于箭体的直径。有效载荷采集到的信息通过火箭上的遥测装置发送到地面台站，或者在火箭下降的过程中将有效载荷从火箭内弹射出来，利用降落伞等气动减速装置安全降落到地面回收。有效载荷的结构尺寸和质量取决于探测要求，其质量一般为几千克至几百千克，最大可达几吨。火箭包括箭体结构、动力装置和稳定尾翼等。大多数探空火箭为单级或两级探空火箭（图2-14），也有三级或四级探空火箭。动力装置通常是固体火箭发动机，可有效缩短射前准备时间。由于探空火箭对姿态和飞行弹道的要求低于导弹和运载火箭，故一般不设控制系统，仅靠稳定尾翼或火箭绕纵轴旋转来保证飞行稳定，只有在需要精确定位、定向时才设置控制系统。发射装置一般包括导轨和塔式发射架，以使火箭获得足够大的离轨速度。无控制探空火箭的飞行弹道受高空风的影响较大，为了使火箭达到预定的高度和减少弹道散布，发射时，应根据发射场的高空风资料采用风补偿技术来调整和确定发射架的倾角。大多数探空火箭都以接近垂直的状态从地面发射，也有的采用车载发射，根据需要还可以从水面或空中的气球上发射。地面台站主要包括接收测量信息的接收设备、跟踪火箭的定位测速设备（如雷达）和电子计算机等。雷达跟踪方式又分为反射式和应答式，应答式比反射式的跟踪距离大。地面接收设备将接收的遥测数据直接输入电子计算机，并实时提供探测结果。

图2-14 两级探空火箭

2.2.8 运载火箭

运载火箭是将人造地球卫星、载人飞船、航天站、空间探测器或航天飞机等有效载荷送入预定轨道的航天运输工具。运载火箭虽然多数是在弹道导弹的基础上发展起来的，两者在很多方面基本相同，但仍然存在很大的区别。对于导弹，最重要的是提高其射击精度、快速反应能力和生存能力；对于运载火箭，最重要的是提高其运载能力和控制精度。对于导弹，应缩短其射前准备时间，最好采用固体或可贮存液体推进剂；对于运载火箭，可以采用贮存性能差的高能低温推进剂（如液氢、液氧）和价格低廉的烃类燃烧剂（如煤油、甲烷和丙烷等）。目前，单级火箭很难将有效载荷送入预定轨道。理论上，在工艺技术条件相同的情况下，两级火箭的运送质量比为单级火箭的3.6倍，三级火箭的运送质量比为单级火箭的8倍，这说明多级火箭具有提高运送质量比的作用，使运载火箭具有更大的运载能力。现代两级火箭的近地轨道运载能力大约是火箭起飞质量的1.5%，即将1.5 t重的卫星送入近地轨道时，火箭的起飞质量约为100 t。如果用无限多级理想火箭发射这颗卫星，则火箭的起飞质量仅为10.6 t，几乎只有前者的1/10。

但是，多级火箭结构复杂，使用可靠性较低，过多的级数也不能明显减轻火箭的起飞质量。当火箭的速度满足要求时，应尽量减轻火箭的级数。目前，四级以上的火箭很少采用。

2.2.8.1　运载火箭的组合方式

运载火箭有三种组合方式，即串联式、并联式和混合式。

1. 串联式运载火箭

将几枚单级火箭依次同轴配置即构成了串联式运载火箭［图 2-15（a）］，其优点是：气动阻力小，结构紧凑，各子级连接简单，级间分离可靠，发射设备较简单；缺点是：火箭的长细比大，弯曲刚度差，不易整体贮存、运输和起竖，瞄准精度受风摆影响大。

2. 并联式运载火箭

将各子级火箭配置在芯级火箭的周围即构成了并联式运载火箭［图 2-15（b）］，其特点是：火箭的总长度小，竖立在发射设备上的稳定性较好；火箭的径向尺寸大，发射设备较复杂；级间连接与分离机构较复杂，分离干扰较大。

3. 混合式运载火箭

将各子级火箭用串联和并联的方式组合起来即构成了混合式运载火箭［图 2-15（c）］，它继承了串联式运载火箭和并联式运载火箭的优点，具有技术性能先进、适应能力强和发展潜力大等特点。

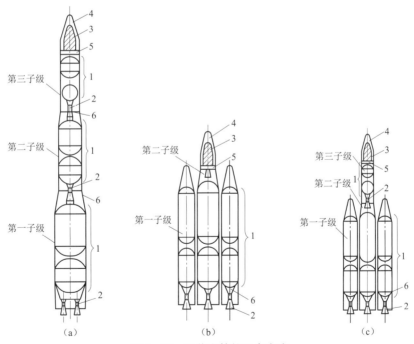

图 2-15　运载火箭的组合方式

（a）串联式；（b）并联式；（c）混合式

1—推进剂箱；2—火箭发动机；3—有效载荷；4—头部整流罩；

5—仪器舱；6—级间承力接头

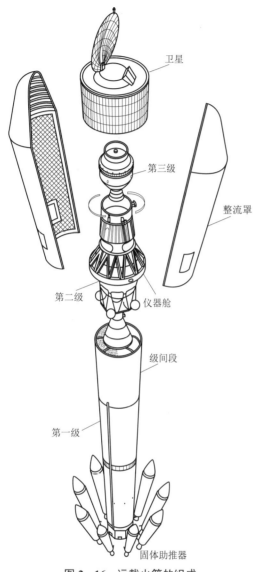

卫星

第三级

整流罩

第二级

仪器舱

级间段

第一级

固体助推器

图 2-16　运载火箭的组成

2.2.8.2　运载火箭的组成

运载火箭一般由 2～4 级箭体组成［图 2-16］，每一级都包括箭体结构、推进系统和控制系统。末级有仪器舱，其内装有控制系统、遥测系统和发射场安全系统，这些系统的组件分别放置在各子级的适当部位。各子级之间靠级间段连接。有效载荷在仪器舱的上面，其外有整流罩。许多运载火箭通过并联的方式在其一子级周围捆绑助推火箭，又称为零级火箭。助推火箭既可以是液体火箭，也可以是固体火箭，其数量取决于火箭的运载能力。

1. 箭体结构

箭体结构是火箭各受力和支承构件的总成。箭体结构的功能是：安装有效载荷、控制系统和推进系统等，并将它们连接成一个整体；箭体结构形成流线型的光滑外壳，使火箭具有良好的气动外形；大型火箭的部分箭体结构被制成推进剂贮箱，贮存液体推进剂；承受地面操作和飞行中的各种载荷；保护其内的各种仪器设备，为它们提供良好的工作环境。箭体结构基本上是一个薄壁圆柱壳体，由蒙皮、纵向和横向的加强件构成。早期的箭体结构有较大的鳍状稳定面和控制面，后来通过改变火箭发动机喷出的燃气流的方向来稳定和控制火箭飞行，于是，箭

体结构上的鳍状稳定面渐被取消。

1）液体火箭的箭体结构。

液体火箭的箭体结构一般由有效载荷、整流罩、仪器舱、推进剂贮箱、箱间段、级间段、发动机支承结构、仪器支架、导管、阀门、尾段、尾翼和分离机构等组成（图 2-17），有效载荷舱位于火箭的顶端，用于安放卫星和飞船等有效载荷。整流罩是火箭外壳的一部分，是具有一定刚度的可抛掷薄壁结构，它是有效载荷或运载火箭末级的包封部件（图 2-18）。当火箭在大气层内飞行时，它保护有效载荷或最后一级火箭，承受气动载荷和热流。在火箭飞行过程中，由于有效载荷需要与地面测控站进行无线电联系，故整流

罩的材料应具有良好的无线电波穿透性能。整流罩应有足够的刚度和较小的结构质量。整流罩的外形和结构与有效载荷的大小与形状有关，整流罩的直径一般等于火箭的直径，当有效载荷的尺寸较大时，整流罩的直径亦可大于火箭的直径，形成灯泡状的外形。整流罩一般由两个半罩沿纵向分离面对合而成，当火箭飞出大气层后，按照控制系统的指令，两半罩分开，随即被抛掉。仪器舱一般位于有效载荷的下面，用于安装控制仪器、遥测仪器和热调节设备，承受轴向载荷和弯矩。为了便于安装和检测仪器设备，仪器舱的侧壁上开有舱口。为避免仪器设备受空气动力加热的影响，仪器舱的外表面通常设有防热涂层。按所处部位的不同，仪器舱有截锥和圆筒两种形状。仪器舱大多采用半硬壳结构。推进剂贮箱占有火箭壳体的大部分，除了贮存推进剂外，还是火箭的主要承力构件（图 2-19），主要承受轴向载荷、弯矩和内压力。推进剂贮箱一般为薄壁结构，壁厚小于或等

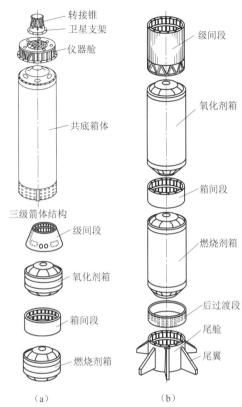

图 2-17　液体火箭的箭体结构

（a）二极箭体结构；（b）一级箭体结构

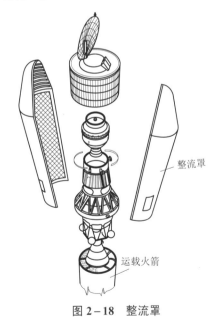

图 2-18　整流罩

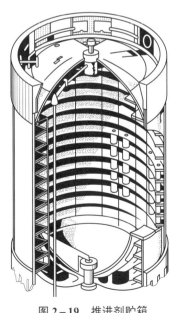

图 2-19　推进剂贮箱

于箱体曲率半径的 1/20。箱壁结构形式取决于载荷类型,主要有半硬壳结构和网络结构。箱底的外形对贮箱的长度有较大的影响,有椭球形、修正的椭球形、环球形、球锥形和半球形。为了防止和减少推进剂蒸发,低温推进剂贮箱(图 2-20)应有绝热层。级间段是运载火箭各子级之间的连接部件,其结构形式与级间分离方式有关。冷分离时,级间段采用半硬壳结构,它是一段空心圆柱体或空心圆锥体,其侧壁设有能自动排气的舱口;热分离时,级间段采用合金钢管焊接成形的杆

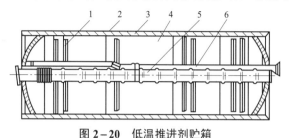

图 2-20 低温推进剂贮箱

1—隔框;2—玻璃棉绝热层;3—外壳;4—贮箱;
5—隔热导管;6—液氧泄出导管

系结构,使上面级发动机的燃气流顺畅地排出(图 2-21)。发动机支承结构用于安装发动机,并将发动机的推力传给推进剂贮箱的承力构件,同时它也是发动机零件、组件的安装支持部件(图 2-22)。大型运载火箭的发动机支承结构通常是杆系结构或半硬壳结构,后者有圆筒和截锥两种形式,它们都能均匀地传递推力。尾段又称为尾舱,它位于火箭的尾部,既是竖立在发射台上的火箭的支承力构件,又是火箭发动机的保护罩。当火箭有尾翼时,尾段是尾翼的支持部件。尾段一般是具有多个舱口的半硬壳圆筒形或截锥形铆接结构。若尾段上有火箭的发射支点,它还承受轴向力和侧风引起的弯矩及剪力。若发射支点位于火箭的其他部件上,则尾段只承受火箭在大气层内飞行时的空气动力载荷,所以质量较小。

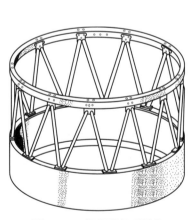

图 2-21 级间段杆系结构

推力结构

图 2-22 发动机支承结构

由于尾段底部的温度较高,故必须采用防热材料制造。在一些火箭的尾段上装有 4 个尾翼,用以增加火箭的静稳定性,改善火箭的稳定控制性能。在火箭飞行过程中,分离机构能够按照控制系统的指令分离已完成工作使命的助推火箭、下面级火箭及整流罩,使火箭继续轻装飞行。分离机构既能使需要分离的部分可靠地解锁分离,同时也能

使待分离的部分可靠地连接在一起。

纵向分离和横向分离如图 2-23 所示。

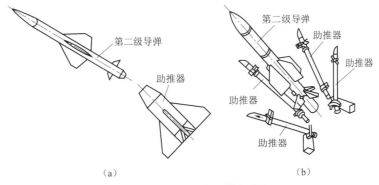

图 2-23　纵向分离和横向分离
(a) 纵向分离; (b) 横向分离

2）固体火箭的箭体结构。

固体火箭的箭体结构与液体火箭类似，主要区别是固体火箭的箭体结构同时是固体火箭发动机的壳体（图2-24）。固体火箭的运动组件较少，结构简单。固体火箭的比冲和燃烧时间有限，当运载能力相同时，所需的固体火箭的级数比液体火箭多。固体火箭发动机由前封头、外壳、装药、喷管装置和后封头等组成。封头、外壳和喷管装置构成燃烧室，固体推进剂在其内燃烧。燃烧室能承受高压（1～20 MPa）和高温（2 500～3 500 K），并具有足够的动强度。前封头是用金属材料制成的球形、椭球形或环球形薄壁结构。大型固体火箭发动机常分段制造，靠增加段数获得所需的推力。外壳是用合金或复合材料制成的薄壁壳体，其内壁有浸胶石棉布隔热层，外表面也有很薄的隔热层，以减少气动加热对其影响。喷管装置（单喷管或多喷管）固定或铰接在火箭发动机的后封头上。按照控制系统的指令，喷管装置使燃气流偏转，产生控制力矩。喷管装置在高温条件下工作，经受燃烧产物的强烈侵蚀，需要采用耐热材料。

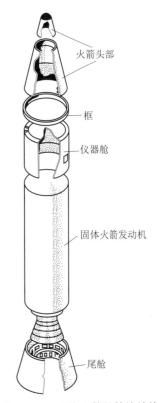

图 2-24　固体火箭的箭体结构

2. 推进系统

推进系统是利用反作用原理为火箭提供推力的装置。火箭使用的能源有化学能、太阳能和核能等。化学能是火箭最常用的能源，太阳能和核能在火箭上的利用尚处于研究阶段。液体火箭的推进系统由液体火箭发动机和推进剂供应系统组成，固体火箭的推进系统就是固体火箭发动机。推进剂供应系统能将液体推进剂从推进剂贮箱输送到推力室。按照工作方式，推进剂供应系统分为挤压式和泵压式两种。

挤压式供应系统（图2-25）通常由高压气瓶和减压器等组成。贮存在气瓶中的高压惰性气体（氮气或氦气）经减压后进入推进剂贮箱，将液体推进剂从贮箱挤压到推力室。液体推进剂的流量受控于减压器调定的压力。从高压气瓶输出的气体亦可经加热后再使用，以减少高压气瓶的数量。对于在失重条件下工作的发动机，有时将液体推进剂装在弹性贮囊内，使用高压气体挤压弹性贮囊，以保证液体推进剂的连续供应。泵压式供应系统（图2-26）通常由涡轮泵、燃气发生器和火药启动器等组成。涡轮泵将液体推进剂从推进剂贮箱输送到推力室。涡轮泵是涡轮与泵的组合装置，还包括轴承、密封件和齿轮等。涡轮由燃气发生器产生的燃气或其他气源驱动，一般采用冲击式涡轮，其结构简单，质量轻。在闭式动力循环中，通常采用低压比反力式涡轮。氧化剂泵和燃料泵可用同一涡轮驱动，亦可用两个涡轮分别驱动。涡轮与泵同轴或通过齿轮传动，以便在高转速下获得较高的效率。液体火箭发动机大多采用离心泵，其单级压头高，结构简单。高压液氢泵一般采用多级离心泵或多级轴流泵。为防止泵在工作中产生气蚀现象，需对液体推进剂贮箱进行增压，以提高泵的入口压力。

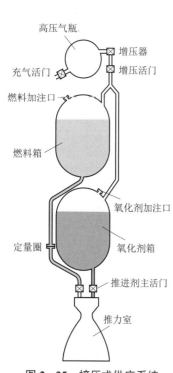

图2-25　挤压式供应系统

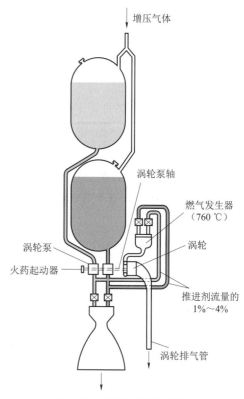

图2-26　泵压式供应系统

　　按照气源的种类，推进剂贮箱增压可分为贮气增压、自生增压和化学增压。贮气增压是用贮存在高压气瓶中的气体做增压气源。自生增压是将低沸点的液体推进剂从泵后某处分流经换热器加热汽化，或从燃气发生器抽出一部分燃气经换热器降温而获得增压气源。化学增压是在自燃推进剂的一种组元的推进剂贮箱内注入少量的另一种组元，在推进剂贮箱内发生化学反应生成燃气，用于增压。为了提高泵的抗气蚀性能，通常在离心泵前安装诱导轮或设增压泵。燃气发生器的结构与燃烧室类似，它利用双元推进剂的化学反应或单组元推进剂的分解产生燃气。双组元燃气发生器使用的推进剂一般与推力室用的相同，但两推进剂组元的混合比偏离发动机额定值较远，以防止因燃气温度过高而损坏涡轮叶片。火药启动器是使用固体推进剂的燃气发生器，点火装置将固体药柱点燃，生成的燃气驱动涡轮，工作时间很短，用于发动机启动。也可使用其他启动方式，如使用增压气体、液体推进剂启动箱和推进剂贮箱压头启动等。一般根据燃烧室的压力、推力和启动次数等确定推进剂供应系统的方案。挤压式供应系统通常用于低燃烧室压力、小推力和启动频繁的发动机（如姿态控制发动机）。泵压式供应系统通常用于推力较大的助推发动机和主发动机。目前，推进剂供应系统输送的推进剂都是化学燃料推进剂。

　　按照物理形态，化学燃料推进剂可分为液体推进剂和固体推进剂。按照液体推进剂的组成，它可分为双组元液体推进剂和单组元液体推进剂。双组元液体推进剂由分别存放的燃料和氧化剂组成，使用时分别喷向发动机燃烧室。由于性能较高，现代液体运载火箭几乎都采用双组元液体推进剂，常用的液体燃料有液氢、偏二甲肼、一甲基肼、煤油和丙烷等，常用的液体氧化剂有液氧、四氧化二氮、红烟硝酸、液氟、五氟化氯和二氟化氧等。有些双组元液体推进剂在常温下可以长期贮存，称为可贮存液体推进剂，如硝酸和煤油。有些双组元液体推进剂的沸点（在大气压力下）非常低，称为低温高能液体推进剂，如液氧和液氢。按照自燃性能，双组元液体推进剂又可分为自燃双组元液体推进剂和非自燃双组元液体推进剂，如偏二甲肼和四氧化二氮就是自燃双组元液体推进剂。单组元液体推进剂是一种单一的物质，其内既有可燃的燃料成分，又有助燃的氧化剂成分。单组元液体推进剂在常温下是稳定的，当加压、加热或与催化剂接触时，能剧烈分解放热，产生大量高温气体。典型的单组元液体推进剂有过氧化氢和肼。由于单组元液体推进剂的性能较低，一般只用于推力很小的姿控发动机和大推力火箭发动机的涡轮泵。固体火箭推进剂是燃料、氧化剂和各种添加剂等的混合物，其中燃料和氧化剂是基本成分。为提高固体火箭推进剂的理化性能而加入的少量其他成分，统称为添加剂，它包括加快燃烧速度的催化剂、降低燃烧速度的降速剂、改善燃烧性能的稳定剂、改善贮存性能的防老剂、防止断裂的增塑剂和改善加工性能的稀释剂、润滑剂、固化剂或固化阻止剂等。

　　常用的固体火箭推进剂有双基推进剂、复合推进剂和复合改性双基推进剂等。双基推进剂是硝化甘油和硝化纤维的均匀混合物。复合推进剂是高氯酸、塑料黏合剂和少量铝粉的混合物。复合改性双基推进剂是双基推进剂、过氯酸铵和铝粉的混合物。按照质地，固体火箭推进剂可分为均质推进剂和异质推进剂。双基推进剂是均质推进剂，它燃烧比较稳定，但性能较差。复合推进剂和复合改性双基推进剂属于异质推进剂，它们是氧化剂和燃烧剂的异相混合物，有较高的性能。与液体火箭推进剂相比，固体火箭推进剂的性能较低，但便于贮存。对于大型运载火箭，在其推进剂供应系统中还设置了推进剂利用系统，它是保证氧化剂与燃料同时耗尽的自动控制系统。在火箭飞行过程中，发动机内两种推进剂组元的混合比相对于额定值存在一定的偏差，致使两种推进剂的贮箱不能同时排空，当发动机关闭时，推进剂贮箱内会剩余部分氧化剂或燃料，它是无用载荷，降低了运载火箭的运载能力。推进剂利用系统通过对氧化剂和燃料实际耗量的测量与反馈，自动控制推进剂两组元的流量，使氧化剂与燃料同时耗尽。推进剂利用系统是由液位传感器、计算机和活门组成的闭环控制系统。液位传感器安装在推进剂贮箱内，随时测量氧化剂与燃料的实际耗量。计算机接收液位传感器的测量数据，并算出实际混合比值与参考值之间的偏差，发出控制信号。执行机构接到计算机发出的修正控制信号后，改变推进剂利用活门的开度，以调节两种推进剂组元的流量和混合比，使推进剂的剩余量最小，从而提高火箭的运载能力。

3. 控制系统

控制系统由导航系统、姿态控制系统、电源配电系统和测试发控系统等组成。

1）导航系统。

导航系统由测量装置、控制装置和计算机等组成，其功能是测量与计算火箭的位置、速度、加速度和轨道参数等，与预先装订的参数比较，形成制导指令，控制火箭发动机的点火、关闭和火箭各子级的分离，使火箭的质心按预定的轨迹运动，将卫星和飞船等有效载荷送到预定的空间位置并进入预定的轨道。运载火箭通常采用惯性导航系统、天文导航系统和组合导航系统等。惯性导航系统是一种自主式导航系统，其设备都安装在火箭内，工作时既不依赖外界信息，也不向外界辐射能量，不易受到干扰。其工作原理是：通过测量火箭的加速度（惯性）和自动积分运算，获得火箭的瞬时速度和瞬时位置数据。天文导航系统是自主式导航系统，不需要地面设备，不受人工或自然电磁场的干扰，不向外界辐射电磁波，隐蔽性能好，定向、定位精度高，定位误差与时间无关。其工作原理是：根据天体的坐标位置和运动规律，测量天体相对于火箭参考基准面的高度角和方位角，然后计算火箭的位置和航向。组合导航是两种或两种以上导航技术的组合，将组合后的系统称为组合导航系统，它多以惯性导航系统为主要分系统，其主要功能是：①协合功能：利用各分系统的导航信息，形成分系统所不具备的导航功能。如用大气数据计算机的空速信息和罗盘的航向信息工作的自动领航仪可以提供飞机的位置信息，它是一种早期的组合导航系统。②互补功能：组合后的导航功能虽然与各分系统的导航功能相同，但它能够综合利用各分系统的特点，故扩大了导航系统的使用范围，提高了导航系统的导航精度。③余度功能：两种以上导航系统的组合具有导航余度功能，提高了导航系统的使用可靠性。

2）姿态控制系统。

姿态控制系统由敏感装置、计算机和执行机构组成，其功能是纠正火箭在飞行过程中的俯仰、偏航和滚动误差，使火箭以正确的姿态飞行。敏感装置测量火箭姿态的变化并输出信号；计算机按一定控制规律对姿态信号和导引指令进行运算、校正、放大并输出控制信号；执行机构根据控制信号产生控制力矩，使火箭以正确的姿态飞行。

3）电源配电系统。

电源配电系统的功能是：向控制系统的仪器供电和配电；按照火箭的飞行程序发出时序指令；控制火箭工作状态的变化。另外，在火箭发射前的准备过程中，还要完成从地面电源供电到箭上电源供电的转换工作。

4）测试发控系统。

测试发控系统的功能是：发射前，通过箭地通信检查测试控制系统、箭体和推进系统的电气部分；向箭上设备装订飞行参数；对火箭实施发射控制。测试发控系统安装在地面上。在对运载火箭实施控制的过程中，它与导航系统、姿态控制系统和电源配电系统组合成一个完整的整体，各司其职，但不各行其是。

5）飞行控制系统。

飞行控制系统安装在火箭上，由导航系统、姿态控制系统和电源配电系统组成，它们是一个整体，包括测量仪表、中间装置、执行机构和电源配电装置等。测量仪表的种类取决于火箭的导航方式，但无论火箭采用何种导航方式，其测量仪表都离不开陀螺和加速度表。陀螺是测定火箭姿态的一种仪表，它不依靠任何外界信息就能测出火箭的姿态。陀螺利用惯性原理工作，它有两个重要特性：①定轴性：高速旋转的转子具有力图保持其旋转轴在惯性空间内的方向稳定不变的特性。②进动性：在外力矩的作用下，旋转的转子力图使其旋转轴沿最短的路径趋向外力矩的作用方向。加速度表是测量火箭线加速度的仪表。在惯性导航系统中，高精度的加速度表是基本的敏感元件之一。不同使用场合的加速度表在性能上差异很大，高精度的惯性导航系统要求加速度表的分辨率高达 $10^{-9}g$，但量程不大；测量火箭过载的加速度表则可能要求有 10^2g 的量程，而精度要求却不高。中间装置主要是电子计算机。执行机构主要是执行发动机点火、关机和火箭各子级分离的电磁阀及电爆器件；执行姿态控制的舵机、姿态喷管和摇摆发动机；以及控制摇摆发动机运动的伺服机构。电源配电装置主要包括电池（一次电源）、二次电源、配电器、程序配电器和电缆等。常用的一次电源有银锌电池和镉镍电池等。对于控制系统的仪器，由于各种原因，有的需要直流稳压电源，有的需要交流电源，有的需要脉冲电源，一般不能直接使用电池，而必须设置二次电源。配电器是向箭上仪器供电的控制设备,按照火箭的飞行程序接通电源与用电设备,它也是实现地面供电与箭上供电转换的设备。程序配电器又称时序装置,按照火箭的飞行程序,它使相应的设备与电路通电和断电,如发动机的点火与关闭、各子级的分离和航天器与火箭的分离等。

6)飞行测量及安全系统。

飞行测量及安全系统的功能是测量火箭飞行过程中的各种关键参数,判断火箭的安全飞行状态。飞行测量包括遥测和外测。遥测系统的功能是测量火箭飞行过程中各系统的工作参数和环境参数,通过远距离无线电传输和回收装置送回地面,为评定火箭各系统的工作状态、分析故障、鉴定和改进火箭性能提供依据。遥测系统的箭上设备主要包括传感器、变换器、中间装置和无线电发射设备,它们将测得的物理量转变为电信号,通过无线电多路通信方式将电信号传输到地面,地面接收站对电信号进行解调、变换和处理;亦可用磁记录器记录速度参数,进行软回收或硬回收。外测系统是外弹道测量系统的简称,它利用光波和电波等的特性跟踪飞行中的火箭并测量其运动参数。外测系统的主要设备设在地面,如各种雷达和光学设备,外测系统的装箭设备一般是应答机、天线和光学合作目标等。利用全球定位系统(GPS)对火箭进行定位测量,既可简化箭上设备,又可提高测量精度。外测系统的功能是为飞行性能评定、导航精度分析、飞行安全和故障分析等提供依据。安全系统的功能是当火箭在飞行过程中出现故障或飞行弹道超出允许范围而危及地面安全时将其炸毁。箭上安全系统由敏感装置、计算装置和爆炸装置组成,它根据火箭姿态故障或接地面安控炸毁信号,自动或人工发出指令,将飞行中的火箭炸毁。

7)箭上附加系统。

将一些比较独立而又不可或缺的箭上小系统统称为箭上附加系统,它包括瞄准系统、垂直度调整系统、推进剂贮箱液位测量系统和空调系统等。瞄准系统用于确定位于发射点的火箭的初始方位。垂直度调整系统配合发射台调整火箭的垂直度。推进剂贮箱液位测量系统用于测量贮箱液面。空调系统对火箭各舱段和有效载荷整流罩进行温湿度调节。

2.2.8.3 运载火箭的设计

运载火箭的设计继承了飞机设计的理论和方法,在现代先进科学技术和工业的基础上逐渐发展成为一门新兴的工程技术,它与发射技术的发展有着密切的关系,是航天工程的重要组成部分。

1. 设计特点

由于运载火箭自身的特点,它的设计与其他飞行器不完全相同。运载火箭设计的主要特点是:①运载火箭是无人驾驶飞行器,需要为之设计完善的自动控制系统。②将运载火箭整体作为弹性体进行设计。③运载火箭的工作环境十分恶劣。发射时,火箭发动机会产生高温、高压、强噪声和强振动;在运载火箭加速飞行过程中,会产生巨大的超重；进入轨道后，又会遇到失重、真空和辐射等。因此，需对运载火箭的材料、元器件和设备进行环境适应性设计。④运载火箭本身无须设置人的生命和生活保障系统。⑤大多数运载火箭的箭体设计只考虑运输、发射和飞行载荷，不考虑返回和着陆工况。⑥运载火箭的设计与先进科学技术的预研水平有密切的关系。⑦运载火箭的轨道、结构、外形和控制等是按照运载任务的特殊要求专门设计的，通常，运载任务的要求就是运载火箭的设计依据。⑧在设计新型运载火箭的总体方案时，需进行不同方案的可靠性比较，采用可靠性高的设计方案。⑨运载火箭的设计通常与地面设备系统和发射工程设施的设计同步进行。

2. 总体设计

运载火箭的总体设计，能够将各分系统的设计综合成一个整体，保证运载火箭的综合性能、研制成本和研制周期的最佳组合。运载火箭总体设计的主要内容是：论证和确定运载火箭的总体方案及性能参数；提出各分系统的设计要求，并进行技术协调；提出地面及飞行试验要求，参加试验，并进行结果分析。运载火箭的总体设计一般分为指标论证、方案设计、初步设计和技术设计。

1）指标论证。

指标论证在方案设计前进行。在论证过程中，应将研制任务书、航天发展规划和发射服务市场的需求与技术和经济可能性结合起来，制定符合实际的技术指标。运载火箭的技术指标一般包括运载能力、轨道要求、入轨姿态要求、入轨精度、有效载荷整流罩尺寸、有效载荷的机械接口、有效载荷的电气接口、有效载荷的环境条件、飞行可靠性、发射可靠性、发射场的地理位置、对不同有效载荷的适应性、研制周期和研制费用等。

2）方案设计。

方案设计的主要内容包括选择总体参数、确定总体方案和提出各分系统初样研制任务书。在选择总体参数前，应确定推进剂的种类、发动机的类型、子级数、子级连接方式、子级分离方式、操纵机构的形式、箭体各部段的结构形式、运载火箭的外形和部位安排等。

（1）确定推进剂的种类：推进剂的质量为运载火箭起飞质量的 80%～95%，它直接影响运载火箭的运载能力、发动机的类型、弹道特性和使用性能等。液体推进剂具有性能高和推力控制方便等特点。固体推进剂具有火箭结构尺寸小、系统简单、射前准备时间短和起飞加速快等特点。推进剂应有尽可能大的热值和密度，应有尽可能小的腐蚀性和毒性。固体推进剂还应有尽可能大的机械强度。

（2）确定运载火箭的级数：若采用多级火箭，则可以将飞行过程中无用的火箭结构依次抛掉，从而减少能量损失，提高运载能力。各子级的发动机推力、工作时间和分离高度均可灵活调整。过多的级数会使运载火箭的结构和控制变得复杂，降低飞行可靠性和使用性能。运载火箭的最佳级数通常应少于按最小起飞质量所选择的级数，一般是二

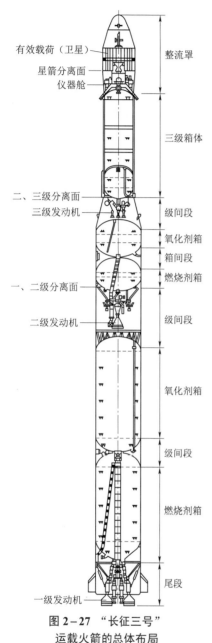

有效载荷（卫星）
星箭分离面
仪器舱
整流罩

三级箱体

二、三级分离面
三级发动机
级间段
氧化剂箱
箱间段
燃烧剂箱

一、二级分离面
二级发动机
级间段

氧化剂箱

级间段

燃烧剂箱

尾段

一级发动机

图 2-27 "长征三号"运载火箭的总体布局

级、三级或四级。

（3）运载火箭的总体布局：总体布局（图 2-27）又称部位安排。合理地安排运载火箭各部段和组件的位置，可使运载火箭结构紧凑，传力合理，具有良好的气动外形和飞行稳定性，有利于安装敏感元件、实现控制、减少偏差和级间分离，而且使用方便。

（4）选择设计参数：根据研制任务书给出的入轨点参数（或射程）、有效载荷参数和推进剂的种类选择一组最佳的总体设计参数，利用它们来确定运载火箭的质量、几何尺寸和发动机的推力等。总体设计参数主要是发动机的真空比推力（火箭的理想速度与其成正比）、火箭的质量比（反映火箭结构质量减轻的水平及推进剂的装填程度）、推重比（起始推力与起飞质量之比，表示火箭的加速性能）、比冲比（真空比冲与地面比冲之比，与发动机喷管的面积比有关，按照飞行高度的变化选取）、火箭最大单位横截面上的起飞载荷（反映火箭的粗细程度）和多级火箭级间起飞质量比（影响火箭尺寸及运载能力）等。为了选择总体设计参数，需进行质量分析和弹道分析。质量分析是利用统计数据和分析计算方法找出火箭各组成部分质量与设计参数的内部联系，并建立火箭起飞质量与设计参数之间的关系。弹道分析是研究火箭主动段终点速度（或射程）与主要设计参数之间的关系。对于初步估算，主动段终点速度可用齐奥尔科夫斯基公式计算，并用各种因素引起的速度损失和地球旋转的影响对计算结果进行修正。不同的运载任务需要不同的主动段终点速度和弹道。对于精确计算，应通过分析建立火箭运动方程和控制方程组，利用计算机对不同设计参数的组合进行计算，通常选择使火箭的起飞质量最小的一组设计参数。

（5）参数分配：根据研制任务书给出的火箭技术指标、已定的总体方案和设计参数，通过设计和分析，提出各分系统的设计参数。参数分配的主要工作内容是：计算初始参数；确定火箭的尺寸、容积、质量、质心、转动惯量和各种偏差；对火箭的空气动力性能、气动加热、飞行轨道程序、标准轨道及偏差、箭体的动力特性、液体推进剂的晃动特性、载荷、推进剂供应系统的增压、飞行稳定性、导航精度和飞行可靠性等进行计算和综合分析。

3）初步设计。

初步设计是基于初样产品试验的又一轮总体设计，它为各分系统的技术设计提供依据。初步设计与方案设计类似，只是其使用的计算公式和计算方法更为精确和细致，并在试验和反复协调的基础上编写供各分系统技术设计使用的任务书。

4）技术设计。

在初步设计的基础上，编写用于指导产品生产、试验和验收的工程图纸和技术文件，编制火箭的地面大型试验和飞行试验的技术文件，通过技术协调，使各分系统的设计符合总体设计要求。

根据各分系统的技术设计任务书，使用类似总体设计的方法进行各分系统的技术设计，并依此模式，完成下层系统和单机的技术设计。在火箭研制的各个阶段，设计、生产和试验的信息不断反馈到总体设计部门，经过反复协调、试验和修改，最终完成运载火箭的设计。

2.2.8.4 运载火箭的发射

运载火箭的发射是指运载火箭携带航天器从起飞、加速直至进入预定轨道的全过程。

将允许运载火箭发射航天器的时间范围称为发射窗口，它包括年计发射窗口、月计发射窗口和日计发射窗口。在规定的年份内，将可以发射航天器的连续的几个月称为年计发射窗口。在规定的某个月份内，将可以发射航天器的连续几天称为月计发射窗口。在规定的某一天内，将可以发射航天器的某一时刻至另一时刻称为日计发射窗口。通常根据运载火箭的发射条件、测控系统对发射时段的要求、航天器入轨及工作条件对发射时段的要求、通信与时间统一系统对发射时段的要求和气象条件对发射时段的限制等来确定发射窗口。如发射哈雷彗星探测器，则应在哈雷彗星回归的年份内发射；若发射火星飞船，则应在火星与地球会合的年份内发射，二者都要选择合适的年计和月计发射窗口；若发射月球探测器，则应选择合适的月计和日计发射窗口；若发射始终向阳的人造地球卫星，则应选择俟其入轨后一直未进入地球阴影的时刻发射。凡有年计发射窗口的航天器发射，通常也要同时规定月计和日计发射窗口，因此，航天器的最终发射时刻还要由日计发射窗口来确定。

将保证运载火箭发射成功的技术要求称为发射条件。为了成功地发射运载火箭，应该使运载火箭、地面设备系统和发射工程设施等均处于最佳状态。但是，由于参与发射的系统和设备太多，欲使之都处于良好的工作状态往往是不可能的，为此，运载火箭的发射规定了最佳发射条件和允许发射条件。最佳发射条件是指航天器、运载火箭、地面设备系统和发射工程设施等完全满足发射技术要求，所有系统、设备和设施工作正常，性能稳定，具有最佳日计发射窗口；发射区、入轨区和回收区的气象条件符合要求。允许发射条件是指航天器、运载火箭、地面设备系统和发射工程设施等基本满足发射技术要求，在航天器、运载火箭均工作正常、性能参数符合技术要求的情况下，允许个别次要的性能参数超差和次要器件失效，允许多备份仪器或手段中的某一种失效，但发射设备、发射控制系统、地面测控系统和通信与时间统一系统中的主要部分均应工作正常，具有可用的日计发射窗口，气象条件应在发射、跟踪和测控要求允许的范围内。通常由发射控制系统、地面测控系统、通信与时间统一系统和气象保障系统等分别提出最低实际允许发射条件，由发射指挥部门确定几个预选方案。运载火箭本应在最佳发射条件下发射，但由于各种发射约束处于动态变化中，故大多数运载火箭都是在允许发射条件下发射的。

2.3 导　　弹

导弹的分类方法有很多，按照导弹的发射点与目标的地理位置，可以分为地地导弹、潜地导弹、地空（防空）导弹、舰空导弹、空空导弹和空地导弹等；按照导弹的射程，可以分为近程导弹（射程小于 1 000 km）、中程导弹（射程为 1 000～5 000 km）、远程导弹（射程为 5 000～8 000 km）和洲际导弹（射程大于 8 000 km）；按照导弹的飞行方式，可以分为弹道导弹和飞航导弹；按照导弹的级数，可以分为单级导弹和多级导弹；按照导弹子级的连接方式，可以分为串联式导弹、并联式导弹和串并联式导弹；按照导弹的用途，可以分为战略导弹、战术导弹、潜（舰）地导弹、空地导弹、地空导弹、舰空导弹、空空导弹、舰舰导弹、岸舰导弹、空舰导弹和反弹道导弹等；按照发动机的形式，可以分为液体导弹和固体导弹。按照制导系统的种类，可以分为自主式制导导弹和组合式制导导弹等。

2.3.1　地地导弹

地地导弹是从陆地发射打击陆地目标的导弹，它包括地地弹道导弹和地地飞航导弹。地地导弹通常由弹头、弹体、动力装置和制导系统等组成。战略地地导弹可携带一个或多个核弹头，具有射程远、精度高和威力大等特点，是战略核武器库的主要组成部分。战术地地导弹可携带核弹头或常规弹头，用于打击敌方战役战术纵深内的固定或活动目标。早期的地地导弹都采用液体推进剂，地面设备比较笨重。后来，部分地地导弹改用固体推进剂，射前准备时间较短，研制成本较低，使用可靠性高。为了提高生存能力，地地导弹的发射方式已从地面或地下固定发射转变为地面机动发射。

2.3.2　潜地导弹

潜地导弹是从潜艇发射攻击地面目标的导弹（图 2-28），它与潜艇组成潜地导弹武器系统。潜地导弹具有机动性大、隐蔽性好、生存能力强和使用灵活等优点。每艘潜艇可携带 16～24 枚导弹在水下长时间潜航。潜地导弹武器系统是战略核武器库的重要组成部分。早期的潜地导弹采用液体火箭发动机,只能从水面发射,射程近,精度差。20世纪 60 年代出现了采用固体火箭发动机、水下发射的潜地导弹。从此,潜地导弹的射程不断增大,精度迅速提高。潜地导弹又分为弹道式潜地导弹和飞航式潜地导弹,前者简称潜地导弹,后者通称潜射飞航导弹。潜地导弹由弹头、动力装置、弹体和制导系统组成。弹头多用核装药,可以是单弹头、集束式多弹头或分导式多弹头。潜地导弹的动力装置通常是固体火箭发动机,潜射飞航导弹的动力装置大多是空气喷气发动机。弹体将潜地导弹的各分系统连成一个整体。制导系统通常是惯性或天文与惯性组合的导航系统,它主要由惯性平台和弹上计算机组成。潜射飞航导弹大多采用惯性与地形匹配等组合导航系统。潜地导弹通常装在潜艇中部的垂直发射筒内,在高压燃气、蒸气或压缩空气的作用下弹出艇外,弹射速度一般为每秒几十米。潜射飞航导弹可由潜艇的鱼雷发射管或专用发射筒发射。在导弹出水前或出水后点燃发动机,使其按预定的弹道飞向目标。潜地导弹的长度和直径受到发射筒的限制。导弹在水下的运动比较复杂,除导弹本身的运动之外,还受到潜艇运动、海流和涌浪等因素的影响。潜地导弹的命中精度通常略低于地地导弹。导弹的水下发射技术比较复杂。潜艇在水下机动航行时,导航系统连续地为发射指挥系统提供艇位、航向、航速和纵横倾角等数据,发射指挥系统随时计算出导弹的射击诸元,并同步将其装订到弹上计算机内,按程序完成导弹的射前准备工作。接到发射指令后,潜艇的发射控制系统开始按预定的发射程序工作。发射控制系统中的检测设备自动检测导弹的待发状态。导弹的射前准备时间一般为几十分钟,甚至几分钟,发射间隔时间一般为数十秒。

图 2－28　潜地导弹发射示意图

2.3.3　舰空导弹

　　舰空导弹是从舰艇上发射打击空中目标的导弹(图 2－29)。它与舰艇上的目标探测指示系统、水平稳定装置、发射控制系统、发射设备和技术保障设备等组成了舰空导弹武器系统。舰空导弹是在地空导弹的基础上发展起来的,有一级舰空导弹和两级舰空导弹，与地空导弹的结构相类似。舰空导弹的动力装置大多是固体火箭发动机，少数是冲压发动机。舰空导弹一般采用遥控制导或寻的制导，也有的采用组合制导方式。舰空导弹大多用于装备大型的水面舰艇。

图 2-29　舰空导弹

2.3.4　空空导弹

空空导弹是从飞机上发射打击空中目标的导弹（图 2-30），它通常由弹体、弹翼、动力装置、制导装置、弹头和引爆系统等组成。空空导弹与飞机、机载发射装置和火力控制系统等组成了空空导弹武器系统。空空导弹的主要优点是射程远、命中精度高和毁伤能力强，其缺点是成本高和单机载弹数量有限等。

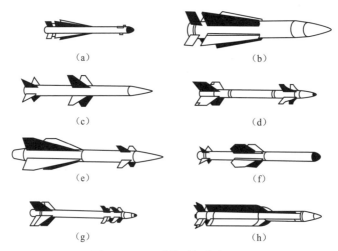

图 2-30　几种典型的空空导弹

(a)"猎鹰"；(b)"不死鸟"；(c)"麻雀"；(d)"响尾蛇"；(e) AA-2；
(f)"红头"；(g)"魔术"；(h)"马特拉超 530"

　　按照射程，空空导弹可以分为近程导弹、中程导弹和远程导弹。近程导弹主要用于近距离格斗。中远程导弹用于攻击视距以外的目标，具有全天候、全方向和全高度的作战能力。空空导弹的质量和尺寸受到载机的限制，质量一般为 50～400 kg，弹长一般为 1.5～4 m，弹径不超过 0.4 m。空空导弹通常在大气层内飞行，大多采用有翼结构，利用空气动力提高导弹的操作性能和稳定性。弹翼和舵面大多采用"+"形或"×"形配置，舵面在翼面之前的称为"鸭"式配置，舵面在翼面之后的则为正常配置，也有的采用其他配置方式。空空导弹的动力装置大多是固体火箭发动机，通常一枚导弹只装一台固体火箭发动机，少数的装两台固体火箭发动机。早期的空空导弹采用指令制导或波束制导装置，性能较差，易受干扰。后期的空空导弹大多采用寻的制导装置。远程空空导弹一般采用复合制导装置。按照工作原理，寻的制导装置可分为主动寻的制导装置、半主动寻的制导装置和被动寻的制导装置；按照能源特征，寻的制导装置可分为雷达寻的制导装置和红外寻的制导装置。制导装置或全部装在导弹上，或分别装在导弹或载机上。弹头多采用高能常规炸药。引爆系统一般是抗干扰能力较强的触发或非触发式引信系统。

2.3.5　空地导弹

　　空地导弹是从飞机上发射打击地面固定或低速移动目标的导弹（图 2−31），它通常由弹体、弹翼、动力装置、制导装置、弹头和引爆系统等组成。

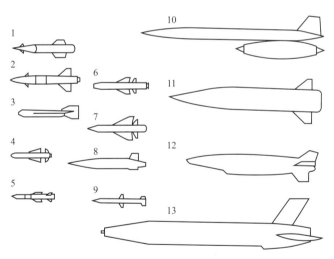

图 2−31　典型空地导弹外形图

1—"小斗犬 B"；2—"核小斗犬"；3—"鹌鹑"；4—"幼畜"；5—"鸬鹚"；6—"玛特耳（电视型）"；
7—"玛特耳（雷达型）"；8—"近距攻击导弹"；9—"百舌鸟"；10—"猎犬"；
11—"兰剑"；12—"厨房"；13—"袋鼠"

　　空地导弹与飞机、机载发射装置和火力控制系统等组成了空地导弹武器系统。按照作战用途，空地导弹可分为战略空地导弹和战术空地导弹。战略空地导弹是为战略轰炸机进行远距离突防而研制的一种进攻性武器，它装有核弹头，弹重一般为1～10 t，最大速度为3倍的声速，最大射程可达1 600 km。战术空地导弹是战斗机使用的攻击性武器，主要用于近距离空中支援和中远距离空中攻击，射程一般为6～60 km。空地导弹的结构和战术技术性能等与其射程和用途有密切的关系。空地导弹的弹体通常为圆柱形，其弹翼和舵面大多采用正常式或"鸭"式配置。制导装置一般采用自主式、遥控、寻的或复合制导方式。远程空地导弹大多采用自主式惯性制导系统。为了提高命中精度，有的空地导弹还使用地图匹配中制导和末制导系统来修正惯性制导误差。近程空地导弹通常采用无线电指令、红外、电视、激光和雷达寻的制导。动力装置大多是固体火箭发动机，少数采用液体火箭发动机。空地飞航导弹大多采用涡轮喷气发动机或涡轮风扇发动机。制导装置或全部装在导弹上，或分别装在导弹或载机上。战略空地导弹通常带有核弹头，其他空地导弹的弹头大多使用普通装药。引爆系统一般是接触式或非接触式引信系统。反雷达空地导弹是空地导弹中专门用于攻击防空系统雷达的导弹，可为其他空地导弹突防和有效地攻击目标创造条件。提高制导精度、提高全天候攻击能力、能攻击小型活动目标和一弹多用等是空地导弹的发展趋势。

2.3.6　舰舰导弹

舰舰导弹是从舰艇上发射打击舰艇的导弹（图2-32），它通常由弹体、动力装置、制导装置、弹头和引爆系统等组成。舰舰导弹与舰艇上的目标探测指示系统、水平稳定

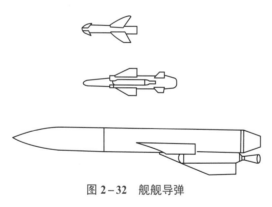

图2-32　舰舰导弹

装置、发射设备、发射控制系统和技术保障设备等组成了舰舰导弹武器系统。弹体包括弹身、弹翼和舵面。弹翼和舵面大多采用正常式配置，也有采用"鸭"式配置的。折叠式弹翼可以减少结构尺寸。舰舰导弹大多采用两级动力装置，第一级动力装置是固体火箭助推器，可使导弹迅速升空，第二级动力装置是主发动机，它使导弹继续进行动力飞行。主发动机大多是固体火箭发动机或液体火箭发动机，也有的是涡轮喷气发动机或冲压发动机。早期的舰舰导弹一般采用无线电遥控制导装置，中期的舰舰导弹一般采用惯性制导装置，后期的舰舰导弹一般采用雷达和红外等寻的制导装置，远程舰舰导弹大多采用复合制导装置。弹头大多为普通装药。引爆系统一般是触发或非触发引信系统。舰舰导弹的射程为几公里至几百公里，速度为0.5～2.4倍声速，弹重一般为几十千克至几千千克。射程较远、质量较大和速度较快的舰舰导弹通常装备在巡洋舰、驱逐舰或潜艇上，射程较近和质量较轻的舰舰导弹通常装备在导弹快艇、鱼雷快艇或炮艇上。

2.3.7　岸舰导弹

　　岸舰导弹是从岸上发射打击水面舰艇的导弹（图2-33），它通常由弹体、动力装置、制导装置、弹头和引爆系统等组成。岸舰导弹与地面上的目标探测指示系统、发射设备、发射控制系统和技术保障设备等组成了岸舰导弹武器系统。在系统组成、使用性能和工作原理等方面，岸舰导弹与舰舰导弹相似。岸舰导弹可从海岸固定阵地发射，亦可实施车载机动发射。

图2-33　岸舰导弹

2.3.8　空舰导弹

　　空舰导弹是从飞机上发射攻击舰艇的导弹，其最大射程可达80 km，最大速度可达2倍声速，最大弹重可达500 kg。空舰导弹通常由弹体、弹翼、动力装置、制导装置、弹头和引爆系统等组成。空舰导弹与飞机、发射设备、发射控制系统和制导设备等组成了空舰导弹武器系统。空舰导弹的结构类似于空地导弹，动力装置大多是火箭发动机，少数是空气喷气发动机。制导装置通常采用寻的制导或复合制导。弹头大多采用普通装药。空舰导弹的射程约为数十至数百千米，其弹道变化范围较大，飞行速度较低，通常从被攻击舰艇防空武器的射程以外发射，导弹以巡航速度沿海面惯性飞行，接近目标时跃升，弹上雷达或红外自动导引设备跟踪舰艇，末段转为水平飞行，在舰艇前俯冲入水，并在吃水线以下爆炸，以获得最大的杀伤效果。

2.3.9　战略导弹

　　战略导弹是毁伤敌方重要战略目标和保卫己方战略要地的各类导弹。战略导弹通常分为进攻性战略导弹和防御性战略导弹。战略导弹可以从地面固定发射装置、地下固定发射装置、地面机动发射装置、战略轰炸机或核潜艇上发射。战略导弹是战略武器库的重要组成部分，具有很强的生存能力和很大的破坏作用。战略导弹通常都带有核弹头。

2.3.10　战术导弹

战术导弹是毁伤敌方战役战术纵深内的目标或直接支援部队战斗行动的各类导弹。战术导弹具有射程远、速度快、威力大和命中精度高等特点，在现代战争中得到了广泛的应用。战术导弹包括各类地面、机载和舰（潜）载战术导弹，如近程地地导弹、地空导弹、空空导弹、空地导弹、战术飞航导弹、岸舰导弹、舰舰导弹和舰空导弹等。

2.3.11　反导导弹

反导导弹用于拦截敌方来袭的战略弹道导弹，它是在地空导弹的基础上发展起来的两级或三级有翼导弹。按照拦截空域的高度，可分为高空（大气层外）拦截导弹和低空（大气层内）拦截导弹。反导导弹通常由弹体、动力装置、制导设备或系统、弹头和电源系统等组成。弹头大多采用核装药，大气层外的毁伤因素主要是 X 射线和电磁脉冲；大气层内的毁伤因素主要是中子流、γ 射线和冲击波等综合效应。制导设备或系统能使导弹飞行稳定和飞向目标。动力装置通常是固体火箭发动机，它用于导弹的动力飞行，亦用于稳定导弹的飞行姿态，改变飞行弹道。对于低空拦截的反导导弹，要求其发动机具有高比冲、高质量比和高燃速，在数秒钟内，能使导弹获得几千米每秒的速度和 $100\,g$ 以上的加速度，以便有效地拦截战略弹道导弹。反导导弹的弹体通常采用锥柱形或全锥形气动外形，以使高超声速飞行的导弹具有小的阻力、大的升阻比和良好的操纵性能。用于低空拦截的反导弹导弹在大气层内飞行时，其最大速度将超过 10 倍声速，其表面温度将达 3 000 ℃以上，应使用耐烧蚀材料保护弹体。

2.3.12　弹道导弹

弹道导弹是带有火箭发动机的无翼无人驾驶的飞行器。弹道导弹的飞行弹道如图 2-34 所示，它由主动段、自由飞行段和再入段组成。将导弹在火箭发动机和控制系统作用下的飞行段称为主动段，将火箭发动机熄火时所对应飞行弹道上的点称为弹道主动段终点。将火箭发动机和控制系统都不工作、导弹依靠惯性沿自由弹道飞向目标的飞行段称为自由飞行段。自由飞行段的大部分位于大气层外，导弹只受地心引力的作用，故自由飞行段为抛物线弹道，其特性取决于导弹的初始速度和倾角。导弹在自由飞行段的飞行距离约为其射程的 90%。将导弹进入大气

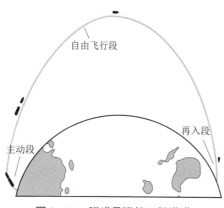

图 2-34　弹道导弹的飞行弹道

层的飞行段称为再入段。虽然再入段的空气密度越来越大，但几乎不会改变弹道的抛物线形状。弹道导弹的主动段通常包括垂直上升段，垂直飞行几秒钟，待速度增加到一定数值后，则在控制系统的作用下开始转弯，进入转弯飞行段。弹道导弹须有垂直飞行段，是因为弹道导弹的起飞质量通常很大，其推重比（火箭发动机的推力与导弹起飞质量之比）又不会太大（一般为 1.1～1.5），垂直起飞既可使导弹起飞后最初几秒钟内能够稳定飞行，也能使导弹以较短的路径尽快飞出大气层，相对地减少了能量损失。另外，垂直起飞也能简化发射设备的设计，方便对目标的初始瞄准。

2.3.12.1　弹道导弹的分类

弹道导弹的分类方法很多，按照作战任务，可分为战略弹道导弹和战术弹道导弹。战略弹道导弹用于毁伤敌方重要的战略目标，它包括远程弹道导弹和潜地导弹，通常都带有核弹头；战术弹道导弹通常指近程地地导弹，用于毁伤敌方战役战术纵深内的目标。按照射程，可分为近程弹道导弹、中程弹道导弹、远程弹道导弹和洲际弹道导弹；按照弹头装药，可分为常规弹道导弹和核弹道导弹；按照主发动机的推进剂，可分为液体弹道导弹和固体弹道导弹；按照级数，可分为单级弹道导弹和多级弹道导弹；按照子级连接方法，可分为串联、并联和混合连接弹道导弹；按照制导系统的种类，可分为自主式和组合式制导弹道导弹；按照发射方式，可分为地地、地舰、舰地和舰舰等弹道导弹。

2.3.12.2　弹道导弹的组成

弹道导弹通常由弹头、弹体结构、动力系统、控制系统和初始对准系统等组成，有的弹道导弹还装有战斗遥测系统。用于飞行试验的弹道导弹还装有遥测系统、安全系统和外弹道测量和安控系统。

1. 弹头

弹头是毁伤目标的专用装置，主要由端头、战斗部、壳体、裙部和引控系统等组成。战略弹道导弹的弹头有时还包括加温系统、慢旋定向系统、滚动控制系统和突防系统。战略弹道导弹一般采用核弹头，弹头形式有单弹头、多弹头和机动弹头。多弹头有集束式、分导式和全导式三种。机动弹头能够提高突防能力和命中精度，其本身装有控制系统、动力系统和末寻的系统，能够在再入段做变轨飞行。战术弹道导弹一般采用非核弹头，其内装有高能炸药，有的也使用核弹头或中子弹头。对于战略弹道导弹，应根据导弹武器系统的使用要求和技术发展水平等选择弹头的形式；应根据突防要求和再入特性选择弹头的再入参数和弹头质阻比；应根据战斗部外形尺寸和质量分布选择弹头的外形尺寸。对于战术弹道导弹，应根据导弹的作战任务和目标特点选择常规战斗部的种类，它通常包括爆破战斗部、杀伤爆破战斗部、聚能穿甲战斗部、动能侵彻爆破战斗部、侵彻随进爆破战斗部、半穿甲战斗部、自锻破片战斗部和燃料空气战斗部等；应根据爆炸威力、目标数量、目标特点和目标散布范围等选择战斗部的形式，通常有整体战斗部和子母战斗部等形式。整体战斗部的威力大，但只有一个爆炸点；子母战斗部能打击多个目标，打击范围大，毁伤效果好。子母战斗部能抛撒出两种子弹头，无控的子弹头能利用惯性继续飞行直至命中目标；带有末敏或末制导的子弹头具有寻的功能，可提高子弹头的命中率和对目标的毁伤效果，是打击集群装甲等目标的有力武器。

2. 弹体结构

弹体结构是弹道导弹诸受力和支撑构件的总称，它用于连接和安装弹头、动力系统、控制系统和分离系统等的仪器、设备和组件，承受运输、操作、发射和飞行载荷。固体弹道导弹的弹体结构一般包括仪器舱、级间段和尾段，固体火箭发动机的壳体同时也是弹体结构的一部分，有的弹体结构还包括整流罩和尾罩等。液体弹道导弹的弹体结构一般包括仪器舱、推进剂贮箱、级间段和尾段等。对于装有多弹头的弹道导弹，其头部通常装有整流罩，它保护在大气层内飞行的导弹弹头，承受气动载荷和热流，并使导弹保持良好的气动外形；当导弹飞出大气层以后，按照控制系统的指令，整流罩与弹体分离并被抛掉。仪器舱是安装控制系统、遥测系统和外测系统仪器的舱段，它为各种仪器提供良好环境条件且满足工作要求的位置。仪器舱的位置与导弹飞行时仪器的工作区间、导弹的轴向质心、导弹质心横移和动、静平衡等有关。仪器舱的形状与其位置有关，一般是截锥形或圆筒形。推进剂贮箱是弹体结构的重要组成部分，一般位于弹体结构的中部，用于盛装液体推进剂，在氧化剂贮箱与燃烧剂贮箱之间通常有箱间段。级间段是多级弹道导弹各子级间的连接部件，当采用热分离时，级间段一般是杆系或带有开口的半硬壳式结构，以便顺畅地排导上级发动机点火后产生的燃气流。尾段位于导弹的尾部，一般是竖立在发射台上的导弹的承力构件，以保护火箭发动机。在尾段上还可以安装控制系统的执行元件和导弹的控制面。有的导弹在一级尾段安装有尾翼，用于改善导弹飞行的稳定性。尾罩用于冷发射的弹道导弹，它承受和传递冷发射时的弹射力。对于弹体结构的基本要求是：在使导弹具有一定的刚度、良好的气动外形准确度和表面质量的条件下，弹体结构质量轻，工艺性好，工作可靠性高，维护方便，成本低。单级弹道导弹的弹体结构如图 2-35 所示。多级弹道导弹的弹体结构如图 2-36 所示。

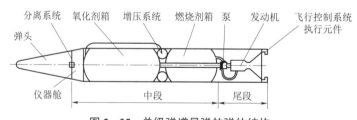

图 2-35 单级弹道导弹的弹体结构

常用的弹体结构有蒙皮骨架结构、光筒式结构、整体式壁板结构、夹层结构和杆系结构等。蒙皮骨架结构又称为薄壁结构或半硬壳式结构，它主要用于弹道导弹的尾段、尾翼、仪器舱和过渡段等，通常由桁条、隔框和蒙皮等组成。光筒式结构又称为硬壳式结构，它主要用于推进剂贮箱，通常由筒体壳段蒙皮与隔框点焊而成。整体式壁板结构又称网格结构，它主要用于弹道导弹的筒段，通常用铸造、锻造、化学铣切或机械铣切等方法，将骨架与蒙皮制成一个整体，然后焊接成圆筒形或其他形状的弹体。整体式壁板结构能够承受较大的气动载荷和强烈的结构振动。夹层结构包括蜂窝式结构和填料式结构，主要用于推进剂贮箱的共底。蜂窝式结构通常由面板和夹心组成，面板和夹心的材料为金属或非金属。填料式结构与蜂窝式结构类似，只是其夹心的材料一般为非金属。夹心结构的主要优点是耐疲劳、隔声、绝热、表面光滑和工艺性好；主要缺点是承受集中载荷的能力较差，金属部分易受腐蚀，使用性能不够稳定。杆系结构大多用于多级弹道导弹的级间段，其构架通常由端框和几根管子焊接而成，外表面没有蒙皮。杆系结构能够有效地减少弹体的结构质量。

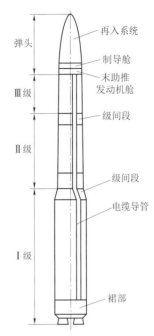

图 2-36　多级弹道导弹的弹体结构

3. 动力系统

动力系统是弹道导弹飞行的动力源，它通常包括主发动机和末修姿控发动机。目前，弹道导弹使用的主发动机主要有液体火箭发动机和固体火箭发动机。液体火箭发动机首先用于弹道导弹，它一般使用双组元液体推进剂。虽然固体火箭发动机的比冲低于液体火箭发动机，但其结构比较简单，固体推进剂可长期存放于燃烧室中，便于机动作战和快速反应，故现在的弹道导弹大多采用固体火箭发动机。固体火箭发动机通常由燃烧室、喷管组件和点火装置等组成。弹道导弹一般使用复合推进剂，它被浇铸于燃烧室中。燃烧室是弹体的一部分，用于贮存和燃烧药柱，其外部通过连接裙等与弹体相连，其内壁粘贴隔热层，以承受推进剂燃烧后产生的高温和高压。通常将喷管与推力矢量控制组件统称为喷管组件。喷管能将燃烧产物的热能转换为燃气射流的动能，产生推力。喷管有潜入式和非潜入式两种结构。早期的固体喷管都采用机械偏流装置或液体二次喷射系统控制推力矢量的方向。后来使用摆动喷管控制推力矢量的方向。多级弹道导弹上面级的发动机有时采用可延伸的出口锥，它既可提高上面级发动机的比冲，又可缩短弹体的长度。点火装置通常由电发火管和点火药盒组成。电发火管的电热丝周围填有少量热敏药，通电后，热敏药引燃点火药盒中的点火药，随后再点燃燃烧室中的药柱。为防止意外点火，在电发火管与点火药盒之间安装了保险装置。通常根据能量、比冲、内弹道性能、燃速、压强指数、温度敏感系数、燃烧稳定性、侵蚀效应、力学性能、安全性、工艺性和经济性等选择固体推进剂。通常根据多级弹道导弹的级间比、固体推进剂的种类和燃烧室的压强等确定主发动机的参数。通常根据推进剂的贮存性能与使用性能，发动机的启动次数和响应特性确定末修姿控发动机的方案。

4. 控制系统

控制系统是完成导弹飞行控制、测试和发射控制的系统，其根本任务是保证导弹以足够的精度将弹头送到预定的目标区。

1）基本功能。

控制系统的基本功能是：控制导弹按设计程序飞行；控制导弹质心的运动，即对导弹质心的运动进行引导并发出关机指令，使导弹在主动段结束后沿设计弹道飞行，并以允许的误差命中目标；控制导弹绕其质心的运动，即对导弹的飞行姿态进行控制，使导弹在主动段克服各种干扰，沿设计弹道稳定飞行。

2）组成。

控制系统通常由制导系统、姿态控制系统、时序系统、配电系统和地面测发控系统等组成（图2-37）。采用全数字控制技术后，制导、姿态控制和时序指令控制均由弹上计算机完成。

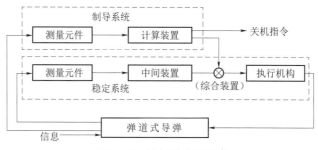

图 2-37 控制系统的组成

（1）制导系统控制导弹质心的运动，保证导弹的飞行精度。制导系统由测量装置和计算机组成。测量装置测量导弹的状态参数，计算机采集加速度信息并按预定规律进行计算处理，形成制导指令，通过姿态控制系统控制导弹，使之沿预定弹道稳定飞行，直至命中目标。制导系统的仪器设备大部分可以与姿态控制系统共用。弹道导弹一般都采用惯性制导系统，也有的弹道导弹采用天文制导或复合制导系统。复合制导是惯性制导、天文制导、无线制导、图像匹配制导和卫星导航等的各种组合，它可以充分发挥各种制导方式的优点。

（2）姿态控制系统控制导弹绕其质心的运动，弹上计算机采集惯性测量装置和速率陀螺测得的弹体角速度信号，并进行姿控运算（含校正运算），向伺服机构输出指令电流。姿态控制系统由测量元件、中间装置和执行机构组成。

（3）时序系统控制导弹按设计时序飞行，时序指令通过硬件或软件与硬件的结合实现。

（4）配电系统完成对控制系统仪器电源的供配电控制。

（5）地面测发控系统。地面测发控系统完成导弹的测试和发射控制，其主要工作内容和要求如下。

①采用弹测体制。弹上计算机采集、存贮全部被测参数，并通过弹－地通信传到地面处理。

②采用地测体制。将地面采样功能以单机形式移到弹上，就近完成模拟量和时序信号的采集，并传到地面处理、测量、存贮、显示和打印，故单机不参与导电飞行也不加电。当前主要采用地测体制。

③对于多发导弹齐射，中心测控计算机和中心发控台通过计算机网络完成对多套测发控系统的分布式控制。

④实现弹上电气系统的智能化总线控制，并使地面测发控系统适应弹上的状态。

⑤减少测试设备和电缆。

⑥减少测发控的中间操作和显示，采用屏幕显示与查询。

⑦减少测试项目，缩短发射准备时间。

⑧对导弹进行水平瞄准。

⑨在机动运输过程中，完成导弹的射前测试。

5. 初始对准系统

初始对准系统用于确定位于发射点的导弹的初始方位，并使导弹对准目标。导弹的初始对准由弹上设备与地面瞄准设备共同完成。对于固定发射的导弹，其发射点的位置是预先测量好的。对于机动发射的导弹，通常使用快速定位定向系统在射前确定发射点的位置。

6. 安全系统

当导弹在飞行中出现故障、其落点将超出允许范围而可能危及地面安全时，安全系统能够终止导弹的动力飞行并将其炸毁。安全系统分为弹上自毁系统和无线电安全系统。

7. 战斗遥测系统

战斗遥测系统测量飞行中的导弹各系统的工作参数和环境参数，并通过无线电传输或回收装置将之送至地面。战斗遥测系统测得的参数是分析射击效果的主要依据。

8. 外弹道测量和安控系统

外弹道测量和安控系统能利用光、电波等的特性跟踪测量导弹的运动参数，为制导精度分析、鉴定和故障判断等提供依据。

2.3.12.3 弹道导弹武器系统

弹道导弹武器系统是维护、发射和引导弹道导弹完成战斗任务的各种设备和系统的总称。

1. 弹道导弹武器系统的组成

弹道导弹武器系统通常由弹道导弹、地面（机载、舰载）设备系统、发射工程设施和电子化指挥系统等组成。弹道导弹是武器系统的核心。弹道导弹武器系统编制的设备取决于导弹的用途、发射方式、使用条件和构造特点。虽然战略弹道导弹与战术弹道导弹、固定发射与机动发射、液体弹道导弹武器系统与固体弹道导弹武器系统的组成存在很大的差异，但一般都具备下列功能：①贮存导弹，并对其进行定期测试和检查；②对接导弹各子级和弹头与弹体，将导弹运送到发射场地，并放置到发射设备上；③确定发射点的位置，并进行方位瞄准；④进行射前准备、装订参数和控制发射；⑤引导导弹接近目标；⑥监测攻击效果；⑦进行阵地通信指挥。对于地下井发射，除运输设备外，起竖设备、发射设备、供气设备、加注设备、供电设备、瞄准设备、测试设备、发控设备和指挥通信设备等都安装在地下井或水平坑道内。对于机动发射，一辆运输起竖发射车就能够完成运输、定位与瞄准、射前测试、诸元计算与装订、起竖、发射控制和阵地指挥通信等工作。

2. 弹道导弹武器系统的主要战术技术指标

通常根据研制立项报告、未来战争的特点和目前导弹及其发射技术的发展水平等编制弹道导弹武器系统的研制总要求和研制合同，其内容主要包括弹道导弹武器系统的主要战术技术指标、研制经费、研制周期和导弹及其地面设备系统的总体方案等。弹道导弹武器系统的战术技术指标是系统完成特定任务必须具备的战术技术性能和使用条件。弹道导弹武器系统的战术技术指标决定系统的战术技术性能，而系统的战术技术性能又主要取决于系统毁伤目标的能力、对抗能力、使用可靠性和安全性等。弹道导弹武器系统战术技术性能的结构如图2-38所示。弹道导弹武器系统毁伤目标的能力主要取决于弹头威力、命中精度、引爆方式、目标的易损性和弹头与目标遭遇时的交会条件等。火力机动范围是弹道导弹武器系统改变射程和射击方位的能力，在不改变发射点位置的情况下，应能攻击尽可能多的目标。对抗能力是弹道导弹武器系统打击敌方、保存自己的能力，它取决于突防能力、发射准备时间、生存能力、电子对抗能力和火力对抗能力等。突防能力是导弹或弹头经历了敌方的各种拦截后仍能攻击目标的能力。发射准备时间是弹道导弹武器系统自接到作战命令至将导弹发射出去所需的时间，它直接影响系统的快速反应能力和生存能力。生存能力是弹道导弹武器系统在遭受敌方火力的首次攻击后仍

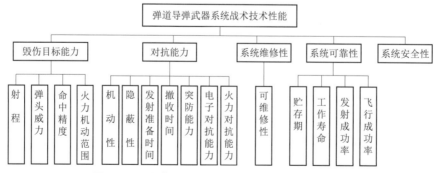

图2-38 弹道导弹武器系统战术技术性能的结构

能将导弹发射出去的能力，它主要与系统的机动性、隐蔽性、加固水平、发射准备时间和撤收时间等有关。电子对抗能力是弹道导弹武器系统使用干扰手段来降低或破坏敌方电子设备有效性和保护己方电子设备有效性的能力，它直接影响系统的突防能力、生存能力和毁伤目标的能力。火力对抗能力是弹道导弹武器系统压制或破坏敌方火力的能力，它与系统的齐射能力、在同一发射点两次发射的间隔时间和毁伤目标的能力等有关。发射成功率、飞行成功率、工作寿命和贮存期与系统的使用可靠性有密切的关系。安全性是弹道导弹武器系统在射前准备、导弹发射及飞行过程中不发生危及己方人员和设备安全的故障的能力，它与系统的使用可靠性、安全设计和环境适应性设计水平等有关。使用条件是弹道导弹武器系统的存贮条件、运输条件、测试环境和发射环境条件等的总称，它取决于导弹的特点、发射方式和使用流程。弹道导弹武器系统的战术技术指标是一个有机的整体，各种指标互相影响，互相补充，互为因果，互相依存。

2.3.13　防空导弹

防空导弹是从地面、舰艇或空中发射攻击飞机、直升飞机、无人驾驶飞行器、飞航导弹、掠海导弹、空地导弹、战术弹道导弹和弹头等空中飞行目标的导弹，它是防空导弹武器系统的重要组成部分。防空导弹包括地空导弹、舰空导弹和空空导弹，除特别说明以外，本书所说的防空导弹是地空导弹和舰空导弹。

2.3.13.1　防空导弹的分类

现代防空导弹的分类方法很多，每种分类方法均反映了防空导弹的基本特征和对其相应的战术技术要求。根据防空导弹的载体类型，可分为陆基防空导弹（通称地空导弹）、水基防空导弹（包括舰空导弹和潜空导弹）和空基防空导弹（通称空空导弹）。根据防空导弹的作战空域，可分为高空远程防空导弹、中低空中程防空导弹和超低空近程防空导弹。按北大西洋公约组织的规定，高度大于 15 000 m 称为超高空，7 500～15 000 m 称为高空，600～7 500 m 称为中空，150～600 m 称为低空，150 m 以下称为超低空。按中国的规定，100～1 000 m 称为低空，5～100 m 称为超低空。防空导弹一般覆盖两个主要空域，兼顾其他空域。根据防空导弹攻击的目标，可分为反飞机防空导弹、反直升机防空导弹、反导弹防空导弹、反低空目标防空导弹和反超低空目标防空导弹等。根据防空导弹的制导方式，可分为驾束制导防空导弹、指令制导防空导弹、自动寻的制导防空导弹和复合制导防空导弹等。根据作战任务，可分为战略防空导弹和战术防空导弹。

2.3.13.2　防空导弹的组成

防空导弹通常由弹体系统、推进系统、稳定控制系统、制导控制系统、引战系统和能源系统等组成。图 2-39 所示为某指令制导防空导弹的组成。图 2-40 所示为某寻的制导防空导弹的组成。图 2-41 所示为某复合制导防空导弹的组成。

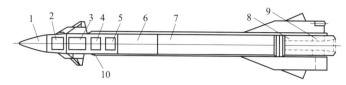

图 2-39 某指令制导防空导弹的组成

1—引信；2—换流器；3—俯仰和偏航伺服机构；4—电池；5—敏感元件和校正网络组合；
6—战斗部；7—固体火箭发动机；8—遥控应答机；9—滚动伺服机构；10—弹体

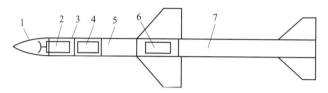

图 2-40 某寻的制导防空导弹的组成

1—整流罩；2—寻的制导设备；3—弹体；4—敏感元件和校正网络组合；
5—战斗部；6—伺服机构；7—火箭发动机

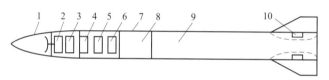

图 2-41 某复合制导防空导弹的组成

1—整流罩；2—寻的制导设备；3—引信；4—遥控制导设备；5—计算机；6—惯测组合；
7—弹体；8—战斗部；9—火箭发动机；10—伺服机构

1. 弹体系统

弹体系统的主要功能是：装载战斗部和弹上设备，并为它们提供规定的工作环境和贮存环境；产生空气动力，其中包括机动力和控制力；承受空中飞行环境和地面环境的静载荷与动载荷。

弹体系统通常由弹身、弹翼和舵组成。弹身将导弹的各部分连接成一个整体，它通常包括头部、中部和尾部。头部的外形通常有锥形、抛物线形、尖拱形、半球形和球头截锥形等（图 2-42）。头部的外形取决于空气动力性能、容积、结构和制导要求等。中部一般为圆柱形，但也有的采用台锥形和非圆截面，以提高导弹的升阻比，减少弹身压心的变化量。尾部的外形通常有平直圆柱形、锥台形和抛物线形（图 2-43），为了满足特殊需要，也有的采用倒锥形。尾部的外形取决于弹身的布局、阻力特性和加工性能。

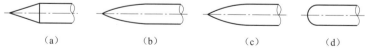

　　（a）　　　　　　　（b）　　　　　　　（c）　　　　　　　（d）

图 2-42 几种头部外形示意图

（a）锥形；（b）抛物线形；（c）尖拱形；（d）半球形

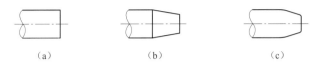

图 2 - 43　几种尾部外形示意图
（a）平直圆柱形；（b）锥台形；（c）抛物线形

对于大部分防空导弹，不论其采用何种控制方案，其所需的机动力主要由弹翼提供，弹翼的布置形式和面积取决于导弹的机动性、稳定性、操纵性、作战高度、作战距离、航路捷径和目标的机动性能等。根据作战任务与实际需要，弹翼沿弹身径向布置主要有如下几种形式（图 2 - 44）：①平面形布置具有翼面少、质量轻、阻力小、航向机动能力低和响应慢等特点，通常用于远距离飞航导弹。②X 字形和十字形布置具有在各个方面都能产生最大机动过载的能力；在任何方向产生升力都具有快速响应特性，翼面多，质量大，阻力大，升阻比低；但在大攻角情况下，会产生很大的滚动干扰。③背驮形布置主要是为了安装外挂式发动机，美国的"警犬"防空导弹的弹翼就采用了这种布置形式。这种布置既可提高发动机的进气效率和简化导弹的部位安排，也可利用发动机头锥对翼面的有益气动干扰来改善导弹的空气动力性能。④环形布置能够克服反滚动力矩，但这种布置纵向性能差，阻力大，存在滚动发散现象，结构比较复杂。⑤改进环形布置能够克服反滚动力矩，升阻比较高，结构简单。

弹翼沿弹身纵向布置，主要有如下几种形式：①正常式布置（图 2 - 45）包括正常式布置和改进型正常式布置。在正常式布置中，弹翼位于弹身中部，舵面位于弹身尾部，

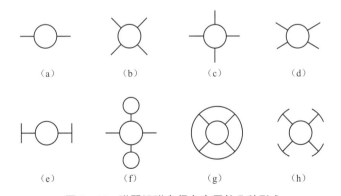

图 2 - 44　弹翼沿弹身径向布置的几种形式
（a）平面形；（b）X 形；（c）十字形；（d）斜 X 形；（e）H 形；
（f）背驮形；（g）环形；（h）改进环形

且两组翼面通常采用 X - X 形配置。正常式布置的升力特性和响应特性比鸭式布置和全动弹翼布置差；由于舵面离质心较远，故舵面面积较小；由于舵面的合成攻角变小，故舵面载荷与铰链力矩均变小；由于弹翼固定不偏转，其对后舵面的洗流影响较小，空气

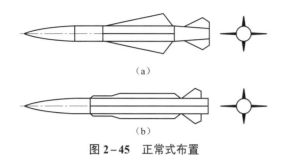

图 2-45　正常式布置

（a）正常式布置；（b）改进型正常式布置（条型翼布置）

动力的线性程度较好。条形翼布置可以充分利用翼体干扰来增加升力，减少结构质量和阻力，压力中心变化小，有利于布局的设计和设备的安排；由于翼展小，故适于舰上使用和箱式发射。美国的"标准"导弹就是典型的条形翼布置。②无翼式布置（图 2-46）具有细长的弹身和 X 形舵面，最大使用攻角可由通常的 $10°\sim15°$ 增加到 $30°$，最大使用舵偏角可由 $20°$ 增加到 $30°$。无翼式布置的主要特点是：具有需要的过载特性；改善了导弹的非对称空气动力特性；具有较高的舵面效率和需要的纵向静稳定性；具有较小的质量和气动阻力；结构简单，操作方便，使用性能好。具有反导能力的美国"爱国者"防空导弹采用了这种布置形式。③鸭式布置（图 2-47）的

图 2-46　无翼式布置

舵面位于弹身的前部，弹翼位于弹身的中后部。鸭式布置的主要特点是：鸭式舵的偏转方向始终与攻角一致，故升阻比大；鸭式舵直接提供升力，故反应快；鸭式舵的舵面效率高；鸭式舵的舵面与安定翼远离质心，便于静稳定度的调整；舵面的翼展小，对其后翼面下滑影响小；

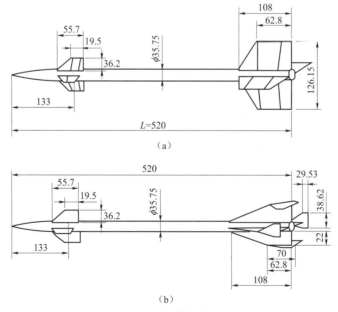

图 2-47　鸭式布置

（a）鸭式布置外形；（b）鸭式布置的一种新型布局（T 形翼片组合）

由于鸭式舵在翼面前，舵面产生的升力几乎与安定翼由于舵面下滑而减少的升力相等，故全弹升力几乎与舵面升力无关；鸭式舵面很难进行滚动控制。中近程防空导弹大多采用鸭式布置形式。④全动弹翼布置

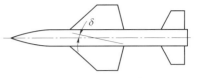

图 2-48　全动弹翼布置

（图 2-48）具有可偏转控制的弹翼和固定的尾翼，它主要依靠弹翼偏转直接产生升力。全动弹翼布置的主要特点是：动态特性好，系统响应快，过渡过程振荡小；飞行攻角小，有利于吸气式发动机进气道的设计和自动寻的制导系统的布局设计；升力小，阻力大，铰链力矩大，空气动力具有明显的非线性，增加了控制系统的设计难度。全动弹翼布置适用于近程导弹和要求小攻角飞行的导弹。⑤无尾式布置（图 2-49）的弹翼与尾翼连在一起，取消了单独的尾翼，将尾翼直接装在弹翼的后缘。无尾式布置的主要特点是：很难确定弹翼的位置；若弹翼的位置偏后，则稳定性过大，往往需要过大的舵偏角或大舵面才能获得预期的机动过载，若弹翼的位置偏前，会降低舵面效率与气动阻尼。无尾式布置适用于高空高速的防空导弹。⑥自旋式单通道控制布置（图 2-50）最初用于反坦克导弹，后来逐步用于小型近程防空弹。自旋式单通道控制布置的主要特点是：通常采用鸭式布置，通过弹翼的安装角、筒内旋转加发射后弹翼上的调整片或发动机喷口倾斜来获得导弹旋转需要的控制力，导弹旋转速度一般为 300～900 r/min；采用单通道控制，用一对鸭式舵面或一对燃气舵控制导弹的空间运动，弹上控制系统简单，设备结构尺寸小，质量小；采用继电式脉冲调宽方式控制舵面的偏转；翼面可折叠，导弹的径向尺寸小，有利于发射装置的小型化；控制效率较低；自旋导弹空气动力性能设计较复杂。燃气舵安装在发动机喷口处，通过燃气流对燃气舵的作用，控制导弹的俯仰、偏航和滚动，而空气舵是依靠空气流的作用产生气动力与控制力矩。

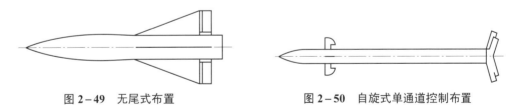

图 2-49　无尾式布置　　　　　　　图 2-50　自旋式单通道控制布置

2. 推进系统

推进系统是提供防空导弹正常飞行所需推力的动力装置的组合，它使防空导弹获得需要的加速度、速度和作战射程；在某些情况下，它也可以产生控制力和机动力。推进系统由发动机和保证发动机正常工作所需的部件与组件组成。现代防空导弹的推进系统大多采用固体火箭发动机；在某些情况下，也采用冲压发动机或火箭冲压复合推进系统。火箭发动机采用双推力方案和脉冲推力方案等推力调节方案可以改善防空导弹的速度特性和机动性能。固体火箭发动机通常由燃烧室、喷管、推进剂和点火系

统等组成。冲压发动机通常由进气道、燃烧室、油箱、供油系统和点火系统等组成。固体火箭冲压发动机通常由装有助推推进剂的燃烧室、装有主推进剂的燃气发生器、进气道和喷管等组成，燃烧室既是助推器的燃烧室，又是主发动机的补燃室。助推器亦称加速器，用于导弹的发射和加速，在导弹获得一定的速度后，助推器则自动抛落，以减轻导弹的质量；主发动机亦称续航发动机，它使导弹继续飞行，完成全航程的飞行任务。助推器通常使用固体火箭发动机，它的布置方式是：①将助推器套接在弹身的尾部，通称为串联安装（图2-51）。串联安装阻力小，助推器不易与弹体发生碰撞，分离安全、方便。②将助推器分成两个或四个，对称地布置在弹体的周围，通称为并联安装（图2-52）。

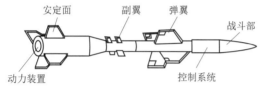
图 2-51　助推器的串联安装

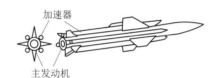
图 2-52　助推器的并联安装

并联安装使弹体长度缩短，结构紧凑，但飞行阻力大，助推器与弹体分离比较复杂。防空导弹的推进系统是非寿命型的"长期贮存、一次使用"的产品，要经受导弹在整个寿命周期内的各种自然环境、储运环境、飞行综合环境和电磁环境的考验。

3. 稳定控制系统

稳定控制系统用于稳定导弹的飞行姿态，并根据制导控制系统发来的信号控制导弹。稳定控制系统通常由角速度敏感元件或角度敏感元件、加速度敏感元件、校正网络和伺服机构等组成。通常将由敏感元件、校正网络和伺服机构组成的稳定控制系统称为自动驾驶仪。以前很长一段时间，防空导弹都使用模拟式自动驾驶仪。近年来，越来越多的防空导弹采用了数字式稳定控制系统，亦称为数字式自动驾驶仪。对于采用捷联惯导系统的防空导弹，其稳定控制系统和制导控制系统通常可使用同一套敏感元件和同一台弹上计算机，其软件按稳定和制导要求设计。

4. 制导控制系统

制导控制系统能够按照规定的制导规律将导弹引向目标。现代防空导弹通常采用无线电指令制导、主动寻的制导、半主动寻的制导、被动式寻的制导和复合制导（指令制导加寻的制导或惯性制导加寻的制导）等控制系统。制导控制系统通常由目标坐标测量设备、导弹坐标测量设备、数据处理与指令产生设备和指令传输设备等组成。目标坐标测量设备、导弹坐标测量设备和数据处理与指令产生设备可以装在弹上，也可以装在地面或其他载体上。指令传输设备用于指令制导控制系统，它由地面或其他载体上的指令发射机和弹上的遥控应答机组成。

5. 引战系统

当导弹到达目标时，引战系统能够选择最佳时机有效地摧毁目标，它通常由引信、战斗部和安全引爆装置组成。防空导弹通常采用无线电引信、激光引信和红外引信，有的也采用触发式引信。无线电引信和激光引信由发射电路、接收电路和信号处理电路等组成。红外引信属于被动式引信，它由敏感元件、光学系统和电子线路组合等组成，通过敏感目标辐射的红外线工作。防空导弹通常采用破片、连续杆、多效应和集束杀伤等战斗部，少数防空导弹采用核战斗部。使用最多的是破片杀伤战斗部，它又可分为飞散角式、破片聚焦式和定向式等。在聚能装药杀伤战斗部的内部，装了数十个半球形的聚能罩，遇目标爆炸时，可向四周喷射出数十股高速金属流，它能使目标材料气化成粉末，并产生二次爆炸效应。安全引爆装置是利用惯性、发动机燃气压力、时间延迟装置和机械电气装置等确保战斗部可靠起爆的执行装置。

6. 能源系统

能源系统为弹上设备提供工作时需要的电源、液压能源、气源和其他能源。防空导弹的能源通常以化学能和机械能的形式进行贮存。化学能源主要有电池和火药等，机械能源主要有高压空气和高压氮气等。

防空导弹既可以使用共式能源系统，也可以使用分式能源系统。共式能源系统包括电池、高压空气和火药。电池既向弹上设备供电，也向电动舵机或液压舵机中的电机供电。高压空气既是气动舵机的能源，也是涡轮发电机组的能源。火药燃气发生器既是燃气舵机的动力源，也是燃气涡轮发电机组的原动机。分式能源系统包括电池–高压空气系统和电池–火药系统。高压空气或火药通常是舵机的能源。

2.3.13.3　防空导弹的特点

攻击目标的复杂性和作战环境的严酷性使防空导弹具有其他导弹所不具备的许多特点。

（1）连续作战能力强。防空导弹大多从地面或舰艇上发射，后勤供应比较方便，与飞机相比，没有留空时间限制，能以较少的费用长时间保持对空作战的连续性。

（2）反应时间短。高速飞行的目标和搜索跟踪系统的有限作用距离均要求防空导弹高度自动化，以缩短从接到发射准备命令到发动机点火的时间，与飞机相比，防空导弹能以更短的时间对付低空或超低空突然出现的威胁。

（3）加速性能好。高速飞行的目标和在杀伤区近界作战的需要均要求防空导弹具有良好的加速性能。目前，防空导弹的最大加速度可达 $50g\sim100g$。

（4）机动性能好。为了对付机动能力越来越强的活动目标，要求防空导弹具有更高的机动能力，目前，防空导弹的最大机动过载可达 $25g\sim50g$。

（5）制导精度高。机构的小型化和战斗部的有限杀伤半径均要求防空导弹具有更高的制导精度，以使之具有良好的操作性和稳定性。

（6）引战系统效率高。高能战斗部与高效引战系统的良好配合能使防空导弹有效地拦截和摧毁几何尺寸小与威胁程度小的活动目标。

（7）反突防能力强。寻的系统、引信和遥控应答机等使防空导弹能够对付具有很强干扰能力和隐身能力的活动目标。

（8）机动作战能力强。防空导弹的发射装置能够根据防空任务的变化随时转移，且阵地布设简单，容易隐蔽。

（9）攻击目标能力强。防空导弹能够攻击飞机很难发现与攻击的远程超低空飞航导弹和多种空地导弹。

（10）杀伤概率高。与高射炮和高射机枪相比，在相同极限有效射高的情况下，防空导弹不仅单发杀伤概率高，而且两发防空导弹齐射时的杀伤概率大于90%，三发防空导弹齐射时的杀伤概率甚至超过99%。

（11）环境适应能力强。防空导弹能在各种恶劣的自然环境和诱发环境中保持规定的作战能力。自然环境包括温度、湿度、海拔、雨、雪、风、盐、雾、沙尘和霉菌等，诱发环境包括温度、力学和电磁等。

2.3.13.4 防空导弹的研制程序

防空导弹的研制是一项复杂的系统工程。防空导弹的研制过程通常包括三个阶段，即可行性论证阶段、工程研制阶段和生产定型阶段。防空导弹的研制通常与防空导弹武器系统的研制结合进行。防空导弹的研制过程如图2-53所示。

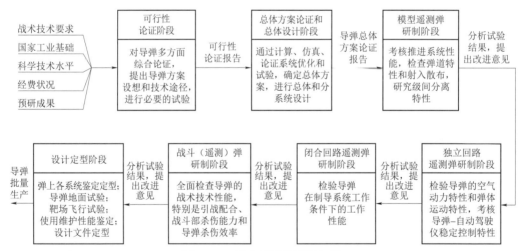

图 2-53 防空导弹的研制过程

1. 可行性论证阶段

可行性论证阶段从防空导弹武器系统订购方或武器主管部门下达防空导弹武器系统可行性论证任务开始，防空导弹总体设计部门根据战术技术指标，综合考虑国家的工业基础、科学技术水平、经济状况、预研成果贮备和技术继承性等，从技术途径、研制生产、使用维护、研制成本和研制周期等方面对欲研制的防空导弹进行可行性论证，其中包括关键系统和关键项目的摸底试验，提出防空导弹的方案设想和可供选择的技术途径。

2. 工程研制阶段

将接到防空导弹研制任务书至完成防空导弹设计定型的阶段称为工程研制阶段。

1）总体方案论证和总体设计阶段。

总体设计部门根据防空导弹研制任务书，进行计算、仿真、论证和必要的试验，考虑需要与实际的可能性，综合分析各种方案，通过系统优化，最后选定供研制用的防空导弹的总体方案，并进行防空导弹的总体设计和分系统设计。

2）模型遥测弹研制阶段。

通过模型遥测弹的研制，考核推进系统的性能和弹体系统的部分性能，检查防空导弹的弹道特性和射入散布，研究发射方案和发射动力学特性；研究两级防空导弹的级间分离特性；检验筒式发射防空导弹的筒–弹动态协调特性和发动机燃气流的影响。模型遥测弹通常由弹体系统、推进系统和遥测系统组成。在某些情况下，模型遥测弹研制阶段可与独立回路遥测弹研制阶段合并。

3）独立回路遥测弹研制阶段。

独立回路遥测弹包括开回路独立回路遥测弹和闭回路独立回路遥测弹。通过开回路独立回路遥测弹的飞行试验，检验防空导弹的空气动力特性和弹体运动特性；利用飞行试验获得的遥测数据和外弹道测量数据，通过参数辨识，可以得到更接近实际的防空导弹的气动数据和弹体运动模型。开回路独立回路遥测弹通常由弹体系统、推进系统、稳定控制系统部分设备、能源系统、程序装置和遥测系统等组成。通过闭回路独立回路遥测弹的研制，考核导弹–自动驾驶仪综合体的稳定控制特性，与开回路独立回路遥测弹不同的是自动驾驶仪参加工作。

4）闭合回路遥测弹研制阶段。

通过闭合回路遥测弹的研制，检验防空导弹有制导控制系统时的工作性能。通过闭合回路遥测弹的飞行试验，全面检查防空导弹武器系统的发射、发控和制导控制系统的性能，闭合回路遥测弹的飞行试验通常就是防空导弹武器系统的闭合回路试验。闭合回路遥测弹通常由弹体系统、推进系统、稳定控制系统、制导控制系统、能源系统和遥测系统等组成，有时引信装置和安全引爆装置也装弹参加飞行试验。

5）战斗（遥测）弹研制阶段。

战斗弹是防空导弹的最终设计状态，通过战斗弹的研制，全面考核防空导弹的战术技术指标和使用性能，通过战斗弹对实体靶标的射击，检查引战系统的配合效率、战斗部的杀伤能力和导弹的杀伤概率。通常将装上小型化遥测系统的战斗弹称为战斗遥测弹，通过战斗遥测弹的飞行试验，可以获得弹上各系统的遥测数据，利用这些遥测数据可以判断导弹飞行过程中出现的故障。

6) 设计定型阶段。

在设计定型阶段，防空导弹要接受全面的审查、鉴定和验收。设计定型阶段的主要工作内容是：①弹上各系统的鉴定和定型；②导弹地面试验；③靶场飞行试验；④导弹作战使用和维护性鉴定；⑤设计文件资料定型。

3. 生产定型阶段

生产定型阶段的主要工作内容是：通过小批量试生产，完善和稳定生产工艺，根据批生产要求，完善工艺装备，增加专用设备；解决工程研制阶段遗留的技术问题；以提高可靠性、提高劳动生产率和降低成本为重点，进一步改进生产工艺；建立和健全质量控制保证体系。

2.3.13.5 防空导弹总体设计的内容

防空导弹的总体设计是工程研制的重要阶段之一，其主要内容包括以下 10 个方面。

（1）进行防空导弹的概念研究。根据防空导弹武器系统的战术技术指标、科学技术水平和经济状况进行防空导弹的总体构思，它涉及战斗部的类型、推进系统的类型、稳定控制系统的体制、制导控制系统的体制、成熟技术的应用、国外先进技术的引进、新技术的采用、新材料的采用、新器件的采用和各分系统的标准化、系列化和通用化等方面。

（2）选择飞行弹道和制导规律。根据防空导弹武器系统的战术技术指标、被拦截目标的特点、拦截导弹的特点和制导控制系统的体制，通过系统优化，选择合理的飞行弹道和制导规律。

（3）选择防空导弹的总体参数。通常根据防空导弹武器系统的战术技术指标和对弹上系统的技术要求，选择防空导弹的级数、几何参数、质量参数、推力参数和速度特性等。

（4）进行防空导弹总体布局设计。防空导弹总体布局设计包括气动布局设计、推进系统布局设计、导弹运动参数敏感元件布局设计和弹上设备部位安排设计等。通过总体布局设计，获得最佳总体性能参数，为弹上各分系统提供最佳的工作环境，保证导弹的惯量特性和质心变化的合理性。

（5）进行弹上各分系统方案设计，编写各分系统研制任务书。根据防空导弹武器系统的战斗技术指标和导弹总体设计要求，在导弹方案论证和总体设计阶段，进行弹体、推进、稳定控制、制导控制、引战和能源等弹上分系统的方案设计，确定各分系统的功能、体制、技术要求、工作流程、信息流程和接口关系等，编写各分系统研制任务书。

（6）进行发射方案总体设计。发射方案总体设计包括选择发射方式、编写发控系统技术要求、筒式发射动力学分析、垂直发射时的方位对准、垂直发射时的转弯控制、大攻角空气动力学分析和稳定控制等。

（7）进行环境适应性和电磁兼容总体设计。环境适应性总体设计是指编制防空导弹在射前准备过程中可能遇到的自然环境、诱发环境、贮存环境、运输环境、战场环境和飞行环境等的技术要求，并据此进行环境适应性总体设计，确定试验方案。电磁兼容总体设计包括弹上各分系统电磁兼容设计、导弹与武器系统电磁兼容设计和导弹与作战环境电磁兼容设计，通过电磁兼容总体设计，确定弹上各分系统的电磁兼容指标。

（8）进行可靠性和可维修性设计。根据防空导弹武器系统的战术技术指标进行可靠性设计，它主要包括建立可靠性模型、可靠性分配、可靠性预计、可靠性评估、可靠性试验和故障模式、影响与危害性分析（FMECA）等。根据防空导弹武器系统的战术技术指标进行可维修性设计，可维修性设计的主要内容是：可维修性指标论证、分配与预计；拟定可维修性准则；确定维修体制和各级维修内容；编写导弹检测维护要求；编写导弹检测维护设备要求。

（9）综合评估导弹总体性能。通过导弹总体性能的综合评估，检验总体设计满足防空导弹武器系统战术技术指标的程度，为后续设计阶段提供质量、质心、转动惯量、空气动力、理论弹道、空气动力加热、稳定控制系统仿真、制导控制系统仿真、单发导弹杀伤概率和导弹理论杀伤区等配套技术数据。导弹总体性能综合评估通常包括导弹空气动力计算与分析、导弹飞行弹道计算与分析、导弹控制稳定特性分析、导弹制导精度分析、引信战斗部系统杀伤效率分析、单发导弹杀伤效率分析和导弹理论杀伤区分析等。

（10）进行导弹试验设计。以最少的费用和最短的时间完成导弹的全部试验和评价工作是导弹试验设计的主要目的。导弹试验设计通常包括导弹地面试验方案设计、仿真试验方案设计、飞行试验方案设计、试验结果分析和评定方法研究等。导弹试验设计要正确处理导弹试验与各系统试验的关系、飞行试验与地面试验的关系和飞行试验与仿真试验的关系等。

2.3.13.6 防空导弹武器系统

防空导弹武器系统是用以截击空中飞行目标的防空导弹和为其服务的全部技术装备，它是直接对空作战的软、硬杀伤系统，是防空体系中的基本作战单位。

1. 防空导弹武器系统的分类

防空导弹武器系统的分类方法有很多，根据作战任务，可分为国土防空导弹武器系统、野战防空导弹武器系统和舰艇防空导弹武器系统。国土防空导弹武器系统采取相对稳定的部署方式，对导弹的机动能力、外形尺寸、质量和地面设备等的要求都不算很高。野战防空导弹武器系统应具有良好的机动性能，能在短时间内由行军状态转为战斗状态、发射导弹并快速撤离发射点。舰艇防空导弹武器系统通常在舰艇上设有弹库、导弹转载设备和发射设备。根据地面机动性能，可分为固定式防空导弹武器系统、半固定式防空导弹武器系统和机动式防空导弹武器系统，机动式防空导弹武器系统又分为牵引式防空导弹武器系统、自行式防空导弹武器系统和便携式防空导弹武器系统。根据同一时间截击活动目标的数目，可分为单目标通道防空导弹武器系统和多目标通道防空导弹武器系统。

2. 防空导弹武器系统的组成

防空导弹武器系统通常由防空导弹、搜索设备、识别设备、跟踪设备、指示设备、制导系统、指挥控制系统、发射系统和技术保障设备等组成（图2-54）。搜索设备多为专用雷达，也使用光学设备，用于搜索目标和测定目标的参数。识别设备用于确定活动目标的敌我属性，在设有雷达识别设备的系统中，目标属性由目视判定。跟踪设备用于跟踪和截获目标，连续测定目标的诸如坐标和速度等运动参数并输入计算机。指示设备用于处理和分析搜索设备发来的活动目标的信息，供指挥决策使用。制导系统由地面和导弹上的制导设备组成，或者制导系统就是弹上的制导设备，制导系统的组成和制导设备的配置形式取决于制导方式。制导系统用于测定活动目标和导弹的位置及其运动参数，指引导弹飞向活动目标。指挥控制系统能使发射装置转到所需的方位并发射导弹；传动装置根据指挥控制系统的指令将装有导弹的发射装置转向目标，自动发射装置在规定的时间内自动发射导弹。发射系统由发射装置和发射控制设备组成，用于装填、支撑和发射导弹。技术保障设备用于检查、安装和维修各种设备，保证导弹的对接、装配、测试、运输和装填等。

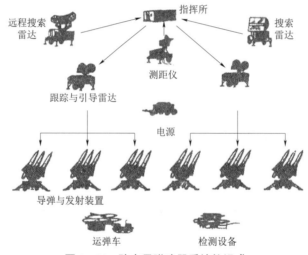

图2-54 防空导弹武器系统的组成

3. 防空导弹武器系统的主要战术技术指标

防空导弹武器系统的战术技术指标是系统拦截目标必须具备的战术技术性能和使用条件。防空导弹武器系统的主要战术技术指标包括目标的条件杀伤概率、制导精度、作战效能、火力机动范围、对抗能力、发射准备时间、生存能力、电子对抗能力、火力对抗能力、发射成功率、飞行成功率、工作寿命、贮存期、安全性和使用条件等。目标的条件杀伤概率是引信与战斗部联合作用的效率，它表示防空导弹武器系统在适当的位置和时间引爆战斗部并有效杀伤目标的能力，它既与引信的作用距离、反应角、多普勒通带和延迟时间等有关，也与战斗部的破片初速、飞散角、破片总数、单枚破片质量和威力半径等有关。制导精度是制导系统使导弹的实际弹道接近预定弹道的能力，它与引信和战斗部的最佳配合能有效地提高对目标的条件杀伤概率。制导精度与制导体制、导引规律、制导回路的特性、设备精度和抗干扰能力等有关。作战效能包括防空效能和射击效能，它是防空导弹武器系统完成作战任务的概率，主要与目标的威胁值、对目标的拦截次数、每次拦截集中的目标通道数和目标通道对目标的杀伤概率等有关。火力机动范围是防空导弹武器系统改变射程和射击方位的能力，它与系统的目标通道数和发射装置的机动能力及自动化水平等有关。对抗能力是防空导弹武器系统毁伤目标和保存自己的能力，它与目标的条件杀伤概率、发射准备时间、生存能力、电子对抗能力和火力对抗能力等有关。发射准备时间是防空导弹武器系统自接到作战命令至将导弹发射出去所需的时间，它直接影响系统的快速反应能力和生存能力。生存能力是防空导弹武器系统在典型空袭环境和空袭模式下遭受空中目标一次攻击后仍能将导弹发射出去的能力，它是系统的防空效能指标，主要与系统的机动性、隐蔽性、加固水平和发射准备时间等有关。电子对抗能力是防空导弹武器系统使用干扰手段降低目标的突防能力和保护己方电子设备有效性的能力，它直接影响系统的生存能力和毁伤目标的能力。火力对抗能力是防空导弹武器系统压制或破坏目标火力的能力，它与各目标通道的单次射击杀伤概率、每次集中火力的程度和两次发射的间隔时间等有关。发射成功率、飞行成功率、工作寿命和贮存期与使用可靠性和可维修性等有密切的关系。安全性是防空导弹武器系统在射前准备、导弹发射及飞行过程中不发生危及己方人员和设备安全的能力，它与系统的使用可靠性、安全性和环境适应性设计水平等有关。使用条件是防空导弹武器系统的贮存、运输、测试和发射等环境条件的综合，它与导弹的特点、发射方式和使用流程等有密切的关系。

2.3.14　飞航导弹

　　飞航导弹是以火箭发动机或吸气式发动机为动力、装有战斗部和形似飞机的自控飞行器。在气动升力与重力、发动机推力与阻力大致平衡的条件下，飞航导弹以某一最经济或特定的高度和速度持续飞行。飞航导弹的飞行弹道如图 2−55 所示，从图中可以看出，弹道的大部分是直线，其主要部分几乎是水平状态的直线。飞航导弹的飞行弹道

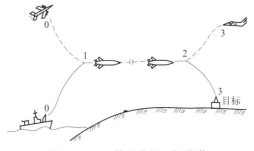

图 2−55　飞航导弹的飞行弹道

由初始段（0～1）、水平段（1～2）和末段（2～3）组成。水平段占全部弹道的大部分，在该段中，发动机的推力与导弹的迎面空气阻力相平衡，导弹的气动升力与导弹的重

力相平衡，故导弹几乎在水平线上作等高度飞行，这种飞行也称为巡航。末段是全部弹道的最后一段，为了提高命中精度，在该段，通常采用自动寻的系统进行自动瞄准。

2.3.14.1　飞航导弹的分类

按照发射平台的位置和攻击目标的种类，可分为地地、岸舰、空舰、空地、舰（潜）舰和潜地等飞航导弹。按照作战任务，可分为战略飞航导弹和战术飞航导弹。按照射程，可分为近程（30～100 km）、中程（100～1 000 km）和远程（1 000～8 000 km）飞航导弹。按照巡航速度，可分为亚声速和超声速飞航导弹。

2.3.14.2　飞航导弹的特点

与其他类型的导弹相比，飞航导弹主要具有以下特点。

（1）飞航导弹具有较强的通用性，是战略与战术兼容、各军种通用的理想武器。可从车辆、飞机、舰艇和潜艇等多种平台上发射飞航导弹。更换不同类型的导引头和战斗部，就可以攻击位于海上和陆地的面目标、点目标、活动目标和固定目标。根据作战任务，采用模块化的设计方法，可实现不同通用部件的最佳组合，以适应作战环境的变化。飞航导弹具有双重性能，既可以作为战略武器使用，也可以作为常规战术武器使用；既可以是进攻性武器，也可以是防御性武器；既可以将其改装成无人驾驶的侦察机和干扰机，也可以将其改装成地空导弹或空空导弹的靶机，有时还可以执行炮兵校射等任务。飞航导弹的通用性不仅便于组织批量生产和训练，而且也有利于降低生产成本、提高产品质量、减少飞行试验、缩短研制周期、减少装备品种、降低维修费用和提高维护水平。

（2）飞航导弹的作战范围大，质量轻，能机动发射，使用灵活，部署隐蔽，具有较强的生存能力。飞航导弹的作战范围从数十千米至数千千米，为了扩大作战范围，通常使用飞机或舰艇作为它的发射平台。为了减轻起飞质量和增加射程，通常采用小型高效的涡轮风扇发动机和现代微电子技术。为了攻击多种目标和保证毁伤目标的能力，通常采用小型核弹头与常规高能炸药战斗部互换技术。

（3）飞航导弹的命中精度高，抗干扰能力强。远程飞航导弹大多采用自主式惯性制导系统，为减少目标区的散布和提高命中精度，有的飞航导弹采用了惯性制导与地形匹配位置修正组合制导系统。近年来，为了进一步提高命中精度，飞航导弹又陆续采用了毫米波寻的末制导系统、红外成像末制导系统和景象匹配末制导系统等。智能末制导既提高了命中精度，也提高了抗干扰能力。

（4）飞航导弹的超低空突防能力强，对目标能进行有效的打击。飞航导弹的超低空突防能力源于各种突防技术措施，它们主要是：采用程控机动弹道，通过预先侦察，使飞航导弹避开巡航途中的固定防空阵地，降低飞行过程中被拦截的概率；采用超低空地形跟随与规避的程控技术，使飞航导弹的最低飞行高度变得更低（当前的水平是海洋地区为 5 m，平原地区为 15 m，丘陵地区为 50 m，山区约为 100 m），充分利用地形掩蔽和雷达盲区实施有效的打击；采用超低空和超声速飞行技术，以缩短敌方拦截武器的发射准备时间；采用隐身技术，减少飞航导弹的雷达反射截面和红外辐射的可探测度。

（5）飞航导弹虽然研制成本较低，效费比较高，但其射程不够远，飞行速度不够快，临时改变攻击目标的能力差，飞航导弹采用的技术也受到一定地区的限制。

2.3.14.3 飞航导弹的组成

飞航导弹通常由弹头、弹体结构、动力系统和制导系统等组成。

1. 弹头

弹头包括战斗部和引信，其类型和质量取决于目标的特性。弹头毁伤舰艇的方式一般有四种：一是显著降低舰艇的浮力和稳定性，增加舰艇的倾斜；二是破坏强度；三是撞击破坏舰艇上的电力设备，辅助机械、自控仪器、武器射击指挥仪和操纵机构等装备；四是通过燃烧和爆炸引燃舰艇上的燃料和弹药。目前，攻击舰艇的弹头一般有三种类型：一是爆破型弹头，其装药质量占弹头质量的 50%～70%，依靠冲击波和金属碎片攻击装甲薄弱的舰只；二是聚能穿甲弹头，其烈性装药的质量占弹头质量的 70%～80%，依靠爆炸能量和高温金属流穿透舰艇的厚装甲；三是半穿甲型弹头，它依靠导弹的动能和弹头的坚硬壳体，钻到舰艇舱内，由引信延时引爆炸药，破坏舰艇的纵横隔舱。弹头的质量和结构尺寸是决定导弹质量和直径的重要因素。飞航导弹的战斗部一般是核装药或者高能炸药。

2. 弹体结构

弹体结构是飞航导弹的主要受力和支承结构，它用于连接和安装弹头、动力系统和制导系统等的仪器、设备和组件，承受运输、操作、发射和飞行载荷。飞航导弹的弹体结构通常包括壳体和弹翼，它们通常由铝合金或复合材料制成。弹翼通常是固定式或折叠式平面弹翼。折叠式平面弹翼在发射前呈折叠状态，在发射后展开。一般根据战斗部、引信、动力系统和制导系统的类型、结构及质量等选择弹体结构参数，其主要原则是：①外形简单，内部布局紧凑，维护、更换部件方便，性价比高；②具有有效的气动控制面，弹体的操纵稳定特性好，有较小的伺服功率；③导弹的射程、飞行速度、飞行高度和机动性等满足武器系统战术技术指标的要求；④保证系统和设备的工作环境；⑤在保证导弹性能的条件下，尽可能选择质量轻和结构尺寸小的仪器或设备。

应根据弹上仪器或设备的特殊需要，安排其位置。例如，应将导引头放置在弹体的最前部，使其有广阔的视野；应将驾驶仪布置在弹体质心的附近，使全弹的质心与气动压力中心有恰当的关系，以获得良好的操纵稳定性能；发动机的位置既要使其有良好的通气条件和较高的工作效率，又要使弹体有最小的阻力系数。

3. 动力系统

动力系统包括助推发动机和主发动机。助推发动机常采用火箭发动机。空射飞航导弹不装助推发动机。主发动机通常采用涡轮喷气发动机和涡轮风扇发动机，有时也采用冲压发动机和火箭发动机。涡轮喷气发动机和涡轮风扇发动机属于吸气式喷气发动机类，它由压气机、燃烧室、燃气涡轮和尾喷管等组成；经过压气机压缩的空气进入燃烧室，与喷入的燃油混合燃烧，产生高温高压的燃气，驱动燃气涡轮转动，燃气涡轮带动压气机不断吸入空气并进行压缩，从燃气发生器流出的高温高压的燃气经过尾喷管膨胀加速，排入大气产生推力。涡轮喷气发动机和涡轮风扇发动机主要用于亚声速（$Ma=0.6\sim$ 0.7）和长距离飞行的飞航导弹。冲压发动机由进气道、燃烧室和尾喷管等组成，高速迎面气流经进气道减速增压，然后进入燃烧室与燃料混合燃烧，高温高压的燃气经尾喷管膨胀加速后排出，从而产生推力。冲压发动机主要用于超声速（$Ma>1.5\sim3$）飞行的飞航导弹。飞航导弹使用的火箭发动机的主要特点是推力小和工作时间长。按照推进剂的物态，可分为液体火箭发动机和固体火箭发动机，它们主要用于亚声速飞行的飞航导弹。整体式固体火箭冲压发动机由进气道、燃气发生器、补燃室、整体助推器和尾喷管等组成，其性能介于冲压发动机与固体火箭发动机之间，固体贫氧推进剂在燃气发生器中燃烧产生高温高压可燃气体，它与进气道引入的冲压气流在补燃室中混合燃烧，燃气经尾喷管膨胀加速后排出，从而产生推力。飞航导弹动力系统的主要特点是结构简单、使用方便、可维修性好、可靠性高、能长期保持战备状态、研制周期短和成本低等。

4. 制导系统

飞航导弹制导系统的任务是控制导弹高准确度地飞向目标，既要测量目标与导弹的相对位置，确定导弹的飞行弹道，又要控制导弹按照预定弹道稳定飞行。一般根据主巡航段终点散布和导引击中目标的精度要求选择制导系统。因为飞航导弹在主巡航段的飞行距离最长，制导误差、发动机安装误差、发动机推力偏心、瞄准误差和风的影响等都会使导弹的飞行弹道产生偏差，故制导系统必须按照确定的典型弹道稳定并修正飞行偏差，以满足主巡航段终点散布要求。主巡航段的制导系统可以是自主制导系统，也可以是驾束制导系统或指令制导系统。自主制导系统的特点是：导弹发射后，既不需要发射点的信息，也不需要目标的信息，而是由导弹上的仪器测量地球或空间的物理特性，确定导弹的飞行弹道，弹上设备简单，发射点和导弹飞行的隐蔽性好。当射程不大时，可选用驾驶仪姿态稳定系统；若姿态稳定系统不能保证主巡航段终点散布要求时，则选用姿态加质心稳定的惯性制导系统。飞航导弹大多采用上述两种制导系统，以控制主巡航段弹道。对于指令制导系统或驾束中制导系统，其弹上仪器和地面设备都比较复杂，容易暴露目标，但它能保证远程飞航导弹的终点散布要求。当攻击舰艇等活动目标时，还要增加末制导导引系统，它控制末段弹道，以保证较高的直接命中概率。主要根据目标特性和目标背景确定导引头的类型，通常采用雷达导引头（主动式或被动式）、红外导引头和光电导引头。当攻击点目标时，可选用三点法无线电波束制导系统、指令式制导系统、主动寻的制导系统、半主动寻的制导系统和被动红外寻的制导系统。当攻击面目标时，可选用无线电制导系统、天文制导系统、惯性制导系统和混合制导系统。混合制导系统通常有惯性-多普勒、惯性-天文、惯性-地图匹配和惯性地图匹配-图像识别末制导等类型。

2.3.14.4　飞航导弹武器系统

飞航导弹武器系统是维护、发射和引导飞航导弹完成战斗任务的各种设备和系统的总称。

1. 飞航导弹武器系统的组成

飞航导弹武器系统通常由导弹系统、火控系统和技术保障设备等组成（图 2-56）。对于舰载或机载飞航导弹武器系统，用于探测和跟踪目标的雷达站、其他光电通信设备和导弹发射装置一般都安装在同一艘舰艇或同一架飞机上，且经常与其他武器系统共用，据此亦可认为，飞航导弹武器系统是由发射平台、导弹和技术保障设备等组成的。有的远程飞航导弹武器系统设置了中继制导站，以提高导弹的命中精度。

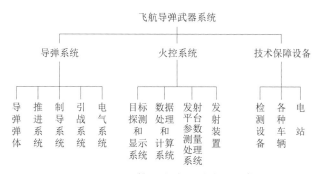

图 2-56　飞航导弹武器系统的组成

导弹是武器系统的核心，在自动驾驶仪和动力系统的作用下，在大气层中飞行；导引系统使导弹飞向目标；引信引爆战斗部；从导弹起飞至击毁目标的全过程都由弹上电缆网给弹上设备供电，并将相关设备连接起来，使之按程序协同动作。

火控系统主要由目标探测和显示系统、数据处理和计算系统、发射平台参数测量处理系统、射前检查设备、发射装置及发射控制系统等组成。火控系统的主要功能是：探测和显示目标信息；进行数据处理和计算；测量和处理发射平台参数；计算和装订射击诸元；进行射前检查和战术决策；发射导弹。目标探测和显示系统用于测定和显示目标距离、目标方位、目标速度及目标航向等。发射平台参数测量处理系统测量载体速度、载体航向和载体姿态等导弹载体运动参数，它通常由载体惯性制导平台或陀螺稳定平台、高度表和多普勒雷达等组成。将目标信息和载体运动参数全部输入数据处理和计算系统——射击指挥仪，射击指挥仪解算射击诸元，并向导弹定时机构装订自控飞行时间或飞行距离，向导引头装订自导距离（用于自控加自导体制），向自动驾驶仪装订射击扇面角，向发射装置传送射击方位角。对于机载固定式发射架，射击指挥仪不控制发射装置的方位，只控制导弹的脱钩。对于空地飞航导弹，射击指挥仪应向弹上惯性制导系统输入载体测得的角位移和速度信息，使导弹初始对准目标。

技术保障设备主要包括测试设备、起重设备、运输设备、装填设备、检测设备、电站、燃料加注设备、供气设备、通信指挥设备和辅助设备等。技术保障设备完成导弹的起吊、运输、贮存、维护、检测、供电、供气和加注等。技术保障设备的组成与发射平台的类型有密切的关系。

2. 飞航导弹武器系统的战术技术指标

飞航导弹武器系统的战术技术指标是飞航导弹完成特定战术任务而必须具备的战术性能、技术性能、技术经济性、使用可靠性和可维修性的总和。飞航导弹武器系统的主要战术技术指标如下。

（1）战术指标主要包括装载对象（陆基、舰载、机载）、作战任务、有效射程、巡航速度、平飞高度、命中（或杀伤）概率和可靠性等。

（2）技术指标主要包括导弹的外形尺寸、起飞质量、弹头参数、动力系统的类型与推进剂、制导方式和使用环境等。

（3）使用维护指标主要包括部件的互换性、设备的贮存期、开敞性、可达性、安全性和最低可接受特性值等。

通常根据目标特性、飞行弹道和发射条件等论证与拟定飞航导弹武器系统的战术技术指标。

2.4 航 天 器

2.4.1 航天器的分类

航天器的分类方法很多，按照有无航天员，可分为无人航天器和载人航天器。按照是否环绕地球运行，可分为人造地球卫星和空间探测器。常用的分类方法是将航天器分为人造地球卫星、空间探测器和载人航天器（图2-57）。

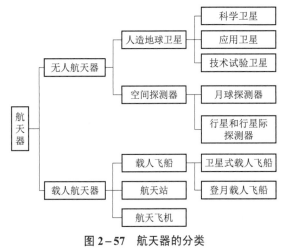

图2-57 航天器的分类

2.4.1.1 人造地球卫星

人造地球卫星简称人造卫星。按照用途，它可分为科学卫星、应用卫星和技术试验卫星。科学卫星用于科学探测和研究，它主要包括空间物理探测卫星和天文卫星等。应用卫星是直接为国民经济和军事服务的人造卫星。按照用途，应用卫星可分为通信卫星、气象卫星、侦察卫星、导航卫星、测地卫星、地球资源卫星、截击卫星、多用途卫星及其他军用卫星和民用卫星等。

2.4.1.2　空间探测器

空间探测器又称深空探测器。按照探测目标，空间探测器可分为月球探测器、行星探测器和行星际探测器。各种行星和行星际探测器分别用于探测金星、火星、水星、木星、土星和行星际空间。

2.4.1.3　载人航天器

按照飞行和工作方式，载人航天器可分为载人飞船、航天站和航天飞机。载人飞船包括卫星式载人飞船和登月载人飞船。航天飞机既是航天器也是可重复使用的航天运载器。

2.4.2　航天器的组成

航天器通常由专用系统和保障系统组成。专用系统又称有效载荷，用于直接执行特定的航天任务。保障系统又称通用载荷，用于保障专用系统正常工作。

2.4.2.1　专用系统

各种航天器的主要区别在于它们装有不同的专用系统。专用系统的种类很多，例如，天文望远镜、光谱仪和粒子探测器是天文卫星的专用系统；可见光照相机、电视摄像机或无线电侦察接收机是侦察卫星的专用系统；转发器和通信天线是通信卫星的专用系统；双频发射机、高精度振荡器或原子钟是导航卫星的专用系统。单一用途的航天器配置一种类型的专用系统，多用途航天器配置多种类型的专用系统。

2.4.2.2　保障系统

各种航天器的保障系统通常是相同或相似的，它由结构系统、热控制系统、电源系统、姿态控制系统、轨道控制系统、无线电测控系统、返回着陆系统、生命保障系统、应急救生系统和计算机系统等组成。

1. 结构系统

结构系统用于支承和固定航天器上的各种仪器与设备，将它们组成一个整体，以适应地面运输、运载器发射和空间运行过程中的各种力学与空间环境。航天器的结构形式主要有整体结构、密封舱结构、公用舱结构、载荷舱结构和展开结构等。航天器的结构大多采用铝、镁、钛等轻合金和增强纤维复合材料制造。

2. 热控制系统

热控制系统又称温度控制系统，它保证各种仪器设备在复杂的环境中处于允许的温度范围内。航天器热控制的保障措施主要包括表面处理（抛光、镀金或喷刷涂料）、包覆多层隔热材料、使用热控百叶窗、热管和电加热器等。

3. 电源系统

电源系统为航天器的仪器设备提供电能。人造地球卫星大多采用蓄电池电源和太阳电池阵电源系统。空间探测器采用太阳电池阵电源系统或空间核电源。载人航天器大多采用氢氧燃料电池或太阳电池阵电源系统。

4. 姿态控制系统

姿态控制系统用于保持或改变航天器的运行姿态。航天器一般都需要姿态控制，例如，通过姿态控制可使侦察卫星的可见光照相机镜头对准地面；通过姿态控制可使通信卫星的天线指向地球的某一特定区域等。常用的姿态控制方式有三轴姿态控制、自旋稳定、重力梯度稳定和磁力矩控制等。

5. 轨道控制系统

轨道控制系统用于保持或改变航天器的运行轨道。航天器轨道控制的动力来自轨道机动发动机，由程序控制装置或地面航天测控站控制轨道机动发动机。轨道控制系统通常与姿态控制系统互相配合，保持或改变航天器的运行姿态和运行轨道，它们共同组成航天器控制系统。

6. 无线电测控系统

无线电测控系统由无线电跟踪部分、遥测部分和遥控部分组成。跟踪部分主要包括信标机和应答机，它们连续发出信号，以使地面测控站能够跟踪航天器并测量其轨道。遥测部分主要包括传感器、调制器和发射机，用于测量并向地面发送航天器的各种仪器设备的工作参数（如电压、电流和温度等）和其他参数（如探测仪器测到的环境参数和敏感器测到的航天器姿态数据等）。遥控部分主要包括接收机和译码器，它们接收地面测控站的遥控指令，并将其传送给航天器的有关系统。

7. 返回着陆系统

返回着陆系统通常由制动火箭、降落伞、着陆设备、标位设备和控制设备等组成，它保障返回型航天器的安全并使之准确地着陆。在月球或其他行星上着陆的航天器也配置了着陆设备，其组成和功能与返回型航天器的着陆设备相类似。

8. 生命保障系统

生命保障系统通常包括空调设备、供水设备、供氧设备、空气净化与成分检测设备、废物排除与封存设备、食品制作与保存设备和水再生设备等。生命保障系统向航天员提供维持正常生活所必需的设备和条件。

9. 应急救生系统

应急救生系统通常包括救生塔、弹射座椅和分离座舱等，它们都有独立的控制、生命保障、防热和返回着陆等系统。当航天器在某一飞行阶段发生意外时，应急救生系统都能使航天员安全地返回地面。

10. 计算机系统

计算机系统用于贮存各种程序、处理各种信息和协调、管理航天器的各系统，例如，对地面遥控指令进行存贮、译码和分配，对遥测数据进行预处理和数据压缩，对航天器姿态和轨道测量参数进行坐标变换、参数计算和数字滤波等。航天器计算机有单机、双机和多机系统。

2.4.3　航天器的特点

航天器在运动方式、环境与可靠性、控制和系统技术等方面都有显著的特点。

1. 运动方式

大多数航天器不设飞行动力装置，它们依靠惯性在极高真空的宇宙空间内自由飞行。航天器的运动速度由运载器提供，为 8 km/s 至十几千米每秒。航天器的轨道是预先根据航天任务来选择和设计的。有些航天器带有动力装置，用于航天器变轨或轨道保持。

2. 环境与可靠性

运载器将航天器送入宇宙空间。航天器长期处于高真空、强辐射和失重的环境中，有的航天器还要返回地球或在其他天体上着陆，因此必须适应各种恶劣的环境。将航天器送入宇宙空间需要比航天器自身重几十倍甚至上百倍的运载器，航天器入轨后，往往需要工作几个月、几年甚至几十年。因此，体积小、质量轻、可靠性高、寿命长和适应恶劣环境条件是对航天器材料、器件和设备的基本要求。对于载人航天器，可靠性要求就更为重要。

3. 控制

绝大多数航天器都是无人航天器，其各系统的工作都要依靠地面遥控或自动控制。对于载人航天器，虽然航天员也能参与监控航天器各系统的工作，但主要还是依赖于地面的指挥和控制；航天器的控制是由地面测控站与航天器上的无线电测控系统共同完成的。通常由航天测控和数据采集网或用户台站（网）中心站的工作人员完成航天器工作程序的安排与监控。随着航天器计算机系统功能的增强，航天器的自动控制能力也在不断提高。

4. 系统技术

航天器的运动与工作环境的特殊性和任务的多样性使其在系统组成及技术应用等方面具有许多显著的特点。航天器的电源不仅要比能量大，寿命长，而且还要功率大（从数十瓦至数千瓦），使用可靠性高。航天器使用的太阳电池阵电源系统、燃料电池和核电源系统都比较复杂，涉及半导体和核能等项技术。航天器的轨道控制系统和姿态控制系统不仅采用了很多特有的敏感器、推力器、控制执行机构及数字计算装置等，而且还采用了基于现代控制论的多变量反馈控制系统。航天器的结构、热控制、无线电测控、返回着陆、生命保障和多种专用系统都采用了许多特殊的材料、器件和设备，涉及很多科学技术领域。航天器的正常工作不仅取决于航天器各系统的协调与配合，而且还与航天系统各部分的协调与配合有密切的关系。航天器的研制、使用和管理离不开新技术，更离不开系统工程的理论和方法。

2.4.4　典型航天器

2.4.4.1　人造地球卫星

1. 天文卫星

"轨道天文台"（图 2-58）是美国研制的用于非太阳观测的天文卫星，它的主要任

图 2-58 "轨道天文台" 2 号卫星

务是在紫外线、X 射线和 γ 射线波段范围内寻找宇宙天体辐射源，测定其方向、强度和辐射谱特征，观测恒星、星云、星际物质、银河系和河外天体。"轨道天文台"长约 3 m，直径约 2.1 m，质量为 1.7～2.2 t，运行在高度为 750 km、倾角为 35°的近圆形轨道上。数据传输由编程指令控制。当"轨道天文台"在地球站的接收范围以外飞行时，其上的存储器将测量数据及时地存储起来并在进入地球站的接收范围时发回。"轨道天文台"装有反射望远镜和紫外线敏感电视摄像系统，用于观测宇宙空间 912～4 000 Å[①]紫外波段的辐射源。摄像系统装有光电光栅分光计，用于测量暗弱天体的谱线轮廓和精细结构。"轨道天文台"测得的数据使人们发现，多数大质量恒星的温度比过去推测的要高，银河系辐射的紫外波段的能量比过去推测的要大。

2. 空间物理探测卫星

"轨道地球物理台"（图 2-59）是美国研制的用于空间物理研究的空间物理探测卫星，是综合性空间观测台之一，它的主要任务是研究太阳、外层空间环境与地球磁层、电离层及其过渡区的相互关系。"轨道地球物理台"为矩形体，质量为 487～632 kg。按照研究区域，"轨道地球物理台"的轨道有两种，奇数号为大椭圆轨道，近地点高度约为 280 km，远地点高度约为 140 000 km，倾角约为 31°，运行周期为 48～64 h，又称为"扁轨地球物理台"；偶数号为近极轨道，近地点高度约为 400 km，远地点高度为 900～1 600 km，倾角为 81°～87.4°，运行周期为 98～

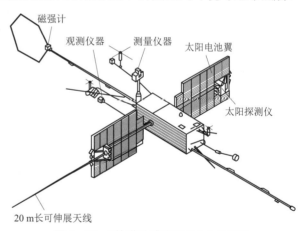

图 2-59 "轨道地球物理台" 1 号卫星

104 min，又称为"极轨地球物理台"，工作寿命为 1.5～2 年。"轨道地球物理台"最初采用自旋稳定姿态控制系统，自旋轴指向地面；后来采用三轴稳定系统，它由地球敏感器、太阳敏感器、气体喷管和惯性飞轮等组成。数据收集和传输系统的传输速率为 64 000 b/s～128 000 b/s 时，能存贮(43.2～86)×10^6 b 数据，12 h 的测量数据能在 11.5 min 内传给地球站。"轨道地球物理台"使用电场试验仪测定太阳风与地球磁层相遇时的直

---

① 1 Å=0.1 nm。

流电场；使用火花室探测 γ 射线；使用 20 m 长的可伸展天线进行射电天文探测。其他探测仪器还有闪烁计数器、盖革计数器、分光计和磁强计等。根据"轨道地球物理台"的探测结果，人们较准确地测绘了地球磁场和地球辐射带；发现了太阳风与地球磁层相遇时在太阳风内存在冲击波、电场的不连续性、新粒子及场的现象。

3. 通信卫星

"闪电号"通信卫星（图 2–60）是苏联研制的主要通信卫星系列，它包括"闪电Ⅰ号""闪电Ⅱ号"和"闪电Ⅲ号"通信卫星，它们属于苏联的"轨道通信卫星系统"和"国际卫星系统"，主要用于在全国转播电视广播节目，进行电话、电报和传真通信，实现国际通信和电视广播节目交换，也可用于军事通信。"闪电Ⅲ号"通信卫星还承担莫斯科与华盛顿之间的直接通信任务。"闪电号"通信卫星绝大多

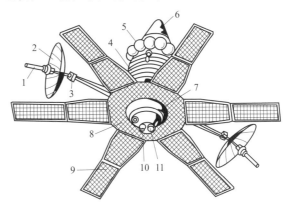

图 2–60　"闪电Ⅰ号"通信卫星

1—天线定向用地球敏感器；2—通信定向天线；3—天线驱动装置；
4—热控制系统冷却器；5—压缩气体容器；6—轨道修正发动机；
7—密闭仪器舱；8—加热板；9—太阳电池；
10—太阳敏感器；11—地球敏感器

数运行在偏心率很大的椭圆轨道上（图 2–61），近地点在南半球上空 460～630 km，远地点在北半球上空约 40 000 km，倾角为 62.8°～65.5°，运行周期约为 12 h。卫星运行一周大约有 2/3 的时间处于北半球上空，相对卫星通信地球站的视运动速度很慢，便于地球站跟踪。1 颗"闪电号"通信卫星能保障苏联和北半球许多国家在一天内通信 8～10 h。3 颗分布适当的"闪电号"通信卫星可实现 24 h 通信。"闪电号"通信卫星的质量为 1 000～1 200 kg，其上装有两副抛物面定向通信天线，两副天线互为备份。仪器舱内装有通信转发器，它与通信天线组成通信专用系统，完成通信转发任务。姿态控制分系统使太阳电池翼始终朝向太阳，并使其中一副通信天线始终对准地球。每次通信既可由卫星上的程序–时间逻辑装置自动控制，也可由地面发出遥控指令控制。"闪电Ⅰ号"通信卫星装有一个分米波转发器，输出峰值功率为 40 W 或 14 W，可传输电视、电话、电极和传真信号。"闪电Ⅱ号"通信卫星装有厘米波转发器，增大了通信容量，提高了通信质量，并实现了多址联结。"闪电Ⅲ号"通信卫星与"闪电Ⅱ号"通信卫星基本相同，只是前者传输的信号质量更好。

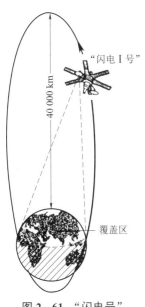

图 2–61　"闪电号"通信卫星的运行轨道

4. 气象卫星

"地球静止环境业务"卫星（图2-62）是美国研制的第一代地球静止轨道气象卫星系列。卫星外形是一个圆柱体，高度为2.6 m，直径为1.9 m，质量为294 kg，工作寿命为

3年。卫星采用地球静止轨道，位置保持精度为南北向优于 1°，东西向优于0.5°。卫星靠自旋稳定，自旋速率为100 r/min。卫星携带的气象遥感器是可见光、红外自旋扫描辐射计。仪器的望远镜口径为0.4 m，可见光波段为0.55～0.75 μm，红外波段为 10.5～12.5 μm，星下点分辨率分别为 0.9 km 和 9 km。仪器拍摄的云图一帧有 1 820 条扫描

图 2-62 "地球静止环境业务"卫星

线，每帧的扫描时间为 20 min，对连续观测 4 帧以上的云图进行数据处理即可获得风速和风向。风速的测量精度优于 3 m/s，这是地球静止轨道气象卫星的一个重要特点。仪器获得的原始云图数据以 28 Mb/s 的速率传送到地面，经数据处理后每 3 h 通过卫星用 1 700 MHz 的频率向各地广播一次适用的云图资料。这颗卫星带有数据收集系统，可以收集 1 万个地面气象站、海洋自动浮标和无人值守地区的自动气象站所获得的温度、压力及湿度等环境资料，其工作频率是 401 MHz 和 468 MHz。这颗卫星还带有空间环境监测器，用于测量太阳粒子（质子、α 粒子和电子）。从第四颗卫星开始，大气探测仪代替气象遥感器。大气探测仪有一个可见光通道和 12 个红外通道，除拍摄云图外，还通过 15 μm(CO_2)波段探测大气垂直温度分布，通过 3.7 μm（H_2O）波段探测不同高度的水汽含量分布，从而获得大气三维结构的气象资料。探测大气垂直温度和水汽分布的星下点分辨率是：晴朗地区为 30 km，多云地区为 60～100 km，这样的分辨率足以使气象部门了解风暴的形成、发展和移动。

5. 侦察卫星

"647"预警卫星（图2-63）是美国研制的用于探测弹道导弹和核爆炸的侦察卫星。它属于美国弹道导弹预警卫星系列，又称为综合型导弹预警卫星，其主要任务是：①探测地面和水下发射的洲际弹道导弹的尾焰并实施跟踪，为己方获得 15～30 min 的预警时间；②探测空中和地面的核爆炸，并进行全球性的气象观测。该卫星系列已陆续实现了两颗卫星组网、3 颗卫星组网和 5 颗卫星组网。"647"预警卫星由圆柱体主体部分（长2.9 m、直径 2.8 m）和施密特式红外望远镜（长 3.6 m、直径 0.9 m）组成，质量约为 900 kg。卫星采用地球静止轨道和自旋稳定，在卫星圆柱体内有一个与卫星自旋方向相反、恒速转动的飞轮。对地球定向的红外望远镜的视场绕卫星自旋轴转动，其红外探测器阵列能产生一恒定圆锥扫描，以扩大望远镜的视场。卫星每 8～12 s 对地球表面某一特定区域

扫描一次。一次扫描可测出红外源的位置，连续扫描可测出红外源的方向。卫星带有高分辨率的可见光电视摄像机，主要用于目标识别、卫星各系统状态监视和提高探测概率。在红外系统尚未发现目标时，每隔 30 s 向地面发送一次电视图像。一旦红外探测器发现目标，电视摄像机即可自动或按照指令连续地向地球站发送目标图像，能以 1～2 帧/s 的速度在地面电视屏幕上显示弹道导弹尾焰的图像运动轨迹，可粗略地提供弹道导弹在主动段的运动。根据尾焰在不同高度上的形状和亮度，可以识别弹道导弹的真伪。卫星上的核辐射探测仪包括中子计数器和 X 射线仪，它们安装在太阳电池翼上。

图 2-63　"647"预警卫星

6. 导航卫星

"导航星"全球定位系统是美国研制的国防导航卫星系列，其主要任务是使舰船、飞机、地面用户、地面目标、近地空间飞行的导弹、卫星和飞船等在各种气象条件下能进行连续实时的高精度三维定位和速度测定，进行大地测量和高精度卫星授时。"导航星"全球定位系统采用中高度圆轨道，采用双频伪随机噪声测距导航体制，由 18 颗实用卫星和 3 颗备用卫星组成，均匀地分布在 6 个轨道面内，高度约为 20 000 km，倾角为 63°。"导航星"Ⅰ型（图 2-64）在轨道上的质量约为 460 kg。"导航星"Ⅱ型（图 2-65）在轨道上的质量约为 787 kg。"导航星"卫星的主要专用设备是：①高稳定度原子钟——铷钟、铯钟和氢钟，频率稳定度分别为 1×10^{-12}、1×10^{-13} 和 1×10^{-14}；②导航电文存储器，它存贮地面注入的卫星星历表、授时参数、传播延时参数、卫星状态信息、卫星识别信息和粗捕获码转到精确码的时间同步信息；③双频发射机，它发射 L 波段微波信号，频率为 1 575.42 MHz（L1）和 1 227.60 MHz（L2），导航信号用精确码和粗捕获码进行调制，两种码共用 L1 和 L2 通道。长精确码 7 天重复一次，供精确定位用（精度为 10 m）；短捕获码 1 ms 重复一次，供快速捕获和粗略定位用（精度约为 100 m）。用户接收导航信号的功率电平为 -16～-160 dBW。实用的"导航星"卫星还装有单通道卫星通信转发器和探测秘密核试验的敏感器。全球定位系统有较高的军用价值，定位精度为十几米，测速精度优于 0.1 m/s，授时精度优于 1 μs。民用时的定位精度约为 100 m。

图 2-64 "导航星"Ⅰ型

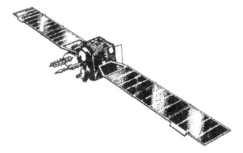

图 2-65 "导航星"Ⅱ型

7. 测地卫星

"激光地球动力学"卫星是美国研制的激光测地卫星,其主要任务是:测定地球板块运动;测量地球自转和极移;考察地震发生机制;观测陆潮与地球的关系;与以前发射的"海洋地球动力学"实验卫星 3 号(近圆轨道高度为 840 km,倾角为 114.96°)相配合,共同为评定大陆漂移学说提供资料。"激光地球动力学"卫星是精确测地的恒定参考点,它长期保持在高度约为 5 800 km、倾角为 110°和周期为 225.4 min 的较为稳定的轨道上,能测量引起地震的微小地壳运动。卫星为铝质球体,直径为 0.6 m,质量为410 kg。卫星表面装有 426 块激光反射镜,用于反射从地球站发射的激光束。用于地球站的激光器是钕钇铝石榴石晶体,激光脉冲宽度为 0.2 ns。地球站对卫星的仰角超过 20°时即可获得数据,卫星过顶时可获得最佳数据,低仰角时的测量易受大气的干扰。

8. 地球资源卫星

"陆地"卫星(图 2-66)是美国研制的地球资源卫星系列,其主要任务是调查地下矿产资源、海洋资源和地下水资源;监视和协助管理农、林、牧业和水利资源的使用;预报农作物的产量;研究自然植物的生长和地貌;预报各种严重的自然灾害和环境污染;

图 2-66 "陆地"卫星 4 号

拍摄各种目标的图像,绘制地质图、地貌图和水文图等专题图。"陆地"卫星采用三轴稳定对地定向姿态,采用 900 km 近圆形太阳同步轨道,运行周期为103 min,每天绕地球 14 周,第二天向西偏 170 km,18 天后再回到原轨道运行。每帧图像的地面覆盖面积为 183 km×98 km,相邻两帧重叠 14 km。"陆地"卫星用于收集信息的设备包括多谱段扫描仪和返束光导管摄像机。"陆地"卫星收集的信息以电信号形式记录,当卫星飞经地面接收站上空时,将电信号发给地面接收站,处理后供用户使用。卫星上的数据收集系统为分布在各地的 150 个地面数据自动收集平台。地面数据自动收集平台收集当地的降雨量、河水流量、积雪深度、土壤含水量和火山活动情况等，经卫星中继以后集中发给用户。

2.4.4.2　空间探测器

1.“月球轨道环形器”

“月球轨道环形器”（图 2-67）是美国研制的空间探测器，是研究月球环境和表面结构的人造月球卫星，其主要任务是在绕月飞行时拍摄月球正面和背面的详细地形照片，绘制 0.5 m 口径的火山口或其他细微部分的月面图，为“阿波罗”号飞船选择登月着陆点。“月球轨道环形器”装有两台带特殊跟踪机构的摄像机，以提高图像的清晰度，其中一台用于普查，另一台用于详查。拍摄的图像记录在胶片上，通过无线电传送到地球站。3 个“月球轨道环形器”都在围绕月球赤道的低纬度轨道上运行，1 号“月球轨道环形器”在绕月飞行 3 天后做轨道机动，将近月点降至距月面 58 km；2 号“月球轨道环形器”最后到达距月面 39 km 的近月点，采用望远镜头和广角镜头拍摄月面照片。为了扩大拍摄范围，3 号“月球轨道环形器”的倾角由 12°改为 21°，拍摄 10 个飞船可能选用的着陆点。4 号、5 号“月球轨道环形器”在绕月球极轨道上运行，从月球的北极上空飞往南极上空，以拍摄更大面积的月球表面并监视近月空间的微流星体和电离辐射。“月球轨道环形器”在飞行结束后均撞击月球表面。5 个“月球轨道环形器”能对 99%的月球表面进行拍摄，借助这些高分辨率的照片既可为“阿波罗”号飞船提供安全的着陆点，又可获得月球表面的放射性、矿物含量和引力场等数据。

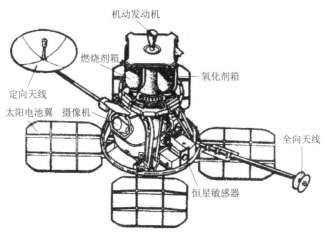

图 2-67　“月球轨道环形器”

2.“先驱者号”探测器

“先驱者号”探测器是美国研制的行星和行星际空间探测器，其任务是探测地球与月球之间的空间，探测金星、木星和土星等行星和行星际空间，系统地观测月球环境及行星际空间的辐射、磁场和太阳活动。“先驱者 1 号”探测器至“先驱者 9 号”探测器的质量为 27～67 kg，工作寿命约为 6 个月。“先驱者号”探测器曾拍到了类似喷壶喷水

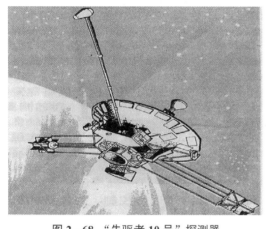

图 2-68 "先驱者 10 号"探测器

的太阳风图像,发现地球磁场的向阳面受到太阳风的压缩,另一面则延展达数百万公里。"先驱者 7 号"探测器首次在月球以远观测到了磁尾,测量了距地球 $5.6×10^7$ km 的泪珠状磁尾。"先驱者 10 号"探测器(图 2-68)和"先驱者 11 号"探测器先后探测到了木星、木星卫星、土星和土星卫星,它们用放射性同位素热电发生器作为电源,探测器使用直径为 2.7 m 的抛物面天线对地球定向,功率为 8 W 的发射机向地面深空跟踪网传输信号。"先驱者 10 号"探测器于 1973 年 12 月飞近木星,行程约 10 亿 km,向地球发回了 300 幅木星和木星卫星的照片,并利用木星引力场加速飞向土星,又借助土星引力场加速,于 1986 年 10 月越过了冥王星的平均轨道,成为第一个飞出太阳系的航天器。"先驱者 11 号"探测器于 1974 年 12 月飞过木星附近,1979 年 9 月飞过土星附近,探测到 F、G 两个新环,G 环与土星中心的距离为 60 万~90 万 km,并发现土星的辐射带强度远远低于地球的辐射带。"先驱者 10 号"和"先驱者 11 号"探测器各携带一块画有图案的镀金铝质标志牌,它是进行地球外生命探索的标志。

2.4.4.3 载人航天器

1. "联盟号"载人飞船

"联盟号"载人飞船(图 2-69)是苏联研制的载人航天器,具有轨道机动、交会和对接能力,是苏联载人航天计划的重要组成部分。"联盟号"载人飞船既能自主长期飞行,为航天站接送航天员,又能在对接后作为航天站的构建舱与之一起联合飞行。"联盟号"载人飞船的最大直径约为 2.7 m,总长为 7.5 m,重约 6.8 t,由近似球形的轨道舱、钟形返回座舱和圆柱形的服务舱组成。轨道舱被分隔成工作区和生活区,是航天员在轨道上工作和生活的场所。"联盟号"载人飞船的前端有一个与"礼炮号"航天站对接的舱口,航天员通过它可以进入"礼炮号"航天站。在没有对接任务的自主飞行中,对接舱口可安装科学仪器。返回座舱是飞船上升、轨道机动、对接和返回地球时航天员乘坐的舱段,它与轨道舱相通,航天员可在两舱之间活动。返回座舱壁上有两个舷窗,舱内有操纵设备、显示仪器、减震座椅、生命保障系统、制动火箭和降落伞等。为防止再入地球大气层时过热,返回舱表面涂有防热层。返回舱具有特殊的外形,以便在再入大气层时减速、减少过载,提高着陆精度。密封的返回舱可在水面上降落。服务舱装有轨道飞行中需要的仪器和动力装置。服务舱的密封部分装有定向和稳定系统,服务舱的非密封部分装有供机动飞行和返回地球时使用的推进剂、发动机和辅助电源等。服务舱的外面装有天线、热控制系统的散热器和两个太阳电池翼。在进入返回轨道前,"联盟号"载人飞船抛掉轨道舱和服务舱,返回座舱单独再入大气层。航天员可操纵座舱,改变攻角以获得升力,调节航向以减少着陆偏差。"联盟号"载人飞船曾在轨道上做过编队飞行、对接与交会试验、材料焊接、对地观测、天文观测、地球资源勘测和生物学试验等。

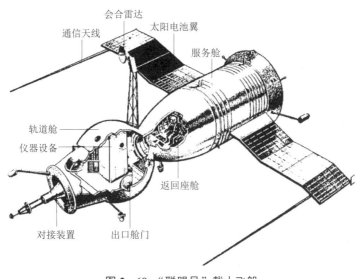

图 2-69　"联盟号"载人飞船

2. "天空实验室"

"天空实验室"(图 2-70)是美国研制的第一个试验性载人航天器,它于 1973 年 5 月 14 日发射,进入距地面 435 km 的近圆轨道。同年,美国先后发射了 3 艘"阿波罗"号飞船与"天空实验室"对接。将 3 艘"阿波罗"号飞船分别称为"天空实验室"2 号、"天空实验室"3 号和"天空实验室"4 号。1979 年 7 月 11 日,"天空实验室"进入大气层烧毁。"天空实验室"用"土星Ⅴ号"运载火箭发射。"天空实验室"共接待 3 批航天员,每批 3 人,在航天站内分别工作和生活了 28 天、59 天和 84 天。航天员用 58 种仪器进行了 270 多项天文、地理、遥感、宇宙生物和航天医学等试验研究。其中重要的项目或活动有:①用太阳望远镜观测太阳并拍摄了 18 万张太阳活动的照片;②用 6 种遥感仪器对地球进行了观测并拍摄了 4 万余张地面照片;③用 7 种仪器研究太阳系和银河系的情况;④用自行车功率计和下身负压装置等医疗器械研究长期失重对人体生理的影响;⑤进行了失重状态下的材料加工试验。"天空实验室"由轨道舱、过渡舱、多用途对接舱、太阳望远镜和"阿波罗"号飞船等组成,全长 36 m,直径 6.9 m,重 82 t,其主要部分的功能是:①轨道舱是"天空实验室"的主体,由"土星Ⅴ号"运载火箭第三级箭体改装而成,分上下两层,上层为工作区,下层为生活区,生活区又用隔板分成卧室、餐室、观测室和盥洗室。轨道舱内充纯氧,保持 33 kPa 的压力和约 20 ℃的温度。

轨道舱外部两侧各有一个太阳电池翼,可产生 3.7 kW 的电能。②过渡舱既是轨道舱通往空间的通道,也是"天空实验室"的控制中枢。过渡舱装有供电控制、测试检查、数据处理、生命保障和通信等设备。③多用途对接舱有两个供"阿波罗"号飞船对接用的舱口,一个舱口沿纵轴方向,另一个舱口在侧面,可同时停靠两艘飞船。航天员通过多用途对接舱进入轨道舱。多用途对接舱还可作为实验设备和胶体盒等的储藏室。④太阳望远镜用于观测太阳活动和拍摄太阳的照片。

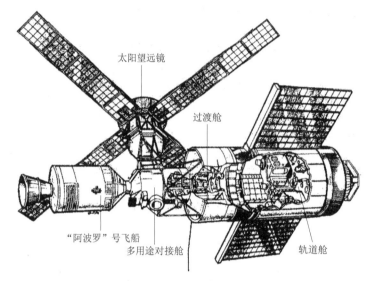

图 2-70 "天空实验室"

3. "哥伦比亚号"航天飞机

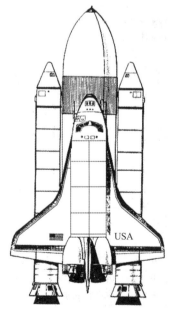

图 2-71 "哥伦比亚号"航天飞机

"哥伦比亚号"航天飞机是美国研制的第一架成功实现近地轨道飞行的载人航天器,于 1981 年 4 月 12 日首次试飞,在轨道上运行 54 h 后安全着陆,至 1984 年 10 月,共飞行了 5 次。"哥伦比亚号"航天飞机(图 2-71)由一个轨道器、一个外贮箱和两个固体火箭助推器组成。

1)轨道器。

轨道器是航天飞机最复杂的部分,它是航天飞机中唯一可以载人并真正在地球轨道上飞行的部件(图 2-72),它酷似一架大型的三角翼飞机,其质量与尺寸相当于一架 DC-9 型运输机,全长 37 m,起落架放下时高约 17 m,三角形后掠机翼的最大翼展为 24 m,不带有效载荷时自重 68 t,轨道器应能重复使用 100 次左右。

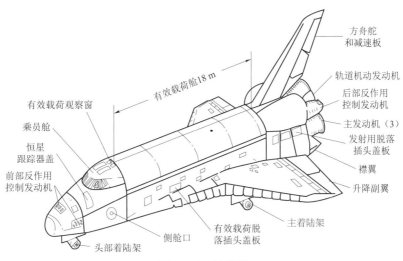

图 2-72　轨道器

轨道器既要有适于在大气层中做高超声速、超声速、亚声速和水平着陆飞行的气动外形，又要有承受再入大气层时高温气动加热的防热隔热层。轨道器再入大气层时，其机翼前缘和机首温度可达 1 430 ℃，通常采用碳–碳材料防热层；机身和机翼下表面温度为 650 ℃～1 200 ℃，表面通常敷设数万块二氧化硅防热瓦；其余部分的外表面涂敷温度较低的防热层，它可使内部承力金属结构件的温度低于 180 ℃。轨道器的机身分为前、中、后三段。前段结构由头锥和乘员舱组成，头锥处于轨道器的最前端，具有良好的气动外形和防热系统，飞行中前段的最大轴向过载为 3 g。头锥内只装了反作用控制系统。前段的核心部分是乘员舱，其内的温度（18.5 ℃～24 ℃）和压力（一个标准大气压）由环境和生命保障系统控制。乘员舱分为 3 层，最上层是驾驶台，有 4 个座位；中层是生活舱；下层是仪器设备舱。乘员舱的下部装有飞行中可以收起的头部着陆架。乘员舱为航天员提供了宽敞的工作和生活空间，通常舱内可容纳 4～7 人，紧急情况下可容纳 10 人。中段结构有一个长 18.3 m、宽 4.6 m、容积为 300 m³ 的大型货舱，一次可携带质量超过 29 t 的有效载荷，舱内可以装载各种卫星、空间实验室、大型天文望远镜和深空探测器等。为了在轨道上施放有效载荷或回收在轨道上运行的有效载荷，舱内设置了 1～2 个遥控机械臂，它是一根很细的长杆，在地面上它几乎不能承受自身的质量，但是在失重条件下的宇宙空间，它可以迅速而灵活地装卸质量为十几吨的有效载荷。中段结构除了作为货舱之外，它还是前、后段机身的承载结构，由机翼机构和有效载荷舱门组成，沿着中段结构等距离分布着 33 个加强环，它们支撑着中段结构的外壳和载荷舱门，另外还设有两个主着陆架耳轴支承结构。舱门由新型复合材料制成，机翼由波纹翼梁腹板、构架型翼肋、铆接的铝合金蒙皮及桁条结构等组成。后段结构是装有 3 台主发动机的舱，尾段还装有 2 台轨道机动发动机和反作用控制发动机。当主发动机关闭后，轨道机动发动机为航天飞机提供进入轨道、机动变轨、机动对接和返回时脱离轨道所需要的推力。反作用控制发动机用于保持航天飞机的飞行稳定和姿态变换。除了动力系统外,尾段还有升降副翼、襟翼、垂直尾翼、方向舵和减速板等控制部件。尾段机身由整块铝板机加工制成,里面配有硼环氧树脂增强的钛合金构架。在后部有一个铝蜂窝结构的防热罩,用于保护发动机系统。升降副翼用铝蜂窝材料制成。垂直尾翼是由双翼梁、多翼肋和加强蒙皮等组成的铝合金盒状结构。方向舵和减速板分成上下两部分。在乘员舱内还装有制导系统、数据处理与软件系统、无线电通信系统、跟踪与测量系统、监测与显示系统、电源配电系统和机械液压系统等。轨道器允许最大着陆质量为 84.3 t。航天飞机的主发动机是高压补燃液氧液氢火箭发动机(图 2-73),每台主发动机的海平面推力为 170 t,真空推力为 210 t,真空比冲为 455 s。为了使航天飞机的加速度不超过 3 g,每台主发动机的推力可以在额定推力的 50%~109% 的范围内调节。每台主发动机装在摇摆发动机架里,主发动机的摇摆可使航天飞机稳定地飞行和改变飞行方向。为了控制加速阶段的飞行,主发动机在俯仰方向可摆动 ±10.5°,在偏航方向可摆动 ±8.5°。主发动机的工作时间(总燃烧时间)可达 7.5 h。对于每次飞行,主发动机约工作 8 min,故一台主发动机约可使用 55 次。3 台主发动机的结构完全相同,每台长约 4.3 m,喷管出口直径为 2.35 m。主发动机由推力室、燃气集合器、预燃室、高压燃料泵、高压氧化剂泵、低压燃料泵、低压氧化剂泵、涡轮、活门、控制器和点火器等组成。为了获得高性能,主发动机采用了分级燃烧的高压补燃系统。每台主发动机都有一个可整体更换的发动机电子控制器,它包括两台相同的互为备份的数字计算机。电子控制器能自动完成发动机的程序启动与关机;能自动监控发动机的温度和压力等参数;能闭环控制和调节发动机的推力和液体推进剂的混合比。

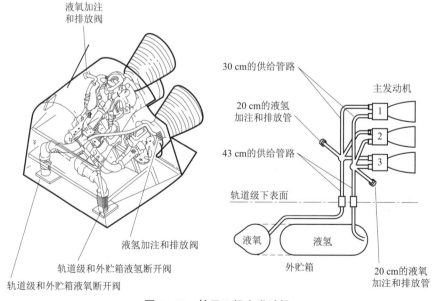

图 2-73　航天飞机主发动机

2）外贮箱。

外贮箱（图 2-74）贮存液氧和液氢推进剂并以规定的压力、温度和流量向航天飞机的 3 台主发动机输送推进剂。外贮箱是航天飞机最大的部件，也是唯一的不可回收的部件，它设置在航天飞机的下方，夹在两台固体火箭助推器之间，用于连接轨道器与固体火箭助推器，在结构、气动和载荷上使航天飞机成为一个整体。外贮箱是一个尖头圆柱体，由液氧箱、液氢箱和箱间段组成，全长为 47.1 m，直径为 8.38 m，空重为 33.5 t（加注推进剂后约重 740 t），占航天飞机起飞质量的 36%。外贮箱用铝合金制造。在液氧箱与液氢箱之间，有一个长为 6.8 m 的中间舱段——箱间段，其上装有两个固体火箭助推器的前部紧固装置和一个航天飞机的前部紧固装置。箱间段内部装有推进剂管道和电缆管道。液氧箱和液氢箱都采用铝合金蒙皮加支撑或稳定框架结构。液氧箱在前部，约占外贮箱体积的 1/4，有效容积为 552 m³，可加注液氧约 600 t。液氧箱的头部是一个尖顶形硬壳式结构，锥头可减少气动阻力和气动加热，并可兼作避雷针使用。液氧箱内装有防涡流和防晃动隔板，以使液氧的剩余量减至最少，并阻尼液氧的运动。液氢箱的有效容积为 1 523 m³，可装液氢 100 多吨。外贮箱上还有一些管道、阀门、支撑结构和电子系统等。外贮箱通过其箱体承受固体火箭助推器的推力作用。外贮箱通过一个前连接机构和两个后连接机构与航天飞机连接，并以此承受航天飞机 3 台主发动机的推力作用。为了将外贮箱主结构及其分系统部件的温度控制在允许的范围内，以减少液氧、液氢的汽化和避免外表面结冰，外贮箱的外表面敷有泡沫和软木隔热层。

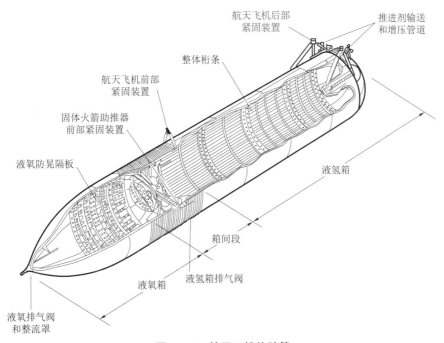

图 2-74　航天飞机外贮箱

3）固体火箭助推器。

固体火箭助推器（图 2-75）是航天飞机的辅助推进装置，它为航天飞机垂直起飞和飞出大气层提供约 78% 的推力。两枚固体火箭助推器平行地安装在外贮箱的两侧，位于航天飞机的下方。两枚固体火箭助推器的结构相同，均为细长的圆柱体，长为 45.5 m，直径为 3.7 m，重约 566 t，其中固体推进剂重 503 t，助推器净重 63 t，地面比冲为 243 s，真空比冲为 276 s。固体火箭助推器由固体火箭发动机、推力向量控制、分离、回收、自爆安全、电子设备、推力终止、故障检测等系统和头锥、前段、尾裙及支撑结构等组成。固体火箭发动机由固体推进剂、壳体、燃烧室、喷管、挡药板和点火器等组成。固体火箭助推器的初始总推力为 2 450 tf[①]，总工作时间为 117 s。固体火箭助推器的推力主要取决于固体推进剂的燃烧速度，燃烧速度又取决于固体推进剂的几何形状和药柱的排列方式。为了使航天飞机在起飞后不产生过大的应力，其飞行过载不超过 3g，固体推进剂的药柱形状应使推力随时间的增加而减少，以便在航天飞机起飞 55 s 后，推力可降低约 33%。

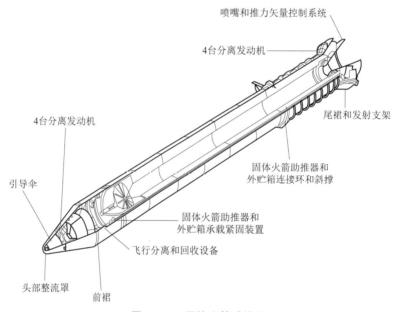

图 2-75　固体火箭助推器

4）循环工作程序。

循环工作程序包括地面准备工作程序、飞行程序和回收程序。在肯尼迪航天中心或爱德华兹空军基地的装配大厅，将航天飞机垂直地吊装到可移动的发射台上，然后使发射台移动到发射塔架旁的导流槽的上方。航天飞机经测试检查合格后，给外贮箱加注推

①　1 tf（吨力）=9.806 65 kN。

进剂。发射时，3 台主发动机先点火，2 个固体火箭助推器紧接着点火，与主发动机平行燃烧。航天飞机垂直起飞，并按预定的飞行程序上升。2 min 后，固体火箭助推器关机，并通过固体火药分离器与外贮箱分离，此时高度为 45～50 km。分离后的固体火箭助推器靠惯性继续飞至 67 km 的高空，然后降落，当降到 5.8 km 的高度时，抛掉头部的整流罩，由降落伞悬吊落在海面上，由回收船回收，供下次使用，固体火箭助推器至少重复使用 20 次。3 台主发动机继续推进轨道器和外贮箱的结合体，起飞后 8 min，3 台主发动机关机，外贮箱与轨道器分离，此时高度约为 109 km，速度约为 7.47 km/s（此时尚未达到轨道速度）。外贮箱分离后，沿着一条弹道再入路线坠入大气层烧毁。轨道机动发动机点火后，用小推力将轨道器精确地送入预定的近地轨道。轨道参数与任务有关，高度通常为 185～1 100 km，轨道倾角为 28.5°～105°。轨道器可在近地轨道上运行 3～30 天，执行各种航天任务。返回时，轨道机动发动机点火，使轨道器减速，脱离卫星轨道并沿椭圆轨道再进入大气层。进入大气层后，轨道器用大攻角姿态飞行以增加气动阻力，实现减速并控制气动加热；飞行攻角随飞行速度的减小而逐渐变小。最后，轨道器进入亚声速滑翔飞行状态，在导航系统的引导下寻找机场并着陆。着陆速度为 340～365 km/h；需要的跑道长度约为 3 000 m。着陆后，首先对轨道器进行安全处理，然后进行维修、装填和测试，以备下次使用。在航天飞机起飞后至飞行 262 s 之前，若发现轨道器不能入轨或无必要继续飞行，可按应急返回程序，利用外贮箱中的推进剂，使航天飞机飞回发射场区并着陆。

第3章 发射方式

3.1 概　　述

发射方式是发射火箭或导弹的模式，它是由战斗部署、发射基点、发射动力、发射姿态和发射工艺流程等综合而成的发射方案。自导弹问世以来，导弹的发射方式就是发射技术和导弹武器系统的重要研究内容。随着军事技术、侦察技术和发射技术的快速发展，导弹武器系统的生存能力和进攻能力的不断提高，导弹的发射方式日趋多样化。不同的导弹有不同的发射方式，对于同一种导弹，因战术技术指标和使用要求不同，又会产生多种发射方式，由于多种发射方式既可弥补单一发射方式的不足，又可通过不同的战斗部署提高导弹武器系统对现代战争的适应能力，故导弹发射方式的研究越来越受到重视。

在确定导弹采用何种发射方式时，不仅应考虑实现导弹武器系统战术技术指标的现实可能性，还应从战略思想、未来战争的特点、战斗部署原则、导弹武器系统存在的主要问题、研制成本和时间等方面进行综合平衡。

发射方式的实现主要取决于在规定的时间和预计的成本限额内能否研制出满足导弹武器系统战术技术指标及使用要求的导弹地面设备系统和发射工程设施，为使发射方式的实现有可靠的技术基础，通常将发射方式的论证与导弹地面设备系统中各分系统或设备的总体方案论证密切地结合起来。

在论证导弹的发射方式以前，应深刻理解和准确把握作战需求。作战需求就是导弹武器系统总体设计的指导思想，它一般包括作战任务、目标特性、毁伤标准、战场环境、作战构想、使用流程、保障体制、指挥体制、编制体制、战场体系和法规体系等。应通过发射方式的论证和设计，提高导弹武器系统打击目标的有效性及时效性、精确打击能力、综合毁伤能力、快速反应能力、生存能力、战备完好率和使用可靠性等作战效能。应通过发射方式的论证和设计，提高导弹武器系统的包括"好用"与"管用"在内的实战化水平；"好用"与"管用"的主要标志是设备集成度高、设备通用性强、导弹射前测试项目少、发射工艺流程简单、操作简便、故障诊断智能化、使用可靠、可维修性好、导弹-地面设备系统界面友好和人-地面设备系统界面友好等。应通过发射方式的论证和设计，有效地降低导弹武器系统的全寿命周期费用。

各国关于发射方式的评价标准虽然不尽相同，但主要标准是相同或类似的。主要评价标准包括生存能力（防护能力、隐蔽能力、隐身能力和快速修复能力）、发射工艺流程、反应能力（反应时间、任务状态转换时间和工作方式转换时间）、使用频率、使用可靠性、使用环境条件、研制成本、快速形成战斗力的可能性、部队急需程度、作战效能、应变能力、有效寿命、与已有发射方式的兼容性及配套程度和关键技术问题等。

在发射方式论证过程中，存在很多不确定因素，通常采用定性或部分量化的方法考虑它们的影响和作用。不确定因素一般包括研制费用、情报信息、战略关系、技术风险、伪装性能、加固等级、干扰手段、侦察技术水平、预警能力、敌方攻击方式和火力强度等。研制费用一般与技术继承性、关键技术项目的数量、武器系统的通用性和自动化、智能化水平等有关；情报信息一般与信息源的可靠性、信息传送渠道和信息加工处理方法等有关；战略关系一般与国际形势、战略思想和利益关系变化等有关；技术风险一般与技术继承性、工业水平、验证试验手段和新技术项目的数量等有关；伪装性能一般与地理环境、气候变化、侦察技术水平和伪装技术水平等有关；加固等级一般与进攻导弹的制导精度、毁伤能力和加固水平等有关；干扰手段一般与导弹的制导体制、突防能力、侦察方法、防御体系和微电子技术发展水平等有关；侦察技术水平一般与侦察手段、目标的电磁波信息、信息传输和处理等有关；预警能力一般与侦察手段、防御体系和快速反应能力等有关；敌方的攻击方式和火力强度一般与导弹的发射方式、性能和战斗部的威力等有关。

20 世纪 50 年代，由于当时的侦察技术水平不高，导弹的进攻能力和毁伤能力不强，液体弹道导弹大多采用地面固定发射方式。20 世纪 50 年代末期和 70 年代末期，曾先后出现了固体弹道导弹的铁路机动发射方式。20 世纪 60 年代，液体弹道导弹和固体弹道导弹开始采用地下井贮存、井口发射方式和地下井发射方式。20 世纪 80 年代，出现了小型固体弹道导弹的公路机动发射方式。

在今后相当长的一段时间里，机动发射将是弹道导弹、防空导弹和飞航导弹的主要发射方式。发展机动导弹通常有 3 个方向，即下海、上天和陆地机动。下海就是研制潜地导弹，上天就是在空中机动发射导弹，陆地机动就是地面或地下机动发射导弹。

3.2　发射方式的分类

发射方式的分类方法很多，理论上的分类方法是：根据战斗部署，可分为固定发射和机动发射；根据发射动力，可分为自动力发射和外动力发射；根据导弹起飞时的姿态，可分为倾斜发射、垂直发射和水平发射；根据发射基点的位置，固定发射又分为地面固定发射、半地下固定发射、地下固定发射和水下固定发射；根据发射基点的位置，机动发射又分为陆基机动发射、水基机动发射和空基机动发射；根据瞄准目标的方式，倾斜发射又分为随动跟踪发射和定向瞄准发射；根据机动区域，陆基机动发射又分为地面机动发射和地下机动发射；根据机动区域，水基机动发射又分为水面机动发射和水下机动发射；根据发射装置依托的飞行器，空基机动发射又分为飞机发射和航天器发射；根据发射基点的位置，半地下发射又分为坑道式发射、掩体式发射和壕沟式发射；根据导弹武器系统的机动区域，地面机动发射又分为越野机动发射、公路机动发射、铁路机动发射和多点浮动发射；根据导弹的点火位置，水下机动发射又分为水面点火发射和水下点火发射。

工程上常用的分类方法有两种。一种是按发射基点进行分类：以陆地为发射基点的称为陆基发射；以江河湖海为发射基点的称为水基发射；以空、天为发射基点的称为空基发射。按发射基点的位置，上述每类发射方式又可分为地面、半地下、地下、水面、水下、水底、飞机和航天器等发射方式。另一种是按导弹武器系统的机动能力进行分类，有机动、半机动和固定三种发射方式。按照机动方式，机动发射又分为机载发射、舰载水面发射、潜艇水下发射、公路机动发射、铁路机动发射和地下机动发射等。按照发射阵地的类型，固定发射又分为地下井发射、井口发射、洞口发射、半地下掩体发射和水下固定发射等。半机动发射方式介于机动与固定发射方式之间，部分地面设备固定在发射场内，导弹和另一部分地面设备可在小范围内机动。

对于运载火箭发射，常用液体火箭的固定自动力发射和固体火箭的机动、固定外力发射。在液体火箭发射场，常采用"两平两垂""一平两垂""三平""三垂"等测试发射模式，相关内容参考《航天发射场工程》。

3.3　固　定　发　射

将由固定发射点发射导弹的方式称为固定发射。在固定发射中，由于可以预先准确地测定发射点的位置，故发射点与目标间的距离、目标方位和发射点周围的重力场等均可测得比较准确，这些都有利于减少导弹的定位和定向误差。固定发射的最大优点是导弹的命中精度高。固定发射的最大缺点是容易被发现、识别和攻击，在现代侦察技术条件下，对于无弹道导弹预警系统或空中预警和控制系统的固定发射，其发射阵地的防护问题尤为突出。

3.3.1　地面固定发射

将由地面固定发射点发射导弹的方式称为地面固定发射（图3-1）。在地面固定发射中，地面设备系统和发射工程设施均短期或长期固定在地面上，地面设备系统各组成部分均位于固定场坪内预先标定好的位置上，对于自动力发射的导弹，其燃气流排导设备通常由地面设备系统自带，导弹的射前准备和发射均在固定场坪上进行。地面固定发射的主要优点是：①导弹的结构尺寸和起飞质量等一般不受限制，有利于增大射程；

②瞄准误差较小，提高了导弹的命中精度；③地面设备展开、操作和撤收的开敞性好；④发射时燃气流定向排导，不会危及人员或设备的安全。地面固定发射的主要缺点是：①固定场坪占地面积较大；②射前准备时间较长；③气象条件容易影响导弹的射前准备和发射；④固定场坪极易被敌方发现，生存能力很低。地面固定发射通常用于早期的各种液体近程和中程导弹。

3.3.2　半地下固定发射

将由半地下固定发射点发射导弹的方式称为半地下固定发射（图 3-2、图 3-3）。由于地面固定发射存在严重的缺点，人们便设法将导弹武器系统从地面固定场坪转移到坑道、掩体和壕沟等半地下工事中，以提高导弹武器系统的防护能力，改善导弹武器系统的使用环境条件。

图 3-1　地面固定发射

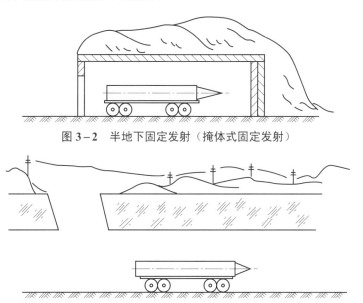

图 3-2　半地下固定发射（掩体式固定发射）

图 3-3　半地下固定发射（壕沟式固定发射）

在山区或丘陵地带，采用挖掘施工建造坑道，在坑道口安装用钢筋混凝土制成的防护门。平时，导弹及其地面设备系统可在坑道内贮存、维护和测试，使导弹经常处于良好的技术状态，操作人员可在坑道内生活和待命；战时，打开防护门，将导弹移出坑道，在坑口场坪实施发射。这种方式虽然具有一定的抗常规武器的袭击能力，对核爆炸也有一定的防护能力，但伪装和隐蔽性能仍然较差，阵地的选择也受到地形的限制。

掩体式半地下工事的构筑比较简单，既可在平地上施工，也可在合适的地面往下掘一定的深度，构筑一定高度的掩体。平时，导弹及其地面设备系统可在掩体内贮存、维护和测试；战时，开启掩体顶盖或将导弹移出掩体出口实施发射。这种方式有利于伪装和隐蔽，施工也比较方便。但是，若使之具有较高的抗核袭击能力，则掩体的加固水平就要提高，工程费用就要大幅度增加。

壕沟式半地下工事的施工也比较简单，可直接在地面上挖沟，然后加固被覆，在沟顶上加盖，从而形成一个隐蔽的发射阵地。这种半地下工事可以采用机械施工，施工周期短，工程造价较低。采用这种方式发射导弹，导弹有一部分暴露在外面，欲使全部壕沟具有较高的抗核袭击能力，则必须付出较高的加固费用，施工也比较困难。

总之，半地下固定发射的使用性能虽然比地面固定发射提高了很多，但这种发射方式仍存在发射时导弹短时间暴露的问题，在核袭击条件下，半地下工事的生存能力是十分有限的。半地下固定发射通常用于液体、固体近程和中程弹道导弹。

3.3.3 地下固定发射

将由地下固定发射点发射导弹的方式称为地下固定发射。为了提高导弹武器系统的生存能力和改善导弹及其地面设备系统的使用环境，很多地地液体战略弹道导弹都采用了地下固定发射方式。地下固定发射可分为井内贮存、井口发射和井内贮存、井内发射两种形式，故地下固定发射亦称为地下井发射。

3.3.3.1 井内贮存、井口发射

井内贮存、井口发射（图3-4）是半地下固定发射方式的发展，除导弹运输设备和装填设备外，其余地面设备均部署在地下井内。平时，装填设备将导弹吊入井内并放置在发射台上，导弹可在井内长期贮存、维护和测试；战时，井内的升降设备将导弹和发射台提升至井口并固定，然后

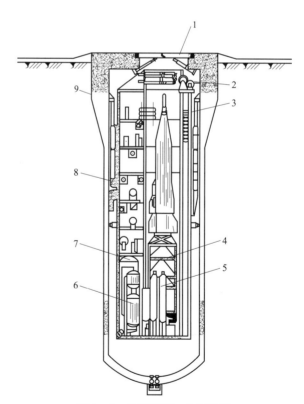

图3-4 井内贮存、井口发射

1—井盖；2—提升用驱动系统；3—配重；4—发射台；5—氮气瓶；
6—液氮罐；7—液氧罐；8—弹簧减震系统；9—井筒

关闭井盖，导弹发动机喷出的燃气流由发射台自带的导流设备排导。这种发射方式的主要优点是：①隐蔽性比半地下固定发射方式好；②导弹及其地面设备系统的使用环境好；③导弹的射前准备时间短；④由于没有排焰道，故井体直径较小。井内贮存、井口发射是半地下固定发射向地下井发射过渡的一种形式。中程液体地地弹道导弹曾采用这种发射方式。

3.3.3.2　井内贮存，井内发射

井内贮存，井内发射又称地下井发射。地下井发射是井内贮存、井口发射方式的发展。导弹及其地面设备系统全部部署在地下发射井及其水平坑道内。平时，导弹运输设备将导弹运入地下发射井，起竖设备将导弹放置在发射台上，导弹可在井内长期贮存、维护和测试；战时，可用自动力发射（热发射）或外动力发射（冷发射）的方式将导弹从井内发射出去。采用自动力发射的导弹地下发射井均设有排焰道，排焰道有 W 形、U 形和 L 形等形式（图3-5～图3-7）。

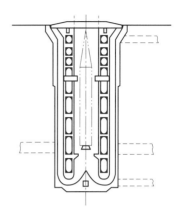

图 3-5　W 形地下发射井

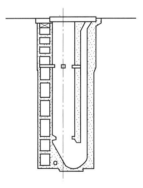

图 3-6　U 形地下发射井

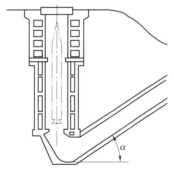

图 3-7　L 形地下发射井

采用外动力发射的导弹地下发射井适用于固体导弹，没有排焰道，只在井底设置了蓄焰池或抑焰池。地下发射井（图3-8）是钢筋混凝土构筑物，通常由竖井和与其相连的水平坑道组成。与地面固定发射、半地下固定发射和井口发射方式相比，只要来袭核弹头不直接命中地下发射井，那么地下发射井就能有效地保护导弹武器系统。地下发射井的防护能力通常分为 6 级：①低级防护地下发射井，位于核爆发光区以外，能承受0.7 MPa 超压；②中级防护地下发射井，位于核爆发光区以内，能承受 0.7～2.1 MPa 超压；③较高级防护地下发射井，位于核爆弹坑碎土飞散范围以内，能承受 2.1～5 MPa

超压；④高级防护地下发射井，位于核爆弹坑飞散碎土堆高达 2 m 的范围内，能承受 5～10 MPa 超压；⑤最高级防护地下发射井，位于核爆弹坑飞散碎土堆高 5～6 m 的范围内，能承受高于 10 MPa 的超压；⑥特级防护地下发射井，可耐受核弹头直接命中，能承受 175～385 MPa 超压。

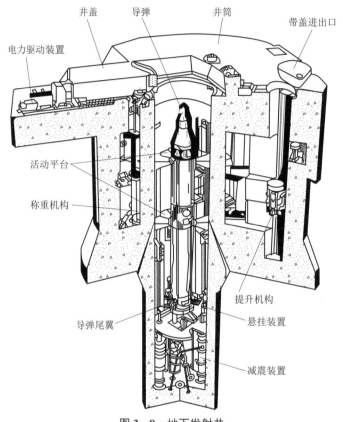

图 3-8　地下发射井

为了实现地下井自动力发射导弹，必须先解决诸如导弹起飞漂移、发动机燃气流排导、发射噪声、井体与设备防腐、导弹武器系统防震、防护和防水等问题。

通常根据导弹武器系统的初步战术技术指标，在指定的区域内，由导弹武器系统使用部门、导弹总体设计部门、导弹地面设备系统研制部门和工程设计部门等共同选择和确定地下发射井的位置和范围，它与弹道、目标方位、测量、交通、安全、防护、伪装、供水、供电、通信、地形地貌、地层条件、地质构造、水文地质条件、岩土物理力学指标、气候条件和地震活动等有关。

地下发射井的部署通常有分散部署、分散与集中相结合的部署和集中部署等几种形式。导弹的发射控制通常有单井控制和多井集中控制两种形式。

地下井发射的主要优点是：①隐蔽性好；②导弹及其地面设备系统的使用环境好；

③导弹武器系统反应能力强，一般在数十秒内就能将导弹发射出去；④导弹的射前准备时间短；⑤抗常规和核袭击能力强。地下井发射的主要缺点是：①工程量大；②维护工作量大；③容易被发现和攻击。

随着侦察技术的发展和弹道导弹命中精度的提高，直接命中地下发射井的可能性还是存在的；即使核弹头不能直接命中，某些钻地核弹头在地下发射井附近爆炸，也会对井的安全造成威胁。欲使导弹武器系统有效地生存下来，还应寻找其他的发射方式。

地下井发射通常用于液体、固体中程、远程和洲际弹道导弹。

3.3.4　水下固定发射

将由水下固定发射点发射导弹的方式称为水下固定发射。平时，将导弹及其发射装置一起沉入江底、河底、湖底或海底，并将其固定在预先选定的发射点上。战时，导弹从密封的发射筒内被弹射出水面，然后发动机点火，导弹加速飞行。为了使导弹密封发射筒沉入水下，并能随时对其进行检查和维护，通常有两种方法：一种是将导弹密封发射筒外挂在潜艇上，与潜艇一起沉入水底；另一种是通过水下作业建造水底固定支架，然后在支架上固定密封发射筒，并使筒口露出水面。显然，后一种形式只能在浅湖、海湾、江边、河边和港湾等避开主航道的浅水处采用。水下固定发射与地下固定发射一样，导弹的射击精度比较容易保证；导弹武器系统的隐蔽性能较好。采用水下固定发射的导弹武器系统的组成比较简单，除水底的发射装置外，系统中的其余部分视环境条件可部署在水下，也可部署在临近水底发射装置的岸上或舰艇上。为了使水底发射装置有可靠的支承，应详细调查发射点的地层条件、地质构造和岩土的物理力学指标等。水下固定发射的主要缺点是：设备的密封和防腐比较困难；浅水、清水中的导弹发射装置和经常性的作业活动也很难躲避空中侦察。迄今为止，水下固定发射尚未见工程应用，还有待进一步研究和探索。

3.4　机　动　发　射

将利用运输工具和发射装置发射导弹并可适时改变发射点的方式称为机动发射。在侦察技术日益完善和导弹命中精度不断提高的情况下，欲使导弹武器系统生存下来，仅靠加固坑道、掩体、壕沟和地下发射井等方法，即使将工程材料用到了极限，其抗力的提高也是有限的。实践表明，只有机动发射才能较为有效地提高导弹武器系统的生存能力和作战灵活性。导弹小型化和精确确定诸如发射点的经度、纬度、高程、发射方位角和重力加速度等发射初始条件是实现机动发射的关键。根据导弹的类型和机动方式，在运输工具或发射装置上设置相应的测速、定位和定向设备，用以确定符合精度要求的发射初始条件。

3.4.1 公路机动发射

将利用多功能发射车在公路上实施机动并在预定地点发射导弹的方式称为公路机动发射（图 3-9），这是一种机动程度有限的发射方式，它适用于战略导弹武器系统。

图 3-9 公路机动发射

公路机动发射又分为自动力公路机动发射和外动力公路机动发射。平时，多功能发射车和导弹武器系统的其他车辆在指定的公路网上以规定的速度实施机动，并可在机动过程中完成导弹的水平测试；接到发射命令后，多功能发射车等在规定的时间内到达作战指令规定的预先准备好的发射点，在完成导弹的垂直测试后，将导弹发射出去。采用公路机动发射的导弹武器系统既可以部署在内陆或沿海地区的公路网上，也可以部署在平原或山区的公路网上。

自动力公路机动发射和外动力公路机动发射通常仅适用于固体导弹，多功能发射车既是运输设备，也是发射设备。对于自动力公路机动发射，多功能发射车自带燃气流排导设备。对于外动力公路机动发射，将导弹置于一个保温、防震的发射筒内，发射筒固连在多功能发射车上；平时，导弹和发射筒处于水平状态；战时，将发射筒竖起，可实现导弹的垂直发射。

公路机动发射的主要优点是：①很难被敌方定位；②机动范围大；③快速反应能力强；④射前准备时间短；⑤生存能力较强。公路机动发射的主要缺点是：①车辆的机动性受到公路等级的限制；②导弹的结构尺寸和起飞质量不能太大；③车辆的总重和轴荷受到公路和桥梁承载能力的限制。

公路机动发射通常用于固体战略和战术弹道导弹。

3.4.2 越野机动发射

将利用轮式车辆、履带车辆、气垫车或气垫船在非公路地区或无路地区（泥泞地、沼泽地、松软土路、沙漠和雪地等）实施机动并在预定地点或非预定地点发射导弹的方式称为越野机动发射。有时将在非预定地点越野机动发射导弹的方式称为随意机动发射，亦称非定点发射，它可进一步提高导弹武器系统的生存能力。采用越野机动发射的导弹武器系统的生存能力取决于车辆的数目、越野性能和勤务保障工作的效率。平时,越野车辆在数百平方千米的范围内以每小时数十千米的速度机动,并可在机动过程中完成导弹的水平测试;接到发射命令后,越野车辆通常只需数十分钟就可由机动状态转入发射状态,若越野车辆已在发射阵地上处于待命状态,则仅需几分钟就可将导弹发射出去。越野机动发射通常适用于战术或战役导弹武器系统。这种发射方式需要配置快速、准确的定位和定向设备,一般采用车载惯性大地测量系统进行定位,采用陀螺罗盘进行定向。越野机动发射的优缺点与公路机动发射基本相同。虽然采用越野机动发射的导弹武器系统具有很多优点,但其越野性能总要受到车辆性能和道路条件的限制,系统的伪装防护能力仍然较弱;只有巧妙伪装和快速机动,才能充分发挥越野机动发射方式的优势。越野机动发射通常用于固体战术弹道导弹。

3.4.3 掩体机动发射

将利用轮式车辆或铁道车辆在掩体、壕沟或地下隧道内实施机动并在预定点发射导弹的方式称为掩体机动发射,亦称为隐蔽机动发射。平时,导弹及其地面设备在多个掩体之间、壕沟或地下隧道内做不规则运动,使敌方难以判定导弹及其地面设备的准确位置;接到发射命令后,地面设备突然从掩体内的某个预定点上将导弹发射出去。这样的掩体、壕沟或地下隧道虽然工程量较大,但其内部结构并不复杂,隐蔽性比地下发射并要好。例如,在一定幅员的区域内,修建很多隐蔽的发射场坪,诸场坪之间用公路连接起来,在公路的某些地段建造加固的掩体。平时,导弹武器系统可在某个掩体内隐蔽待机;战时,导弹武器系统可按照发射指令机动到任何一个指定的发射场坪,并在该发射场坪上将导弹发射出去(图 3-10)。

图 3-10 掩体机动发射

掩体机动发射通常用于固体战术弹道导弹。

3.4.4　铁路机动发射

将利用铁路发射列车沿铁路实施机动并在预定点或任意点发射导弹的方式称为铁路机动发射（图3-11）。铁路机动发射通常用于远程或洲际固体弹道导弹。平时，铁路发射列车在铁路网内机动，在机动过程中，完成导弹的水平测试和水平瞄准；战时，铁路发射列车可按照发射指令驶往某个预定的发射点，在该发射点完成导弹的起竖、垂直测试和发射。铁路机动发射可分为自动力铁路机动发射和外动力铁路机动发射。铁路机动发射的主要优点是：①机动速度大。满载铁路发射列车的机动速度可达80～120 km/h，大大高于公路机动发射的最高速度。②承载能力大。铁路发射列车单节车厢的长度可达25 m，宽度超过3 m，采用重型转向架后，承载能力可达50～70 t，对导弹的结构尺寸和起飞

图3-11　铁路机动发射

质量的限制比公路机动发射小。③集成度高。整个导弹武器系统均集成到铁路发射列车上。④射前准备时间短。在列车行进过程中即可完成导弹的水平测试，到达发射点后，只需完成起竖和垂直测试，就可发射导弹。⑤使用环境好。铁路车厢具有抗电磁干扰、抗核加固和空调等功能，为导弹武器系统的正常使用提供了良好的环境。⑥隐蔽性能好。长时间的无线电沉寂状态、绵长的山区隧道、众多相互连接的隧道群和数量可观的废弃隧道、支线隧道、专用线隧道为铁路发射列车提供了良好的隐蔽条件。⑦生存能力强。在同等条件下，比固定发射方式的生存概率高出1倍左右，机动程度越高，生存能力越强。⑧作战效率高。铁路发射列车能装载多发导弹，在短时间内，可在不同的发射点发射导弹。铁路机动发射的主要缺点是导弹武器系统的机动范围受铁路的约束；战时，铁路一旦受到破坏，则导弹武器系统将失去机动能力，甚至丧失作战能力。

1. 实施铁路机动发射的条件

实施铁路机动发射的基本条件有如下几个。

（1）具有丰富的铁路资源。在作战需要的范围内，必须有一定长度、一定密度和一定分岔度的铁路网，它既是导弹武器系统的作战平台，又是导弹武器系统进行大范围机动的依托和基础。

（2）轨道结构能够承受规定的发射载荷。轨道结构和桥梁既能承受铁路发射列车运

行过程中产生的接触应力，也能承受导弹发射时产生的后坐力。

（3）铁路发射列车具有民用车辆的外形。铁路发射列车的编组应与民用车辆的编组尽量一致，以提高铁路发射列车的隐蔽性能和生存能力。

（4）铁路发射列车应有一定的抗核加固水平。应通过抗核加固设计，使车辆能够承受战术技术指标规定的核冲击。

（5）导弹小型化。应对导弹动力装置、控制系统和弹头等进行小型化设计，以减少导弹的结构尺寸和起飞质量。根据我国铁路机动车辆界限、铁路车辆的长度和承载能力的极限，若使铁路发射车辆不超限，则导弹直径应小于 2.1 m，导弹长度应小于 22 m，导弹起飞质量应小于 50 t。

（6）满载的铁路发射列车应有较高的机动速度，一般不低于 100 km/h。

（7）采用快速定位定向技术。快速定位定向设备能实时、快速地确定铁路发射列车的诸如经度、纬度及高程等位置信息和导弹的方位。

（8）具有可靠的指挥通信系统。指挥通信系统的使用可靠性直接影响导弹武器系统的作战效能和生存能力。铁路发射列车既能使用军用通信系统，也能使用铁路通信网络。平时，铁路发射列车的无线电通信系统应处于"无线电沉寂"状态，即无线电通信系统只接收上级发来的信息，不向外发射信号，使用铁路通信网络向上级发送信息。

2. 铁路机动发射的工艺流程（以采用水平瞄准和外动力发射的导弹为例）

当铁路发射列车进入射前准备状态后，其基本发射的工艺流程是：

（1）在武器中心库，将测试后的导弹装入发射筒，若武器中心库没有铁路，则将载弹发射筒吊到公路车上，由公路车将载弹发射筒运至铁路转运站；

（2）将载弹发射筒吊到铁路发射车内；

（3）铁路发射列车在铁路网内机动运行；

（4）铁路发射列车进入隐蔽待机点，进行例行测试和检查；

（5）铁路发射列车在待机点间进行不定期转移；

（6）接到作战命令后，铁路发射列车即驶往预定发射点；

（7）使用车轮止动器固定铁路发射车的轮对；

（8）放下底架下部的支承油缸，车体与转向架分离，使车体可靠地支承在钢轨上，以调平车体；

（9）通过转向架刚化油缸，实现车底架与轮对的固联支承，刚化转向架弹簧；

（10）完成导弹的水平瞄准；

（11）去除接触网（若铁路发射车停在铁路线的电气化区段）；

（12）打开铁路发射车的顶盖；

（13）起竖发射筒；

（14）发射导弹；

（15）收回发射筒；

（16）关闭铁路发射车的顶盖；

（17）收回寻北仪、转向架内和底架下部的支承油缸；

（18）放开车轮止动器；

（19）铁路发射列车进入铁路网运行或至安全区停放。

3. 铁路机动发射的关键技术（以采用外动力发射的导弹为例）

铁路机动发射的关键技术主要有铁路发射车总体技术、瞬时大冲击发射载荷扩散技术、弹射稳定性技术、快速定位定向技术、大范围快速机动指挥通信技术和接触网下发射技术等。

1）铁路发射车总体技术。

铁路发射车总体技术包括发射车车辆技术、车厢快速调平及大质量导弹起竖技术、地面设备系统信息化控制技术和列车供配电技术等。

发射车车辆技术的主要研究内容是：①大轴重低振动转向架；②重载底架；③车辆顶盖开启方法及密封性能；④车辆轻型化；⑤大功率防爆空调；⑥发射车总体优化；⑦发射车伪装方法；⑧发射车内部布局。

车厢快速调平及大质量导弹起竖技术主要研究发射车停车后的快速调平方法和大质量导弹的快速起竖方法。

地面设备系统信息化控制技术主要研究发射车调平、开盖、温湿度控制、供配电、消防、运行、导弹起竖和定位定向等的控制方法。

列车供配电技术主要研究体积小、使用可靠和可维修性好的发电及配电设备，研究多发射单元解列情况下各单元的独立供配电方案。

2）瞬时大冲击发射载荷扩散技术。

瞬时大冲击发射载荷扩散技术主要研究导弹发射时产生的巨大弹射后坐力的传递及扩散路径，减少其对轨道结构的影响，确定轨道结构的承载能力。

3）弹射稳定性技术。

弹射稳定性技术主要研究导弹弹射后坐力的垂向传递路径、转向架刚化系统的工况和不同环境条件下的弹射稳定性。

4）快速定位定向技术。

快速定位定向技术主要研究随机发射条件下发射车快速定位和导弹快速水平瞄准的方法，以提高导弹武器系统的快速反应能力和射前生存能力。

5）大范围快速机动指挥通信技术

大范围快速机动指挥通信技术主要研究多方式、多备份、安全保密、使用可靠的信息化指挥和作战通信技术及设备。

6）接触网下发射技术。

接触网下发射技术主要研究在电气化铁路线路上去除接触网，并安全发射导弹的方法。

铁路机动发射通常用于固体战略弹道导弹。

3.4.5 水面机动发射

将利用水面舰船在江、河、湖、海上实施机动并在预定水域或任意水域发射导弹的方式称为水面机动发射。平时，装有导弹及其测试、发射控制和发射等设备的舰船或者停泊在港口，或者游弋在水面上。在停泊或游弋过程中，即可完成导弹的水平测试和水平瞄准。战时，舰船驶往预定水域，在预定发射点，完成导弹的起竖、垂直测试和发射。对于大型舰船，可使导弹在垂直状态下运输，以大幅度提高导弹武器系统的快速反应能力。

通常将利用内河船只在江、河、湖上实施机动并在预定水域或任意水域发射导弹的方式称为内河机动发射。内河机动发射的主要特点是：①可将发射船伪装成民用船只，使之混迹于真正的民用船队中，以提高发射船的射前隐蔽性能和生存能力；②可根据沿岸的地形地貌、周围环境和地层条件等，构筑一些陆上火力工事，使发射船与陆上火力形成统一的火力系统，以提高水面机动发射的防御能力；③可利用港口或码头等沿岸设施和岸上的方位标志给导弹定位和定向，以提高水面机动发射的精度；④发射船的机动范围受到水系流域和航运条件等的限制。

水面机动发射的主要优点是：①由于舰船的承载能力较大，故导弹的结构尺寸和起飞质量可以不受过多的限制；②机动范围较大；③敌方难以获取舰船的准确位置。水面机动发射的主要缺点是：①隐蔽性较差，容易遭受各种袭击；②导弹武器系统的使用环境比较恶劣。

水面机动发射通常用于固体中、远程弹道导弹。

3.4.6 水下机动发射

将利用潜艇发射导弹并可适时改变发射点的方式称为水下机动发射，亦称潜艇机动发射或潜射，它是弹道导弹广泛采用的一种发射方式。约占地球表面 71% 的海洋为潜艇的机动提供了广阔的水域。常规动力潜艇的潜水深度在 100 m 以上，核动力潜艇的最大潜水深度可达 900 m，潜水深度是潜艇隐身的天然屏障。核动力潜艇加一次燃料，可在水下巡航 60～90 天，巡航速度在 55 km/h 以上，续航力可达数万千米。

平时，潜艇在数百米的水下实施机动，在机动过程中，完成导弹的测试和瞄准；战时，潜艇驶向指定海域的预定发射点，从潜水深度上浮至发射深度（通常为数十米），利用外动力或自动力发射导弹。例如，一艘美国的"北极星"导弹核潜艇（图 3-12）可装载 16 枚导弹，潜艇自身的高度为 15 m，导弹发射时的冲击会使潜艇下沉约 30 m，潜艇的底部距海底应大于 35 m，故发射导弹的水域深度应大于 80 m。

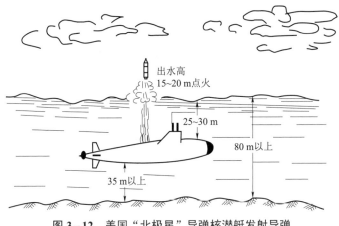

图 3-12　美国"北极星"导弹核潜艇发射导弹

从潜艇发射导弹的方法有 3 种：①用辅助动力将导弹弹出发射筒，导弹离开发射筒后，导弹发动机点火，然后导弹按预定程序飞行。②利用固体燃料助推发动机将导弹推出发射筒，导弹冲出水面后，助推发动机自动脱落，导弹发动机点火，然后导弹按预定程序飞行。③导弹发动机直接在发射筒内点火。在打开发射筒筒盖之前，应先向导弹外壳与发射筒筒壁之间充填压缩空气，直至压缩空气的压力等于潜艇外面的水压，然后打开发射筒筒盖，发射导弹，导弹离开发射筒后在水中快速前进，冲出水面后按预定程序飞行。

在需要时，潜艇可以浮出水面发射导弹。若导弹的有效射程不够，则潜艇就无法在任意位置对目标实施攻击，这时潜艇可以隐蔽地驶向目标位于导弹有效射程以内的海域，对目标实施突然袭击。

为了将潜艇引导到预定的海域，潜艇上应配置组合式惯性导航系统。潜艇出航后，利用惯性导航系统和导航卫星给潜艇定位，并实时向潜艇上的发射控制系统提供潜艇的经度、纬度、航向加速度、垂直加速度、纵向摇摆量、横向摇摆量和航向角等数据，发射控制系统将发射导弹所需的数据输送给导弹上的制导系统，以控制导弹的发射。

由于潜艇的纵向摇摆、横向摇摆、水流、波浪和艇位误差等会影响导弹的发射，因此，在潜艇巡航过程中，应对潜艇上的惯性导航系统进行随机校准，并实时向发射控制系统提供潜艇的位置信息。

水下机动发射的主要优点是：①潜艇的续航能力强，机动范围大；②潜艇的隐蔽性能好，可对目标实施突然袭击；③生存能力较强；④潜射导弹的贮存姿态就是其发射姿态，加之潜艇的环境条件较好，导弹的测试、发射控制和发射等设备随时都处于战备状态；⑤潜艇的承载能力大，一艘潜艇既是"水下导弹仓库"，又是"水中导弹发射基地"。

水下机动发射的主要缺点是：①导弹武器系统的研制成本高；②导弹的命中精度较

低；③指挥、通信容易受到干扰；④潜艇基地易被摧毁。

水下机动发射通常用于固体战略弹道导弹。

3.4.7　空中机动发射

将利用航空飞行器或航天飞行器实施机动并可适时改变发射点的方式称为空中机动发射。航空飞行器机动发射导弹或火箭是在大气层内进行，运载工具主要是飞机。航天飞行器机动发射卫星是在大气层外或星际空间进行，运载工具是卫星、航天站（空间站或轨道站）和航天飞机等。与陆基机动发射相比，虽然空中机动发射技术比较复杂，研制成本也很高，但因其具有广阔无垠的机动范围和较强的生存能力，故很多国家都十分重视空中机动发射方式的研究。空中机动发射战略弹道导弹的技术难度比其他发射方式大得多。高速飞行的载机增加了载机定位和导弹定向的误差；在飞行过程中，载机产生的流场效应和喷气发动机引起的流场扰动直接影响载机的操纵性和稳定性；弹道导弹及其测试、发射控制和发射设备减少了载机的过载因子和起飞推重比，增加了载机的起飞翼载，降低了载机的机动性能和飞行速度。因此，一般轰炸机携带的大多都是战术弹道导弹和战略飞航导弹。为了发射战略飞航导弹，通常在载机上配置组合式惯性导航系统。起飞前，在地面对惯性导航系统进行校准。起飞后，在载机上继续进行校正并将载机引导到预定的发射空域。发射前，由装在载机上的惯性导航系统进行测速、定位和瞄准，并将有关数据输入弹上制导计算机。为了提高精度，需要进行全程连续制导，如采用地形匹配与惯性组合制导系统，远程导弹还装有主动式雷达寻的末制导系统。

导弹的载机类型很多，诸如宽机身喷气式客机、大型运输机、中型飞机、垂直起降飞机、直升机和水陆两用飞机等。空中机动发射战略弹道导弹通常采用远程战略轰炸机。这类飞机作战半径大，机动飞行高度大，最大平飞速度大，隐身性能好，具有较高的突防能力和电子对抗能力，可以飞到距目标较近的空域发射导弹。

机载弹道导弹通常采用水平投放形式发射（图 3-13）。当载机飞到距目标一定距离时，在预定的高度上载机水平投放导弹。当导弹下沉一定的高度后，经过程序延时，导弹发动机点火，在推力和制导系统的作用下，导弹加速、爬高、转弯并按预定弹道飞向目标。为了使导弹快速离开载机，载机通常采用横弹方式弹射导弹。

由于载机的维护、加油、装弹、起飞和着陆等都离不开机场，因此，机场的安全是实施空中机动发射的依托和基础；一

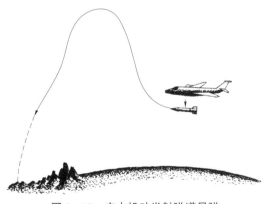

图 3-13　空中机动发射弹道导弹

旦机场遭到破坏，空中机动发射导弹武器系统就完全丧失了作战能力。

通常将从人造地球卫星运行的轨道上发射、用于攻击地面或外层空间目标（卫星、飞船、航天飞机及弹道导弹等）的武器称为卫星式武器，它分为轨道轰炸系统和截击卫星两类。平时，从地面发射轨道轰炸系统，入轨后，环绕地球轨道运行，接到作战命令后，再入大气层攻击地面目标。将发射后环绕地球轨道运行不足一周就再入大气层攻击地面目标的称为部分轨道轰炸系统，其主要特点是：①轨道低；②雷达发现晚；③预警时间短；④可从地球两个侧面打击同一个地面目标；⑤核弹头质量小；⑥命中精度较低。截击卫星是携带攻击武器的卫星，通常采用自身爆炸、发射激光和火箭等方法摧毁空间目标。

从飞机上发射的反卫星导弹通常是多级固体导弹，它配置了红外寻的装置和非核弹头，用于攻击轨道高度不超过 1 000 km 的各类卫星。

航天飞行器离地球表面远，飞行速度高，虽然其轨道固定，但发射导弹的航天飞行器通常又可同时完成通信、资源探测和气象观测等工作，实际上很难从众多的人造飞行器中将之识别和判断出来，故这种航天飞行器发射隐蔽性很强，不易受到攻击，生存能力较高。这也是航天飞行器机动发射日益受到有关国家重视的主要原因。航天飞行器机动发射虽然技术难度很大，研究费用很高，目前仍处于探索阶段，但它仍是发射技术研究和发展的主要方向。

空中机动发射通常用于固体战略和战术弹道导弹。

3.5　自动力发射

将由导弹或火箭本身的动力装置（主发动机和助推器发动机）产生发射动力的方式称为自动力发射，亦称为热发射，它是目前弹道导弹广泛采用的一种发射方式，也是应用最早、技术比较成熟的发射方式。

在地形及周围环境比较开阔、排焰比较方便的地面或舰面上，自动力发射弹道导弹是很方便的，只要发动机正常点火，发动机推力超过导弹的起飞质量，导弹就可离开发射台或发射装置。

根据发射点的位置，自动力发射可分为地下井自动力发射、潜艇自动力发射和地面自动力发射。

自动力发射通常用于液体和固体弹道导弹。

3.5.1　地下井自动力发射

地下井自动力发射实际上就是地下井热发射。在地下井内直接点燃弹道导弹的火箭发动机，在推力作用下，导弹冲出井口。虽然导弹在地下井内要消耗一部分推进剂，有效射程也相应地减少了，井壁受到高温高速燃气流的烧蚀和冲刷，弹体也同样受到某种程度的烧蚀，但这种发射方式比较简单。

为了解决燃气流对井壁的烧蚀问题，通常除在井壁安装耐火的覆盖敷料外，还在地下井内设置各种排焰道，除 W 形、U 形和 L 形排焰道外，有时还采用盲式排焰道（图 3-14）。

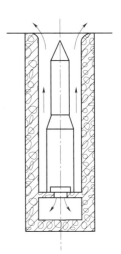

图 3-14 带蓄焰池的盲式排焰道

W 形排焰道是对称布置的双管垂直排焰道，建在井筒的四周，燃气通过井筒与衬筒之间的环形通道排入大气，采用这种排焰道的地下井直径较大，故土建工程量也很大。

U 形排焰道的位置取决于地下井的布局与地形条件，它是单管垂直偏心排焰道，衬筒偏向一边，靠近井筒的内壁，排焰道底部与井底相通，采用这种排焰道的地下井直径比 W 形小。

L 形排焰道是单管侧向排焰道，其倾角为 20°～30°，排焰道的长度约为导弹总长的 3 倍，排焰性能好，土建工程量较小，排焰道的位置取决于导弹的长度、地下井的布局和地形条件。

盲式排焰道位于导弹与井壁之间，火箭发动机点火时，燃气流直接从井壁四周排出。为了降低燃气流的温度，通常在井底设置蓄焰池或抑焰池，这种排焰道排出的燃气总会对井壁和导弹产生一定的影响。

3.5.2　潜艇自动力发射

如果采用潜艇自动力发射，在导弹从水下飞出水面的过程中，燃气流的排导问题就不像地下井那样容易解决，而且在出水段导弹的能量损失也比较大。

由于潜艇结构上的限制，欲解决自动力发射的排焰问题，就必须减少潜艇携带导弹的数量或缩小导弹的外形尺寸，这样既降低了潜艇的作战威力，也减少了导弹的射程。因此，迄今为止尚未见到采用潜艇自动力发射的导弹。

3.5.3　地面自动力发射

利用地面上的发射台发射弹道导弹是早已采用的地面自动力发射方式。这种发射方式的排焰问题容易解决；只要有合适的发射场坪，配置一定的燃气流排导设备就可以实施发射。

与外动力发射相比，自动力发射的主要优点是：①由于没有外动力源和隔离装置等，发射可靠性高；②弹体结构无须为发射方式增加强度；③由于没有装弹、退弹程序，发射工艺流程比较简单。自动力发射的主要缺点是：①为了顺畅地排导燃气流，对发射阵地的要求较高；②配套设备较多；③发射环境比较恶劣。

3.6　外动力发射

将借助导弹外部动力装置产生发射动力的方式称为外动力发射，亦称弹力发射（弹射），又称冷发射。导弹在外动力作用下加速，当飞离发射装置数十米时，导弹主发动机点火，然后导弹按预定程序飞行。

早在第二次世界大战末期，德国的"V–1"导弹就采用了外动力发射技术。"V–1"导弹的动力装置是脉动式空气喷气发动机，由于在静止状态下它不能自行启动，故采用了活塞式弹射装置为弹射提供发射动力。该装置内的过氧化氢分解后产生的蒸气压力使导弹以 100 m/s 的速度离开发射装置。

第二次世界大战以后，外动力发射技术曾一度被搁置不用。直至 20 世纪 50 年代末期，为了从水下发射弹道导弹和改善地下井的发射环境，外动力发射技术才又重新受到重视，并得到了日益广泛的应用。

当两种导弹的起飞质量相同时，由于外动力发射的导弹在离开发射装置时已有一定的初始速度，故其射程比自动力发射的导弹略有增加。

对于外动力地面发射，由于火箭发动机喷出的燃气流对发射阵地的设备及设施基本没有烧蚀和冲刷作用，因而减少了配套设备，改善了发射环境，简化了发射阵地。在森林或发射点周围有易燃物的地区，外动力发射一般不会引起危及人员和设备安全的火灾。

对于外动力地下井发射，由于没有排焰设备和设施，故简化了地下井的结构，缩小了地下井的直径，改善了地下井的发射环境，提高了地下井的发射频率，延长了地下井的使用寿命。

潜艇采用外动力发射导弹的优点尤为突出。外动力发射没有自动力发射带来的水下排焰问题，提高了潜艇水下发射的可靠性和安全性；由于火箭发动机在导弹出水以后点火，故外动力发射没有自动力发射带来的发动机水下工作不稳定或熄火现象；外动力发射没有自动力发射带来的水中段能量消耗问题，有利于减少导弹的起飞质量。

若采用外动力半地下发射，则会显著地简化半地下发射阵地的建设，有利于按照发射阵地的地形地貌等采取适用的伪装措施。

对于空中机动发射，为了确保载机的安全，通常都采用外动力发射导弹，当导弹离开载机足够距离后，火箭发动机才能按程序点火。

外动力发射导弹需配置隔离装置，它既能将具有一定温度及压力的工质与导弹分开，又能在导弹发射后准确可靠地与导弹分离，与自动力发射相比，外动力发射的可靠性明显降低了。

对于外动力发射，由于在发射工艺流程中存在装弹和退弹程序，因而，在一定程度上增加了射前准备时间。

对于采用外动力发射的导弹弹体结构，除考虑地面停放、运输、起吊和飞行中所承受的各种静、动载荷外，还需考虑弹射载荷，对其进行适应性加强设计。

导弹采用外动力发射的基本条件是：①在弹射过程中，导弹所受的热、力载荷应在其允许的范围内；②导弹离开发射装置时的初始速度应保证其稳定飞行并具有最小的初速偏差；③导弹的主发动机在空中能可靠地点火；④发射装置质量轻，使用寿命长；⑤导弹有足够的测试有效期和待机时间，可随时处于战备状态；⑥导弹及其发射装置便于操作和维护；⑦研制成本不能过高。

目前，按照外动力形成的方式，外动力发射使用的动力装置主要有压缩空气式、燃气式、燃气－蒸气式、炮射式、自弹式、液压式、电磁式、投放式和复合式等类型。

外动力发射通常用于固体战略和战术弹道导弹。

3.6.1 压缩空气式动力装置

压缩空气式动力装置通常由高压空气瓶、过滤器、压力表、供气管路和阀门等组成。平时，利用空气压缩机将压缩空气充入高压空气瓶。发射导弹时，打开高压空气瓶的出口阀门和供气管路中的相关阀门，压缩空气由高压空气瓶经过滤器、供气管路和阀门进入发射筒的压力腔，压缩空气推动导弹，并将之加速弹出发射筒。这种动力装置的工作原理简单，技术成熟，使用安全，维护比较简便。20 世纪六七十年代，美国的"北极星A1""北极星A2"潜地导弹和苏联地下井发射的"SS－17"地地导弹都采用这种动力装置。压缩空气式动力装置配套设备较多，占用空间较大，一般用于地面固定场坪、地下发射井、潜艇和舰船等。

3.6.2 燃气式动力装置

燃气式动力装置又称燃气发生器，实际上，它是一个小火箭发动机，使用液体或固体推进剂，但大多数情况下，都使用固体推进剂。

发射导弹时，电发火管点燃点火药盒，点火药盒引燃液体或固体推进剂，于是燃气发生器产生的高温高压的燃气经绝热管路进入发射筒的压力腔，燃气推动导弹，并将之加速弹出发射筒。

采用固体推进剂的燃气式动力装置的结构简单，体积小，使用方便，能使导弹产生较大的加速度，通常用于加速时间短、反应速度快的导弹武器系统。由于燃气的温度高、压力大，故燃气式动力装置的工作环境恶劣，对隔离装置也有较高的要求。20 世纪 70 年代初，美国研制的第一代用于低空拦截的"斯普林特"导弹就采用了燃气式动力装置；导弹的发射筒位于地下井的中部，发射筒的底部是活塞，活塞的下面是燃气发生器。接到发射命令后，燃气发生器立即点火，高温高压的燃气迅速进入活塞下部的小腔室中，在高温高压燃气的作用下，活塞与导弹加速上升，当活塞上升一定的距离后，导弹上升的加速度达到最大值，当活塞与导弹分离时，导弹的上升速度已达到其极限速度的 5%，此时导弹离筒的初始速度为 640～720 km/h。当导弹离开地下井井口时，导弹的主发动机点火，点火时间比燃气发生器的点火时间滞后 0.5 s。

采用低温推进剂可使燃气温度不超过 700 ℃，这样既改善了发射筒内部的环境，同时也降低了对隔离装置的要求。由于低温推进剂的能量一般都比较小，通常很少用低温推进剂代替高温推进剂。

3.6.3　燃气–蒸气式动力装置

燃气–蒸气式动力装置由燃气发生器和燃气冷却器组成。燃气冷却器是盛装冷却剂的容器。冷却剂是液体或固体，工程上，大多用水作为冷却剂。

发射导弹时，点火器通电点燃固体药柱，燃气发生器产生的高温高压的燃气通过喷管喷向燃气冷却器，于是形成了燃气–蒸气混合物，它作用到发射筒底部的隔热装置上，推动发射筒内的导弹并使之离开发射筒。冷却剂的蒸发吸热效应大幅度地降低了燃气–蒸气混合物的温度（数百摄氏度），这样既改善了发射筒的工作环境，同时也降低了对隔离装置的要求。

根据燃气与冷却水的混合形式，燃气–蒸气式动力装置可分为逐渐注水冷却燃气–蒸气式动力装置和一次集中注水冷却燃气–蒸气式动力装置。逐渐注水冷却燃气–蒸气式动力装置的结构虽然比较复杂，但燃气与冷却水的混合比较均匀；一次集中注水冷却燃气–蒸气式动力装置的结构比较简单，虽然燃气与冷却水的混合欠均匀，但冷却效果比较好。

燃气–蒸气式动力装置广泛用于弹道导弹的外动力发射。20 世纪 60 年代初，美国研制的"北极星 A3"弹道导弹核潜艇有 16 个导弹发射筒，每个发射筒都有一个燃气–蒸气式动力装置。发射时，既可以同时启动 16 个燃气–蒸气式动力装置，将 16 枚导弹同时弹射出去；也可以根据作战意图按程序分别启动每个燃气–蒸气式动力装置，将导弹逐一弹射出去。

3.6.4　炮射式动力装置

炮射式动力装置是燃气式动力装置的一种，但它没有独立的燃气发生器系统，燃气发生器直接安装在工作腔的底部，其工作原理与火炮发射炮弹相类似。

炮射式动力装置大多用于战术弹道导弹的外动力发射，它能使导弹在短时间内获得相当大的加速度。20 世纪 50 年代末，美国研制了"橡树棍"反坦克导弹；20 世纪 70年代，法国研制了"阿克拉"反坦克导弹，它们都采用了车载炮射式动力装置。

3.6.5　自弹式动力装置

自弹式动力装置是燃气式动力装置的另一种形式。自弹式动力装置的燃气发生器固定在导弹尾部的隔离装置上，随导弹一起运动。自弹式动力装置产生的发射动力包括两部分，一部分是燃气后喷时作用在导弹尾部的推力，另一部分是燃气喷到发射筒内产生压力，然后作用在导弹尾部的喷射力。与其他动力装置相比，自弹式动力装置的能量利用率是最高的。自弹式动力装置通常用于战术弹道导弹的外动力发射。

3.6.6　液压式动力装置

液压式动力装置以液压油作为工作介质，利用发射筒密封容积的变化传递运动，利用外界载荷引起的液压油内压传递动力，该动力推动导弹并将之弹出发射筒。

液压式动力装置主要用于标准鱼雷管。液压式动力装置的主要特点是：①体积小，质量轻；②可无级变速，调速范围大；③传动平稳；④能自动防止过载；⑤容易实现操作自动化。20 世纪 60 年代中期，美国研制了"萨布洛克"潜射弹道导弹，用于攻击潜艇、水面舰船、飞机和海岸目标等；20 世纪 70 年代末，法国研制了"飞鱼"潜射飞航导弹，用于攻击潜艇和水面舰船，它们都采用了液压式动力装置。

3.6.7　电磁式动力装置

通常将不使用直接作用的工质、靠电磁力推动导弹并使之飞离发射筒的装置称为电磁式动力装置，它既可用于发射炮弹、导弹、飞机和航天器，又可将月球或其他星球上的物质送入行星际轨道或抛向地球。

电磁式动力装置的工作原理类似于直线电动机。在结构原理上，直线电动机相当于将电动机沿电枢轴线剖开并展开成一个平面而做直线运动的电动机。例如，可将直线异步电动机的转子展开成为固定的金属轨道，初级绕组接到三相电源上，于是，沿轨道平面就产生了运动的磁场，它在金属轨道内感应出了电势和涡流。运动的磁场与涡流相互作用就产生了沿磁场运动方向的作用力，它使初级绕组的机座沿轨道做直线运动。直线电动机能将电能直接转换成直线的机械运动，具有结构简单和成本低等优点。若将电磁式动力装置用于导弹的外动力发射，则发射筒（或发射导轨）就相当于直线电动机的初级，导弹就相当于直线电动机的次级，当初级通入大脉冲电流后，就产生了强行波磁场，在该磁场作用下，次级产生了很大的电磁力，于是，次级相对于初级运动，即导弹相对于发射筒运动，故导弹能在发射筒内运动并飞离发射筒。

电磁式动力装置通常由电源、加速器和载体组成。

电源是电磁式动力装置的能源。为了使导弹获得足够的动能并快速飞离发射筒，要求电源在极短的时间内供给加速器大量的电能，为此，通常在电源中设置蓄能器。常用的有电感蓄能器和电容蓄能器。现有的电源大多比较笨重，使用也不方便。体积小、质量轻、容量大和使用可靠将是电源的发展方向。单级低电压大电流直流发电机和补偿型脉冲交流发电机将成为电磁式动力装置的脉冲电源。

加速器将电磁能转换成载体的动能。加速器通常分为两类：一类是采用离散或连续线圈结构的同步同轴交流电磁加速器，亦称线圈炮，在系列脉冲线圈的作用下，载体进行线性加速，线圈中的脉冲电流与载体的位置同步。在高速运动状态下，由于高压交流电流同步引入技术尚未成熟，故该类加速器仍处于探索阶段。另一类是轨道式加速器，亦称轨道炮，它由与高能大电流直流电源相连的两根平行导轨组成。接通电源后，强脉冲电流会击穿位于两根平行导轨之间的载体尾部的电枢（一般用与载体绝缘的金属箔制成），并将之汽化成等离子弧，进而形成闭合电路，于是，两根平行导轨之间的强磁场使载体高速运动。目前，大多数试验型电磁式动力装置都采用轨道式加速器。

载体既是电磁式动力装置的弹射对象，同时也是弹射系统的基本组成部分——电枢。电枢通电后，在加速器的强磁场作用下，产生了强大的磁场力，它推动载体做直线加速度运动。当载体为导弹时，通常电枢就是位于导弹尾部并与导弹绝缘的导体；有时将电枢做成托架并与导弹活动连接，它在导弹后部推动导弹运动，待导弹离开发射装置后，与导弹分离。

采用电磁式动力装置弹射导弹时，由于加速器和电枢的瞬时电流通常可达兆安级，故应对其进行合理的热设计、降额设计、冗余设计、容差设计和可维修性设计。

采用线圈炮弹射导弹时，导弹可不与发射筒（或导轨）接触，即导弹处于无摩擦和振动的磁悬浮状态。

电磁式动力装置的主要优点是：①由于不使用直接作用的工质，故电磁弹射导弹不会产生烟火、噪声和污染物；②性能稳定，效率高；③可控性及重复性好。

近年来，虽然有关电磁式动力装置的研究有了一些进展，但电磁弹射技术的某些关键问题仍处于试验和研究阶段，如弹上制导系统、姿态控制系统元器件的弹射过载和消除强电磁干扰等问题均有待进一步研究和解决。

可以肯定地说，电磁力弹射导弹是一种有发展前途和实用工程价值的发射方式。

3.6.8 投放式动力装置

通常将借助地球引力和吊挂锁紧装置使导弹离开飞机的装置称为投放式动力装置，它用于机载固体战略或战术弹道导弹的发射。当飞机飞抵预定作战空域的发射点时，打开导弹的吊挂锁紧装置，于是，导弹在重力作用下水平下降，待降至一定高度后，导弹的发动机点火，导弹按预定弹道飞向目标。

投放式动力装置的结构比较简单，使用比较方便。由于空地导弹的结构尺寸和质量都比较大，导弹的投放过程会对载机的飞行状态产生较大的影响，故在空地导弹武器系统总体设计时，应合理布置导弹的位置，选择使用可靠性高和可维修性好的吊挂锁紧机构。

3.6.9 复合式动力装置

将采用两种或两种以上的组合动力发射导弹的装置称为复合式动力装置。组合动力既可以是两种或两种以上的外动力的组合，也可以是外动力与自动力的组合。

20 世纪 80 年代初，美国研制了"捕鲸叉"中远程亚声速潜射导弹。导弹装在一个无动力浮力的贮弹筒内，贮弹筒装在鱼雷发射管内。约 20 MPa 的高压氮气推动鱼雷发射管内的投射活塞，将贮弹筒加速弹出艇外。在水中，贮弹筒由水平向前运动变为向上运动；在浮力作用下，贮弹筒沿 45° 倾斜航线稳定地向上爬升至水面，贮弹筒出水后约 1 s，出水压力传感器使贮弹筒的前筒盖爆炸螺栓起爆，同时导弹的助推器点火，导弹沿轨道滑离贮弹筒，然后贮弹筒自动沉入水底。导弹从贮弹筒离开后，展开折叠弹翼和尾翼，导弹稳定爬升，当接近弹道最高点时，助推器脱落，导弹的涡轮喷气发动机启动，弹上制导系统开始工作，并按预定弹道飞向目标。这是典型的外动力与自动力组合的复合式发射。

20 世纪 80 年代中期，法国研制了"飞鱼"近程亚声速潜射导弹，它装在贮弹筒内，贮弹筒装在鱼雷发射管内。发射时，先将水放入鱼雷发射管，接着打开鱼雷发射管的外端盖，然后启动鱼雷发射管内的气压投射系统，它通过活塞将水和贮弹筒加速推出鱼雷发射管。贮弹筒离开鱼雷发射管后，依靠惯性向前运动，当运动到距潜艇 10～12 m 时，贮弹筒的发动机点火，贮弹筒以 45° 的倾斜航线向水面爬升，出水后约 1.5 s，燃气发生器启动，燃气推动活塞，活塞将导弹加速推出贮弹筒，贮弹筒随后落入水中并沉入水底。导弹的主发动机点火，并按预定弹道飞向目标。这是典型的外动力与外动力组合的复合式发射。

3.7　发射方式的研究性试验

论证、选择和确定导弹的发射方式是导弹武器系统方案论证和方案设计的重要内容，是进行导弹地面设备系统方案论证和方案设计的基础。

导弹的发射方式与政治、经济、军事、技术和环境等有着密切的关系。由于影响导弹发射方式的各种决策准则既没有共同的量纲，又往往是相互矛盾的，故论证、选择和确定导弹发射方式的过程也就是使各个冲突目标达到动平衡的过程；是设计者根据对使用要求的理解、经验、技术水平、习惯、传统、信念和价值观等对导弹发射方式的备选方案施加影响的过程；是设计者收集信息、发现风险、分配资源和比较优劣的过程；是设计者协调主观和客观的过程。显然，欲得到最佳的导弹发射方式是很难的，甚至是不可能的；通常只能得到合理和实用的发射方式，它常常又是妥协的产物。

论证、选择和确定导弹发射方式的基本原则是：①要满足使用要求；②要采用新技术；③要有继承性；④要有实现的可能性；⑤要与已有的发射方式兼善互补。

为了得到先进、实用和好用的发射方式，为研制配套设备少、射前准备时间短、快速反应能力强、生存能力强、使用可靠性高、可维修性好和效费比大的导弹武器系统创造条件，通常采用两种方法论证、选择和确定导弹的发射方式。一种是系统分析法，根据已有导弹武器系统存在的主要问题、研制经验、目前的科学技术水平、经费支持能力和待研导弹武器系统的初步战术技术指标等来论证、选择和确定导弹的发射方式。另一种是工程试验法，通过导弹发射方式的研究性试验来论证、选择和确定导弹的发射方式。

通常将用试验装置再现导弹发射机理（发射基点、发射动力、发射姿态和发射工艺流程等）的试验称为发射方式的研究性试验。

导弹发射方式研究性试验的主要作用是：①验证导弹发射方式的可行性、合理性和正确性；②为导弹发射方式的确定提供试验数据；③为导弹武器系统的研制积累资料；④可初步确定导弹武器系统发射阵地的布局和规模。

为了进行导弹发射方式的研究性试验，通常要生产试验弹、必需的发射设备、测试设备和试验工程设施。譬如，为了进行导弹集装箱机动发射试验，除生产试验弹、集装箱、装填设备、运输设备、瞄准设备、供电设备、发射设备和测试设备外，还需构筑发射场坪或试验掩体等，这往往相当于建设一个导弹试验基地。为节省经费和缩短时间，大多数国家都采用系统分析法论证、选择和确定导弹的发射方式，而不进行专门的有关导弹发射方式的研究性试验；仅当某种导弹发射方式已被采用或已成为备选方案时，才结合导弹武器系统的研制进行导弹发射方式的研究性试验。

导弹发射方式的研究性试验通常有 3 种，即缩比模型发射试验、模拟与仿真试验和全尺寸模型发射试验。

3.7.1　缩比模型发射试验

缩比模型发射试验是运用几何相似、运动相似和动力相似等相似设计原理，将导弹、发射设备和工程设施等设计成缩比模型，并按一定的发射工艺流程再现导弹的发射过程。

缩比模型发射试验应能再现或反映导弹发射的真实过程；应能确定全尺寸模型发射试验的有关特征量；缩比模型与实物之间应满足的相似准则可由量纲分析导出。

缩比模型设计的基本原则是：①应根据试验要求确定缩比模型与实物的相似条件。所有的相似条件全部得到满足的称为完全相似；部分得到满足的称为部分相似。由于参加发射试验的设备和设施很多，发射试验涉及的参量更多，有些参量又相互制约，故与实物或实际系统完全相似的缩比模型是很难设计出来的。研制实践证明，只要保证占支配地位的主要参量相似即可。工程上，通常将系统的缩比模型试验分组进行：一组缩比模型模拟实物的某一组参量，另一组缩比模型模拟实物的另一组参量，然后将各组缩比模型试验的结果综合起来，通过分析得出试验结论。②应根据现实的试验条件和试验要求确定相似比例。③应根据相似条件找出全部参量，并列出无量纲变量的特征方程。④应使相似准则的数目少于物理变量的数目，便于设计试验系统和整理试验结果。⑤应根据量纲齐次化原理，求出缩比模型的所有参数。

在缩比模型发射试验中，应先将各组缩比模型组成缩比模型发射试验系统，然后根据试验大纲和安全规程演示导弹的发射过程，并按试验要求实时测量有关参数。

3.7.2　模拟与仿真试验

通常将用模拟试验设备或模拟电子计算机来描述、分析导弹发射过程的试验称为模拟试验。将导弹发射过程的数学模型、部分数学模型加部分物理模型或物理模型置于仿真的环境剖面和任务剖面中进行定量分析的试验称为仿真试验。

模拟试验的物理过程与导弹的发射过程具有参量对应或数学模型对应的关系。譬如，若忽略燃气流的热力学效应，则燃气流流场与空气流流场的特性相似，两个流场的特征参量相互对应，故可用空气流的流场效应模拟燃气流的流场效应，据以研究导弹的自动力发射。再如，若忽略燃气流的热力学效应，则空气流对障碍物的动力学效应与燃气流对障碍物的动力学效应相同，故可用风洞试验模拟燃气流对导流设备的动力学作用，据以确定导流设备的结构形式。

若导弹发射的物理过程可用数学表达式描述时，则可用模拟电子计算机分析导弹的发射过程。模拟电子计算机是用电流、电压等连续变化的物理量直接进行运算的计算机，通常由运算放大器、积分器、函数发生器、控制器和绘图仪等组成，可用于导弹发射过程的控制与模拟，其优点是便于进行仿真研究，解题速度快，抗干扰能力强，但其信息存贮困难，模拟精度较低（$10^{-2}\sim10^{-4}$）。模拟精度主要取决于数学表达式的准确程度。

仿真试验包括计算机仿真（数学仿真）试验、半实物（半物理）仿真试验和全实物（全物理）仿真试验。这里只简单介绍计算机仿真试验。

计算机仿真试验的特点是：重复性好，精度高，灵活性大，使用方便，成本低，既可以实时仿真，也可以非实时仿真。计算机仿真试验的精度取决于仿真计算机的精度及数学模型的正确性和精确性。计算机仿真试验既可以验证导弹的发射过程和试验设备布置的正确性，也可以进行理论计算。

为了进行关于导弹发射过程的计算机仿真试验，应首先根据导弹发射的物理过程、过去的相关试验数据和研制经验等建立发射过程的数学模型，推导出试验系统各部分和发射工艺流程各工序的数学表达式，然后将这些数学表达式编成程序输入模拟计算机、数字计算机或混合式计算机，将计算机的运算结果与真实发射试验的测量结果进行比较和分析，并对诸数学表达式做出修正，以提高数学模型的精度。

为了进行关于导弹发射过程的计算机仿真试验，应将数学模型转换成仿真模型（机器模型）；在转换过程中，由于会产生转换误差，故要对仿真模型进行误差分析，并采取必要的误差补偿措施，以提高仿真模型的正确性及精确性。

3.7.3 全尺寸模型发射试验

通常将导弹、发射设备和发射工程设施等的全尺寸模型在真实的环境剖面和任务剖面中按既定发射工艺流程进行的试验称为全尺寸模型发射试验。

由于缩比模型发射试验和模拟与仿真试验既不能完全模拟导弹发射物理过程的全部参量，也不能完全真实地描述导弹的发射机理，故初步确定导弹的发射方式后，还应进行全尺寸模型发射试验。全尺寸模型发射试验可验证缩比模型发射试验和模拟与仿真试验结果的正确性，可修正上述试验的偏差，可模拟和测定上述试验未曾涉及的物理参量。

全尺寸模型发射试验属于验证性试验，它包括两类试验：一类是原理性验证试验，另一类是方案性验证试验。

原理性验证试验用于研制导弹发射机理的可行性和工程应用的可能性，它使用的全尺寸模型只需在发射机理和发射工艺流程方面与实物保持一致，可以做得比较简单，有时可用已有的模型或设施改装。

方案性验证试验用于验证导弹发射方式的正确性及其对军方提出的战术技术指标的满足程度。方案性验证试验使用的全尺寸模型应能反映导弹、发射设备和发射工程设施的实际情况；试验弹的结构尺寸、质量、质心和气动外形等应与真实的导弹相同或等效，发射设备应是真实导弹使用的发射设备的样机，发射工程设施应是发射真实导弹使用的工程设施或功能基本相同的临时建（构）筑物。方案性验证试验通常是导弹飞行试验前的预备性试验，其规模较大，要求亦较高。

3.8 防空导弹的发射方式

防空导弹的发射方式是防空导弹武器系统总体方案论证的主要内容。通常根据目标运动特性、拦截空域、作战反应时间、连续作战能力、全方位攻击能力、弹体结构、制导方式、操作要求、使用可靠性、可维修性、使用安全性和效费比等论证、选择和确定防空导弹的发射方式。

防空导弹发射方式的分类方法与弹道导弹基本相同，即也按战斗部署、发射动力、发射姿态和发射基点等进行分类。按照防空导弹的发射基点，可分为陆地发射和舰船发射；按照防空导弹的发射角，可分为倾斜发射和垂直发射；按照防空导弹发射时发射平台的状态，可分为固定平台发射和活动平台发射；按照发射导轨与发射架的关系，可分为架式发射和筒式发射；按照发射动力，可分为自动力发射和外动力发射；按照发射瞬时防空导弹的暴露情况，可分为箱式发射和非箱式发射；按照防空导弹在发射装置上的支承形式，可分为架式（轨道）发射和台式发射。

活动平台发射又分为陆地机动发射和舰船发射。

在架式发射中，直接将防空导弹装填到发射架导轨上，发射时，防空导弹沿着导轨滑离发射架。

在筒式发射中，将防空导弹装填到发射筒内，再将含防空导弹的发射筒装填到发射架上，发射时，防空导弹沿发射筒内的导轨滑离发射筒。

大多数防空导弹都采用自动力发射方式。在自动力发射中，排导燃气流的方法有两种：一种是在发射箱内设置燃气排导设备，燃气流通过管道排出；另一种是采用带封闭底端的发射管，燃气流沿管壁导向前方，从发射管口排出。

外动力发射防空导弹的最大优点是能大幅度提高发射加速度和滑离速度，减少起控点的散布，提高防空导弹武器系统的快速反应能力。

防空导弹的发射方式很多，这里只简单介绍倾斜发射、垂直发射和箱式发射。

3.8.1　倾斜发射

通常将发射时防空导弹的纵轴线与水平面有夹角（大多数为 10°～80°）的方式称为倾斜发射。

倾斜发射防空导弹的一般过程是：①根据空中目标的方位和高度，确定防空导弹的初始射向和初始姿态；②将发射架调转到打击空中目标需要的方向；③根据空中目标的最大飞行速度，确定发射装置的跟踪速度和加速度；④发动机点火，防空导弹飞离发射装置。采用倾斜发射的防空导弹武器系统方案设计的主要内容就是分析上述发射过程的有关问题，确定与地面设备系统相关的总体设计参数。

采用倾斜发射的防空导弹的弹道与发射架的跟踪规律有着密切的关系。对于采用指令或驾束制导的防空导弹，离轨后通常有一个自由飞行和自稳定飞行段，然后通过制导系统将之引入雷达波束；为了缩短引入时间，提高近界拦截能力，起控点偏离雷达波束要小。对于采用空中截获的中远程寻的式防空导弹，为了使中制导向末制导转换时的误差角在导引头允许的范围内，对中制导开始时的弹道参数也有严格的要求。对于采用架上截获的进程寻的式防空导弹，由于导弹头的视场角有限，发射装置也要瞄准并跟踪目标。合理地选择发射架的跟踪规律是采用倾斜发射的防空导弹武器系统方案设计的重要内容。

倾斜发射通常又分为变角倾斜发射、定角倾斜发射、导轨式倾斜发射和支承式倾斜发射。

变角倾斜发射亦称跟踪倾斜发射，它能根据空中目标的运动特性按照一定的跟踪规律改变发射架的高低角。变角倾斜发射使用的发射装置不仅要有方位随动系统，而且还要有高低随动系统。虽然发射装置的结构比较复杂，但防空导弹的结构相对要简单一些，而且防空导弹的攻击区域较大。

定角倾斜发射是发射时发射装置的方位角与高低角均固定不变或方位角可变、高低角固定不变的倾斜发射方式。为了攻击不同方位的空中目标，通常有两种方法。一种是通过发射装置的运载体使防空导弹指向空中目标，另一种是依靠防空导弹自身的机动飞行使之转向空中目标。采用定角倾斜发射的防空导弹的方位攻击范围一般为±90°。虽然定角倾斜发射装置的结构比较简单，但防空导弹必须具有较强的机动飞行能力。在一定程度上，定角倾斜发射会影响防空导弹的近界拦截能力。

导轨式倾斜发射采用定向器支承防空导弹，发射时，防空导弹先沿定向器上的导轨滑行一段距离，当离开定向器时，防空导弹已经有了一定的离轨速度，离轨速度越大，防空导弹的飞行越稳定。导轨式倾斜发射装置通常用于发射各种有翼导弹。导轨式倾斜发射又分为同步离轨式倾斜发射和非同步离轨式倾斜发射。同步离轨式倾斜发射是指发射时防空导弹的前、后支承元件同时离开导轨，定向器上的导轨分为前、后两段，两段的长度相等，通常用于无较大头部下沉的防空导弹。对上托式定向器，为了防止因防空导弹的离轨下沉而可能引起的防空导弹的尾部与前导轨的碰撞，既可以将前、后导轨做成阶梯式，也可以将前导轨做成向下折叠式。对于下挂式发射装置，虽然起落部分的耳轴位置较高，但防空导弹离轨后的下沉问题容易解决。非同步离轨式倾斜发射是指发射时防空导弹的前、后支承元件不同时离开导轨，由于存在防空导弹离轨后的下沉问题，它通常用于发射推重比较大的防空导弹。

支承式倾斜发射是导轨式倾斜发射的特例，当导轨的长度为零时，导轨式倾斜发射就变成了支承式倾斜发射，亦称零长式倾斜发射。由于支承式倾斜发射装置的定向器导轨长度为零，故防空导弹开始运动就会离开定向器，发射装置只能确定防空导弹的初始方向，不能控制防空导弹的飞行路线。这种发射方式通常用于推重比较大、发射散布对命中精度影响较小和制导系统可在整个发射阶段控制防空导弹的场合。对支承式倾斜发射装置定向器的基本要求是：①应能同时解除对防空导弹前、后支承元件的约束；②应有足够的高度，避免防空导弹下沉后与发射装置发生碰撞；③闭锁挡弹器应有足够的锁紧力，使防空导弹解锁时具有一定的速度。

为了减少防空导弹离架过程中的下沉，防空导弹应有较大的推重比。为此，防空导弹通常采用助推器或双推力发动机。当防空导弹的滑离速度一定时，发动机推力越大，定向器的长度越短。

倾斜发射的主要优点是：①防空导弹离开发射装置后，无须过多的机动飞行即可进入攻击目标区，防空导弹承受的过载较小，提高了近界拦截能力；②防空导弹的初制导比较容易，甚至可以不用初制导，仅靠发射装置赋予的初始射向防空导弹就可进入预定空域，使导引头截获目标；③采用驾束制导的防空导弹能迅速、准确地进入制导波束，便于起控和目标跟踪；④在攻击低空和超低空目标时，发射装置可直接对准目标。

　　倾斜发射的主要缺点是：①为了给发射装置的方位回转、装弹设备的操作和燃气流的排导留出足够的空间，发射装置与其他作战设备之间的距离通常都不小于 70～100 m，防空导弹武器系统的占地面积较大，隐蔽性较差；②为了瞄准和跟踪不同方位和高度的空中来袭目标，需要花费时间将发射装置调转到需要的方向，这降低了防空导弹武器系统的快速反应能力；③为了跟踪空中来袭目标，发射装置应有方位和高低随动系统，发射装置的结构比较复杂；④防空导弹的离轨速度较小，其初始弹道的稳定性较差，易受扰动因素的影响；⑤受地形、雷达天线及建筑物的影响，发射装置的方位角和高低角往往受到一定的限制；⑥为了进行方位回转，发射装置通常采用挂车运输，防空导弹武器系统的机动性能较差。

3.8.2　垂直发射

　　通常将发射时防空导弹的纵轴线与水平面垂直的方式称为垂直发射。苏联是世界上最早采用垂直发射方式发射防空导弹的国家。美国、英国、以色列、德国和法国等国家也相继采用和发展了防空导弹的垂直发射技术。垂直发射是很有发展前途的一种发射方式。

　　在未来的战争中，空中来袭目标的主要特点是：①空中来袭目标可以从全方位进入，并能实施多波及饱和攻击；②空中来袭目标的飞行速度和机动能力大幅度提高；③空中来袭目标的飞行高度变化大，变化范围从几米至数十千米；④空中来袭目标的反侦察和抗干扰能力显著增强。空中来袭目标的上述特点给防空导弹武器系统提出了许多新的要求。在继续改进和完善防空导弹倾斜发射方式的同时，未来战争的新需求亦同时催生了防空导弹的垂直发射技术。

　　垂直发射可分为自动力垂直发射和外动力垂直发射。采用自动力垂直发射的防空导弹垂直竖立在发射台上或位于呈垂直状态的发射筒里，导弹发动机点火并达到额定推力后，防空导弹离开发射台或发射筒，垂直上升一定高度后，自动转向目标。采用外动力垂直发射的防空导弹位于呈垂直状态的发射筒里，通过压缩空气、燃气或燃气加蒸气将其弹出发射筒，导弹发动机在空中点火。

　　为了使垂直发射的防空导弹迅速接近空中来袭目标和缩短转入正常飞行的时间，要求其具有较大的推重比。

　　对于采用垂直发射的防空导弹，其方位瞄准既可由回转式发射台完成，亦可由防空导弹自身完成。由防空导弹自身完成方位瞄准是指防空导弹垂直起飞后，通过遥控或自控使其转向空中来袭目标。在大多数情况下，都由防空导弹自身完成方位瞄准。

采用垂直发射的防空导弹武器系统方案设计的主要内容包括方位对准方案设计、俯仰转弯方案设计和转弯动力方案设计等。

采用垂直发射的防空导弹武器系统的关键技术主要是推力矢量控制技术、捷联惯导技术、亚声速大攻角气动耦合技术和自动力发射排焰技术等。

垂直发射的主要优点是：①节省了发射的调转时间，提高了防空导弹武器系统的快速反应能力；②提高了防空导弹的发射速率和发射装置的连续作战能力，能有效地应对空中来袭目标的饱和攻击，目前，发射速率已达到1～2 s发射一枚防空导弹的水平；③防空导弹可以在空中转向任意方位，具有全方位拦截空中来袭目标的能力；④防空导弹无须复杂的方位和高低传动系统，发射装置的结构简单，体积小，质量轻，可维修性好，使用可靠性高，可集中或分散地安装在各种运载体上；⑤发射装置占地较小，有利于防空导弹武器系统的伪装和隐蔽；⑥垂直发射的防空导弹均以垂直状态存放，占用空间小，弹库容量大；⑦发射装置通常采用自行式车辆运载，具有良好的机动性能；⑧防空导弹基本不受发射点地形、地物和周围建筑物的限制；⑨由于垂直发射的防空导弹的攻角和升力均接近于零，故防空导弹的飞行容易达到平衡状态；⑩由于垂直发射的防空导弹的推重比较小，有利于减少发动机的质量。

垂直发射的主要缺点是：①自动力垂直发射带来了燃气流的排导和烧蚀问题。②垂直发射的再装填工序增加了防空导弹武器系统的射前准备时间。③为了攻击近距离低空快速飞行的目标，通常要求垂直发射的防空导弹能够快速转向，但很大的转向角速度增加了防空导弹的需用过载，很容易产生需用过载超过可用过载的现象，以致使防空导弹无法攻击目标，这不仅增加了控制系统的设计难度，而且增加了杀伤近界和拦截目标所需的飞行时间。为此，通常要求防空导弹在飞行高度和速度均不太大时就开始起控，使其提前转向，但这又会降低防空导弹的命中概率。④垂直发射的防空导弹在转弯过程中的大攻角飞行使阻力增加，发动机的部分推力用于弹道转弯，飞行弹道不如倾斜发射时那样平直，平均飞行速度比倾斜发射时减小。

3.8.3 箱式发射

通常将从发射箱中发射防空导弹的方式称为箱式发射，它又分为箱式倾斜发射和箱式垂直发射。发射箱是贮运发射箱的简称，它具有贮存、运输和发射防空导弹的功能。

为了长期（8～10 天）贮存防空导弹，防止潮湿空气侵蚀发射箱内的导弹，发射箱通常采用密封结构，其内充填氮气、氦气或干燥空气，充气压力一般不大于 50 kPa，充填气体的含水量和露点应符合防空导弹的使用条件。平时，应定期检查发射箱内的压力和湿度，当压力降低和湿度增大时，可采用置换的方法，使箱内的压力和湿度符合防空导弹的贮存条件。有时，还为发射箱设置调温装置，使防空导弹在射前具有战术技术指标规定的温度和湿度。

在总装厂，将防空导弹装入发射箱。防空导弹与发射箱的组合状态是箱式发射的基本使用状态。采用适配器和定位销将防空导弹固定在发射箱内。为了减少大型防空导弹的运输过载，通常在发射箱内设置缓冲装置，有时在发射箱外还设置了减震装置。

发射时，发射箱内的导轨能够保证防空导弹的出箱姿态。发射箱的导轨有下挂式和上托式两种。譬如，法国的"响尾蛇"防空导弹采用了下挂式导轨，防空导弹有 3 个吊挂，导轨能够保证防空导弹的中、后吊挂同时离轨。美国的"爱国者"防空导弹采用了上托式导轨，它与发射箱内的导板共同保证防空导弹顺利离轨。有的发射箱没有导轨，只设置了适配器，这种发射箱用于垂直发射防空导弹。对于采用箱式垂直发射的防空导弹，为了防止因发动机意外点火使防空导弹飞离发射箱，在发射箱内设置了使用可靠性很高的安全锁紧装置，以确保发射装置的安全。

为了进行防空导弹的测试和发射，发射箱内设置了电气系统，电气系统主要包括防空导弹的脱落插头、测试电缆和供电电缆等，它们与防空导弹武器系统的发控系统相连接。

为了提高防空导弹的发射可靠性和简化发射箱的结构，通常采用由非金属材料制成的易碎箱盖，易碎箱盖能可靠地开启和锁定；发射时，防空导弹将发射箱的前盖撞碎，燃气流将后盖冲破。有时，发射箱的前、后盖也可以是非易碎盖；发射时，先由爆炸螺栓或采用其他方法打开发射箱的前、后盖，然后导弹发动机点火。

一种发射箱可以发射不同的导弹，既可以发射地空导弹和舰空导弹，也可以发射地地导弹。发射箱既可以一次性使用，也可以经简单修复后多次使用。

为了实现发射箱的多联装发射，在满足使用要求的条件下，应开展通用化、系列化、标准化和组合化设计。

为了使防空导弹适应箱式发射，减少发射箱的结构尺寸和质量，在设计防空导弹的外形时，应尽量采用小展弦比的弹翼和翼展；若弹翼不能太小时，则弹翼和尾翼应能在发射箱里折叠或向内收缩，当防空导弹离开发射箱后，弹翼和尾翼可自动打开。

箱式发射的主要优点是：①防空导弹与发射箱可以长时间地放置在发射装置上，增加了武器系统的待机时间，提高了武器系统的快速反应能力和实战化水平；②发射箱为防空导弹提供了良好的射前环境，延长了防空导弹的使用寿命，提高了防空导弹的使用可靠性；③有利于防空导弹的多联装布局；④有利于防空导弹武器系统的伪装；⑤采用发射箱贮存和运输防空导弹，降低了对武器库的环境要求；⑥缩短了防空导弹的齐射间隔，提高了武器系统的火力强度和连续作战能力；⑦发射箱能有效地保护防空导弹的弹翼、控制面、导引头、引信、应答机天线和引信的玻璃窗口等；⑧发射箱能显著地减少电磁干扰对防空导弹的作用，有利于弹上电子设备的电磁兼容设计和火工品的安全设计；⑨可维修性较好。

箱式发射的主要缺点是：①发射箱通常为一次使用或修复后再次使用，这增加了防空导弹武器系统的生产和维护费用；②射前，若需要更换弹上仪器，则必须将防空导弹从发射箱中取出，这增加了装填工序和射前准备时间。

3.9　飞航导弹的发射方式

飞航导弹的发射方式是飞航导弹武器系统总体方案论证和设计的重要内容。论证、选择和确定飞航导弹的发射方式是一个系统工程。首先应根据军方给出的战术技术指标提出发射方式的设计要求；再根据设计要求进行发射方式的研究性论证和设计；再按照相关准则评价发射方式；再根据评价结果修改设计要求；如此反复筹划，经过若干循环，最后得到一种技术上合理、经济上合算、研制周期短、能协调运转的发射方式。

飞航导弹发射方式的分类方法与弹道导弹和防空导弹基本相同，即也可按照发射动力、发射姿态、发射基点和发射装置的结构及功能特点等进行分类。按照发射动力，可分为自动力发射、投放发射、外动力发射和复合发射；按照发射姿态，可分为倾斜发射、垂直发射和水平发射；按照发射基点，可分为陆基发射（包括固定发射、半固定发射和车载发射）、水基发射（包括水面发射和水下发射）和空基发射（包括飞机发射和航天器发射）；按照发射装置的结构及功能，可分为定角发射、跟踪瞄准发射、贮运箱发射和集装箱发射。飞航导弹的发射方式很多，这里只简单介绍贮运箱发射、垂直发射、水面发射、水下发射、自行车载发射和空中发射。

3.9.1　贮运箱发射

贮运箱发射是指从贮运箱发射飞航导弹的发射方式。目前，在世界各国使用的水面、水下和陆基发射装置中，贮运箱发射得到了广泛的应用，诸如法国的"飞鱼"、美国的"战斧"、意大利的"奥托马特"和以色列的"加伯利"等舰舰导弹都采用了贮运箱发射方式。

贮运箱发射的主要特点是：①贮运箱为飞航导弹提供了良好的贮存、运输和测试环境，减少了飞航导弹的故障率，延长了飞航导弹的使用寿命，提高了飞航导弹的使用可靠性；②贮运箱可长时间地放置在发射装置上，随时处于待机状态，提高了飞航导弹武器系统的快速反应能力；③在贮运箱内，飞航导弹悬挂在发射梁导轨上，发射梁通过悬挂减振总成与贮运箱箱体连接，贮存、运输时，发射梁呈弹性状态，减少了冲击振动对飞航导弹的影响；④发射时，发射梁呈刚性状态，保证了飞航导弹的初始发射精度；⑤贮运箱能重复使用，发射后，在技术阵地利用支承车和装弹车可重新装填导弹；⑥贮运箱有利于飞航导弹的多联装布局，有效地提高了飞航导弹武器系统的火力强度，按照贮运箱的数量和型式，有单联发射装置、一字形双联发射装置、一字形三联发射装置、品字形三联发射装置和田字形四联发射装置等；⑦贮运箱贮存和运输飞航导弹降低了对武器库的环境要求。

采用贮运箱发射飞航导弹的基本条件是：①飞航导弹具有固体动力装置；②飞航导弹的结构尺寸和质量实现了小型化；③飞航导弹的弹翼可以折叠；④已经解决了诸如贮运箱的开盖、密封、隔热、导弹离轨和燃气流排导等关键技术问题。

3.9.2　垂直发射

垂直发射是指从舰船或车辆的垂直发射装置发射飞航导弹的发射方式。自 20 世纪 70 年代以来，美国和苏联等国家均致力于飞航导弹垂直发射技术的研究，并获得了成功。

垂直发射的主要特点是：①发射装置的结构简单，质量轻，可配置在小型舰船或车辆上；②垂直发射有利于飞航导弹的多联装布局，有效地提高了飞航导弹武器系统的火力强度；③消除了发射死区，拓展了飞航导弹武器系统的打击范围，提高了飞航导弹武器系统的快速反应能力和连续作战能力；④使用可靠性和发射可靠性高；⑤武器系统的造价较低。

采用垂直发射方式的基本条件是：①飞航导弹具有固体动力装置；②飞航导弹的制导系统具有足够的精度；③飞航导弹的结构尺寸和质量实现了小型化；④飞航导弹的弹翼可以折叠；⑤已经解决了多联装布局、燃气流排导和发射安全等关键技术问题。

3.9.3　水面发射

水面发射是指从水面舰船发射飞航导弹的发射方式。20 世纪 50 年代末期，出现了飞航导弹的水面发射方式，20 世纪 60 年代末期以后，水面发射有了快速的发展。

水面发射的主要特点是：①飞航导弹武器系统具有良好的机动性能和快速反应能力；②有利于实现水面贮运箱发射和水面垂直发射；③有利于实现多联装布局，有效地提高了飞航导弹武器系统的火力强度；④在战斗过程中，一般不进行补给，具有较强的连续作战能力。

为了实现飞航导弹的水面发射，对水面舰船的基本要求是：①水面舰船应具有保持正浮状态的能力；②在海上和限制的水道中，水面舰船应具有战术技术指标规定的航速；③水面舰船能够适应作战水域的气候和海情；④在横倾 ±15°、纵倾 ±10°、横摆 ±45° 和纵摆 ±15° 的情况下，水面舰船与发射装置的连接部位应具有足够的强度和刚度；⑤水面舰船动力装置引发的振动和海浪引起的颠振应与发射装置的动态特性相匹配；⑥应有射角限制装置；⑦燃气流不能损坏舰面设备；⑧发射装置应远离舰船上的高振动区；⑨发射装置应远离舰船上的大功率发射天线区，并位于避雷装置的保护区以内；⑩在总体布局和研制费用允许的条件下，应适当提高发射装置所在部位的加固水平。

3.9.4 水下发射

水下发射是指从潜艇发射飞航导弹的发射方式。20世纪60年代末期，出现了飞航导弹的水下发射方式。水下发射飞航导弹通常采用倾斜或水平弹射的方式。

水下发射的主要特点是：①武器系统具有良好的隐蔽性能，可对目标实施突然袭击；②武器系统具有良好的机动性能；③飞航导弹的存贮状态即是其发射状态，武器系统具有良好的快速反应能力；④武器系统具有较高的生存能力；⑤较好的射前准备环境降低了飞航导弹的故障率，延长了飞航导弹的使用寿命，提高了使用可靠性和发射可靠性；⑥潜艇可装载多枚飞航导弹，武器系统的火力强度大，具有较强的连续作战能力。

为了实现飞航导弹的水下发射，对潜艇的基本要求与水面舰船大体相同。

水下发射的关键技术主要包括导弹弹射技术、发射装置的稳定技术、潜艇的可靠潜航技术、导弹与适配器出水分离技术、导弹出水姿态控制技术和发动机可靠点火技术等。

3.9.5 自行车载发射

自行车载发射是指从轮式车辆或履带式车辆发射飞航导弹的发射方式。20世纪70年代初期，出现了飞航导弹的自行车载发射方式。

自行车载发射的主要特点是：①武器系统以每小时数十千米的速度在数百乃至上千平方千米的范围内实施机动，并可在机动过程中完成导弹的射前准备，具有较强的机动能力、快速反应能力和攻击能力；②发射后，武器系统能够快速转移，具有较强的生存能力。

选用发射装置运载体的基本原则是：①应尽量选用军用车辆的基本型及其发展型，亦可在基本型或发展型的基础上进行改装，以缩短研制周期，减少研制费用；②车辆底盘的总体布局和结构形式应便于发射装置的配置和使用；③车体结构能够承受燃气流的冲击和烧蚀；④车体结构能够承受战术技术指标规定的核武器、化学武器和生物武器的突然袭击；⑤车辆底盘应为操作人员提供较好的工作条件；⑥车辆底盘应有良好的越野性能和机动性能；⑦车辆底盘应便于发射装置的展开和撤收；⑧车辆底盘应便于安装调平机构；⑨车辆底盘应有良好的行驶平顺性；⑩车辆底盘应有良好的纵向行驶稳定性、横向行驶稳定性、抗侧向偏离行驶稳定性和发射稳定性；⑪车辆应有利于提高武器系统的独立作战能力；⑫车辆底盘应有较高的标准化和通用化系数；⑬车辆底盘应有较高的使用可靠性和可维修性。

挂车属于轮式底盘，是发射装置的主要运载体之一，其主要特点是：①可选用标准汽车组件，自行设计底盘，以满足发射装置的总要求；②承载能力大；③有较高的行驶和发射稳定性；④方位射角大；⑤机动性较差；⑥行军－战斗状态转换时间长。

越野汽车属于轮式底盘，也是发射装置的主要运载体之一，其主要特点是：①承载

130

能力取决于越野汽车自身的承载量；②行驶速度高；③机动性能好；④方位角和高低角受到驾驶室高度和宽度的限制；⑤可维修性较好；⑥有利于使用方实现车辆配套。

装甲车属于轮式底盘，也是自行车载发射使用的一种运载体，其主要特点是：①机动性能好；②能够有效地防止核武器、化学武器和生物武器的突然袭击；③能够有效地防止燃气流的冲击和烧蚀；④研制成本较高。

履带底盘是发射装置的主要运载体，其主要特点是：①承载能力大；②越野性能好；③能够承受化学武器和生物武器的突然袭击；④能够有效地防止燃气流的冲击和烧蚀；⑤噪声大；⑥结构尺寸和质量大；⑦可维修性较差；⑧研制成本较高。

自行车载发射的关键技术主要包括高性能专用底盘设计技术、车辆自动调平技术、自动定位定向技术、武器系统伪装技术、燃气流排导和防护技术等。

3.9.6　空中发射

空中发射是指从直升机、歼击机或轰炸机发射飞航导弹的发射方式。20 世纪 80 年代，出现了飞航导弹的空中发射方式。直升机通常是小型反舰飞航导弹发射装置的运载体。歼击机通常是空空飞航导弹发射装置的运载体，发射装置安装在机身或机翼的下面。轰炸机通常是空地或空舰飞航导弹发射装置的运载体，发射装置安装在机翼、机身的下面或机身的内部。

为了使载体正常飞行，使发射装置安全、可靠地发射导弹，空中发射的主要约束条件是：①应严格限制导弹、发射装置和火控系统的结构尺寸、质量和位置，导弹、发射装置和火控系统不能大幅度降低载机的诸如飞行速度、飞行高度、巡航能力、隐身能力、飞行稳定性、过失速机动能力和垂直机动能力等飞行品质；②应减少发射时导弹与载机之间的气动干扰对导弹离轨姿态和初始弹道的影响；③发射时，导弹不能撞击载机，燃气流、噪声和气浪等不能危及载机的安全；④应综合考虑载机发射导弹与发射其他武器的通用性。

空中发射的关键技术主要包括弹机干扰匹配技术、发射控制技术和发射安全技术等。

3.10　运载火箭的发射方式

与弹道导弹、防空导弹和飞航导弹相比，运载火箭的发射方式比较单一，种类较少，其分类方法也比较简单。按照发射设备的机动性，可分为固定发射和机动发射；按照发射设备的运载体，可分为地面车载发射、舰载发射和机载发射；按照发射地点，可分为地面场坪发射、海上发射和空中发射。

运载火箭工程实践表明，无论采用何种发射方式，都希望运载火箭的发射地点位于靠近海洋的低纬度地区。对于许多远离赤道和海洋的国家来说，只有采用海上发射或空中发射才能满足发射点靠近赤道和射向朝东的要求。

这里，只简单介绍运载火箭的地面场坪发射、地面车载发射、空中发射和海上发射。

3.10.1　地面场坪发射

地面场坪发射是大型多级运载火箭广泛采用的一种发射方式。典型的地面场坪发射如图 3-15 所示。

图 3-15　典型的地面场坪发射

地面场坪又称为发射工位，它既能进行运载火箭的飞行试验、发射卫星和飞船，也能进行火箭发动机的地面试车。大型液体运载火箭的发射工位通常由活动塔架、固定塔架、场坪、发射台、导流槽、地面试车控制间、飞行试验控制间、电源间、瞄准间、气瓶库、常规燃烧剂库、常规氧化剂库、液氢加注间、液氧加注间和避雷塔等多个建（构）筑物组成。

活动塔架能在轨道上行驶，用于火箭的起竖、对接和检查测试等。

固定塔架上设置了固定平台和活动平台（包括回转平台和升降平台），用于火箭相关舱口的操作、固定加注、供气、供电、消防和通信等管路及电缆。

地面场坪发射的主要特点是：①能够发射各种大型运载火箭；②发射工位靠近运载火箭的技术中心，缩短了运载火箭的射前准备时间，提高了运载火箭的发射密度；③在特定的区域内，依托一个技术中心，可建多个发射工位，高频度地发射不同的运载火箭，大幅度地提高了测试设备和发射工位的利用率；④地面设备系统及发射工程设施的标准化、系列化和通用化水平较高。

3.10.2　地面车载发射

地面车载发射通常用于小型固体运载火箭。美国轨道科学公司研制的"金牛座"小型标准商用运载火箭就采用了地面车载发射方式。通过公路运输车或军用飞机将"金牛座"运载火箭需要的全套发射支持设备运至预定发射点，并在平台上进行水平组装，完成总装后，在发射支持设备上起竖运载火箭，并在 72 h 内完成运载火箭的发射。

地面车载发射的主要特点是：①无须建造发射塔架；②简化了运载火箭和有效载荷的组装与测试；③减少了配套设备；④发射机动灵活；⑤操作人员少；⑥射前准备时间短。

3.10.3　空中发射

空中发射通常用于小型固体运载火箭。美国轨道科学公司与赫尔克里士航空航天公司联合研制的"飞马座"小型商用运载火箭就采用了空中发射方式。"飞马座"运载火箭的载机既可以是大型军用运输机和民用运输机，也可以是战略轰炸机。飞机从加利福尼亚州的爱德华兹空军基地起飞，到达预定空域的投放点后，载机驾驶员通过操纵杆上的发射控制装置释放运载火箭。

在目前的技术条件下，由于缺少大型载机和液体推进剂，现场加注安全等问题尚未完全解决，故大型液体运载火箭和固体运载火箭还不能采用空中发射方式。

空中发射的主要特点是：①不受地理条件的限制，载机可从不同的机场起飞，能在地球上空的任何地点发射运载火箭，这不仅扩大了发射航天器的时间范围，增加了发射时机，而且还扩大了航天器的轨道倾角范围，提高了运载火箭的运载能力；②空中发射使用的主要设备是载机，使用的主要工程设施是跑道，地面辅助设备很少，发射操作简单，具有较大的使用灵活性；③空中发射的运载火箭受到空气阻力比地面发射小，推进效率比地面发射高，既减少了重力损失，又减少了由速度矢量偏移带来的推力损失，使运载火箭具有较小的结构尺寸和质量；④空中发射的运载火箭携带的有效载荷的质量几乎是地面发射同类型运载火箭的两倍，其性价比不低于大型运载火箭。

3.10.4　海上发射

海洋约占地球表面的 3/4，这为海上发射运载火箭提供了广阔的区域。海上发射运载火箭具有许多优点，诸如海上发射能够远离人口稠密地区，发射安全容易得到保证；运载火箭的发射方位角不受限制，发射地点可位于离赤道最近的水域，以获得最大的地球自转速度；海上发射能够显著提高运载能力；等等。

海上发射通常分为悬浮发射、平台发射和船载发射。

3.10.4.1　悬浮发射

将运载火箭悬浮于水中的发射方式称为悬浮发射。利用船舶将运载火箭运至预定的发射水域，运用外浮力或内浮力使运载火箭垂直稳定地悬浮于水中。

悬浮发射的主要特点是：①运输运载火箭的船舶可到达任何水域，发射地点不受限制；②运载火箭的结构尺寸和质量不受限制，运载火箭可以整体运输；③在运输过程中，可以进行运载火箭的测试和检查，射前准备时间短；④运载火箭远离船舶发射，不会危及人员和设备的安全；⑤省去了发射场的建设费用。

3.10.4.2 平台发射

将从浮动平台上发射运载火箭的方式称为平台发射。在浮动平台上，配置了测试设备、发射设备和安全保证设备等。在射前，拖轮将浮动平台拖至发射地点；船舶将运载火箭整体运至发射地点；起重设备将运载火箭吊到发射设备上；在浮动平台上，完成运载火箭的垂直测试和总检查。在发射时，操作人员撤离浮动平台，通过遥控完成运载火箭的发射操作。发射结束后，拖轮将浮动平台拖回基地。

3.10.4.3 船载发射

将从船舶上发射运载火箭的方式称为船载发射。

图 3-16 所示为一种大型运载火箭发射船，发射船具有低阻线型船体。

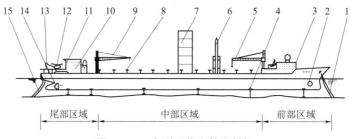

图 3-16 大型运载火箭发射船

1—首锚链；2—侧推器；3—驾驶舱；4—液压减振支柱；5，9—起重机；6—运载火箭；7—发射台；
8—照明灯；10—轮机舱；11—直升机库；12—船载直升机；
13—飞行甲板；14—导管螺旋桨；15—艉锚链

发射船的前部为驾驶舱，中部为发射区，尾部为轮机舱。发射船的船体采用低碳钢材料制造，在纵向和多个局部区段进行了强化处理，能够承受巨浪和大风的冲击。在设计时，综合考虑了诸如适航性、航向稳定性、机动就位、精确发射和锚泊抗浪等发射船的实际使用问题。

为了测定发射船的航向和锚泊位置，发射船配置了天文导航和卫星导航系统。

为了减少或消除往复潮流、回转潮流和风向等对发射船的影响，使发射船能够灵活地避让、纠偏、机动和转向，发射船安装了侧推器。

当发射船在发射点锚泊时，通常采用泵入压舱水的方法来降低发射船的质心。

为了提高运载火箭的发射稳定性，通常采用锚设备和液压减振支柱来稳定发射船。

第4章　导弹武器系统生存能力

4.1　概　　述

诸如微电子、计算机和空间技术等高新技术的产生、发展和应用在军事领域引发了一场深刻的革命，多维空间的高技术兵器群大量涌现并日臻完善；军事思想发生了不主故常的变化；军队编制和装备体制不断推演出新；军事信息技术和作战方式对战争模式的影响积渐而日深；未来战场环境的透明化程度显著提高。上述变化对导弹武器系统生存能力的研究提出了新的课题。

生存能力是导弹武器系统射前生存能力的简称，是导弹武器系统发挥其作战效能的前提和基础，是导弹武器系统的一个重要的战术技术指标。"生存能力是人员或武器装备的一种特性，它能抵抗和避开有害的军事行动或自然现象的影响，保证人员或武器装备在正常或其他情况下不会遭受损失，能够继续而有效地完成规定的任务。"具体地说，生存能力是导弹武器系统在存贮、待机和发射过程中经受核武器或常规武器的袭击后生存下来并能实施快速反击的能力。

随着侦察技术、导弹武器系统和防御系统的不断发展，很多国家已从单纯追求导弹武器系统的作战效能转变为既追求高的作战效能，同时追求高的生存能力。导弹武器系统的研制和使用实践表明，提高导弹武器系统的生存能力与提高其作战效能同样重要，有时甚至更为重要。

第二次世界大战以后，以导弹射程为中心，美国和苏联率先解决了导弹武器系统的有无问题。随后，通过采用可贮液体推进剂、固体推进剂和地下井发射，初步提高了导弹武器系统的生存能力。20 世纪 60 年代中期至 70 年代中期，美国和苏联采用了集束式和分导式多弹头，显著地提高了导弹的作战效能。20 世纪 70 年代中期以后，随着弹头技术的发展，导弹命中精度的提高和侦察手段的多样化，地下井和加固地下井的生存能力受到了质疑，美国和苏联遂再次将研究和发展的重点放在了提高导弹武器系统的生存能力上面；通过采用多种发射方式，特别是通过采用多种机动发射方式，有效地提高了导弹武器系统的生存能力。

导弹武器系统是进行战争和保持战争潜力的重要因素，对战争的进程和结局有着重要的影响。在现代战争条件下，针对导弹武器系统的侦察与反侦察、打击与反打击的斗争日趋激烈和持久。在导弹武器系统的预研、方案论证、方案设计、初样、试样、定形和使用的全寿命周期内，对导弹武器系统的生存能力不断地进行分析、试验、评估、验证和改进已经成为研制工作的重要内容。通过对导弹武器系统生存能力的评估，可以随时发现与生存能力有关的薄弱环节，及时地采取补救措施；可以提高预警系统、防御系统、武器库和阵地布局的合理性；可以为国防政策和战略方针的制定提供可靠的依据。

影响导弹武器系统生存能力的因素很多。在宏观上，导弹武器系统的生存能力主要与国家的安全战略方针、敌方威胁的规模与特性、导弹武器系统的战术技术性能和防御能力等有关。

有些国家奉行"相互确保摧毁"的核威慑战略方针，笃信"三位一体"的战略力量能够保卫国家的安全和改变世界的格局，要求导弹武器系统具有先发攻击摧毁硬目标的能力和高警戒率，受到攻击后，导弹武器系统仍能控制生存导弹的发射时间，并使导弹飞向目标。譬如，美国研制的采用铁路机动发射的 MX 导弹和采用公路机动发射的"侏儒"导弹武器系统的主要任务是：①能摧毁敌方重要的经济和军事目标，具有能生存、能反击和持续作战的能力；②在常规战争或有限核战争条件下，具有威胁敌方权力中枢与军事目标的第一次打击能力和持续作战的第二次打击能力。而恪守"有限核报复"战略方针的国家，在遭受敌方的第一次打击后，再实施快速反击，这种"后发制人"的战略方针要求导弹武器系统能够应对敌方的突然袭击，对导弹武器系统的生存能力提出了更高的要求。

敌方威胁的规模与特性直接影响导弹武器系统的生存能力。威胁规模主要与进攻武器的数量、弹头的威力、战备率和使用可靠性等有关。威胁特性主要与进攻武器的类型、连续两次攻击的间隔时间、杀伤概率、导弹武器系统被发现和被识别的概率等有关。进攻武器主要是指陆基弹道导弹、潜射弹道导弹、轰炸机、空射飞航导弹、舰射飞航导弹、精确制导炸弹、战斗机、核生化武器和特种作战部队等。杀伤概率主要与进攻武器的精度和弹头威力等有关。被发现和被识别的概率主要与敌方的侦察手段和信息处理能力等有关。

影响导弹武器系统战术技术性能的因素主要是配套设备的数量、设备的结构尺寸与质量、加固水平、防护能力、机动能力、散布面积、易损毁性、反侦察能力、快速反应能力、C^4I 持续能力、补给能力、使用可靠性、可维修性和训练水平等。

影响防御能力的因素主要是预警系统、防御系统、C^4I 对抗系统和警卫能力等。

从单个系统来说，导弹武器系统的生存能力通常与战场环境、武器性能、作战使用和其他因素等有关。

战场环境主要是指侦察环境、攻击环境和传输能力等。侦察环境主要与侦察范围、临空时间、侦察规模、设备分辨率、侦察周期和全天候侦察能力等有关。攻击环境主要与打击半径、袭击强度、袭击方式、来袭时间、攻击可靠性和毁伤半径等有关。传输能力取决于信息传输时间。

影响武器性能的主要因素是机动性能、快速反应能力、反侦察能力和防护能力等。机动性能主要与机动可靠性、最大机动距离、机动规模、机动准备时间、机动速度和通过能力等有关。快速反应能力主要与技术准备时间、待机时间、发射准备时间和撤收时间等有关。反侦察能力主要与伪装隐蔽能力和机动性能等有关。防护能力主要与抗核加固水平和机动性能等有关。

影响作战使用的主要因素是发射方式、部署区域、武器规模和战役伪装等。战役伪装主要与假目标的性能和数量等有关。

影响单个导弹武器系统生存能力的其他因素主要包括防御能力、预警能力和指挥控制能力等。防御能力主要与防空体系、反导系统和反卫星能力等有关。预警能力与预警时间和预警可靠性有关。指挥控制能力主要与指挥控制模式、抗毁能力、抗干扰能力和使用可靠性等有关。

由于诸如侦察卫星的临空时间、导弹的命中精度、母弹的解爆点、子弹的抛洒方式和弹头的终点效应等许多与导弹武器系统生存能力有关的因素都具有本源的随机性，故对于导弹武器系统遇到的侦察源（卫星的种类、数量及分布）和打击源（导弹的种类、数量、攻击模式及弹头种类）的理解就一定具有外延不清晰的模糊性，而发射点的位置、阵地分布和使用环境等又具有内涵不清晰的"灰箱"性质。由此可见，导弹武器系统的生存能力具有很大的不确定性，这就增加了导弹武器系统生存能力评估的复杂性和难度。

通常使用实践法、仿真法和解析法来评估导弹武器系统的生存能力，亦可将上述 3 种方法结合起来使用。

实践法是利用实弹射击、核爆炸、常规打击及毁伤试验等获取的数据和数理统计的方法来评定导弹武器系统生存能力的方法，它是最直接、最可靠的评估方法。但是，由于技术、经费和时间等条件的限制，通常不会针对导弹武器系统的生存环境做大量的验证性试验，它往往作为一种辅助的检验手段。

仿真法是利用导弹武器系统的高分辨率概率模型来统计模拟导弹武器系统的主要战术技术指标、侦察威胁和攻击环境等，以获取生存能力近似解的方法。采用仿真法评估导弹武器系统生存能力的前提条件是：①应能构造出导弹武器系统高分辨率的概率模型；②应已知各种非确定性变量（随机变量和模糊变量等）的分布形态、分布密度和函数等。仿真法是一种比较理想的评估方法，它可以在计算机上不受限制地模拟导弹武器系统的生存环境。

解析法是利用导弹武器系统的数学模型，根据导弹武器系统的战术技术指标、侦察威胁和攻击环境等建立描述其生存环境的微分方程组，以获取生存能力解析解的方法。采用解析法评估导弹武器系统生存能力的前提条件是：①应能构造出准确、完善和可靠的导弹武器系统的数学模型；②应建立正确的微分方程组。解析法比仿真法更便于工程应用，而且耗时短，费用低。目前，在雷达侦察、导弹武器系统设计和攻击模式等方面，很多国家都积累了比较成熟的经验，对导弹命中精度和弹头终点效应等的研究也取得了重要的成果，这既给解析法用于导弹武器系统生存能力的评估创造了条件，而且还可以利用已有的试验数据来验证生存能力的解析解。

在不同的侦察、打击和毁伤模式中，导弹武器系统具有不同的目标属性。譬如，虽然可见光侦察设备无法发现夜间活动的导弹发射车，但工作在红外波段和微波波段的侦察设备却很容易地捕捉到它。又如，当导弹发射车遭受核打击时，由于核武器的威胁半径通常可达数十千米，导弹发射车属于点目标；当导弹发射车遭受精确武器打击时，由于精确武器的毁伤半径仅为数十米，导弹发射车就变成了面目标。为了提高导弹武器系统的生存能力，应设法将其变成点目标、单个目标、硬目标、运动目标和隐现目标，尽可能地避免将其变成面目标、体目标、集群目标、软目标和固定目标。

通常将导弹武器系统的部署方式、活动节奏和战场反应等统称为目标行为，它们具有一定的规律性，主要与指挥方式、作战模式、装备特点和侦察方法等有关。研究和掌握导弹武器系统的目标行为，有利于正确选择侦察方法及攻击手段。

通常将导弹武器系统的物理形态称为目标特征，它们与设备结构、材料、表面涂层、性能和使用环境等有密切的关系。导弹武器系统的目标特征主要包括光学特征、热辐射与发射特征、电磁特征、激光吸收与发射特征和声学特征等。研究和掌握导弹武器系统的目标特征，有利于正确选择侦察方法和伪装隐蔽措施。

导弹武器系统的光学特征主要包括几何形状、边缘特征、色彩、亮度、对可见光的发射和阴影等。用肉眼和光学仪器能够发现导弹武器系统的光学特征。

在贮存和射前准备过程中，导弹武器系统会产生热辐射，温度较高的设备通常具有很强的热辐射；当它们受到红外线照射时，又具有一定的吸收和反射红外线的特性。主动式或被动式红外探测装置能够发现导弹武器系统的热辐射与反射特征。

在射前准备过程中，导弹武器系统会产生磁场、静电场和电磁辐射；当设备受到电磁辐射时，又会吸收和反射电磁波。各种频谱范围很宽的主动式或被动式电磁探测装置能够发现导弹武器系统的电磁特征；能够测出设备的距离、位置、方向、运动速度、外形和环境特征等。

导弹武器系统能够吸收与反射亮度极高、单色性好和方向性强的激光束。激光探测装置能够照射、指示、发现和跟踪导弹武器系统；能够测出设备的距离和方位。

在射前准备过程中，导弹武器系统会产生频带很宽、幅值很大的噪声，容易被噪声探测装置发现和跟踪。

与导弹武器系统的生存能力有关的指标主要是发现概率、命中概率、覆盖概率、毁伤条件概率、毁伤面积、目标毁伤的数学期望、圆概率偏差、毁伤概率和生存概率等。

通常根据导弹武器系统的特性和作战效能的评估等，从上述指标中选择一项或几项，对其生存能力做出定量的评估。

发现概率用于表示侦察设备捕获目标影像和甄别、确认目标这种随机事件发生的可能性。

命中概率用于表示导弹战斗部命中目标这种随机事件发生的可能性。

覆盖概率用于表示导弹战斗部抛洒幅员或威力幅员覆盖目标这种随机事件发生的可能性。

毁伤条件概率用于表示在命中或覆盖条件下导弹战斗部毁伤特定目标这种随机事件发生的可能性。

毁伤面积用于表示导弹战斗部毁伤特定目标的威力，它是以毁伤条件概率加权的微元面积积分。

目标毁伤的数学期望表示集群目标中可能被毁伤的子目标数量的平均值。

圆概率偏差表示导弹战斗部命中目标的精度，它与导弹投射均方差有着不变的对应关系。

毁伤概率表示毁伤目标数量或面积百分比的数学期望。

生存概率表示导弹武器系统在经受具有模糊特征的侦察和打击后还可以完成导弹发射任务的可能性。

4.2　导弹武器系统的生存环境

导弹武器系统的生存环境与攻防双方的侦察能力、攻击能力、预警能力和防御能力等有密切的关系。在攻防双方都拥有核武器的情况下，尤其在双方的核力量处于势均力敌的情况下，导弹武器系统的生存能力问题就愈显突出，而且越来越难以解决。20 世纪 50 年代，美战略核力量主要是轰炸机，它没有抗核能力，加之建立不久的战术预警系统的使用可靠性又很低，双方对各自拥有的战略核力量的生存能力和快速反应能力均持悲观的态度。20 世纪 60 年代，将陆基战略弹道导弹武器系统部署在加固的地下井中，并成功地研制和部署了战略导弹预警系统，这部分地减少了双方对导弹武器系统生存能力的忧虑。20 世纪 70 年代，先后部署了分导式多弹头弹道导弹武器系统，导弹的命中精度和使用可靠性均有很大的提高，在这种情况下，导弹武器系统的生存脆弱性再次显现出来。20 世纪 80 年代，在继续加固现有地下井的同时，还研制、部署了机动导弹武器系统和空间防御系统，欲以机动、伪装和空间拦截等手段提高导弹武器系统的生存能力。虽然预警系统和空间防御系统有助于改善导弹武器系统的生存环境，但导弹武器系统仍面临着现代侦察手段、现代攻击武器和核爆炸效应的严重威胁。

4.2.1　未来战场的侦察环境

侦察既是战争的准备，同时也是战争的一种手段。现代侦察手段对战争的结局往往具有重要的影响。卫星侦察突破了传统侦察模式的限制，新的全天候、全天时和全方位的侦察模式使导弹武器系统面临着严酷的侦察环境。

侦察环境直接影响导弹武器系统的目标特征，从侦察开始至侦察结束，导弹武器系统的目标特征通常是变化的。一般地说，导弹武器系统与其所处的环境总是存在一些差异，侦察设备的任务就是及时地探测这些差异，及早地发现和识别导弹武器系统的目标特征；而导弹武器系统研制和使用部门的任务则是掩盖、缩小或消弭这些差异，提高导弹武器系统的生存能力。

根据侦察环境与侦察结果的关系，侦察通常有 3 种形式。将侦察结果与侦察环境是唯一对应的侦察称为正规侦察，通过正规侦察获得的导弹武器系统的位置信息没有误差。将侦察结果与侦察环境不是唯一对应的侦察称为随机侦察，通过随机侦察获得的导弹武器系统的位置信息具有偶然误差。将对已经采取了诸如伪装、隐蔽和抗核加固等措施的导弹武器系统实施的侦察称为对抗侦察，在现代战争条件下，由于几乎所有的导弹武器系统都属于对抗型目标，故几乎所有的侦察都属于对抗侦察。

4.2.1.1　侦察手段

常见的侦察手段主要有卫星侦察、航空侦察和地面侦察。

1. 卫星侦察

卫星侦察是目前最先进和最有发展前途的战略侦察手段。将用于获取军事情报的人造地球卫星称为侦察卫星，它利用光电遥感器或无线电接收机等从轨道上对目标实施侦察、监视或跟踪，搜集地面、海洋或空中目标的情报。侦察设备既可将搜集到的目标辐射、反射或发射的电磁波信息用胶卷和磁带等记录、存贮于返回舱内，在地面回收；亦可利用无线电传输的方法将搜集到的信息实时或延时发送到地面接收站，经光学设备和电子计算机等处理加工后，从中提取有价值的情报。

卫星侦察的主要优点是侦察面积大、范围广、速度快和效果好，可定期或连续监视某一地区，不受国界或地理条件的限制，获取其他侦察手段难以得到的情报，对国家的军事、政治、经济和外交等均有重要的作用。自 20 世纪 60 年代以来，侦察卫星获得了迅速的发展，已经成为有能力发射这类卫星的国家获取情报的有效工具。根据不同的侦察任务和侦察设备的类型，侦察卫星通常包括照相侦察卫星、电子侦察卫星、海洋监视卫星和预警卫星。

（1）照相侦察卫星。照相侦察卫星主要装有诸如可见光照相机和电视摄像机等可见光遥感器，用于对导弹基地、港口、机场、军事部署和交通设施等进行拍照，拍照的图像既清晰，又具有较高的分辨率。照相侦察卫星一般运行在近地点高度为 150～280 km

的轨道上。若照相侦察卫星装有红外相机或多光谱相机，则具有夜间侦察和识别伪装的能力。

（2）电子侦察卫星。电子侦察卫星装有电子侦察设备，用于探测、识别雷达和其他无线电设备的位置及特性，用于侦听遥测和通信等信息。电子侦察卫星一般运行在约 500 km 或超过 1 000 km 的近圆轨道上。

（3）海洋监视卫星。海洋监视卫星装有诸如侧视雷达、无线电接收机和红外探测器等可实时传输信息的侦察设备，用于监视导弹发射船和导弹潜艇等活动目标。为了连续监视广阔海洋上的目标，应发射多颗海洋监视卫星，以组成海洋监视网。

（4）预警卫星。预警卫星装有红外探测器、电视摄像机、X 射线探测器、γ 射线探测器和中子计数器等。红外探测器用于探测主动段导弹发动机尾焰的红外辐射。红外探测器和电视摄像机平时用于监视、跟踪导弹发射试验，战时发出来袭导弹的警报。X 射线探测器、γ 射线探测器和中子计数器用于探测核爆炸。预警卫星运行在地球同步轨道或周期约为 12 h 的大椭圆轨道上，通常由多颗预警卫星组成预警网。

侦察卫星的发展趋势是：①加长照相机焦距，降低拍摄高度，采用高解像率胶片和高分辨率光学系统，研制可跟踪导弹被动段飞行的长波红外探测器；②通过分期多次回收胶卷舱，提高侦察信息的传送速度；③使用返束光导管摄像机、电荷耦合成像器件和数据中继卫星等，以获得高分辨率的无线电传输网络；④一颗侦察卫星装备多种侦察设备，以扩大综合侦察能力，获取更多、更准确的侦察信息；⑤提高侦察卫星的使用可靠性，延长侦察卫星的工作寿命；⑥采用轨道保持系统，避免因大气阻力的影响使低轨道侦察卫星过早地坠入大气层；⑦对侦察卫星采取抗核加固措施；⑧使侦察卫星具有一定的机动能力和防御反卫星武器攻击的能力。

2. 航空侦察

通常将使用航空器在大气层内进行的侦察活动称为航空侦察，它是目前广泛使用的空间侦察手段。按照侦察任务的性质，航空侦察可分为战略侦察、战役侦察和战术侦察。按照采用的侦察手段，航空侦察可分为目视侦察、成像侦察和电子侦察等。按照侦察高度，航空侦察可分为高空侦察、中空侦察和低空侦察。

这里，只简单介绍高空侦察、中空侦察和低空侦察。

（1）通常将侦察高度超过 6 000 m 的航空侦察称为高空侦察。高空侦察任务主要由 E-3 型、E-8 型、RC-135 型和 U-2 型等侦察机完成。

E-3 型侦察机的预警飞行高度约为 9 000 m，能在 0~30 000 m 高度范围内实施全方位扫描；能探测 500~650 km 处的高空目标；能探测 300~400 km 处的低空目标；能探测 270 km 处的飞航导弹；能同时跟踪多个目标和处理多个目标的信息；能指挥引导 100 架飞机进行空战。

E-8 型侦察机的飞行高度为 1 000~12 800 m，战场管理高度为 4 600~3 300 m，

能够分辨运动中的轮式车辆和履带车。

RC-135型侦察机的飞行高度为7 600～15 000 m，用于获取各种信号情报。

U-2型侦察机的飞行高度为9 000～24 000 m，它是目前飞得最高、飞行次数最多和侦察地域最广的侦察机。当飞行高度为24 000 m时，能看见报纸上的大字标题，当飞行高度为9 150 m时，能看见马路上的烟蒂。在飞行侦察过程中，由于机载电子战系统能够有效地干扰敌方的雷达，因此，侦察机能够避开敌方防空武器的打击。

（2）通常将侦察高度为2 000～6 000 m的航空侦察称为中空侦察。中空侦察任务主要由RC-12型和EP-3型等侦察机完成。

RC-12型侦察机的进出场高度为4 270～4 880 m，活动高度为6 100～6 710 m，退出行动高度为7 320 m。

EP-3型侦察机的飞行高度为50～8 000 m，巡航侦察飞行高度为4 575～6 100 m。

（3）通常将侦察高度不超过2 000 m的航空侦察称为低空侦察。低空侦察任务主要由RC-7型侦察机和EH-60型直升机完成。

RC-7型侦察机的飞行高度为1 000～2 880 m，低空侦察时间为2～30 min。

EH-60型直升机的实用升限为5 790 m，停升限为2 895 m。侦察时，具有直升机的灵活性，可下降至10～15 m的高度进行超低空侦察活动，侦察时间一般为20～60 min。

另外，E-3型、E-8型、RC-135型和EP-3型等侦察机也都具有低空侦察的能力。

3. 地面侦察

通常将战场电子情报侦察、空降侦察、地面特种部队情报侦察和间谍侦察等称为地面侦察。战场电子情报侦察利用全方位雷达探测导弹武器系统的活动情况，并能将之快速地标绘在地形图上；同时通过战场监视设备、电视设备、热成像仪和激光探测仪等，获取实时、准确的情报信息，提高战场作战效果。

4.2.1.2　侦察设备

在现代战争中，交战双方利用星载或机载可见光、红外和雷达等侦察设备构建各自的立体侦察网络，实施战略、战役或战术侦察。

1. 侦察设备的性能及特点

1）侦察设备的探测距离。

（1）可见光侦察设备的探测距离。

诸如航空相机和成像光谱仪等可见光侦察设备的探测距离与大气状况有密切的关系。在晴朗的天气里，可见光侦察设备的水平探测距离可达50～60 km。在高空，星载可见光侦察设备的探测距离可达数百千米。由于可见光侦察设备的视场角较小，只有通过载机的运动，才能实现对某个区域的带状侦察，探测带的宽度与侦察设备的分辨力和载机的飞行高度等有关。

（2）红外侦察设备的探测距离。

目前使用的红外侦察设备主要有红外行扫描仪、前视红外系统和红外搜索跟踪系统。红外行扫描仪和前视红外系统是常用的红外侦察设备。星载预警系统通常采用红外搜索跟踪系统，它通过大视场扫描捕捉可疑目标，再由前视红外系统将可疑目标凝视成像。

红外行扫描仪主要配置在侦察卫星或侦察飞机上，用于大范围的扫描侦察。红外行扫描仪的角分辨力不是固定的，当视线偏离铅垂方向时，其瞬时视场的覆盖区域开始变大，分辨力开始降低。

前视红外系统亦称热像仪，通常配置在侦察卫星或侦察飞机上，利用热成像技术，它先将目标与背景的温差和发射率差异转换成电信号，然后再将电信号转换成可见光图像。前视红外系统有宽、窄两个视场，宽视场用于探测，窄视场用于识别与跟踪。前视红外系统不能独立进行目标的探测、识别和跟踪，需要人工参与，一般不进行大范围的扫描。前视红外系统可以实时成像，目标无闪烁现象，帧速为 25～30 帧/s，通常只能跟踪一个目标。前视红外系统的温度分辨力和像元尺寸与红外焦平面自身的特性有关，角分辨力与红外焦平面自身的特性和光学系统的参数有关。

红外搜索跟踪系统主要配置在侦察卫星上，它利用较小的瞬时视场在大范围内搜索和发现目标，并对目标进行粗略的定位。红外搜索跟踪系统的视场大，其搜索范围、扫描方式和跟踪方式与雷达相似，可自行锁定目标。红外搜索跟踪系统需借助计算机处理大量的数据信息，帧速为 1～10 帧/s，它不能实时成像，目标有闪烁现象，可同时跟踪多个目标。

红外侦察设备的探测距离与大气条件、目标尺寸和目标与背景的温度等有关，一般为 10～20 km。

（3）雷达侦察设备的探测距离。

雷达侦察设备主要配置在侦察飞机上。美国研制的"山猫"、AN/ZPQ – 1TeSAR 和 TUAVR 等侦察设备的探测距离短，分辨力高，主要用于战场侦察。AN/APY – 3Jointstar、AN/APY – 6、ASARS – 2 和 HISAR 等雷达侦察设备主要配置在美国的 E – 8、U – 2 和"全球鹰"侦察机上，其探测距离可达 200 km。

雷达侦察设备的探测距离主要与雷达体制有关，不同体制雷达的探测距离相差很大。

2）侦察设备的探测范围。

侦察设备的探测范围主要与其性能和侦察平台有关。

（1）和平时期机载侦察设备的探测范围。

在和平时期，侦察设备配置在有人或无人侦察机上，它用于监视导弹武器系统的部署情况、重要设施的变化和核活动等，可获取很多战略性信息。E – 8 型、U – 2 型和"全球鹰"等侦察机的探测范围为 150～200 km，RC – 135 型侦察机的探测范围超过 360 km。

（2）战争时期机载侦察设备的探测范围。

在战争时期，侦察设备不仅配置在侦察机和预警机上，而且也配置在战斗机和攻击机上，此时的战斗机和攻击机不仅具有侦察作用，而且还能对敌方的重要设施和军事装备实施直接打击。

在战争条件下，大量的电子信号会严重干扰雷达侦察；弥漫的烟雾会严重影响可见光侦察和红外侦察；战略、战区及战役预警和防控体系会直接威胁侦察机的飞行安全；假目标和诱饵等会直接影响侦察设备的工作。

（3）预警或监视飞机机载雷达的探测范围。

在美国现役的预警或监视飞机中，E-2C 型和 E-3 系列都不能对地面目标实施监视和预警，仅有 E-8 型可以探测、监视地面的动、静目标。当 E-8 型在距地面 11 km 的高空进行监视飞行时，可以探测并发现 250 km 以外的地面固定目标、活动目标和低空旋翼飞机。在战时防空体系的监视下，E-8 型很难进入腹地实施侦察，只能在沿海附近或半径为 250 km 的范围内实施侦察或战场监视活动。

（4）侦察机机载雷达的探测范围。

美国的 U-2R/S、"黑鸟"和"全球鹰"等战略侦察机的侦察高度都在 20 km 以上，航程都在 4 000 km 以上。U-2R/S 的实用升限为 27.43 km，能够突破复杂防空体系的封锁实施纵深侦察；在无须飞越敌方防线的情况下，就可探测到纵深 55 km 的目标。"黑鸟"的侦察高度为 34 km，巡航速度为 3 Ma，在战时防空体系的监视下，可以进行有限的侦察。"全球鹰"的转场航程大，留空时间长，机载雷达的探测范围超过 200 km，实用升限为 20.5 km，具有较强的飞行和侦察能力。由于 U-2R/S 和"全球鹰"的体积大、航速小和机动性较差，一旦被锁定，基本没有逃脱的可能。

美国的"捕食者"和"影子"系列战术无人机机载侦察设备的探测范围为数十千米，载机体积小，飞行灵活，能够及时、快速地传送侦察信息。但载机航速不高，容易受到攻击。

（5）战斗机机载雷达的探测范围。

美国的 F-15、F-16 和 F/A-18 等现役战斗机均配置了多功能火控雷达，它们对地面目标具有较强的探测能力。随着美军装备的改进，F-16C/D 和 F/A-18E/F 等现役战斗机也都配置了具有有源电扫阵列、搜索救援和地面动目标指示功能的火控雷达，其探测范围都超过了 150 km。F-22 的作战半径为 2 170 km，在地面动目标模式下，其机载雷达的探测范围超过了 72 km，巡航速度为 1.8 Ma，有较强的突防能力。

（6）星载侦察设备的探测范围。

目前的侦察卫星大多都是单星工作，其扫描宽度一般为十几千米，探测范围呈条带状。虽然侦察卫星的一次环绕飞行只能探测到地球上的某个固定区域，但在一个重访周期内，它能够探测到地球上的大部分地区。

3）侦察设备的时间特性。

侦察设备的时间特性主要包括侦察设备的工作时间、侦察设备对同一地区的重复侦察时间和侦察信息的传输、处理及应用时间。

（1）侦察设备的工作时间。

目前，大多数侦察设备都工作在可见光、红外和雷达波段，少数侦察设备工作在紫外波段。不同波段的侦察设备对光照和大气条件的要求亦不同。

工作在可见光波段的侦察设备依靠目标对太阳光的反射和散射作用来探测和发现目标，只能在白天工作。可见光波段目标信息的载体是波长为 0.4～0.76 μm 的电磁波，由于它受到大气分子和尘埃的散射作用，通常会产生载波的能量损失，因此，可见光侦察设备适合在少云和大气能见度较好的条件下使用，它不属于全天候、全天时类的侦察设备。

按照波长范围，工作在红外波段的侦察设备有 3 个大气窗口，即近红外窗口（0.76～1.3 μm、1.5～1.8 μm 和 2.0～3.5 μm）、中红外窗口（3～5 μm）和远红外窗口（8～14 μm）。在近红外和中近红外波段，红外探测器主要探测目标对太阳光中相应波段的反射和散射。在中红外和远红外波段，红外探测器主要探测目标自身源于温度的热辐射。虽然红外探测器可以全天时工作，但不能实施全天候侦察，只能在较好的大气条件下工作，这是因为大气对红外线具有较强的吸收和散射作用。

雷达侦察设备工作在微波波段（3～300 mm）。在波长范围内和晴朗的天气里，由于大气分子和尘埃的尺寸与波长相差较大，故大气状况对雷达侦察设备的影响较小；理论上，雷达侦察设备可以全天时和全天候工作。但是，在雨、雪天，由于尘埃尺寸变大，这使 Ku 波段以上的雷达波传播距离缩短，雷达侦察设备的探测能力明显地减弱。

（2）侦察设备对同一地区的重复侦察时间。

通常将侦察设备在完成一次侦察后对同一地区再次实施侦察的时间间隔称为其对同一地区的重复侦察时间，它是描述侦察设备的实时侦察性能的重要参数。

由于侦察机可以方便地起降，机载侦察设备既可以随时地对感兴趣的地区实施侦察，也可以对同一地区实施连续或重复侦察。重复侦察时间通常与侦察机的活动半径和续航时间等有关。

侦察卫星按照一定的轨道环绕地球运行，每环绕地球运行一次，星载侦察设备都会在地球表面形成具有一定宽度的观测带，星载侦察设备的性能不同，其观测带的宽度也不同。星载侦察设备对同一地区的重复侦察时间与侦察卫星的运行周期有关，其实时侦察性能比机载侦察设备差。通常将星载侦察设备重复侦察同一地区的时间间隔称为重访时间，它与侦察卫星的数量、轨道参数和目标区的位置等有关。目前，单星星载侦察设备的重访时间为 3～4 天。当侦察卫星组网工作时，星载侦察设备的重访时间可以大大缩短。

在未来的侦察卫星体系和天基雷达系统中，美国拟用小型低成本卫星组成具有可见光、近红外和合成孔径雷达探测功能的联合侦察卫星网，这使侦察卫星对任意目标的重访时间可能缩短至 15 min，在某一地区的停留时间可能延长至 20 min，大幅度地增加了联合侦察设备获取的信息量。

（3）侦察信息的传输、处理及应用时间。

机载或星载侦察设备获取的信息需通过一定的途径才能传送到处理及应用部门。侦察信息的传输、处理及应用时间与侦察的时间敏感性密切相关，对作战部署、攻击目标的确定和毁伤效果的评估等均具有重要的作用。机载或星载侦察设备获取的图像型信息和数据型信息具有不同的传输特点。

机载侦察设备获取的信息通过公共数据链传送到地面站，然后由地面站通过数据链路或光缆传送到国家情报判读中心。承担数据中继传送任务的卫星主要有跟踪数据中继卫星和全球广播通信卫星。

机载或星载侦察设备获取的信息通常由专业人员进行解译和编制，然后通过卫星或数据链将侦察信息的处理结果传送到应用部门，这种运作模式有助于实现对战场的准实时情报支援。目前，由于情报支援系统从发现目标到识别目标通常需要数小时或更长的时间，因此，其对"时间敏感目标"（如导弹机动发射平台）的发现和识别能力是非常有限的。出现上述情况的主要原因是大量的数据处理占用了较长的时间。

目前，为了充分发挥多波段航空航天监测信息的作用，有些国家实施"国家空间资源战术开发计划"，拟将国家级情报系统和战术级情报系统与信息应用部门连接起来，将机载或星载侦察设备获取的信息传送到诸战术指挥部门，以加强对"时间敏感目标"的打击能力；拟通过战术利用系统、全球指挥控制系统和联合兵种图像处理系统将发现、识别和攻击目标的时间从数小时缩短到数十分钟或几分钟。

4）侦察设备的分辨能力。

分辨能力是侦察设备的重要性能指标，在不同的侦察波段，侦察设备具有不同的分辨能力。

（1）可见光侦察设备的分辨能力。

可见光侦察设备是目前分辨力最高的侦察设备。机载或星载可见光侦察设备的最高分辨率可达 0.1 m，商用平台的全色分辨力可达 0.5 m。

可见光侦察设备的总视场与探测器的口径和视场角有关，过大的视场角会产生畸变，增加像差校正的难度。

可见光侦察设备的分辨力与成像元件的像元尺寸和探测距离有关。当像元尺寸一定时，探测距离越短，则视场的地面覆盖范围越小，可分辨的目标细节越多，分辨力越高；当探测距离一定时，像元尺寸越小，则分辨力越高。

（2）红外侦察设备的分辨能力。

红外辐射是各种目标的固有属性，红外侦察设备就是通过探测目标在红外波段的辐射来发现和识别目标的。红外侦察设备的分辨能力包括温度分辨力和空间分辨力。

表征红外侦察设备温度分辨力的指标是噪声等效温差或最小可辨温差。将红外探测器的输出信噪比为 1 时所对应的目标与背景的温差称为等效温差。将从测试得到的红外探测器所能分辨的最小温差称为最小可辨温差。影响最小可辨温差的主要因素是探测距离内的大气状况、实际判读条件和目标的空间尺寸等。如果给出红外侦察设备的噪声等效温差，则通过计算可得到最小可辨温差；通过修正最小可辨温差，可得到红外侦察设备在探测距离上的真实温度分辨力。

红外侦察设备的空间分辨力是红外探测器能够分辨的最小空间尺寸，通常用角分辨力表示。角分辨力是红外探测器瞬时视场的张角，它表示红外探测器能够探测的最小空间范围。

红外侦察设备的温度分辨力主要取决于焦平面探测器，同时也受光学系统的影响。目前，温度分辨力最高可达 0.01 K。不同的红外侦察设备具有不同的温度分辨力。红外行扫描仪用于大范围侦察，获取的信息量很大，其温度分辨力约为 0.5 K。前视红外系统的温度分辨力为 0.5～0.1 K。红外搜索跟踪系统的温度分辨力约为 0.1 K。

红外侦察设备的空间分辨力主要取决于焦平面探测器和像元尺寸，同时也受光学系统的影响。不同的红外侦察设备具有不同的角分辨力。红外行扫描仪的角分辨力较低，而且又是变化的。当红外行扫描仪的视线为铅垂方向时，瞬时视场的覆盖区域最小，分辨力最高；当视线偏离铅垂方向时，瞬时视场的覆盖区域增大，角分辨力降低。红外行扫描仪的最高角分辨力通常在 0.5 mr 以上。前视红外系统的视场角较小，分辨力较高，最高可达 0.1 mr，而且认为视场内的角分辨力相同。在发现目标后，由于红外搜索跟踪系统是通过计算机采用补偿等数据处理技术来探测与跟踪目标，故空间分辨力不是其主要性能指标。

在红外侦察与反侦察中，通常关注的是多大的空间目标才能够被红外探测器发现，怎样设计目标表面的斑块才能够有效地降低其被发现的概率。红外探测器的地面分辨力就回答了上述问题。当角分辨力不变时，地面分辨力仅与探测距离有关。红外探测器的地面分辨力与角分辨力的关系为：

$$\delta = R \cdot \alpha \tag{4-1}$$

式中　δ——红外探测器的地面分辨力，m；

R——红外探测器的探测距离，km；

α——红外探测器的角分辨力，mr。

（3）雷达侦察设备的分辨能力。

目前，用于对地面和空中目标进行探测的雷达侦察平台主要有预警机、侦察机和侦察卫星。在大范围侦察和预警中，常用的雷达侦察设备主要有脉冲雷达、连续波雷达和合成孔径雷达、相控阵雷达和脉冲多普勒雷达。

脉冲雷达能够辐射较短的高频脉冲，发射和接收信号在时间上是分开的。脉冲雷达用于测距，尤其适用于同时测量多个目标的距离。

连续波雷达具有较强的测速和速度分辨能力，但不适宜同时测量多个目标的距离。连续波雷达多用作多普勒导航雷达和具有抗地物干扰能力的寻的雷达。

合成孔径雷达利用雷达与目标的相对运动能将尺寸较小的真实天线孔径通过数据处理合成为一个较大的等效天线孔径。目前，合成孔径雷达是探测地面静止目标的主要雷达侦察设备，它利用合成孔径与脉冲压缩技术获得方位向和距离向的分辨力，方位向与距离向的分辨力不同，但都与探测距离无关。方位向分辨力随真实天线孔径的增加而提高；距离向分辨力随目标对雷达俯角的增加而提高。机载合成孔径雷达可达到的分辨力范围与其工作方式有关：在宽带模式下，分辨力为 1～3 m；在标准或窄带模式下，分辨力为 0.3～1.0 m；在聚束模式下，分辨力为 0.1～0.3 m。星载合成孔径雷达的分辨力低于机载合成孔径雷达的分辨力，在宽带模式下，分辨力为 3 m；在标准或聚束模式下，分辨力为 0.3 m。虽然聚束模式的分辨力较高，但它对机载或星载雷达侦察平台的运动形式、运动轨迹和运动稳定性等均有很高的要求，欲实现真实状况下的聚束侦察模式确有一定的难度，而且定位精度也不一定能够达到侦察设备的标称值。合成孔径雷达能够探测和识别如导弹地下发射井一类的伪装隐蔽目标，能够探测和识别云雾笼罩地区的地面目标，能够全天候工作。

相控阵雷达是采用阵列天线实现波束在空间电扫描的雷达。高速飞机、导弹和人造地球卫星的出现，要求雷达具有更高的探测能力、更高的分辨能力、更大的覆盖空域、更高的数据率和适应多目标的环境。相控阵雷达较好地满足了上述要求。相控阵雷达的波束在几微秒时间内便可实现全空域跳跃，波束形状灵活多变；相控阵雷达的中心计算机能控制整个雷达的工作并参与信号处理、数据处理、信息显示和雷达的自动化监测；相控阵雷达的波束扫描没有惯性，对空中重点目标具有相当高的数据率，对空中其他目标则具有实施监视所必需的最低数据率；相控阵雷达能适应复杂的外界目标环境；相控阵雷达能自动地对准空间干扰方向，有效地抑制有源干扰。

脉冲多普勒雷达是应用多普勒效应并以频谱分离技术抑制各类背景杂波的脉冲雷达。机载脉冲多普勒雷达具有下述功能：可以发现数百千米以外的低空入侵目标，并能提供适时的空中情报；机载脉冲多普勒雷达不仅具有测量和分辨距离的能力，而且也具有精确测速和速度分辨能力；机载脉冲多普勒雷达不仅能够探测空中的运动目标，而且也能够探测如多功能发射车一类的地面上的运动目标。

雷达侦察设备对运动目标的探测和分辨能力与背景噪声、目标的雷达散射截面和运动速度等有关。由于多普勒频移与雷达波的相干性，雷达侦察设备只能探测和分辨速度在一定范围内的运动目标；对于具有特征速度的某些运动目标，雷达侦察设备往往由于"盲速"现象而无法探测和分辨它们。

2. 侦察识别模式

目标的识别与侦察时间、侦察地点、侦察设备的性能、目标特征、背景特征和目标与背景的对比度等有密切的关系。

1）Johnson 准则。

Johnson 准则是发现和识别目标的基础，它假定无须搜索即可发现的目标位于视场中间，它将视觉判别分为发现、定向、识别和确认四类，见表 4-1。

表 4-1　**Johnson 准则**

判读等级	判读说明	可分辨线对数
发现	在显示器上，能发现背景中的目标	1.0
定向	判断目标相对于探测器的位置	1.4
识别	能识别诸如人员、车辆和船只等目标的类别	4.0
确认	能确认同类目标的不同型号	6.4

2）自动目标的识别等级。

通常将自动目标的识别分成三个等级。

（1）自动目标的分类。通过自动目标的分类，能够判断和识别诸如人员、车辆、船只和工厂等目标的类别。

（2）自动目标的识别。在自动目标分类的基础上，能够识别和分辨目标类别中的子类，如对于车辆，能够识别和分辨出导弹机动发射平台、集装箱运输车和坦克等。

（3）自动目标的确认。在自动目标识别的基础上，能够分辨和确认目标的具体型号，如对于导弹机动发射平台，能分辨和确认导弹武器系统的型号或系列。

目前，侦察设备只能进行自动目标的分类和自动目标的识别，而自动目标的确认尚在探讨之中。

3）基于特征识别目标。

根据特征识别目标是自动目标识别的方法之一。尺寸测量脉冲多普勒雷达虽然能够探测目标的位置、速度和加速度等宏观信息，但它无法识别目标。特征测量脉冲多普勒雷达既能探测目标，也能识别目标；它发射一定宽度的雷达波，通过对目标回波信号在时间和空间域中的变换，将回波谱与信息库中的信息进行比对，实现对目标的识别。

4）基于图像识别目标。

根据图像识别目标是自动目标识别的另一种方法。图像的质量直接影响自动目标识别的结果，它与图像的全局信息、全局目标的显著性、目标与背景的信息和目标的图像特征等有关。

图像的全局信息是对目标整体图像的一种表述，它包括图像强度、边缘强度、平均轮廓长度、空间频率、形态结构和纹理特性等。

全局目标的显著性是对目标整体图像的一种刻画，用于对目标区域的划分，它包括目标与背景反差的显著性和目标与背景干扰的显著性等。

目标与背景的信息是对目标区与相邻背景的一种局部描述，它包括目标与背景边缘强度的对比、目标与背景的统计参数、目标与背景的纹理和空间频率的差异等。

目标的图像特征是对目标区域的一种描述，它包括目标的像素数、长宽比、强度均值、标准差与高阶距、边缘强度、轮廓和空间频率等。

侦察图像的校正和增强虽然会改变原目标图像的某些宏观或局部特性，但有助于自动目标的识别。

红外图像具有较好的稳定性，受侦察角度和侦察方位的影响较小；由于红外侦察的波长较短，其图像特征与可见光图像类似，比较容易实现人工判读和自动目标的识别。

与红外图像相比，合成孔径雷达图像具有很强的斑点噪声，受侦察俯角和方位角的影响较大；由于波长较大，其图像特征与可见光图像有较大的差别。由于合成孔径雷达图像对自动目标的识别有一定的影响，故目前尚未见用于军事领域。

3. 侦察设备的威胁

由于侦察设备的探测距离、探测范围、时间特性和分辨能力等的限制，各种侦察手段发现、识别和确认导弹武器系统的能力都是有限的。在下面关于侦察设备威胁的分析中，规定探测和发现的含义为某区域存在的目标；识别的含义为能区分目标的大类；确认的含义为能区分目标的子类。

1）可见光侦察设备对导弹机动发射平台的威胁。

可见光侦察设备通过目标对太阳辐射的反射来侦察目标。目标的暴露特征主要包括目标的亮度、目标的光谱特性、目标的阴影特征、目标与背景的亮度对比和目标与环境植被的同谱度等。

可见光侦察设备是战略导弹机动发射平台的主要威胁之一，目前在轨的军用照相侦察卫星的最高分辨力为0.1 m。军用照相侦察卫星的探测器通常与水平面有一定的夹角，通过图片的亮度、对比度和阴影特征等对目标进行探测与识别。当导弹机动发射平台行驶在山区或丘陵地带时，在迎向侦察方向的坡面上，卫星依靠高分辨力和多光谱对目标进行探测、识别和确认；在背向侦察方向的坡面上，若卫星不进行变轨或改变侦察方向，则无法探测目标。

在机动过程中，导弹机动发射平台容易被可见光侦察设备发现、识别和确认，这是因为机动发射平台的迷彩斑点图案与一定等级的公路路面在亮度、光谱特性和对比度等方面存在较大的差异，具有明显的目标特性。

2）红外侦察设备对导弹机动发射平台的威胁。

（1）星载红外侦察设备对导弹机动发射平台的威胁。

目前在轨的星载红外侦察设备和未来可能形成作战能力的天基红外系统都是导弹预警卫星，用于探测和跟踪导弹飞行弹道的主动段和被动段，轨道高度大于 1 000 km，地面分辨力约为 100 m，对导弹机动发射平台不会构成威胁。

当带有红外侦察设备的照相侦察卫星在 160 km 高度的轨道上进行详查时，其地面分辨力约为 16 m，对导弹机动发射平台具有一定的威胁。

工程试验表明，在夜晚或凌晨，由于发动机、发电机和排气管等热源无法使导弹机动发射平台的平均温度达到 78 ℃，故该时段的星载红外侦察设备对导弹机动发射平台不会构成威胁；在白天，由于太阳辐射和其他热源无法使导弹机动发射平台的平均温度超过 100 ℃，故该时段的星载红外侦察设备对导弹机动发射平台也不会构成威胁。

对于自动力发射或低空点火的外动力发射的导弹，由于其喷出的燃气使导弹机动发射平台周围的温度可能高达数百开氏度，它改变了导弹机动发射平台与背景的温差，这使星载红外侦察设备能够发现导弹机动发射平台的活动情况。

星载红外侦察设备既能在数十秒内识别出由导弹机动发射引起的红外辐射，确定导弹机动发射平台的位置，同时也能通过其他波段的侦察设备对敏感区域实施详查，这增加了导弹机动发射平台暴露的可能性。

（2）机载红外侦察设备对导弹机动发射平台的威胁。

配置了红外侦察设备的有人或无人侦察机大多飞行在 30 km 以下的空域。机载红外侦察设备对导弹机动发射平台的发现和识别距离与大气能见度、侦察高度、季节、时间、导弹机动发射平台的位置及导弹机动发射平台与背景的温差等有关。典型机载红外侦察设备对导弹机动发射平台的探测能力见表 4 – 2。

表 4 – 2　典型机载红外侦察设备对导弹机动发射平台的探测能力

实际温差/K	4		7		10	
探测种类	发现	识别	发现	识别	发现	识别
探测能力/km	62	14	74	17	81	19

表 4 – 2 假设的形成条件为：①大气能见度为 15 km；②侦察高度为 10 km；③南方春秋季节；④凌晨 5 时；⑤导弹机动发射平台停驻在水泥路面上；⑥导弹机动发射平台的平面尺寸为 50 m²。

由表 4 – 2 可以看出，随着导弹机动发射平台与背景温差的增加，机载红外侦察设备发现和识别导弹机动发射平台的距离也相应增加；发现距离远大于识别距离；当侦察距离为数十千米时，机载红外侦察设备虽然能够发现导弹机动发射平台，但由于其地面分辨力为几米，故无法识别导弹机动发射平台；当侦察距离小于 20 km 时，机载红外侦察设备能够识别导弹机动发射平台；机载红外侦察设备虽然能够在数十千米之外发现导弹机动发射平台，但要识别导弹机动发射平台，则必须缩短侦察距离。

防空体系能够为导弹机动发射平台提供一定的安全空间，当安全空间的半径大于机载红外侦察设备的发现距离时，则机载红外侦察设备无法发现导弹机动发射平台。若防空条件有限，也可使安全空间的半径等于识别距离，这时机载红外侦察设备虽然能够发现导弹机动发射平台，但无法识别和实施有效的攻击。工程实践表明，有效的防空体系能有效地降低机载红外侦察设备的探测能力。机载红外侦察设备对导弹机动发射平台的威胁能力通常与防空体系的防御范围、火力部署和防空武器的精度等有关；当防空火力达到一定强度时，机载红外侦察设备对导弹机动发射平台基本没有威胁。

3）雷达侦察设备对导弹机动发射平台的威胁。

（1）星载雷达侦察设备对导弹机动发射平台的威胁。

目前，美国研制的在轨"长曲棍球"军用雷达侦察卫星能够探测和识别地面上的静止目标。"长曲棍球"工作在 L 波段和 X 波段。穿透能力较强的 L 波段主要用于探测掩体和地下井等目标。穿透能力较弱的 X 波段用于探测一般目标。在 L 波段、X 波段，"长曲棍球"的普查分辨力为 3 m，能够探测到处于静止状态并以线目标形式出现的导弹机动发射平台。"长曲棍球"的标准扫描分辨力为 1 m，能够识别在长度方向上处于静止状态的导弹机动发射平台的每个部位。"长曲棍球"的聚束扫描分辨力为 0.3 m，能够识别和确认处于静止状态的导弹机动发射平台。理论上，虽然"长曲棍球"无法探测和识别运动中的导弹机动发射平台，但实际上，通过一次扫描，"长曲棍球"仍有可能发行导弹机动发射平台的运动轨迹，即使这样，它还是无法区分同样处于运动状态的导弹机动发射平台与普通目标。

未来，美国研制的天基合成孔径雷达的分辨力虽然与"长曲棍球"相当，但由于增加了运动目标的识别模式，它能够探测运动速度为 4～100 km/h 的目标，能够根据运动目标的雷达散射截面及成像探测和识别导弹机动发射平台。

（2）机载雷达侦察设备对导弹机动发射平台的威胁。

与可见光和红外侦察设备相比，机载雷达侦察设备的探测距离大，不受天气的影响，主要配置在预警机、战略侦察机、战术侦察机和战斗机上，其体制以脉冲多普勒雷达和合成孔径雷达为主。为了分析机载雷达侦察设备对导弹机动发射平台的威胁，这里假设防空体系能为导弹机动发射平台提供有效的防御，防空体系的有效防御范围不同，机载雷达侦察设备对导弹机动发射平台的威胁程度也不同。

在现役预警与监视飞机中，E-2 和 E-3 系列预警机配置了脉冲多普勒雷达，主要用于探测不同高度的空中目标。A-50 型预警机上的雷达侦察设备能够探测地面上的运动目标。E-8 型预警机上的雷达侦察设备能够探测运动速度大于 10 km/h 的地面目标。

在尚无制空权的情况下，由于预警与监视飞机的体积较大，机动性能较差，其雷达侦察设备对于在纵深活动的导弹机动发射平台一般不会构成威胁。

战略侦察机的飞行高度通常都超过 20 km，当其在防空火力范围之外活动时，能对火力线以内 150～370 km 范围内的地面运动目标实施侦察，其上的雷达侦察设备的分辨力为 0.3～1.0 m。在有制空权的情况下，由于战略侦察机不敢贸然进入纵深地区，故对于在纵深地区活动的导弹机动发射平台不会构成威胁。

战术侦察机在中、低空飞行，其上的雷达侦察设备主要用于战场侦察和监视，探测距离通常为 14～28 km。在有防空体系的情况下，即使战术侦察机配备了电子干扰设备，也很难突破层层封锁对纵深地区的目标实施侦察，故这种机载雷达侦察设备不会对导弹机动发射平台构成威胁。

目前，诸如 F-16、F/A-18E/F 和 F/A-22 等美国主力战斗机均配置了具有空空和空地两种侦察模式的雷达。AN/APG-77 机载雷达具有探测和跟踪地面运动目标的能力，其探测距离为 74～148 km。AN/APG-79 机载雷达既能探测和跟踪地面运动目标，也能探测和跟踪地面静止目标，其探测距离超过了 180 km。F-16、F/A-18E/F 和 F/A-22 等战斗机的作战半径分别为 1 300 km、910 km 和 2 170 km，机动能力强，隐身性能好，具有较强的突防和攻击能力，对导弹机动发射平台具有一定的威胁。

4.2.2 未来战场的攻击环境

攻击既是战争的一个阶段，同时也是战争的一种手段。现代攻击手段对战争的进程和结局往往具有决定性的影响。未来战场的攻击环境主要与攻击手段、攻击武器和攻击模式等有关。

4.2.2.1 攻击手段

不同的导弹武器系统具有不同的部署环境、威胁能力和战略地位，并面临着不同的攻击手段。

战略导弹的射程远，威力大，用于打击敌方重要的战略目标，保卫己方战略要地，在现代军备中占有重要的地位。战略导弹武器系统通常都部署在国家的腹地，距离边境往往有上千或数千千米，具有较强的生存能力，面临着核攻击和常规攻击。

战术导弹的射程较近，威力较小，用于打击敌方战役、战术纵深内的目标或直接支援部队的战斗行动，在现代战争中，得到了日益广泛的应用。战术导弹武器系统通常都部署在国家的前沿地区，距离边境往往有数十或数百千米，主要面临着常规攻击。

由于核攻击带来的后果通常是灾难性的，因此核攻击是极少采用的终极攻击手段，一些掌握核武器的国家都宣称不会首先或轻易发动核攻击。在现今的世界事务中，核攻击已经成为少数超级大国欺罔、恐吓弱小国家和攫取战略利益的口头工具。

常规攻击是最常见的攻击手段。高技术的广泛应用使常规攻击武器的机动能力、射程、命中精度和毁伤能力等得到了空前的提高，为选择对战略或战术导弹武器系统的攻击模式提供了很大的空间。在核威慑条件下，高技术常规攻击手段不仅能对战略或战术导弹武器系统构成严重的威胁，而且也能在一定程度上欺骗国际舆论，掩盖侵略本质。常规攻击是未来战略或战术导弹武器系统面临的最严重、最常见和最直接的攻击手段。

4.2.2.2 攻击武器

1. 战略弹道导弹

战略弹道导弹可携带核战斗部或常规战斗部，其射程为 4 000～13 000 km，命中精度（CEP）一般为 90～1 400 m，毁伤半径通常超过 100 km，主要用于攻击具有重要意义的固定战略目标。核战略弹道导弹能携带多个子弹头，可同时攻击多个不同的目标。战略弹道导弹改换攻击未预设目标的时间约为 25 min。战略弹道导弹的升级措施主要包括更新动力装置、整修助推系统、更新制导系统和改进预警措施等。

2. 战术弹道导弹

战术弹道导弹通常携带常规战斗部，其射程大多不超过 4 000 km，命中精度（CEP）一般为 30～450 m，毁伤半径与战斗部的装药量有关，用于攻击重要的固定目标或硬目标。战术弹道导弹的中段制导大多是惯性制导、全球定位系统或惯性制导/全球定位系统复合制导。上述中段制导方式无法根据实际需要修正目标点的三维坐标，在没有末制导的情况下，战术弹道导弹仅靠中段制导仍然无法攻击地面机动目标。战术弹道导弹通常采用地形与景象匹配、激光、红外、雷达和数据链路等末制导方式。

地形与景象匹配制导又称地图与景象匹配区域相关制导，通过遥测或遥感等手段绘制目标所在区域的数字地图，并将之预先存入弹载计算机。当导弹飞临目标所在区域时，弹载计算机将预存数据与实地数据进行比较，并实时修正弹道偏差。这种末制导方式受数字地图的精度和气象条件的影响较大，任务规划时间较长，对目标特征的变化非常敏感，主要用于攻击地面静止目标，不具备攻击地面机动目标的能力。

激光、红外和雷达等末制导属于寻的制导方式，它们通过弹上的导引系统感受目标辐射或反射的能量，自动形成控制指令，使导弹飞向目标。只要目标辐射或反射的能量在导引头的敏感范围内，导弹就能够跟踪目标。寻的末制导方式能够使导弹攻击地面机动目标。

严格地说，数据链路并不是一种制导方式，而是一种数据传输方式。利用数据链路传输的数据，战术弹道导弹能够实时修正目标的位置，再辅以其他形式的末制导，就可以使导弹命中目标。若数据链路与情报系统和任务规划系统结合起来，则可形成协同作战能力。

3. 飞航导弹

飞航导弹具有远距离发射、低空突防、中段制导、地形识别和命中精度高等特点。飞航导弹的射程为数十千米至数千千米，巡航高度为数十米至数百米，飞行速度为亚声速或超声速。飞航导弹利用目标的三维坐标实现目标定位,通过任务装定获得巡航路线,通过中段制导到达目标附近,通过末制导搜寻目标,命中精度在 10 m 以下。飞航导弹用于攻击重要的硬目标或机动目标。

4. 战略轰炸机

"幽灵"和"同温层堡垒"是美国研制的可执行核攻击任务的战略轰炸机。"幽灵"没有全天候警戒能力,是能携带钻地核弹头的战略轰炸机。"同温层堡垒"也没有全天候警戒能力,可发射核飞航导弹和惯性制导炸弹。

5. 新型联合直接攻击炸弹

新型联合直接攻击炸弹是美国研制的配置在战略轰炸机或战斗机上的精确制导武器,是全天候、高精度和自主对地常规攻击武器,它采用惯性制导/全球定位系统复合制导方式。投放前,炸弹通过载机电子设备不断获得目标信息;投放后,惯性制导系统工作,全球定位系统进行校准和修正。这种炸弹的命中精度约为 13 m,若加装毫米波导引头,命中精度可达 3 m;不受战场烟尘和气候的影响;无须人工指示目标,毁伤效果好,作战效率高。

6. 联合防区外武器

联合防区外武器是美国研制的配置在战斗机或战略轰炸机上的精确制导武器,是具有强杀伤力的滑翔武器系统。

联合防区外武器可根据目标的性质携带不同的战斗部,用于攻击重型装甲目标、导弹运输发射车、静止集群目标和海上目标等。

联合防区外武器的投放距离为 90～110 km。低空滑翔发射时,其射程约为 24 km;高空滑翔发射时,其射程约为 64 km;有助推器高空发射时,其射程约为 200 km。

联合防区外武器采用全球定位系统/惯性制导复合中段制导,采用红外/数据链路复合末制导,命中精度约为 30 m。

联合防区外武器所需的诸如目标坐标、武器导航分段点、最终攻击航向和目标高度等全部射前数据均预先存入载机,然后通过任务规划系统输入武器。

联合防区外武器能以 90° 离轴角发射,并以 1.3g 的机动能力转弯飞向目标。

7. 空地导弹

配置在轰炸机上的空地导弹是精确制导武器,它采用惯性制导加数据链路、电视或红外复合制导方式,可携带预制破片战斗部或钻地战斗部,射程约为 75 km,用于攻击防空区外地面固定目标。

8. 集束炸弹

配置在战斗机或战略轰炸机上的集束炸弹是精确制导武器,亦称子母弹,其内装有定时和近炸两种引信装置,爆炸后的金属弹片可飞至 150 m 以外,用于攻击装甲车辆和导弹运输发射车等。

9. 传感器引爆子母炸弹

配置在战斗机或战略轰炸机上的传感器引爆子母炸弹是精确制导武器,其内装有数十枚反装甲小弹药,具有防区外发射、发射后不用管理和精确攻击多辆装甲车或导弹运输发射车的能力。在投放子母炸弹的过程中,反装甲小弹药可连续旋转摇摆,其内的红外传感器可连续扫描地面,待探测到由装甲车辆或导弹运输发射车辐射的红外线后,红外传感器即开始跟踪,随后引爆战斗部,穿甲硬片能以约 1 500 m/s 的速度攻击车辆的顶部。

10. 钻地炸弹

钻地炸弹是携带常规或核钻地弹头的攻击武器,主要用于攻击机场跑道、地面加固阵地或地下设施。

钻地炸弹由载体和侵彻战斗部组成。载体通常是飞航导弹、弹道导弹和战斗机携带的航空炸弹等,它们使侵彻战斗部具备一定的速度并命中目标。

对于由战斗机投放的钻地炸弹,其投放距离为数千米,其内装有激光制导和智能化引信装置。智能化引信装置的核心部分是微型固态加速计,它能随时将钻地炸弹在钻地过程中的有关数据与内装程序进行比对,以确定钻地深度。当钻地炸弹接触到地下设施时,会自动记录穿过的设施层数,待钻到预定的设施层数后才会爆炸。钻地炸弹可穿透 30 m 厚的土层或 6 m 厚的加固混凝土。

4.2.2.3 攻击模式

在未来的高技术战争中,导弹武器系统将面临多种攻击模式,主要包括远程导弹精确打击、空地导弹中程打击、空地导弹近程打击、空中合成突击和机载炸弹远程突击等。

1. 远程导弹精确打击

通常将使用射程超过 1 000 km 的弹道导弹和飞航导弹等打击地面固定目标或机动目标的攻击模式称为远程导弹精确打击,它使用的攻击平台主要位于陆地、水面或水下。

远程导弹精确打击通过星载或机载情报监视系统获得目标信息;由作战指挥系统确认攻击任务;由任务分发系统装定诸如目标的位置和瞄准等信息;中段制导使导弹按照预定弹道或巡航路线飞向目标;导弹距离目标约 10 km 时,关闭中段制导,末段制导使导弹命中目标。

远程导弹精确打击能力主要包括导弹到达目标区的时间、末段制导能力和毁伤效果等。导弹到达目标区的时间主要包括侦察设备识别目标的时间、参数装定时间和导弹飞行时间等,通常为数十分钟。导弹的末段制导能力通常在一定的范围内;对于射程大于 1 000 km 的远程导弹,大多采用地形与景象匹配末制导方式,其制导范围约为 13 km。

由于参数装定需要占用一定的时间,加之导弹飞行时间较长,故采用远程导弹精确打击对付地面机动目标的效果较差。

2. 空地导弹中程打击

通常将使用射程为 100～1 000 km 的空地导弹打击地面固定目标或机动目标的攻击模式称为空地导弹中程打击。利用载机的突防能力和机动性，这种攻击模式能够有效地缩短导弹的攻击距离和攻击时间。

对于射程大于机载探测设备工作范围的空地导弹，它通过数据链路从情报监视系统获得目标的位置信息。为了避免载机遭受防空火力的打击，载机通常在防空体系的作用距离之外发射导弹。

对于射程小于机载探测设备工作范围的空地导弹，它通过机载雷达直接获得目标的位置信息，利用机载雷达和瞄准吊舱等锁定目标并发射导弹。这种攻击模式的作用距离通常小于 200 km，导弹的飞行时间较短，对地面固定目标或机动目标的打击能力更强。但是，由于这种模式的载机位于防空体系的作用距离以内，故载机容易受到攻击，降低了载机的生存能力和攻击成功率。

空地导弹大多采用诸如电视、红外、激光和雷达等能够自动寻的末制导方式。电视、红外和激光末制导容易受天气的影响，对地面机动目标的识别、跟踪距离约为 10 km。雷达末制导不受天气条件的限制，对地面机动目标的识别、跟踪距离约为 15 km。

3. 空地导弹近程打击

通常将使用射程不超过 100 km 的空地导弹打击地面固定目标或机动目标的攻击模式称为空地导弹近程打击。利用载机的突防能力和机动性，这种攻击模式能够使载机飞到目标附近，通过机载雷达或预警与监视飞机发现、识别目标，并获得目标的位置信息，然后发射具有电视、红外或雷达等自动寻的末制导功能的"发射后不管"的空地导弹。由于载机容易受到防空火力或战斗机的攻击，这种攻击模式的生存能力较低。

4. 空中合成突击

通常将使用空中作战系统打击地面固定目标或机动目标的攻击模式称为空中合成突击。空中作战系统通常由攻击机、预警机、电子战飞机、侦察机和空中加油机等组成，进入目标区以后，根据星载侦察设备等提供的实时战场情报，实施小编队、多方向、分目标和多批次的攻击。

5. 机载炸弹远程突击

通常将使用隐身轰炸机或隐身战斗机打击地面固定目标的攻击模式称为机载炸弹远程突击，它以隐身轰炸机或隐身战斗机作为作战平台，通过远程奔袭的方式，使用精确制导炸弹或钻地炸弹等攻击导弹地下井、武器中心库和作战指挥中心等。

通常采用翼身融合、双垂尾、机身屏蔽、二元喷管和表面涂覆放射性同位素等措施，减少轰炸机或战斗机的电磁波反射、红外辐射和雷达反射截面，提高轰炸机或战斗机的隐身性能。

机载炸弹远程突击的主要特点是"抓一把就走"，可快速、有效地清除敌方的重要战略目标。

4.2.3 核爆炸效应

自20世纪50年代以来，美国就一直关注其以导弹武器系统为代表的战略力量在核环境中的生存问题，斥巨资提高地下井的加固水平，使地下井的抗超压能力由"民兵1"导弹的2.1 MPa提高到MX导弹的350 MPa。20世纪70年代后期，美国开始实施"潘兴生存能力计划"，并进行了多次野战试验演习，取得了近实战条件下的"潘兴"导弹武器系统生存能力数据。20世纪80年代后期，美国空军作战试验和评估中心制定并开始实施核评定方法，它已用于MX导弹武器系统生存能力的评估。

了解核爆炸效应和开展核环境中导弹武器系统生存能力的研究不仅可以科学地制定导弹武器系统的战术技术指标，而且对于提高导弹武器系统使用可靠性、可维修性和生存能力也具有重要的意义。

核爆炸效应是一个内容丰富和范围很广的研究课题，研究的出发点不同，内容的侧重点也不一样。这里，拟简单介绍与导弹武器系统生存能力和生存适应性改造设计有关的核爆炸产生的短期毁伤效应，它主要包括冲击波超压、冲击波动压、光辐射和核电磁脉冲等。

4.2.3.1 核武器爆炸产生的杀伤破坏因素

核武器爆炸能在微秒级的时间内释放出巨大的能量，它与周围大气相互作用，便产生了冲击波、光辐射、早期核辐射和核电磁脉冲等多种瞬时杀伤破坏因素，它们能在较大的范围内杀伤人员和破坏武器、装备及工程设施等。

核武器爆炸产生的各种杀伤破坏因素所占的能量比例主要与核武器的性质和爆炸高度等有关。原子弹空中爆炸时，各种杀伤破坏因素所产生的能量占核爆炸释放的总能量的比例大致为：冲击波占50%，光辐射占35%，早期核辐射和核电磁脉冲占5%，放射性沾染占10%。中子弹空中爆炸时，各种杀伤破坏因素所产生的能量分配大致为：冲击波占34%，光辐射占24%，早期核辐射占40%，放射性沾染占2%。氢弹空中爆炸时，冲击波和光辐射的能量约占总能量的90%。核武器高空爆炸时，各种杀伤破坏因素所产生的能量在稀薄空气中的分配比例大致为：冲击波占5%，光辐射占75%，早期核辐射占10%，放射性沾染和核电磁脉冲占10%。

4.2.3.2 核武器的爆炸方式

通常将核武器在不同介质和不同高度（或深度）爆炸的类型称为核武器的爆炸方式。若核武器的爆炸当量相同，则不同的爆炸方式将会产生不同的核爆外观景象和杀伤破坏效应。

核武器的爆炸方式通常有三种，即大气层核爆炸、高空核爆炸和地（水）下核爆炸。按照比高，大气层核爆炸又分为地面核爆炸和空中核爆炸。将爆炸高度超过30 km的核爆炸称为高空核爆炸。

比高是比例爆炸高度的简称，可用式（4-2）表示：

$$h_b = \frac{H}{Q^{\frac{1}{3}}}\qquad(4-2)$$

式中　H——爆炸高度，m；

　　　Q——爆炸当量，kt。

大气层核爆炸与比高的关系见表4-3。

表4-3　大气层核爆炸与比高的关系

爆炸方式		比高$/\left[m\cdot(kt)^{\frac{1}{3}}\right]$
地面核爆炸	触地核爆炸	0
	有坑地面核爆炸	0~15
	无坑地面核爆炸	15~（40~60）
空中核爆炸	小比高空中核爆炸	（40~60）~120
	中比高空中核爆炸	120~250
	大比高空中核爆炸	>250

为了说明地下核爆炸的类型，这里引入比深的概念。比深是比例爆炸深度的简称，可用式（4-3）表示：

$$Z_b = \frac{Z}{Q^{\frac{1}{3}}}\qquad(4-3)$$

式中　Z——爆炸深度，m；

　　　Q——爆炸当量，kt。

地下核爆炸与比深的关系见表4-4。

表4-4　地下核爆炸与比深的关系

爆炸方式	比深$/\left[m\cdot(kt)^{\frac{1}{3}}\right]$
有坑的浅层地下核爆炸	<120
无坑的封闭式地下核爆炸	>120

4.2.3.3　不同核爆炸方式的杀伤破坏特点

1. 空中核爆炸的杀伤破坏特点

空中核爆炸能够产生较强的冲击波、光辐射、早期核辐射和核电磁脉冲，其能量主要在空气中传播，可以比较均匀地传播到较远的距离，作用范围较大。小比高空中核爆炸能产生比较严重的放射性沾染，而中比高和大比高空中核爆炸产生的放射性沾染都比较轻。随着比高的减少，空中核爆炸产生的冲击波、光辐射和早期核辐射的能量逐渐向近区集中，对近区的杀伤破坏作用逐渐增强，对远区的杀伤破坏作用逐渐减弱，作用范围逐渐减小，地面放射性沾染逐渐加重。

高空核爆炸能够摧毁飞行中的导弹、火箭和飞机；在相当大的范围内，能够严重干扰各种无线电通信；能够损坏未采取抗核加固措施的诸如电机和电子计算机等电气电子设备。高空核爆炸对地面上的人员、武器装备和建筑物等基本没有杀伤破坏作用。

中比高和大比高空中核爆炸能够大面积地杀伤地面上的暴露人员和破坏不坚固的建筑物，能够产生很轻微的放射性沾染。

小比高空中核爆炸能够杀伤野战工事内的人员和破坏战场上的地面目标，能够产生比较严重的放射性沾染。

2. 地面核爆炸的杀伤破坏特点

地面核爆炸产生的冲击波和光辐射的能量主要集中在爆心或爆心投影点附近，对近区的杀伤破坏作用比空中核爆炸强，对远区的杀伤破坏作用比空中核爆炸弱，对暴露或脆弱目标的杀伤破坏范围比空中核爆炸小，早期核辐射和核电磁脉冲对爆区地面目标的影响比空中核爆炸大，能够产生严重的地面放射性沾染。

3. 地下核爆炸的杀伤破坏特点

由于爆心在地面以下，地下核爆炸产生的绝大部分光辐射能量都会被介质吸收，故杀伤破坏作用很小。地下核爆炸产生的冲击波能量主要以地震波的形式传播。由于土壤的屏蔽和吸收作用，地下核爆炸产生的早期核辐射和核电磁脉冲被局限在围绕爆心的小范围内，放射性沾染区域小。

4.2.3.4 冲击波效应

本质上，核武器爆炸产生的冲击波与梯恩梯炸药爆炸产生的冲击波类似，冲击波效应并不是核武器独有的杀伤破坏因素。冲击波效应包括空气冲击波效应和地冲击波效应。

1. 空气冲击波效应

当核武器在大气层中爆炸时，反应区的瞬时温度通常可达数千万摄氏度，且具有极高的压强，由巨大能量形成的高温高压火球猛烈地膨胀，急剧地压缩周围临近的空气层，形成压强与密度均远远大于正常大气的压缩区。

随着火球的膨胀，压缩区不断地扩大，并迅速向外传播，其内部的温度和压强不断地降低；当火球达到最大时，火球停止膨胀，但由于惯性的作用，压缩区仍然向外运动并与火球脱离。在压缩区向外运动的同时，在其后面形成了一个压强与密度均小于正常大气的稀疏区。一个外层为压缩区、内层为稀疏区的球体在大气中以超声速向更大的空间传播，于是就形成了空气冲击波。空气冲击波效应是由超压和动压作用引起的。

压缩区内的空气受到压缩，压力超过正常大气压，并随时间发生变化；波阵面上的压力最高，波阵面后的压力逐渐降低，直至等于正常大气压力。通常将波阵面上的压力与正常大气压力之差称为空气冲击波超压，波阵面上的超压最高，称为超压峰值，通常说的空气冲击波超压就是超压峰值。

核爆炸空气冲击波形成以后，由于它包含的空气体积和质量远远超过了弹体的体积和质量，弹体对空气冲击波的传播已经没有影响，故可以将核爆炸视为一种既无体积与质量、又可在瞬间释放出巨大能量的点爆炸。通常采用由均匀大气点爆炸理论与国内外核试验实测结果相结合产生的经验公式来计算空气冲击波超压。

对于空中核爆炸，其空气冲击波超压可用式（4-4）计算：

$$\Delta p = 0.67\left(\frac{Q^{\frac{1}{3}}}{r}\right)\times 10^7 + 1.30\left(\frac{Q^{\frac{1}{3}}}{r}\right)^2\times 10^9 + 3.30\left(\frac{Q^{\frac{1}{3}}}{r}\right)^3\times 10^{11} \tag{4-4}$$

式中　Q——爆炸全当量，kt；

　　　r——至爆心投影点的水平距离，m。

式（4-4）的适用范围为 $10^4\ \text{Pa} \leqslant \Delta p \leqslant 10^7\ \text{Pa}$。

空中核爆炸产生的空气冲击波超压也可用式（4-5）计算：

$$\Delta p = 0.654\left(\frac{Q^{\frac{1}{3}}}{r}\right)\times 10^7 + 1.67\left(\frac{Q^{\frac{1}{3}}}{r}\right)^2\times 10^9 + 3.43\left(\frac{Q^{\frac{1}{3}}}{r}\right)^3\times 10^{11} \tag{4-5}$$

式中　Q——爆炸全当量，kt；

　　　r——至爆心投影点的水平距离，m。

式（4-5）的适用范围为 $126\dfrac{\text{m}}{(\text{kt})^{\frac{1}{3}}} \leqslant \dfrac{r}{Q^{\frac{1}{3}}} \leqslant 7\ 500\dfrac{\text{m}}{(\text{kt})^{\frac{1}{3}}}$。

式（4-4）和式（4-5）的计算结果十分接近。

核武器在接近地面或触地爆炸时，空气冲击波呈半球形或接近半球形，在接近地面的空气层中传播的空气冲击波波阵面总是与地表面相垂直，空气冲击波与地表面的相互作用条件是固定的，而消耗在地面土壤变形上的能量通常为总爆炸能量的百分之几，可以忽略；在空气冲击波包围的体积内，空气的能量密度约为同当量空中核爆炸时的两倍。

对于地面核爆炸，其空气冲击波超压可用式（4-6）计算：

$$\Delta p = 0.826\left(\frac{Q^{\frac{1}{3}}}{r}\right)\times 10^7 + 2.787\left(\frac{Q^{\frac{1}{3}}}{r}\right)^2\times 10^9 + 4.721\left(\frac{Q^{\frac{1}{3}}}{r}\right)^3\times 10^{11} \tag{4-6}$$

式中　Q——爆炸全当量，kt；

r——至爆心的水平距离，m。

式（4−6）的适用范围为 $0 \leqslant \Delta p \leqslant 10^7 \, \text{Pa}$。

地面核爆炸产生的空气冲击波超压也可用式（4−7）计算：

$$\Delta p = 0.824 \left(\frac{Q^{\frac{1}{3}}}{r}\right) \times 10^7 + 2.65 \left(\frac{Q^{\frac{1}{3}}}{r}\right)^2 \times 10^9 + 6.87 \left(\frac{Q^{\frac{1}{3}}}{r}\right)^3 \times 10^{11} \qquad (4-7)$$

式中　Q——爆炸全当量，kt；

　　　r——至爆心的水平距离，m。

式（4−7）的适用范围为 $126 \dfrac{\text{m}}{(\text{kt})^{\frac{1}{3}}} \leqslant \dfrac{r}{Q^{\frac{1}{3}}} \leqslant 7\,500 \dfrac{\text{m}}{(\text{kt})^{\frac{1}{3}}}$。

式（4−6）与式（4−7）的计算结果十分接近。

在空气冲击波传播过程中，其高速运动的波阵面碰撞波前的空气，空气微团将获得很大的动能，并以很高的速度随着波阵面前进，但由于空气微团的运动速度总是低于波阵面的传播速度，于是空气微团的能量不断地消耗，运动速度也越来越低。将高速空气流在其运动方向上产生的冲击波压力称为空气冲击波动压，波阵面上的动压最大，称为动压峰值，通常讲的空气冲击波动压就是动压峰值。空气冲击波动压与大气条件、冲击波超压和波阵面空气微团的运动速度等有关。

对于地面核爆炸，其空气冲击波动压可用式（4−8）计算：

$$q = 2.45 \frac{\Delta p^2}{7.2 p_0 + \Delta p} \qquad (4-8)$$

式中　Δp——超压峰值，Pa；

　　　p_0——标准大气压，Pa。

通常将压缩区的持续时间称为空气冲击波正压作用时间，一般为零点几秒、几秒或更长一些。空气冲击波对目标的毁伤程度主要与正压作用时间内超压的挤压作用和动压的抛掷作用有关。由于导弹地下井在地面上的设施或设备很少，故地下井结构并不直接受空气冲击波动压的影响。空气冲击波超压和动压对导弹运输发射车的毁伤作用最强。

在空中核爆炸的环境中，若导弹运输发射车不产生位移或位移不大，则一般只会使车头、驾驶室和车厢等处的薄板及外露附属设备产生变形；若导弹运输发射车产生较大位移，则会使车辆翻倒或翻滚，严重时，空气冲击波动压的抛掷作用会完全损坏车辆。

稀疏区内空气稀薄，压力低于正常大气压，这使空气向相反的方向流动。通常将稀疏区的持续时间称为空气冲击波负压作用时间。负压对目标的毁伤作用较小。

从爆心向外传播的空气冲击波遇到地面会发生反射，形成反射冲击波。对于空中核爆炸产生的空气冲击波地面反射，根据地面与入射冲击波的作用情况，可以分为地面规则反射、非规则反射、过渡反射和半球反射，如图 4-1 所示。

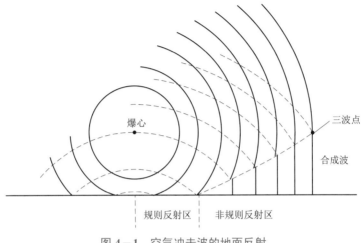

图 4-1 空气冲击波的地面反射

通常将入射角小于临界角的地面反射称为规则反射。入射球形空气冲击波与地面碰撞产生了反射球形空气冲击波。在空气冲击波传播过程中，入射角不断增加，当入射角等于临界角时，规则反射结束。在规则反射区内，地面目标只承受一次空气冲击波的作用，而地面以上且具有一定高度的目标将承受两次空气冲击波的作用。

通常将入射角大于临界角的地面反射称为非规则反射。在非规则反射区内，反射波阵面与入射波阵面的交点离开地面，交点下面为合成波阵面，其底部垂直于地面，并沿地面向前传播。通常将入射波、反射波与合成波三种波阵面的交点称为三波点。在非规则反射区内，三波点以下的地面或空中目标只承受一次合成波的作用，而三波点以上的空中目标将承受入射波与反射波的两次作用。在空气冲击波传播过程中，三波点不断升高。三波点的高度可用式（4-9）估算：

$$h \approx 0.1 \frac{(R-H)^2}{H} \tag{4-9}$$

式中 R——至爆心投影点的距离，m；

　　　H——爆高，m。

式（4-9）的适用范围为 $H < R \leqslant 4H$。

通常将规则反射区与非规则反射区之间的地面反射称为过渡反射。在过渡反射区内，入射波阵面与反射波阵面的交点仍在地面上，虽然非规则反射尚未形成，但反射波对于反射区域空气冲击波的传播仍有影响。过渡反射的机理比较复杂。若空中核爆炸形成了较强的空气冲击波，则过渡反射可能不会出现。

通常将产生沿地面水平流动的近似半球形的空气冲击波的地面反射称为半球反射。空中核爆炸时,向外传播的空气冲击波的三波点不断升高,最后会形成一个近似半球形的空气冲击波。

在不考虑过渡反射的情况下,空中核爆炸规则反射区内空气冲击波的反射超压可用式(4-10)计算:

$$\Delta p_f = (1 + \cos \alpha_0)\Delta p + \frac{6\Delta p^2}{\Delta p + 7p_0} \cos^2 \alpha_0 \qquad (4-10)$$

式中 α_0 ——入射角,(°);

Δp ——不计地面反射的空爆超压值,Pa;

p_0 ——标准大气压,Pa。

式(4-10)的适用范围为 $0 \leqslant \alpha_0 < \alpha_c$, α_c 为临界角。

空中核爆炸非规则反射区和半球反射区内空气冲击波的合成波超压可用式(4-11)计算:

$$\Delta p_f = \Delta p_G (1 + \cos \alpha_0) \qquad (4-11)$$

式中 Δp_G ——相应地面核爆炸超压,Pa;

α_0 ——入射角,(°)。

式(4-11)的适用范围为 $0° \leqslant \alpha_0 < 90°$。

2. 地冲击波效应

无论是地面核爆炸还是空中核爆炸都会使临近的地面产生强大的地冲击波。地面核爆炸会产生两种地冲击波:一种是由爆炸释放的部分能量直接撞击地面产生的地冲击波,另一种是由弹坑诱发的地冲击波。空中核爆炸能在地面形成很小的弹坑,有时可能没有弹坑,由于没有能量直接撞击地面,故只有空气冲击波引起的地冲击波。总而言之,地表层某点的地冲击波是由能量直接撞击、弹坑诱发或空气冲击波感应引起的,其强度主要与距爆心投影点的水平距离、该点的深度、地质状况、爆高及爆炸全当量等有关。

地面核爆炸产生的高温和高压将动能传给地面,使地面物质飞离,并在爆炸点下方形成一个弹坑。由于土壤的非线性阻尼和惰性作用,地面核爆炸产生的地冲击波会迅速衰减至无危险的程度;但对于层状介质,地冲击波仍可使距爆心投影点很远的地方产生较大的位移。

地面核爆炸引起的地面运动可用下述经验公式计算:

$$S = 1.6Q^{\frac{5}{6}} \cdot R^{-\frac{3}{2}} \qquad (4-12)$$

式中 S ——径向位移,cm;

Q ——爆炸全当量,Mt;

R ——至爆心的水平距离,km。

$$v = 0.046Q^{\frac{5}{6}} \cdot R^{-\frac{5}{2}} \cdot C_{\mathrm{s}}$$
（4-13）

式中　v——径向速度，m·s；

　　　Q——爆炸全当量，Mt；

　　　R——至爆心的水平距离，km；

　　　C_{s}——土壤的地震速度，km·s。

$$a = 0.059Q^{\frac{5}{6}} \cdot R^{-\frac{7}{2}} \cdot C_{\mathrm{s}}^{2}$$
（4-14）

式中　a——径向加速度，g；

　　　Q——爆炸全当量，Mt；

　　　R——至爆心的水平距离，km；

　　　C_{s}——土壤的地震速度，km·s。

地面核爆炸产生的弹坑尺寸可用式（4-15）和式（4-16）计算：

$$r_{\mathrm{c}} = \Lambda Q^{\frac{1}{3}}$$
（4-15）

式中　r_{c}——弹坑半径，m；

　　　Λ——常数，其值与土壤的类型有关，m·Mt；

　　　Q——爆炸全当量，Mt。

$$d_{\mathrm{c}} = \beta Q^{\frac{1}{3}}$$
（4-16）

式中　d_{c}——弹坑深度，m；

　　　β——常数，其值与土壤的类型有关，m·Mt；

　　　Q——爆炸全当量，Mt。

地面核爆炸形成弹坑的能力与爆炸当量有关；当爆炸当量增加时，形成弹坑的能力变弱，这是因为核武器在爆炸点的能量密度较高，对土壤的碰撞能力较弱，而以辐射方式释放出来的能量较多。

空中核爆炸引起的地冲击波是弹坑区以外地面加速度的重要来源。通常将爆心附近区域称为超震区。在超震区内，空气冲击波的传播速度要比其感应的地冲击波大，地冲击波波阵面正好在空气冲击波波阵面的下方。随着空气冲击波波阵面的膨胀，其传播速度逐渐变小，到了某点以后，空气冲击波的传播速度要比其感应的地冲击波小。通常将地冲击波走在空气冲击波前面的区域称为逃逸区。在大多数土壤中，地冲击波会穿过下面的较高地震速度层，于是产生一系列"超震"和"逃逸"信号，使得距爆心一定距离的地面或地下目标产生向上和向外的运动；当邻近爆炸区的土壤呈层状时，层状结构使目标运动的垂直分量变小、水平分量变大。

地冲击波可使导弹地下井产生挠曲变形、裂缝或坍塌，使地面设施产生变形或移位，使地面设备产生翻倒或损坏。

3. 影响冲击波效应的因素

在核武器的爆炸当量和爆炸方式一定的条件下，影响冲击波效应的主要因素是地形地物、地面热层和防护条件等。

1）地形地物的影响。

（1）独立地物的影响。空中核爆炸时，位于爆心投影点的独立地物会受到冲击波自上而下的冲击，在规则反射区，独立地物除因受到平移而产生变形外，还可能因顶部受压而产生变形。在非规则反射区和半球反射区，通常认为独立地物会受到沿地面传播的冲击波的作用。

地面核爆炸时，独立地物会受到沿地面传播的冲击波的作用。沿地面传播的冲击波波阵面像一堵高速运动的气墙，当其撞击独立地物的表面时，传播受阻并发生反射，空气动能转化为空气内能，使反射冲击波超压大大高于入射冲击波超压。

（2）地面建筑群的影响。地面建筑群对冲击波的影响很大，当冲击波在建筑群中传播时，将消耗大量的能量；前面较高的建筑物会削弱冲击波对后面较低建筑物的作用；建筑群中的每一座建筑物所受的超压都不同，动压差别更大。建筑群对冲击波效应的影响程度主要与建筑物的密度、高度及建筑物与冲击波传播方向的相对位置等有关。

（3）地形的影响。高山对冲击波的影响很大，而小山丘和其他起伏不大的地形对冲击波的影响较小。当冲击波沿着地面传播并碰到高地的正斜面（朝向爆心的一面）时，则会被反射加强，这时产生的反射超压和动压与开阔地面上距爆心相同距离的超压和动压相差很大。当冲击波沿着地面传播并碰到高地的反斜面（背向爆心的一面）或横过峡谷及深沟时，接近地面冲击波内的空气运动方向将发生变化，超压和动压作用将会大大减弱。当冲击波沿着深地槽传播时，斜面对冲击波的反射作用将会增大冲击波的超压和动压。

（4）森林的影响。森林能够有效地降低冲击波的传播速度和动压，但森林对冲击波超压的影响较小。

2）地面热层的影响。

核爆炸时，极强的光辐射使爆心附近的地面温度和地面附近的大气温度迅速上升，高温空气与其上方的冷空气的温差将产生强烈的对流作用，这时热空气上升与冷空气会合，于是产生了地面热层。冲击波进入地面热层以后，波阵面的传播速度增大，波阵面的超压峰值比不受热层影响时要小，但超压的作用时间增加了。

3）防护条件的影响。

防护条件对冲击波的主要影响是：①物体受冲击波的作用面积越大，则对冲击波的阻力越大，物体被破坏的程度越严重。②具有流线型或圆柱形外表的物体对冲击波的阻力小，能够承受较强的冲击波作用。③坚固的物体能够有效地阻挡冲击波的传播。④地下构筑物能够显著地削弱冲击波效应。

4.2.3.5　光辐射效应

当核武器在大气层内爆炸时，其部分能量以 X 射线的形式释放出来。当低能量的 X 射线被周围大气吸收后，会形成温度极高的火球，其内部温度高达 3 000 万℃～4 000 万℃，其表面温度约为 8 000 ℃。在发光过程中，火球不断发射由紫外（波长小于 0.4 μm）、可见光（波长为 0.4～0.76 μm）和红外（波长大于 0.76 μm）等波段组成的辐射能流，这就是通常所说的光辐射，亦称热辐射。光辐射效应是核爆炸效应的重要特征之一。

光辐射的持续时间与爆炸当量有关，若爆炸当量增加，则持续时间也增加。光辐射的强度与至爆心的距离有关，若至爆心的距离增加，则光辐射的强度减弱。

由于 X 射线能够迅速地被大气吸收，除非光辐射的持续时间极短，否则，X 射线并不是破坏地下井的重要因素。但是，在爆炸点附近，光辐射效应引起的高温可以破坏地下井的任何受到照射的部分。

光辐射效应可以烧毁导弹及其地面设备的保护漆层；可使木质结构或纤维材料起火燃烧；可降低金属结构的承载能力；可使金属结构产生膨胀应力；可破坏电子器件的工作环境。

1. 光辐射能量占核爆炸当量的份额

光辐射能量可用式（4－17）表示：

$$E_G = \int_0^{t_e} P \mathrm{d}t \qquad (4-17)$$

式中　P——辐射功率，J/s；

t_e——光辐射的持续时间，s。

光辐射当量可用式（4－18）表示：

$$Q_G = \frac{E_G}{4.19 \times 10^{12}} \qquad (4-18)$$

式中　E_G——光辐射能量，J。

光辐射当量亦称光当量或热当量，其量纲为 kt，每千吨梯恩梯当量相当于 4.19×10^{12} J。

将光辐射当量（Q_G）与核爆炸当量（Q）之比称为光当量系数（f_G），它表示光辐射能量占核爆炸当量的份额。通常说光辐射能量占核爆炸释放总能量的35%，即光当量系数 f_G=0.35。实际上，并非所有核爆炸的光当量系数都等于 0.35。光当量系数与爆炸当量和爆炸方式等有关。空中核爆炸的光当量系数可用式（4－19）计算：

$$f_G = 0.38 Q^{-0.03} \qquad (4-19)$$

式中　Q——爆炸当量，kt。

2. 光冲量

通常将温度极高的火球投射到与光辐射传播方向垂直物体单位表面积上的总能量称为光冲量，它是表征光辐射效应的主要参数。光辐射对人员或物体的杀伤或破坏作用与火球投射到人员皮肤或物体单位表面积上的能量有关。对于超过数十万吨的大当量空中核爆炸，光冲量的杀伤破坏范围比其他因素都要大。

离开火球中心以后，光辐射会迅速衰减，衰减的主要原因有两个：一是随着距离的增加，光辐射能量将分布在更大面积的球表面上；二是大气对光辐射的吸收和散射。

1）不考虑大气衰减的近距离光冲量计算。

在爆心附近，由大气的吸收和散射作用引起的光辐射衰减并不明显，这时只考虑光辐射的几何衰减，近距离光冲量可用式（4-20）计算：

$$U = \frac{E_G}{4\pi r^2} \tag{4-20}$$

式中　E_G——光辐射能量，J；

　　　r——球半径，m。

2）考虑大气衰减的光冲量计算。

离爆心较远时，大气能见度差，当计算光冲量时，必须考虑大气的吸收和散射作用引起的光辐射衰减。光辐射的衰减与大气透射率有关，而大气透射率又与大气成分、密度和散射作用等有关。

通常将一束平行光穿过一定厚度的大气后透射光强与入射光强之比称为大气透射率，它可用式（4-21）计算：

$$\tau = e^{-ur_1} + 0.23(ur_1)^{1.6} e^{-0.65ur_1} \tag{4-21}$$

式中　u——测点与爆心之间直线距离上的大气平均衰减系数，km^{-1}；

　　　r_1——测点至爆心的距离，km。

e^{-ur_1} 为直射光的穿透率，$0.23(ur_1)^{1.6} e^{-0.65ur_1}$ 为多次散射的增强项。式（4-21）表明，在离爆心相当远的距离上，大气的多次散射作用是光辐射衰减的主要原因。

考虑大气衰减的光冲量可用式（4-22）计算：

$$U = \frac{E_G}{4\pi r^2}\tau \tag{4-22}$$

式中　E_G——光辐射能量，J；

　　　r——球半径，m；

　　　τ——大气透射率。

3）地面目标避免光辐射效应影响的安全距离。

为了计算地面目标避免光辐射效应影响的安全距离，通常使用的假设条件有：①核爆炸发生在无限均匀的标准大气条件下；②地面无限开阔平坦；③大气能见度不低于

30 km。

计算地面目标避免光辐射效应影响的安全距离的主要步骤是：

（1）根据核武器爆炸时水平面上的光冲量变化曲线，查出光冲量 U；

（2）估计光辐射能量 E_G；

（3）估计火球半径 r；

（4）根据式（4-22）计算大气透射率 τ；

（5）根据式（4-21）计算安全距离 r_1。

3. 影响光辐射效应的因素

影响光辐射效应的因素主要有爆炸当量、爆炸方式、地形地物、大气状况、气象条件、入射角和设备性质等。

1）爆炸当量的影响。

光辐射效应对人员的杀伤或设备的破坏程度与光冲量和作用时间有关，但主要与光冲量有关。光冲量与爆炸当量成正比，在其他条件相同的情况下，爆炸当量越大，则光辐射效应越强，光辐射的持续时间越长，杀伤破坏作用越大。

2）爆炸方式的影响。

核武器的爆炸方式对光辐射效应有极大的影响。对于空中核爆炸，由于爆心较高，产生的火球不触地，故激起的烟尘较少，光辐射效应受大气、地形和地物的影响较小，杀伤破坏范围较大。在大气能见度和爆炸当量相同的情况下，目标离爆心投影点越近，爆高越低，光冲量越大；反之，目标离爆心投影点越远，爆高越高，光冲量越小。这是因为低层大气含有较多的水汽和尘埃，若爆高越低，则有越多的光辐射能量通过低层大气，光辐射的衰减就越严重，光冲量就越小。

3）地形地物的影响。

诸如丘陵、山地、土坡、房屋、深沟及大弹坑等具有遮光作用的地形和地物都会影响光辐射效应。地形对光辐射效应的遮蔽作用如图 4-2 所示。

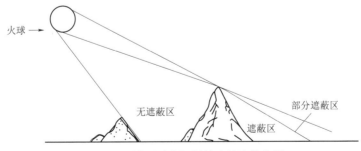

图 4-2　地形对光辐射效应的遮蔽作用

需要指出的是，并非所有的丘陵、小山和房屋都能遮挡或减弱光辐射效应，地形地物对光辐射效应的影响主要与爆高（H）、火球半径（r_B）、至爆心投影点的距离（R）和地形或地物的高度等有关。

设置与高地成反斜面的目标。若 $\tan\alpha>\dfrac{H+r_{\mathrm{B}}}{R}$，则高地可以完全遮蔽光辐射效应；

若 $\dfrac{H-r_{\mathrm{B}}}{R}\leqslant\tan\alpha\leqslant\dfrac{H+r_{\mathrm{B}}}{R}$，则高地可以部分遮蔽光辐射效应；若 $\tan\alpha<\dfrac{H-r_{\mathrm{B}}}{R}$，则高地完全不能遮蔽光辐射效应。$\alpha$ 为高地最高点至火球切线与地面的夹角。

4）大气状况和气象条件的影响。

大气能见度直接影响光辐射效应。若大气能见度较高，则光辐射的透射率较高，光辐射的衰减较小；若大气能见度较低，则光辐射的透射率较低，光辐射的衰减较大。

云层很少吸收光辐射，它主要通过反射和散射削弱光辐射，影响光辐射在各个方向上的分布状况。对于发生在中等厚度云层下的核爆炸，云层的反射作用使地面所受的光冲量约增加50%；对于发生在云层上面的核爆炸，云层的反射和散射作用会大大削弱光辐射在地面上的杀伤破坏作用。

覆盖了冰雪的地面能够反射光辐射，这就强化了光辐射效应，强化的程度与冰雪表面的光滑度和清洁度有关，冰雪表面越光滑越清洁，反射系数越大，光辐射效应越强。

5）入射角的影响。

核武器爆炸后，至爆心不同距离处的光冲量值是该处与光辐射传播方向垂直的设备单位表面积在光辐射作用时间内所接收的光能。若物体表面与光辐射传播方向不垂直，则必须利用余弦法则进行修正。

6）设备性质的影响。

诸如吸收能力、导热性能、热容量、熔点、燃点、温度和湿度等设备本身的性质对光辐射效应有很大的影响。譬如，热容量大、熔点高和燃点高的设备具有较强的抗光辐射效应的能力；温度低和湿度大的设备就不易被光辐射效应损坏。

4.2.3.6 核辐射效应

核武器爆炸时，首先产生核辐射效应。核辐射效应又称为早期核辐射，它由 α 粒子、β 粒子、质子、中子、中微子和（γ 射线、X 射线、红外线和无线电波频段内）不同频谱的光子组成。

通过与物质的相互作用，α 粒子、β 粒子和质子会迅速失去各自的能量，它们不能穿透地下构筑物。

X 射线易被空气吸收，使空气变热而形成火球。高空核爆炸时，X 射线能传播到很远的距离，是重要的"杀伤"因素。

中子是不带电荷并具有很强相互作用能力的粒子，它能被物质的原子核散射和俘获，但不会因电离作用减缓散射和俘获过程。

γ 射线既可由裂变产物的原子核放出，也可由空气中的氮原子核吸收中子后放出，它是一种与 X 射线相类似的射线。

核辐射效应主要是由中子和 γ 射线引起的，将中子通量与 γ 射线剂量之和称为核辐射的总剂量。虽然可以设法减少地下构筑物中的中子通量和 γ 射线的剂量，但无法完全消除它们。

核辐射效应的主要杀伤破坏作用是：①使制导系统产生瞬时逻辑误差，从而引起弹道改变；②破坏弹头计时引信装置，造成哑弹或误引爆；③使电子器件失效或烧毁，可能引起发射失败；④高空 X 射线能够加热固体推进剂，使之产生应力波，降低了固体火箭发动机的使用可靠性；⑤高空 X 射线能够使弹头的防热结构产生层裂现象，降低了弹头的使用可靠性；⑥当弹头引发机构内的中子达到一定数量时，会缓慢引爆核武器。

4.2.3.7　核电磁脉冲效应

核武器爆炸辐射的瞬时 γ 射线是激励核电磁脉冲效应的主要因素。

1. 地面核爆炸和近地核爆炸产生的核电磁脉冲

通常将爆高小于 2 km 的低空核爆炸称为地面核爆炸或近地核爆炸。早期核反应释放出来的瞬时 γ 射线进入大气后，与空气相互作用，产生康普顿散射。将康普顿散射电子称为康普顿电子，它从 γ 射线获得动能，大体上以光速沿着 γ 射线辐射的方向（以爆心为圆心的圆的半径方向）向外运动，于是形成了康普顿电流。

运动中的康普顿电子与空气分子互相碰撞，使空气分子电离，产生大量的次级电子和正离子，它们不再具有高速径向运动的特点。康普顿电子沿径向运动使爆心附近的电荷分离，爆心附近缺少电子，而远离爆心处电子又过剩，于是就形成了一个径向电场，它阻止康普顿电子继续向外运动，通常将这个区域称为源区。大量的次级电子和正离子显著地增加了空气的电导率，在径向电场的作用下，形成了回电流，它能够抵消康普顿电流，并逐渐趋向于一个稳定值，通常将之称为饱和场。

随着 γ 射线辐射的变化，康普顿电流、回电流与空间电荷相互转化，于是产生了核电磁脉冲。在极端理想的条件下，若康普顿电流是完全球形对称的，则不可能产生核电磁脉冲。但实际上，康普顿电流不是完全球形对称的，故核电磁脉冲总是存在的。

2. 高空核爆炸产生的核电磁脉冲

通常将爆高为数十至数百千米的核爆炸称为高空核爆炸。由于高空的空气密度小，极大的平均自由程可以使 γ 射线传播到相当远的距离。γ 射线与空气作用发射出康普顿电子。高速运动的康普顿电子受到地球磁场的作用发生偏转，并围绕磁力线做旋转运动，于是形成极强的环流电流和辐射出极强的核电磁脉冲。高空核爆炸产生的核电磁脉冲能够覆盖极为广阔的地区。

3. 核电磁脉冲的特点及破坏效应

核电磁脉冲具有极高的场强，通常可达 10^5 V/m，比城市上空由电磁干扰所产生的场强约大 10^7 倍。核电磁脉冲的场强与爆炸当量、爆高和至爆心的距离等有关。对于低空核爆炸，核电磁脉冲的场强随爆炸当量的增加而增加，随至爆心距离的增加而减小。爆高对核电磁脉冲的影响机理比较复杂，静电场的梯度随爆高的增加而减小，且辐射强度迅速下降，4~7 km 的空中核爆炸产生的核电磁脉冲场强最小，大于 7 km 的空中核爆炸产生的核电磁脉冲的场强逐渐增加。

核电磁脉冲的影响范围很大。低空核爆炸产生的核电磁脉冲在源区以外会迅速衰减，虽然其破坏范围通常为数十千米，但在数千千米以外，仍能探测到核电磁脉冲的信号。高空核爆炸的源区位于距地面数十千米的高空，其产生的核电磁脉冲能够覆盖地球上广阔的区域，核电磁脉冲的场强变化不大，通常根据测点——爆心连线与地球磁场的夹角确定。爆高越大，核电磁脉冲的影响范围越大；但当爆高超过 50 km 时，核电磁脉冲的影响范围反而缩小。

在核爆炸的源区，核电磁脉冲的频谱很宽，几乎可以覆盖整个无线电频段。

核电磁脉冲的作用时间极短。在数微秒的时间内，核电磁脉冲的场强即可达到最大值，数十微秒后，场强将迅速下降。低空核爆炸产生的核电磁脉冲可持续数十微秒。高空核爆炸产生的核电磁脉冲可持续数百微秒或更长的时间。持续时间极短的核电磁脉冲能够形成强大的电流和很高的电压。

核电磁脉冲通常以 3 种方式影响导弹武器系统的工作性能：一是通过设备金属表面扩散低频磁场的能量；二是通过诸如天线、外部电缆、波导管和构架等传导核电磁脉冲；三是通过诸如舱口、进气口、排气口和接缝等各种开口使核电磁脉冲进入各种设备。

核电磁脉冲产生的高强电场可使电子设备受到暂时性或永久性损伤；可使电缆绝缘失效；可直接伤害信号设备，引起误动作；过大的感生电压可使继电器或断路器断电；可使磁性存储器、计算机和数据连接系统发生故障；可使诸如电爆管、分离爆炸爆栓和安全自毁装置等随机引爆；可长时间阻断雷达、无线电通信和无线电遥测等。最容易受到干扰的装置是高速或低速数字处理系统、磁芯存储器之类的存储单元、导向系统和控制系统。最容易受到损伤的部件是磁性存储器、逻辑元件和半导体器件。最容易受到破坏的装置是含有晶体管及集成电路的有源电子装置、低功率或低额定电压的无源电子部件、半导体二极管和硅整流器等。核电磁脉冲的一个极特殊的危害是能够点燃石油蒸气、可燃液体推进剂和固体炸药。

4. 影响核电磁脉冲效应的因素

1）设备表面材料的影响。

当设备表面受到 γ 射线和 X 射线照射后，不同种类的设备表面材料将使设备表面或内部发射不同强度的康普顿电子或光电子，于是产生了系统核电磁脉冲。系统核电磁脉冲可使设备局部失去电荷而产生电荷不均衡现象，若设备表面为金属，则会立即引起电荷的重新分布形成表面电流；若设备表面为非金属，因电荷不能流动，使设备局部电位升高，足够高的电位可能击穿设备的绝缘层。

2）聚焦和耦合的影响。

（1）"聚焦效应"的影响。当某些电气或电子设备与长导线或大面积金属物体连接时，往往会使设备收集到的核电磁能量在短时间内集中作用到设备的敏感元件上，从而干扰或损坏设备，通常将这种现象称为"聚焦效应"。

（2）耦合的影响。通常将系统或设备与核电磁脉冲通过电磁辐射而彼此影响的现象称为辐射耦合，将系统或设备与核电磁脉冲以电压或电流的形式通过金属或元件而彼此影响的现象称为传导耦合。辐射耦合与传导耦合往往交织在一起。系统或设备对核电磁脉冲的耦合既可能损坏系统或设备中的元件，也可能使系统发出错误的信号，引起严重的后果。

（3）大地表面和电离层的影响。在传播过程中，当核电磁脉冲遇到大地表面或电离层时，会产生折射和反射现象，反射使核电磁脉冲在大地表面与电离层之间产生波跳现象。核电磁脉冲的折射和反射现象扩大了核电磁脉冲的影响范围。

4.3　导弹武器系统生存能力分析

这里，通过对陆基弹道导弹武器系统生存能力的分析，说明导弹武器系统生存能力分析的一般要素和影响，防空导弹武器系统和飞航导弹武器系统生存能力的分析可参照进行。

4.3.1　核攻击条件下导弹武器系统生存能力分析

4.3.1.1　公路机动发射导弹武器系统生存能力分析

1. 影响生存能力的要素

影响公路机动发射导弹武器系统生存能力的要素通常是机动速度、发射准备时间和发射车的抗力等。分析假设条件是：公路机动发射固体导弹武器系统遭受一枚核导弹的攻击。

1）机动速度对生存能力的影响。

改变武器系统的机动速度，武器系统的其他战术技术指标保持不变，生存能力随机动速度变化的趋势见表 4-5。

表 4-5 生存能力随机动速度变化的趋势

机动速度/(km·h⁻¹)	生存能力
10.000 000	0.050 459
15.000 000	0.246 036
20.000 000	0.406 272
25.000 000	0.498 626
30.000 000	0.545 043
35.000 000	0.564 111
40.000 000	0.567 044
45.000 000	0.568 323
50.000 000	0.547 750
55.000 000	0.531 613
60.000 000	0.513 332

2）发射准备时间对生存能力的影响。

改变武器系统的发射准备时间，武器系统的其他战术技术指标保持不变，生存能力随发射准备时间变化的趋势见表 4-6。

表 4-6 生存能力随发射准备时间变化的趋势

发射准备时间/min	生存能力
5.000 000	0.886 218
10.000 000	0.867 458
15.000 000	0.837 931
20.000 000	0.806 851
25.000 000	0.787 809
30.000 000	0.769 645
35.000 000	0.694 939
40.000 000	0.631 053
45.000 000	0.560 323
50.000 000	0.501 038
55.000 000	0.471 528
60.000 000	0.443 349

3）发射车的抗力对生存能力的影响。

改变发射车的抗力，武器系统的其他战术技术指标不变，生存能力随发射车的抗力变化的趋势见表 4-7。

表 4-7　生存能力随发射车的抗力变化的趋势

发射车的抗力/MPa	生存能力
0.100 000	0.560 323
0.200 000	0.598 689
0.300 000	0.612 171
0.400 000	0.619 201
0.500 000	0.623 574
0.600 000	0.626 583
0.700 000	0.628 793
0.800 000	0.630 494
0.900 000	0.631 848
1.000 000	0.632 955

2. 影响结果分析

提高机动速度可以有效地提高公路机动发射固体战略导弹武器系统的生存能力。较高的机动速度可以使武器系统远离核导弹的打击区域；但若将武器系统部署在山区，由于武器系统至爆心直线距离的变化和山区地形地貌对空气冲击波及核电磁脉冲的影响等，提高机动速度有时反而会降低武器系统的生存能力。

发射准备时间直接影响公路机动发射固体导弹武器系统的生存能力。随发射准备时间的增加，武器系统的生存能力将急剧下降。发射准备时间对武器系统生存能力的影响与敌方的侦察和攻击时间也有一定的关系；根据目前的资料，若敌方的侦察和攻击时间为 20～30 min，则武器系统的发射准备时间一般不能超过 20 min。

发射车一般不能承受核导弹的直接打击，单纯依靠提高发射车的抗力来改善武器系统的生存环境是不可取的，提高发射车抗力所带来的效果也是十分有限的。

4.3.1.2　铁路机动发射导弹武器系统生存能力分析

1. 影响生存能力的要素

影响铁路机动发射导弹武器系统生存能力的要素通常是机动范围、发射准备时间和机动速度等。分析假设条件是：铁路机动发射固体导弹武器系统遭受一枚核导弹的攻击。

1）机动范围对生存能力的影响。

改变武器系统的机动范围，武器系统的其他战术技术指标保持不变，生存能力随机动范围变化的趋势见表 4-8。

表 4-8　生存能力随机动范围变化的趋势

机动范围/km	生存能力
500.000 000	0.984 628
700.000 000	0.984 629
900.000 000	0.984 630
1 100.000 000	0.984 631
1 300.000 000	0.984 631
1 500.000 000	0.984 631
1 700.000 000	0.984 632
1 900.000 000	0.984 632
2 100.000 000	0.984 632
2 300.000 000	0.984 632
2 500.000 000	0.984 632
2 700.000 000	0.984 632
2 900.000 000	0.984 632

2）发射准备时间对生存能力的影响。

改变武器系统的发射准备时间，武器系统的其他战术技术指标不变，生存能力随发射准备时间变化的趋势见表 4-9。

表 4-9　生存能力随发射准备时间变化的趋势

发射准备时间/min	生存能力
5.000 000	0.994 185
10.000 000	0.989 295
15.000 000	0.984 632
20.000 000	0.980 180
25.000 000	0.975 926
30.000 000	0.971 855
35.000 000	0.967 957
40.000 000	0.964 221
45.000 000	0.960 637
50.000 000	0.957 195
55.000 000	0.953 888
60.000 000	0.950 708

3）机动速度对生存能力的影响。

改变武器系统的机动速度，武器系统的其他战术技术指标保持不变，生存能力随机动速度变化的趋势为：机动速度为 40～120 km/h，其生存能力无明显变化，见表 4 – 10。

表 4 – 10　生存能力随机动速度变化的趋势

机动速度/(km·h⁻¹)	生存能力
40.000 000	0.989 523
50.000 000	0.988 773
60.000 000	0.987 558
70.000 000	0.986 142
80.000 000	0.984 632
90.000 000	0.983 082
100.000 000	0.981 516
110.000 000	0.979 950
120.000 000	0.978 393

2. 影响结果分析

机动范围影响铁路机动发射固体导弹武器系统机动过程和发射状态被发现的概率。在机动过程中，武器系统被发现的概率较小，在发射状态，武器系统被发现的概率较大。当机动范围为 500～3 000 km 时，武器系统被发现的概率为 10^{-5} 量级；随机动范围的扩大，武器系统生存能力的变化很小。

发射准备时间直接影响武器系统发射状态的生存能力，但在一定时间内影响程度不大。若敌方对侦察信息的处理时间为 5～10 min，敌方核导弹的射前准备与飞行时间为 15 min，则武器系统的射前准备时间最好不要超过 20 min。

武器系统对机动速度一定范围内的变化不太敏感，若待机阵地与发射阵地的距离较近，则机动速度对武器系统状态转换的影响亦不大。

4.3.1.3　地下井发射导弹武器系统生存能力分析

1. 影响生存能力的要素

影响地下井发射导弹武器系统生存能力的要素通常是装填时间、发射准备时间和地下井的抗力等。分析假设条件是：地下井发射液体导弹武器系统遭受一枚核导弹的攻击。

1）装填时间对生存能力的影响。

改变武器系统的装填时间，武器系统的其他战术技术指标保持不变，生存能力随装填时间变化的趋势见表 4 – 11。

表 4-11 生存能力随装填时间变化的趋势

装填时间/min	生存能力
5.000 000	0.777 545
10.000 000	0.635 065
15.000 000	0.508 184
20.000 000	0.413 227
25.000 000	0.420 409
30.000 000	0.412 530
35.000 000	0.408 998
40.000 000	0.404 215
45.000 000	0.412 116
50.000 000	0.397 769

2) 发射准备时间对生存能力的影响。

改变武器系统的发射准备时间，武器系统的其他战术技术指标保持不变，生存能力随发射准备时间变化的趋势见表 4-12。

表 4-12 生存能力随发射准备时间变化的趋势

发射准备时间/min	生存能力
25.000 000	0.434 157
30.000 000	0.428 554
35.000 000	0.414 548
40.000 000	0.378 133
45.000 000	0.408 946
50.000 000	0.429 955
55.000 000	0.418 750
60.000 000	0.417 350

3) 地下井的抗力对生存能力的影响。

改变地下井的抗力，武器系统的其他战术技术指标保持不变，生存能力随地下井抗力变化的趋势见表 4-13。

表 4 – 13 生存能力随地下井的抗力变化的趋势

地下井抗力/MPa	生存能力
10.000 000	0.400 542
15.000 000	0.427 154
20.000 000	0.420 151
25.000 000	0.411 747
30.000 000	0.421 551
35.000 000	0.407 545
40.000 000	0.446 762
45.000 000	0.413 148
50.000 000	0.408 946
55.000 000	0.421 551
60.000 000	0.403 343

2. 影响结果分析

装填时间直接影响地下井发射液体导弹武器系统被发现的概率。无论是分级井口装填还是整弹井口装填，导弹的外形特征都很明显，伪装难度很大。通常根据敌方侦察卫星的运行周期和信息处理时间等确定导弹的装填时间，而装填时序应位于敌方侦察卫星的过顶间隙。

虽然发射准备时间对武器系统的生存能力有一定的影响，但当发现概率较大时，发射准备时间在一定范围内对武器系统生存能力的影响通常没有装填时间影响大。

地下井的抗力对武器系统生存能力的影响主要与来袭核导弹的精度和爆炸当量有关；当精度较高和爆炸当量较大时，若地下井的抗力无明显提高，则武器系统的生存能力也不会有明显的提高。

4.3.2 常规攻击条件下导弹武器系统生存能力分析

4.3.2.1 公路机动发射导弹武器系统生存能力分析

1. 影响生存能力的要素

与核攻击时一样，影响公路机动发射导弹武器系统生存能力的要素也是机动速度、发射准备时间和发射车的抗力等。分析假设条件是：公路机动发射固体导弹武器系统遭受 3 架战斗机 600 km 的待命攻击。

1）机动速度对生存能力的影响。

改变武器系统的机动速度，武器系统的其他战术技术指标保持不变，生存能力随机动速度变化的趋势为：机动速度由 30 km/h 提高到 100 km/h，其生存能力由 0.27 提升到 0.38。

2）发射准备时间对生存能力的影响。

改变武器系统的发射准备时间，武器系统的其他战术技术指标保持不变，生存能力随发射准备时间变化的趋势为：发射准备时间由 55 min 缩短至 5 min，其生存能力由 0.29 提升至 0.36。

3）发射车的抗力对生存能力的影响。

改变发射车的抗力，武器系统的其他战术技术指标保持不变，生存能力随发射车抗力（0.1～1 MPa）变化无明显变化。

2. 影响结果分析

机动速度对公路机动发射固体导弹武器系统的生存能力有较大的影响。

发射准备时间在一定范围内对武器系统的生存能力有一定的影响。

发射车的抗力在一定范围内对武器系统的生存能力基本没有影响。由于发射车自身的防护能力较差，在被敌方发现并遭受攻击时，其生存下来的可能性极小，不被敌方发现或使敌方无法实施攻击是提高武器系统生存能力的关键。

4.3.2.2 铁路机动发射导弹武器系统生存能力分析

1. 影响生存能力的要素

与核攻击时一样，影响铁路机动发射导弹武器系统生存能力的要素也是机动范围、发射准备时间和机动速度等。分析假设条件是：铁路机动发射固体导弹武器系统遭受 3 架战斗机 600 km 的待命攻击。

1）机动范围对生存能力的影响。

改变武器系统的机动范围，武器系统的其他战术技术指标保持不变，生存能力随机动范围（500～3 000 km）变化不大。

2）发射准备时间对生存能力的影响。

改变武器系统的发射准备时间，武器系统的其他战术技术指标保持不变，生存能力随发射准备时间（60～5 min）变化不大。

3）机动速度对生存能力的影响。

改变武器系统的机动速度，武器系统的其他战术技术指标保持不变，生存能力随机动速度变化的趋势为：机动速度由 25 km/h 提升至 200 km/h，其生存能力由 0.8 提升至 0.88。

2. 影响结果分析

机动范围和发射准备时间在一定范围内对铁路机动发射固体导弹武器系统生存能力的影响很小。

机动速度对武器系统生存能力的影响较大。

4.3.2.3　地下井发射导弹武器系统生存能力分析

1. 影响生存能力的要素

与核攻击时一样，影响地下井发射导弹武器系统生存能力的要素也是装填时间、发射准备时间和地下井的抗力等。分析假设条件是：地下井发射液体弹道导弹武器系统遭受 3 架战斗机 600 km 的待命攻击。

1）装填时间对生存能力的影响。

改变武器系统的装填时间，武器系统的其他战术技术指标保持不变，生存能力随装填时间变化的趋势为：装填时间由 120 min 缩短至 10 min，其生存能力由 0.67 提升至 0.81。

2）发射准备时间对生存能力的影响。

改变武器系统的发射准备时间，武器系统的其他战术技术指标保持不变，生存能力随发射准备时间由 45 min 缩短至 5 min，其变化不大。

3）地下井的抗力对生存能力的影响

改变地下井的抗力，武器系统的其他战术技术指标保持不变，生存能力在地下井抗力在 10～60 MPa 范围内变化不大。

2. 影响结果分析

装填时间对地下井发射液体导弹武器系统生存能力的影响较大。

发射准备时间在一定范围内对武器系统生存能力的影响较小。

地下井的抗力在一定范围内对武器系统的生存能力基本没有影响。

对于受到钻地弹攻击的武器系统，缩短装填时间和降低被发现的概率是提高武器系统生存能力的有效途径。

4.4　导弹武器系统生存概率计算

通常将导弹武器系统在遭受核（常）攻击后仍能有效地完成规定任务的概率称为生存概率。导弹武器系统的生存概率与侦察环境、攻击环境和自身的战术技术指标等有关，很难进行精确计算，通常只能用比较简单的经验公式进行估算。

这里仅介绍核攻击条件下导弹武器系统生存概率的计算方法。

4.4.1　单元目标的生存概率

通常将导弹武器系统中的装填车、发射车、运输车、测试车、发控车、电源车、瞄准车和中继车等视为单元目标，其遭受一次打击的生存概率可用式（4–23）计算：

$$P_s = 1 - R P_d P_a P_w \qquad (4-23)$$

式中　R——进攻导弹的可靠性；

　　　P_d——单元目标被发现的概率；

P_a——进攻导弹弹头到达单元目标的概率；

P_w——单元目标被毁伤的概率。

通常将进攻导弹发射后命中目标并正常爆炸的概率称为进攻导弹的可靠性，它与导弹的技术方案和设计质量有关。据资料报道，苏联研制的洲际导弹的可靠性约为75%，美国研制的洲际导弹的可靠性为75%～80%，苏联研制的中程导弹的可靠性为70%～90%，法国研制的中程导弹的可靠性约为90%。

单元目标被发现的概率主要与侦察设备成功扫描目标的概率、成功分辨目标的概率、自然环境和单元目标自身的敏感性等有关。对于机动发射导弹武器系统，被发现概率是其进入发射场后在发射准备阶段被敌方发现的概率。由于导弹武器系统通常不位于战争前线，在计算其被发现概率时，主要考虑星载、机载两种侦察方式和红外、光学、雷达三种侦察手段。

进攻导弹弹头到达单元目标的概率主要与单元目标被跟踪的概率、进攻导弹的发射可靠性、进攻导弹的制导精度、进攻导弹弹头命中目标的概率、自然环境和发射设备的效能等有关。据资料报道，苏联研制的洲际导弹弹头到达目标的概率为66%～80%。实际上，进攻导弹弹头到达目标的概率是进攻导弹可靠性的综合指标。

通常将由进攻核弹头产生的核爆炸效应在某一距离内对单元目标发挥致命破坏作用的概率称为单元目标被毁伤的概率，它主要与进攻导弹的制导精度、弹头威力、弹头引爆系统的性能和单元目标的脆弱性等有关。

若单元目标遭受多次相互独立的打击，则其生存概率可用式（4–24）计算：

$$\overline{P}^{(n)} = P_s^{(1)} P_s^{(2)} \cdots P_s^{(n)} \tag{4–24}$$

式中 $P_s^{(1)}$——单元目标遭受第一次打击后的生存概率；

$P_s^{(2)}$——单元目标遭受第二次打击后的生存概率；

$P_s^{(n)}$——单元目标遭受第 n 次打击后的生存概率。

4.4.2 集群目标的生存概率

通常将由一种单元目标构成的单个目标群与其配置的地域称为集群目标，防空导弹基地、油库和弹药库等均属于集群目标。

将由多种单元目标构成的诸单个目标群与其统一配置的地域称为混合集群目标，野战机场、导弹技术阵地和交通枢纽等均属于混合集群目标。由于导弹武器系统是由人员、车辆、技术阵地、发射阵地、待机阵地、道路和桥梁等单个目标群组成的，而车辆又有自行式、半挂式和全挂式等不同类型，故将导弹武器系统视为混合集群目标，在计算其生存概率时，通常作如下假设：

（1）忽略导弹武器系统活动范围内各种道路的影响；

（2）将技术阵地、发射阵地、待机阵地和桥梁等简化成一般建筑物；

（3）人员是车辆内的"易损件"。

若组成导弹武器系统的车辆、发射阵地和桥梁等诸单元目标相互独立，被侦察、打击和毁伤的结果又互不影响，则导弹武器系统遭受一次打击的生存概率可用式（4-25）计算：

$$P_{ss} = P_{sL} P_{sE} P_{sLA} \cdots P_{sB} \qquad (4-25)$$

式中　P_{sL}——导弹发射车的生存概率；

　　　P_{sE}——电源车的生存概率；

　　　P_{sLA}——发射阵地的生存概率；

　　　P_{sB}——桥梁的生存概率。

若由相互独立的诸单元目标组成的导弹武器系统遭受多次相互独立的打击，则其生存概率可用下式计算：

$$\overline{P_{ss}^{(n)}} = \overline{P_{sL}^{(n_1)}}\ \overline{P_{sE}^{(n_2)}}\ \overline{P_{sLA}^{(n_3)}} \cdots \overline{P_{sB}^{(n_m)}} \qquad (4-26)$$

式中　$\overline{P_{sL}^{(n_1)}}$——导弹发射车遭受 n_1 次打击后的生存概率；

　　　$\overline{P_{sE}^{(n_2)}}$——电源车遭受 n_2 次打击后的生存概率；

　　　$\overline{P_{sLA}^{(n_3)}}$——发射阵地遭受 n_3 次打击后的生存概率；

　　　$\overline{P_{sB}^{(n_m)}}$——桥梁遭受 n_m 次打击后的生存概率；

　　　n——总打击次数，$n=n_1+n_2+n_3+\cdots+n_m$。

若导弹武器系统为混合集群目标，其遭受一次打击后的生存概率可用式（4-27）计算：

$$P_{ss} = 1 - R P_{sd} P_{sa} P_{sw} \qquad (4-27)$$

式中　R——进攻导弹的可靠性；

　　　P_{sd}——导弹武器系统被发现的概率；

　　　P_{sa}——进攻导弹弹头到达导弹武器系统的概率；

　　　P_{sw}——导弹武器系统被毁伤的概率。

若导弹武器系统为混合集群目标，其遭受多次相互独立打击后的生存概率可用式（4-28）计算：

$$\overline{P_{ss}^{(n)}} = P_{ss}^{(1)} P_{ss}^{(2)} \cdots P_{ss}^{(n)} \qquad (4-28)$$

式中　$P_{ss}^{(1)}$——导弹武器系统遭受第一次打击后的生存概率；

　　　$P_{ss}^{(2)}$——导弹武器系统遭受第二次打击后的生存概率；

　　　$P_{ss}^{(n)}$——导弹武器系统遭受第 n 次打击后的生存概率。

若导弹武器系统中有多个发射阵地，则认为发射阵地是冗余目标。若导弹武器系统遭受打击的次数小于发射阵地的数目，则可忽略发射阵地对武器系统生存概率的影响；

若导弹武器系统遭受打击的次数大于或等于发射阵地的数目，则必须考虑发射阵地对武器系统生存概率的影响。

4.4.3 地下井发射导弹武器系统的生存概率

为了计算地下井发射导弹武器系统的生存概率，通常作如下假设：

（1）进攻导弹弹头全部到达地下井，并在其附近爆炸；

（2）在核爆炸效应对武器系统有致命破坏作用的距离（毁伤半径）内，认为地下井发射导弹武器系统被完全摧毁；

（3）在毁伤半径以外，认为地下井发射导弹武器系统完好无损。

在工程设计中，通常需要计算遭受单枚或多枚核弹头打击的地下井发射导弹武器系统的生存概率。

遭受单枚核弹头打击的地下井发射导弹武器系统的生存概率可用式（4−29）计算：

$$P_s = 0.5^{\left(\frac{R_w}{CEP}\right)^2} \tag{4−29}$$

式中 R_w——进攻导弹弹头的毁伤半径，km；

CEP——进攻导弹弹头落点的圆公算偏差，km。

圆公算偏差亦称圆概率偏差，它是以目标点为圆心、包含50%弹着点的圆的半径，如图4−3所示。

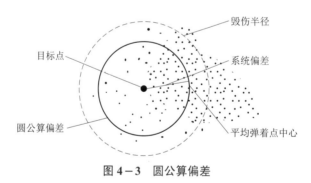

图4−3 圆公算偏差

地下井发射导弹武器系统的生存概率与圆公算偏差的关系如图4−4所示。

在多枚性能相同、彼此毫无关联的进攻导弹核弹头打击下，地下井发射导弹武器系统的生存概率可用式（4−30）计算：

$$P_s = 0.5^{n\left(\frac{R_w}{CEP}\right)^2} \tag{4−30}$$

式中 n——进攻导弹弹头的数目；

R_w——进攻导弹弹头的毁伤半径，km；

CEP——进攻导弹弹头落点的圆公算偏差，km。

为了比较精确地计算地下井发射导弹武器系统的生存概率，通常还要考虑进攻导弹弹头未到达地下井的概率和其自相摧毁效应。

考虑进攻导弹弹头未到达地下井的概率，遭受单枚弹头打击的地下井发射导弹武器系统的生存概率可用式（4−31）计算：

$$P_s = 1 - P_a + P_a \cdot 0.5^{\left(\frac{R_w}{CEP}\right)^2} \qquad (4-31)$$

式中　P_a ——进攻导弹弹头到达地下井的概率。

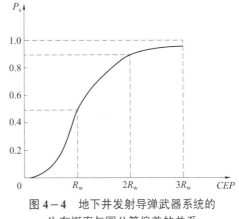

图 4−4　地下井发射导弹武器系统的生存概率与圆公算偏差的关系

考虑进攻导弹弹头未到达地下井的概率，遭受多枚性能相同、彼此毫无关联弹头打击的地下井发射导弹武器系统的生存概率可用式（4−32）计算：

$$P_s = \left[1 - P_a + P_a \cdot 0.5^{\left(\frac{R_w}{CEP}\right)^2} \right]^n \qquad (4-32)$$

考虑进攻导弹弹头未到达地下井的概率，遭受多枚性能相同、具有自相摧毁效应弹头打击的地下井发射导弹武器系统的生存概率可用式（4−33）计算：

$$P_s = \left[1 - P_a + P_a \cdot 0.5^{\left(\frac{R_w}{CEP}\right)^2} \right]\left[1 - P_a(1-P_f) + P_a(1-P_f) \cdot 0.5^{\left(\frac{R_w}{CEP}\right)^2} \right]^{n-1} \qquad (4-33)$$

式中　P_f ——前一枚弹头对后一枚弹头的毁伤概率。

4.4.4　随意机动发射导弹武器系统的生存概率

机动发射导弹武器系统属于小目标，其发射阵地的尺寸一般不大于弹头毁伤半径的 0.2 倍。单枚弹头在发射阵地内或附近爆炸就足以摧毁机动发射导弹武器系统。

随意机动是指机动发射导弹武器系统在既定的军事区域内随意运动。打击随意机动发射导弹武器系统的方式主要有两种：一种是弹幕式，即用一定数量的惯性制导的弹头覆盖机动发射导弹武器系统的活动区域；另一种是重新瞄准式，即弹头在飞行过程中，按照修正的目标位置，重新瞄准目标区。

不考虑进攻导弹弹头未到达目标的概率，遭受单枚弹头打击的随意机动发射导弹武器系统的生存概率可用式（4−34）计算：

$$P_s = 1 - \frac{R_w^2}{R_m^2} \qquad (4-34)$$

式中　R_m——随意机动发射导弹武器系统的机动半径，km。

不考虑进攻导弹弹头未到达目标的概率，遭受多枚性能相同、彼此毫无关联弹头打击的随意机动发射导弹武器系统的生存概率可用式（4-35）计算：

$$P_s = \left(1 - \frac{R_w^2}{R_m^2}\right)^n \qquad (4-35)$$

考虑进攻导弹弹头未到达目标的概率，遭受单枚弹头打击的随意机动发射导弹武器系统的生存概率可用式（4-36）计算：

$$P_s = 1 - P_a \frac{R_w^2}{R_m^2} \qquad (4-36)$$

式中　P_a——进攻导弹弹头到达目标的概率。

考虑进攻导弹弹头未到达目标的概率，遭受多枚性能相同、彼此毫无关联弹头打击的随意机动发射导弹武器系统的生存概率可用式（4-37）计算：

$$P_s = \left(1 - P_a \frac{R_w^2}{R_m^2}\right)^n \qquad (4-37)$$

考虑进攻导弹弹头未到达目标的概率，遭受多枚性能相同、具有自相摧毁效应弹头打击的随意机动发射导弹武器系统的生存概率可用式（4-38）计算：

$$P_s = \left(1 - P_a \frac{R_w^2}{R_m^2}\right)^n \left[1 - P_a(1 - P_f)\frac{R_w^2}{R_m^2}\right]^{n-1} \qquad (4-38)$$

式中　P_f——前一枚弹头对后一枚弹头的毁伤概率。

4.4.5　冲刺机动发射导弹武器系统的生存概率

冲刺机动是指机动发射导弹武器系统停留在某一基地，接到预警命令后，以冲刺平均速度快速转移到基地周围的路网或田野中。

遭受单枚弹头打击的冲刺机动发射导弹武器系统的生存概率可用式（4-39）计算：

$$P_s = 1 - \frac{R_w^2}{\left(\frac{vt}{60}\right)^2} \qquad (4-39)$$

式中　v——冲刺平均速度，km/h；
　　　t——冲刺时间，min。

4.5　提高导弹武器系统生存能力的主要技术途径

为了提高导弹武器系统的生存能力，应充分地认识诸如伪装隐蔽性能、抗核加固水平、发射准备时间、待机时间、主战设备数量和发射方式等与生存能力密切相关的问题；应实时地分析最新的军事活动和对抗形势；应准确地预测未来战场的侦察环境和攻击环境，应客观地提出导弹武器系统的生存需求；应审慎地制定导弹武器系统的生存能力指标。

导弹武器系统的使用实际表明，打击、摧毁导弹地面设备系统和发射工程设施比拦截导弹更能有效地削减敌方的战略力量，降低导弹地面设备系统和发射工程设施被发现、被识别和被毁伤的概率是提高导弹武器系统生存能力的关键。

上天、入地、下海、车载、伪装、示假、隐蔽、加固、干扰、建立反导系统和建立防空体系等是讨论导弹武器系统生存能力的文章中经常提及的方法。工程实践表明，伪装隐蔽、快速反应、快速机动和抗核加固等是提高导弹武器系统生存能力的主要技术途径。

4.5.1　提高导弹武器系统的伪装隐蔽能力

通常将采用遮蔽、融合、隐真和示假等方法减少导弹武器系统被发现和被识别概率的技术称为伪装隐蔽技术。随着侦察技术的发展，伪装隐蔽技术已经广泛用于导弹武器系统研制和使用的全过程。

导弹武器系统的研制和使用实践表明，提高导弹武器系统生存能力的关键是提高其反侦察能力。提高导弹武器系统反侦察能力的方法通常有两种：一种是使侦察设备无法发现目标，另一种是侦察设备发现了目标却无法区分和识别目标的类型和性质。由于任何侦察设备都有其局限性或弱点，因此应将侦察设备的局限性或弱点作为选择伪装隐蔽技术的出发点。实际上，伪装隐蔽技术就是分解、混淆、隐藏和改变导弹武器系统暴露特征的技术。

4.5.1.1　导弹武器系统的暴露特征

分析和掌握导弹武器系统的暴露特征，可为导弹武器系统的伪装隐蔽设计提供依据。

1. 固定发射导弹武器系统的暴露特征

固定发射导弹武器系统的主要暴露特征有如下几个。

（1）发射场坪、井口、坑道口、断头公路和断头铁路等。

（2）诸如开挖井口、坑道口、水池和管沟等施工活动。

（3）断头高压输电线路、避雷塔、发射塔架、高位水池和管线等。

（4）地面建筑物或地下构筑物中的金属设备和金属管道。

（5）设备安装活动。

（6）部队训练、射前准备和发射活动。

2. 机动发射导弹武器系统的暴露特征

机动发射导弹武器系统的主要暴露特征有如下几个。

（1）易于被星载侦察设备发现和识别的诸如导弹多功能发射车和运输车等具有车辆特征的设备。

（2）处于工作状态并与背景有温差的发动机、散热器和排气管等。

（3）连续工作时能产生大量红外辐射的柴油电站、汽油电站、泵站、空气压缩机、氮压缩机和氦压缩机等。

（4）易于被星载侦察设备发现的用金属材料制成的机动设备。

（5）能产生 γ 射线辐射的核弹头运输设备。

（6）在阳光下有阴影的机动设备。

（7）能产生微波辐射的机动设备。

（8）具有反光性能的机动设备。

4.5.1.2 导弹武器系统的伪装隐蔽措施

伪装隐蔽措施能够有效地减少导弹武器系统在不同波段的暴露特征，能够显著地降低导弹武器系统自身的敏感性，能够成功地阻断敌方获取信息的渠道，使导弹武器系统与其使用环境融为一体，使导弹武器系统变成次要目标，使敌方无法快速、准确地获取导弹武器系统的位置信息和运动特性。

遮蔽是减少导弹武器系统特征信号的隐蔽措施，能将导弹武器系统隐蔽在隧道、树林、烟幕或夜幕中。

融合是减少导弹武器系统与其使用环境差异的伪装措施，设置迷彩伪装、减少设备的雷达散射截面和减少表面辐射等方法都能使导弹武器系统混迹于其使用环境中。

隐真是改变、消除或模糊导弹武器系统被识别特征的隐蔽措施，使导弹武器系统的物理特征与其使用环境特征混同一贯，收到鱼目混珠的效果。

示假是引诱敌方攻击逼真的假目标、假系统、假信号和假活动的伪装措施，能够有效地消耗敌方的侦察和打击力量，使导弹武器系统超然物外，收到弃假保真的效果。

导弹武器系统常用的伪装隐蔽措施有伪装隐蔽设计、伪装遮障、伪装涂料、设置假目标和一体化伪装等。

1. 伪装隐蔽设计

通过伪装隐蔽设计，可以有效地消除或减少导弹武器系统的可探测性和暴露特征，可以有效减少设备的雷达散射截面、抑制设备的红外辐射、提高伪装隐蔽效果。

伪装隐蔽设计通常包括外形设计、复合伪装功能结构设计、热红外特性控制设计、多光谱伪装结构模块化设计和目标散射特性设计等。

为了进行伪装隐蔽设计，应建立导弹武器系统多波段特征数据库和其使用环境多波段数据库。多波段特征数据库既是伪装隐蔽设计的依据，同时也是评估伪装隐蔽设计效果的重要资料。

导弹武器系统多波段特征数据库的主要内容是：①在典型使用环境和不同的拍摄角度下，导弹武器系统各种技术状态的地面及空中多光谱图片；②在典型使用环境和不同的拍摄角度下，重要设备的温度变化曲线、发射率和发射光谱特性；③在空白背景下，导弹武器系统的雷达散射特性和主要散热源的分布；④在典型使用环境和不同的雷达入射角度下，导弹武器系统的雷达散射特性；⑤在典型使用环境下，导弹武器系统的空中合成孔径雷达图像及其外形、图案和纹理特征分析。

导弹武器系统使用环境多波段特征数据库的主要内容是：①在可见光波段和不同地域、地貌及季节条件下，使用环境和典型植被的亮度系数、颜色、光谱特性、颜色面积比、分布特征、斑点形状及典型光谱图片；②在红外波段和不同地域、地貌及季节条件下，使用环境和典型植被的辐射温度特性统计、发射率统计及典型光谱图片；③在雷达波段，使用环境、典型植被和地物的雷达散射截面及航拍图像；④典型使用环境的空中合成孔径雷达图像及外形、图案、亮度和纹理特征分析。

通过合理的外形设计，可将入射雷达波的能量反射到无关紧要的方向上，能有效地减少伪装结构在规定方向上的雷达散射截面。通常采用具有圆滑过渡的流线型表面；取消宽角度范围内有强反射特性的直角结构；使结构棱角向地面而非向天空反射雷达波；避免伪装结构的外形突变；伪装结构任何表面的外法线均不指向雷达；采用对微波雷达频段不会发射谐振的伪装结构；采用多面体和具有对称平面的外形；尽量采用黏结结构，避免机械连接结构。

复合伪装功能结构设计是指根据导弹武器系统的伪装隐蔽要求，选用优质高效的伪装材料，通过合理的层间参数匹配，确定材料的层数、单层厚度和电磁参数等，组成宽频带、多波段复合伪装材料。使用多波段复合伪装材料的伪装结构能够显著地减少雷达散射截面。

热红外特性控制设计是指根据导弹武器系统的热源分布，采用隔热、遮挡或变形等方法，改善导弹武器系统的热源分布状况，改变设备表面的温度变化特性，减少设备的红外辐射，增强导弹武器系统与其使用环境的融合力。另外，通过热红外特性控制设计，还可以模拟和再现导弹武器系统的红外特性，为设置红外假目标提供技术支持。

通过多光谱伪装结构模块化设计，可使结构模块的形状和接口标准化，可使结构模块的性能系列化，以满足不同结构的使用要求。

目标散射特性设计是指根据导弹武器系统的暴露特征、使用环境和伪装隐身原理，使用复合伪装功能结构设计技术和热红外特性控制设计技术等，对其多波段暴露征候进行改变与再设计，从而达到伪装隐蔽的目的。在可见光及近红外波段，根据典型使用环境背景的亮度、对比度和图像斑点特征等，对导弹武器系统进行迷彩斑点设计。在红外波段，通过热源控制、发射光谱特性设计和表面材料设计等，降低导弹武器系统被发现的概率。在雷达波段，根据导弹武器系统的暴露特征和合成孔径雷达在方位向及距离向的分辨力，采用变形或分割等方法，设计导弹武器系统的雷达散射特性。

2. 伪装遮障

伪装遮障包括伪装网、伪装篷布和伪装烟幕等。

随着侦察手段的日益多样化，针对单一侦察手段的伪装网已不能满足导弹武器系统的伪装隐蔽要求，抗可见光伪装网用得越来越少就是突出的例子。目前，很多国家已逐渐采用多光谱伪装网。多光谱伪装网配置了对抗雷达侦察的散射屏，其上附有网织物和覆盖层。作为导弹武器系统的配套设备，多光谱伪装网通常用于伪装地面特种车辆，它可以改变特种车辆的目标特征，可以对抗几乎所有的侦察手段。多光谱超轻型伪装网主要用于地面静止车辆的伪装。伪装网的不同表面可以有不同的形状、颜色和花纹，以适应不同的使用环境或季节。

伪装篷布是一种广泛使用的伪装遮障，它通常用复合材料和绝热材料制成，既具有多光谱伪装性能，又具有隔热作用。有些伪装篷布的两个表面具有不同的颜色和花纹，可以适应不同的使用环境或季节。伪装篷布便于展开、固定、折叠和运输。通过高技术的运用，可以使伪装篷布既具有防雨、防雷、阻燃和防虫等功能，同时又具有伪装隐蔽功能。

伪装烟幕能够有效地干扰和欺骗敌方的侦察设备，能够有效地降低导弹武器系统被精确瞄准和命中的概率。伪装烟幕由发射和施放装置产生，通常与威胁告警装置配合使用，可对来袭的飞机和导弹等做出快速反应。目前，烟幕干扰武器主要包括烟幕罐、烟幕炸弹、烟幕炮弹、发烟火箭弹、烟幕手榴弹、车辆发动机排气烟幕系统和航空烟幕撒布器等。伪装烟幕的宽度通常可达数十米至数万米。伪装烟幕的形成时间一般不超过几秒，持续时间可达数十分钟。伪装烟幕能抗可见光和近红外侦察；若添加某些金属微粒，又具有抗雷达侦察的能力。

伪装遮障属于外挂式伪装隐蔽器材，虽然具有多光谱伪装能力、较轻的质量、较高的柔韧性和较长的使用寿命等，但由于需要手工操作，通常会增加发射准备时间。随着伪装隐蔽技术的发展，伪装遮障器材将向标准化、系列化和通用化的方向发展。

3. 伪装涂料

在设备上喷涂伪装涂料是目前普遍采用的一种伪装隐蔽措施。由于伪装涂料具有使用方便、适宜在现场或野战条件下对设备实施快速伪装、不改变设备的外形和对设计无任何附加要求等诸多优点，因而在现代伪装隐蔽技术中具有广阔的发展前景。

伪装涂料包括迷彩涂料和隐身涂料。

1）迷彩涂料。

迷彩涂料是抗可见光的伪装涂料，它能有效地消除设备与其使用环境的颜色差别。

迷彩涂料通常包括保护迷彩涂料、变形迷彩涂料和仿造迷彩涂料等。保护迷彩涂料主要用于背景色彩比较单一的地区。变形迷彩涂料和仿造迷彩涂料是目前使用最多的抗可见光伪装涂料。

设备出厂前，根据导弹武器系统的使用环境和迷彩标准，给设备喷涂相应的迷彩图案；当武器系统的使用环境发生变化时，可在临时设立的迷彩工作站给设备喷涂新的迷彩图案。若将变形迷彩图案或仿造迷彩图案与轻型伪装遮障器材一起使用，则能收到更好的伪装隐蔽效果。

若设备喷涂低发射率的迷彩涂料，则能降低设备的红外辐射强度。若设备喷涂不同发射率的迷彩涂料，则迷彩图案在中远红外波段具有歪曲设备外形的作用。若设备喷涂双层结构的迷彩图案，远距离观察时，则能看到较大的亮块斑与暗块斑；近距离或通过光学放大器观察时，则能看到由大块斑分解而形成的若干小斑点，它们均能与使用环境融为一体。

在目前使用的诸多迷彩涂料中，具有代表性的是瑞典研制的变形迷彩涂料，它具有较大的角形面，主要喷涂在水平走向的"底迷彩"上。通常根据设备的外形图或足够详细的模型来制定迷彩图案。

2）隐身涂料。

"被发现就会被识别，被识别就会被击中"的理念和时代催生了隐身技术。现代隐身技术主要包括雷达隐身技术、红外隐身技术、激光隐身技术、可见光隐身技术、声隐身技术和复合隐身技术等。实现设备隐身的方法主要有外形隐身和材料隐身。隐身材料又可分为结构型隐身材料和涂覆型隐身材料。涂覆型隐身材料就是通常所说的隐身涂料。隐身涂料主要包括雷达隐身涂料、红外隐身涂料、激光隐身涂料和可见光隐身涂料。可见光隐身涂料已在迷彩涂料中做了介绍，这里主要介绍雷达隐身涂料、红外隐身涂料、激光隐身涂料和复合隐身涂料等。

（1）雷达隐身涂料。

由于雷达是通过发射电磁波和接收反射回波信号来发现目标及探测目标参数的，因此，为了削弱目标对雷达波的反射，通常在目标的表面喷涂雷达隐身涂料。雷达隐身涂料是对雷达波具有低反射性能的伪装涂料。常用的雷达隐身涂料主要有吸收型和谐振型两种。

吸收型雷达隐身涂料的隐身原理是：在黏结剂中加入电损耗填料，它在电磁场作用下产生传导电流或位移电流，由于受到有限电导率的限制，使进入目标涂层中的雷达波变为热能损耗；也可以在黏结剂中加入磁损耗填料，它在电磁场作用下产生偶极子运动，由于受到限定磁导率的限制，使进入目标涂层中的雷达波变为热能损耗。

谐振型雷达隐身涂料的隐身原理是：当目标涂层的厚度等于 1/4 雷达波波长时，涂层内的谐振作用削弱了入射雷达波的反射。

无论是吸收型雷达隐身涂料还是谐振型雷达隐身涂料，都可以进行多层设计。涂层对入射雷达波的反射程度是其隐身性能的重要指标。

随着被动毫米波雷达探测与成像制导技术的迅速发展，对目标涂层的雷达隐身性能提出了更高的要求。毫米波雷达隐身涂料不仅应具有低反射率，而且还应具有与使用环境相似的毫米波发射率，也就是说，不仅要用主动毫米波探测器测试毫米波雷达隐身涂料，而且还要用被动毫米波探测器检验毫米波雷达隐身涂料。

目前，雷达隐身涂料正向涂层薄、质量轻、频带宽和吸波性能强的方向发展，新的吸收型雷达隐身涂料主要有放射性同位素、视黄基席夫碱盐、导电高分子和纳米涂料等。

放射性同位素吸收型雷达隐身涂料具有吸收频带宽、反射衰减大、既吸收无线电波又吸收红外辐射、使用周期可控和施工简便等优点。

视黄基席夫碱盐具有极强的吸波性能。改进或组合型视黄基席夫碱盐能够吸收全频段雷达波，被吸收的雷达波虽然变成了热损耗，但涂层表面的温度变化很小。

导电高分子吸收型雷达隐身涂料具有吸收频带宽和吸波性能强的特点。

纳米吸收型雷达隐身涂料具有吸收频带宽、吸波性能强和涂层薄等优点。

雷达隐身涂料主要用于飞机、导弹、坦克、火炮、舰船和特种车辆。

（2）红外隐身涂料。

众所周知，任何物体都有热辐射，红外探测装置正是利用物体的热辐射特性来发现和识别目标的。目前，红外探测主要有两种方法，一种是点源探测法，另一种是成像探测法。

由于点源探测装置的最大探测距离主要与目标的热辐射特性和大气透过率有关，因此，为了实现目标的红外隐身，应减少目标的热辐射和大气的红外透过率。

由于成像探测装置是利用目标与使用环境之间的热辐射差别通过成像来发现和识别目标的，因此，为了实现目标的红外隐身，应使目标的热图与使用环境的热图相似，也就是说，通过调整目标的热辐射，使目标与使用环境融合在一起。

工程实践表明，寻找高红外发射系数的红外隐身涂料比较容易，而寻找能有效地对抗点源探测或成像探测并具有低红外发射系数的红外隐身涂料比较困难。

红外隐身涂料由红外透明黏结剂和填料组成。红外透明黏结剂既可以是无机材料，也可以是有机材料，应具有良好的红外透明性（8～14 μm 波段）和较好的物理机械性能。在很大程度上，填料决定红外隐身涂料的红外发射系数，如铝粉等金属填料用得较多。由于金属填料存在缺陷，不宜用于雷达隐身和激光隐身。着色调料主要起调色作用，它可使涂层既具有可见光的伪装性能，而同时又对红外发射系数没有影响。

（3）激光隐身涂料。

由于激光探测装置是通过发射激光束和接收反射激光束来发现目标的，因此，为了减少目标对激光束的反射，应在目标表面喷涂激光隐身涂料。

激光隐身涂料的隐身原理是：目标表面的激光隐身涂层对入射激光具有很强的吸收和散射作用，使激光探测装置接收不到目标反射的激光，从而实现了目标的激光隐身。涂层的激光反射率是激光隐身涂料的重要性能指标。

（4）复合隐身涂料。

由于探测和制导技术的发展，对某种探测、制导手段具有隐身作用的隐身涂料，很可能对另一种探测、制导手段具有"显形"作用。因此，具有复合隐身性能的复合隐身涂料便应运而生。目前，正在研制的复合隐身涂料主要有激光–红外复合隐身涂料、雷达–红外复合隐身涂料和激光–雷达复合隐身涂料等。

随着隐身技术的发展，具有多波段复合隐身性能将是隐身涂料的主要发展方向，如美国正在研制一种低成本射频、雷达波和毫米波吸收材料，它可用于伪装网、涂料、纤维、塑料涂层、薄膜和填料等，可显著减少导弹、坦克和特种车辆等的雷达及红外信号特征，甚至能躲避激光探测器，而且质量很轻。

4. 设置假目标

设置假目标就是为了隐真示假。在分析导弹武器系统多波段暴露特征的基础上，使用多波段复合伪装材料电性能设计技术、红外特征控制技术和目标特性设计技术，设计、制造外特性（表面特征和振动特性）与真实目标相同或相近的假目标，它与真实目标一起部署，扰乱敌方的侦察方向，提高真实目标的生存能力。

对假目标的基本要求是：①仿真复现程度高；②研制成本低；③便于安装、拆卸和运输。

理论上，假目标应该能够模拟真实目标在各个波段的暴露特征，这在可见光、近红外和热红外波段，还比较容易做到。但在雷达波段，由于真实目标对电磁波的散射机理非常复杂，假目标不仅需要模拟真实目标的电磁散射特性，而且也需要模拟真实目标的电磁辐射特性，这既给仿真复现提出了较高的要求，同时也提高了假目标的研制成本。

假目标的种类很多，常见的有假场坪、假阵地、假坑道、假地下井、假交通设施和假供电线路等。

5. 一体化伪装

在未来信息化战争条件下，为了完成作战任务，除了依靠导弹武器系统的诸如机动能力、快速反应能力和使用可靠性等自身能力外，还要求伪装器材具有较高的运动速度和作业速度，使导弹武器系统的发射准备工作能够快速、隐蔽地进行。但是，导弹武器系统的机动和快速能力越强，其对伪装作业的适应性越低；也就是说，在基本不影响导弹武器系统战术技术指标的情况下，其所能接受的伪装程度越来越低，这使得传统伪装器材的使用范围变得越来越小，给一体化伪装的诞生创造了条件。

通常将通过设计有效地减少或去除目标暴露征候的技术称为一体化伪装技术。一体化伪装就是在目标研制过程中同步使其外形、材料和结构等具有隐身作用。一体化伪装的主要作用是：①降低了目标被发现的概率；②增加了敌方发现和识别目标的时间；③减少了敌方发现和识别目标的距离；④模糊了目标的显性军事价值。一体化伪装包括变形迷彩和变形遮障。

1）变形迷彩。

变形迷彩通过迷彩的斑点、颜色、尺寸、形状和配置等，分割目标的整体表面，利用目标上的不定形斑点歪曲目标的直线轮廓，使之产生平面变形，使目标上的部分斑点与背景中的某些斑点相互融合。

变形迷彩的斑点颜色应与目标活动地域内主要背景斑点的颜色一致；为使变形迷彩具有多种色彩，其相邻斑点颜色之间的亮度对比值不能小于 0.4。

变形迷彩的斑点尺寸一般不应超过 4 倍的侦察设备的分辨率。

变形迷彩的斑点形状通常是不规则曲线轮廓；处于目标轮廓边缘的迷彩斑点不能在轮廓边缘中断，而应延伸到邻面上去；迷彩斑点的轴线与目标上两邻面交线的夹角一般为 30°～60°，以避免重复目标的立体形状；迷彩斑点应采用不对称配置。

变形迷彩虽然具有一定的伪装效果，但不易消除目标的外形轮廓及阴影特征，还是容易被敌方的侦察设备发现和识别。工程实践表明，若将变形迷彩与变形遮障结合起来，则会收到更好的伪装效果。

2）变形遮障。

变形遮障能将表面造型技术、材料技术、伪装元件技术和结构技术等系统地应用和"装备"到目标上，使目标具有多波段伪装隐蔽能力。

变形遮障由遮障器材和机架组成。遮障器材由遮障面材料和骨架组成。通常根据一体化伪装的总体布局和目标的结构来设计机架，然后利用活动连接将遮障器材与机架连接起来。变形遮障使伪装器材成为导弹武器系统的配套设备，基本摆脱了遮遮掩掩的伪装方式，节省了专门的伪装作业时间。

由于导弹地面设备的结构布局比较紧凑，自动化程度较高，这给机架的设计带来一些困难。为了既不影响导弹地面设备的使用，也不影响一体化伪装的总体布局，通常将机架分割成几个部分，每个部分再采用不同的平面造型或立体造型遮障，组成具有多种伪装隐蔽功能的二维网或三维网，平面造型或立体造型遮障的制造材料应具有抗多波段侦察的能力。

4.5.2　提高导弹武器系统的快速反应能力

理想的导弹武器系统既能成功地突袭敌方，也能成功地使自身脱离险境快速地报复敌方。欲实现上述目标，途径之一就是提高导弹武器系统的快速反应能力。快速反应能力是导弹武器系统的重要战术技术指标，它直接影响导弹武器系统的战斗性能。

提高导弹武器系统快速反应能力的主要措施是优化发射工艺流程、快速测试、整弹水平状态测试、水平近距离快速瞄准、快速诸元生成与装订、快速展开与撤收、提高戒备率、快速更换目标和整体贮存核弹头等。

4.5.2.1　优化发射工艺流程

导弹发射前，需要进行诸如测试、装填、转载、起竖、对接、瞄准、调温、加注和供气等大量的射前准备工作。在这些射前准备工作中，有的可以提前进行，有的可以推后进行，有些可以同时进行，有些可以交叉进行，无论何时，都必须按发射工艺流程进行，即必须按照既定的工序和时序进行。既定的工序按照不同的时序排列，可以组合成多种发射工艺流程。在正式确定发射工艺流程之前，应通过演示验证系统对备选的发射工艺流程进行演示验证，以发现和分析各种发射工艺流程存在的问题，并将发现的问题作为约束条件，进行下一轮的选择，以此进行数次，最终确定一种既能满足导弹武器系统的特殊需要，又能使导弹武器系统的发射准备时间变得最短的发射工艺流程。

4.5.2.2　快速测试

在发射阵地，快速测试既能有效地缩短发射准备时间，也能有效地缩短敌方的反应时间，显著地提高了导弹攻击的突然性。在确保导弹可靠发射的条件下，通过研究导弹射前测试项目的相关性，简化发射阵地的测试内容，缩短必测项目的测试时间。在发射阵地，实现快速测试和免测试将是导弹武器系统实战化水平的重要标志。

4.5.2.3　整弹水平状态测试

整弹水平状态测试是动态环境下的测试技术，它能在行军过程中完成导弹的水平测试。实施整弹水平测试后，导弹武器系统一到达发射阵地，即可起竖发射导弹，这可大幅度缩短导弹的发射准备时间。为了在行军过程中对弹上仪器和测发控地面设备进行通电测试，必须提供动态环境下实施快速测试的硬件条件和测试软件，应采用全自动化测试方法，尽量减少人工干预，提高测发控系统的使用可靠性。

4.5.2.4　水平近距离快速瞄准

采用垂直瞄准法确定发射方位角，导弹竖立在发射台上后，位于导弹射向后面的固定瞄准设备或活动瞄准设备配合发射台完成导弹的粗瞄和精瞄工作。垂直瞄准法具有瞄准时间长、瞄准点选择困难和易受自然环境干扰等缺点。水平近距离快速瞄准法基本上克服了垂直瞄准法的上述缺点，既节省了发射阵地的瞄准时间，也提高了瞄准精度。

水平近距离瞄准通过寻北仪和瞄准经纬仪直接对处于水平状态的导弹仪器舱内的惯性器件棱镜进行方位瞄准。

为了实现水平近距离快速瞄准，需要解决的主要问题是：①水平瞄准状态下，诸元装订及补偿方法；②水平瞄准对射击精度的影响；③瞄准设备的快速测量和小型化；④水平状态下，方位角的传递方式；⑤水平瞄准对弹上惯性器件的特殊要求；⑥导弹竖立在发射台上后，弹上惯性器件调平和方位瞄准精度的监测方法。

4.5.2.5 快速诸元生成与装订

为了适应导弹的连续发射和任意点机动发射,快速诸元生成与装订系统应在某一不确定点和很短的时间内将数枚导弹的上千个诸元快速地计算出来,并确保精度。为了提高快速诸元生成与装订系统的实时性和可靠性,必须建立一套将理论数学模型进行工程化处理的方法,使之能在军用加固微机系统上完成计算任务。为了使快速诸元生成与装订系统满足导弹射程变化较大的要求,还应进行大量的仿真计算、优化、调试、验证试验和评估。

为了实现快速诸元生成与装订,需要研究的主要内容是:①快速诸元生成与装订系统的组成和工作机理;②诸元计算的数学模型;③快速通道与诸元一体化设计;④引力场的偏差修正;⑤快速诸元生成与装订的演示验证方法。

4.5.2.6 快速展开与撤收

快速展开与撤收能有效缩短导弹武器系统的发射准备时间,显著提高导弹武器系统的快速反应能力。快速展开与撤收主要包括快速对接、快速装填、快速起竖、快速开启、快速脱落和快速撤收等。

4.5.2.7 提高戒备率

戒备率是处于戒备状态的导弹数目与其现役总数的百分比。为了充分发挥导弹武器系统的威慑力,戒备率通常大于80%,提高导弹的戒备率能够有效地提高导弹武器系统的快速反应能力。

4.5.2.8 快速更换目标

处于待发状态的导弹已经将预定打击目标的诸元装订在计算机里,一接到发射指令,即可实施发射。但当预定打击目标发生变化时,为了避免贻误战机和减少被敌方摧毁的可能性,导弹武器系统应具有快速更换目标的能力。

4.5.2.9 整体贮存弹头

弹头通常有两种贮存方式:一种是分离贮存,另一种是整体贮存。分离贮存是指平时将弹头与弹体分别贮存,在接到预警指令后,再将弹头对接到弹体上。整体贮存是指平时就已将弹头对接到弹体上,并处于待发状态。整体贮存弹头能够显著地减少导弹的发射准备时间。

4.5.3 提高导弹武器系统的快速机动能力

为了使机动发射导弹武器系统既能成功地发动突然袭击,同时也能成功地使自身脱离险境实施快速报复,除提高其快速反应能力外,还应提高其快速机动能力。在一定程度上,虽然伪装隐蔽能力和快速反应能力能够对抗敌方的侦察活动,但并不能完全阻断敌方的侦察活动,机动发射导弹武器系统仍有可能被敌方的侦察设备发现和识别,而一旦被敌方的侦察设备发现和识别,机动发射导弹武器系统就只能通过快速机动逃离险境，躲避敌方武器的打击。

快速机动能力主要包括机动可靠性、通过能力、机动准备时间、机动速度和机动范围等。机动可靠性是机动发射导弹武器系统在机动状态下保持原有功能和使用可靠性的能力，通常用有效机动距离表示。通过能力是机动发射导弹武器系统在机动过程中对道路和桥梁等的适应性；通过能力强，说明机动发射导弹武器系统对道路和桥梁等的要求低。机动准备时间是机动发射导弹武器系统在机动前所需的准备时间，它与机动发射导弹武器系统的战备状态、测试项目、测试时间、测试流程和测试工位等有关。机动速度是机动发射导弹武器系统的平均转移速度。目前，公路机动发射导弹武器系统的机动速度可达 60 km/h 甚至更高，铁路机动发射导弹武器系统的机动速度可达 120 km/h。对于冲刺机动发射导弹武器系统，其机动速度越大，生存能力越强。机动范围是机动发射导弹武器系统的最大活动区域。目前，机动发射导弹武器系统的机动范围可达数万平方千米，有的已经实现了不定点随机发射。对于随意机动发射导弹武器系统，其机动范围越大，生存能力越强。

通过提高机动发射导弹武器系统的使用可靠性、可维修性和保障性，可以有效地提高其通过能力和扩大其机动范围。

通过发射平台的结构和动力系统的优化设计，可以显著地提高机动发射导弹武器系统的机动可靠性和机动速度。

机动发射导弹武器系统的快速机动能力大多采用虚拟试验场与少量道路试验相结合的方法进行检验和评估。

4.5.4　提高导弹武器系统的抗核加固水平

虽然导弹预警系统能够早期发现来袭导弹的运动参数，为导弹武器系统提供一定的预警时间，但是，由于预警系统发现来袭导弹的概率不可能是百分之百，即虚警率不可能为零，因此，必须对导弹武器系统采取抗核加固措施和提高其抗核加固水平。另外，若敌方攻击武器装备了卫星数据链路，它会从侦察、监视系统中实时获得导弹武器系统的位置或运动参数，很可能以直接命中的方式使导弹武器系统受到严重的破坏，为了减少直接命中毁伤或近距离破片毁伤，亦应对导弹武器系统采取抗核加固措施，提高其抗核加固水平。

抗核加固是消除或减弱核爆炸效应对导弹武器系统毁伤作用所采取的措施之一。至 20 世纪 80 年代，美国、苏联和法国的现役导弹（中程导弹和洲际导弹）地下井的总数已超过 2 800 个。为了保障导弹的贮存、测试和发射，3 个国家都建造了加固地下井，在地下井内设置了抗核减震装置。虽然加固地下井具有一定的抗核能力，但它还是比较容易被现代侦察设备发现和识别，被现代攻击武器直接命中和毁伤，故需要进一步加固。另外，这也迫使导弹武器系统的研制者和使用者将抗核加固的重点转向机动发射导弹武器系统。

不同的导弹武器系统有不同的暴露特征，不同的暴露特征和不同强度的核环境需要不同的抗核加固指标，针对不同的抗核加固指标就要采取不同的抗核加固措施。

4.5.4.1 地下井发射导弹武器系统的抗核加固指标

核爆炸效应对地下井发射导弹武器系统和操作人员具有严重的破坏和杀伤作用，有关国家对此做了大量的研究和试验，并先后制定了设备的抗核加固指标和操作人员的耐震容限。

1. 固定设备的抗核加固指标

地下井的加注、供气、供电、瞄准、空调、发射、起竖、停放和通信等设备的抗核加固指标可参照美国的《洲际导弹隔振系统设计指南》（1973 年出版）和《空军防护结构设计手册》（1974 年出版）。典型设备的固有频率和易损性估计见表 4－14。

表 4－14 典型设备的固有频率和易损性估计

典型设备名称	最低基本固有频率/Hz	易损性估计/g	
		不破坏	严重破坏
诸如电动机、发电机和变压器等重型机械（质量不少于 1 800 kg）	5	10	80
诸如泵、电容器和空调装置等中型机械（质量为 450～1 800 kg）	10	15	120
诸如电扇和小电动机等轻型机械（质量不超过 450 kg）	15	30	200
通信设备机架、继电器、旋转磁鼓装置和带真空管的大型电子设备	10	2	20
小型无线电设备、白炽灯泡和轻灯泡	20	20	200
阴极射线显像管	5	1.5	12
晶体管计算机、荧光灯、夹具和核反应堆	10	5	60
各种蓄电池和导管	5	20	280

由表 4－14 可以看出，保证重型机械设备不破坏的抗核加固指标为 $10g$，保证中型机械设备不破坏的抗核加固指标为 $15g$，保证轻型机械设备不破坏的抗核加固指标为 $30g$，保证带真空管的大型电子设备不破坏的抗核加固指标为 $2g$，保证晶体管计算机不破坏的抗核加固指标为 $5g$。

2. 操作人员的耐振容限

核爆炸产生的振动可以给地下井内的操作人员带来撞伤、内伤和死亡。操作人员承受撞伤的耐振容限比较小，承受内伤的耐振容限比较大，操作人员的耐振容限与其体位姿态有着密切的关系。操作人员的耐振容限也可根据美国的《洲际导弹隔振系统设计指南》（1973 年出版）和《空军防护结构设计手册》（1974 年出版）提出。操作人员的耐振容限见表 4 - 15。

表 4 - 15　操作人员的耐振容限

操作人员的体位姿态	不同振动方向的耐振容限					
	向上/g		向下/g		水平/g	
立姿无约束	A	10	—	—	—	—
	B	0.75	B	0.5	B	0.5
坐姿无约束	A	15	A	15	A	15
	B	0.75	B	1.0	B	1.0
卧姿无约束	A	40	A	40	A	15
	B	0.75	B	1.0	B	0.75

注：A 为免受内伤的耐振容限；
　　B 为免受撞伤的耐振容限。

4.5.4.2　机动发射导弹武器系统的抗核加固指标

处于暴露状态的机动发射导弹武器系统和操作人员主要承受冲击波、光辐射及核辐射带来的超压、动压、加热和干扰；系统中的电子设备和电缆等主要承受核电磁脉冲带来的干扰和烧灼。对于机动发射导弹武器系统，操作人员的抗核防护尤为重要；在一定的核环境中，即使在设备材料有一定蜕变和性能有一定漂移的情况下，仍可能具有最低可接受特性值，但只要操作人员丧失了工作能力，则武器系统就不再具有规定的战术技术指标。

1. 机动设备的抗核加固指标

对于公路机动发射导弹武器系统中的诸如发射车、运输车、瞄准车、电源车、测试车和发射控制车等配套设备，在空气冲击波超压和动压作用下，不能发生滑移和倾翻，主承力结构不能有弯曲变形和严重压痕，整车抗压强度一般不低于 0.03～0.2 MPa；在光辐射作用下，设备的保护漆层不能大面积脱落；在光辐射、核辐射和核电磁脉冲作用下，电子设备仍能正常地工作。

对于铁路机动发射导弹武器系统中的车载设备，在空气冲击波超压和动压作用下，不能发生卡滞和侧翻，车体大梁不能有弯曲变形和严重压痕，整车抗压强度一般不低于 0.04～0.3 MPa，在光辐射、核辐射和核电磁脉冲作用下，电子和通信设备等仍能正常地工作。

2. 操作人员的核防护指标

在发射准备过程中，操作人员不是暴露在地面上，就是在设备内部的操作位置上，无论哪一种状况，操作人员都有可能受到冲击波和光辐射的伤害。冲击波对操作人员的伤害等级与超压值可参照表 4-16。

表 4-16　冲击波对操作人员的伤害等级与超压值

伤害等级	超压值/MPa
极严重伤害	≥0.098
严重伤害	0.059~0.098
中等伤害	0.029~0.059
轻微伤害	0.020~0.029
战斗力基本不降低	0.010~0.020
安全	≤0.010

从表 4-16 可以看出，基本不降低战斗力时，操作人员能够承受的冲击波超压为 0.010~0.020 MPa。

光辐射对操作人员的灼伤等级见表 4-17。

表 4-17　光辐射对操作人员的灼伤等级

衣着种类	光冲量/(J·cm⁻²)		
	一级灼伤	二级灼伤	三级灼伤
夹布衣	26.359	29.288	36.819
单布衣	22.175	27.196	33.472
棉毛混纺制服和棉布衬衣	43.932	50.208	73.220
棉毛混纺制服	31.380	34.727	53.137

从表 4-17 可以看出，三级灼伤的光冲量最大，可使深层皮肤全部坏死；二级灼伤的光冲量较小，可使皮肤出现水泡；一级灼伤的光冲量最小，可使皮肤发红并伴有肿胀疼痛的感觉。

4.5.4.3　核防护措施

1）利用地形、工事和掩蔽地等避免或削弱冲击波的杀伤破坏作用。

诸如地下坑道和人防工事等完全掩蔽地都位于地下一定的深度，它们都有坚固的骨架和良好的密封性，能够在一定范围内完全避免冲击波超压和动压的直接作用。

诸如堑壕、崖孔和桥洞等半掩蔽地也能够避免冲击波的直接冲击，但其顶部易受到破坏。若在半掩蔽地中增加曲折结构，则能收到更好的防护效果。

距爆心较远的诸如土坎、矮墙和交通壕等露天掩蔽地具有一定的防护作用；但是，若这类掩蔽地距爆心较近时，其防护效果通常与掩蔽体走向、开口方向和与爆心的相对位置等有关。

2）提高导弹武器系统和发射工程设施的抗冲击波能力。

通过对导弹及其地面设备的诸如强度、体积、外形、质量和质心等结构参数进行抗冲击波的优化设计和可靠性设计，可以显著提高导弹武器系统的抗冲击波能力。由于土壤、岩石和水等介质能够吸收部分冲击波能量，可将导弹武器系统部署在较深的地下井里，为了进一步减少导弹及其地面设备所受的过载，可设计一种合适的悬挂系统或减振平台，利用弹簧、橡胶垫和阻尼器等，将过载减至导弹及其地面设备容许的限度内。

为了提高发射工程设施的抗冲击波能力，在不影响其功能和使用的情况下，应减少孔口的数量和尺寸；采用新型材料，提高强度；增加井盖或防护门的厚度；增加出入口的曲折度；消除孔口夹角；等等。

1. 光辐射的防护措施

对光辐射的主要防护措施是：

（1）将导弹武器系统置于建（构）筑物内或采取遮蔽措施，避免光辐射的直接照射。

（2）在设备表面，喷涂吸收光能少、导热系数小、熔点高和不易燃烧的保护层。

（3）提高设备表面的反射能力。

（4）在设备表面设置隔热层。

（5）减少发热表面与热敏部件之间的传导能力。

（6）采用耐热的结构材料。

2. 核辐射的防护措施

对核辐射的主要防护措施是：

（1）建（构）筑物采用具有高效屏蔽性能的材料，譬如，250 mm 厚的混凝土可使中子通量减少一个数量级；50 mm 厚的铝板能使 γ 射线的剂量减少一个数量级；诸如水、聚乙烯和石蜡等含氢物质是屏蔽中子的主要材料。

（2）采用躲避法可使导弹武器系统的抗核辐射能力提高几个数量级，譬如，可在弹头上设置环境敏感器，防止核辐射对弹上计算机和制导系统产生影响；采用具有监视核环境功能的制导系统；将关键性信息存储到加固的存储器中，一旦出现核环境，计算机可立即停止工作，待核环境消失后，重新启动，并可补偿由于停机而产生的参数变化。

（3）加固电子器件，可采用介质绝缘技术、掺金属杂质工艺和新型电阻等加固电子器件。譬如，美国的"民兵3"导弹的制导计算机采用了加固的镀线存储器。

（4）对电路进行加固设计，在一定时间内，使电路能从完全饱和状态恢复到正常工作状态。譬如，在微型电路中采用诸如反偏压二极管和弯路电路等校正措施。

（5）采用冗余电路，当处于工作状态的电路失效后，冗余电路自动工作。在同样的条件下，处于非工作状态的电路所遭受的核辐射毁伤要比其工作状态小得多。

3. 核电磁脉冲的防护措施

1）降低核电磁脉冲的环境水平。

降低核电磁脉冲环境水平的有效方法就是屏蔽，主要有静电屏蔽、静磁屏蔽和电磁屏蔽。

（1）静电屏蔽。静电屏蔽采用由高电导率的金属材料制成的容器将给定的空间屏蔽起来，能有效地阻断电力线，通过屏蔽体接地，使屏蔽体维持零电位。为了加强屏蔽体对变化电场的屏蔽作用，通常采用电导率大、长度短和接地电阻小的屏蔽体。

（2）静磁屏蔽。静磁屏蔽采用由高磁导率材料制成的屏蔽体将磁力线压缩到屏蔽体的厚度范围内，屏蔽体的磁导率越大、厚度越大及被屏蔽的空间越小，静磁屏蔽的效果越好。为了不影响屏蔽效果，屏蔽体的缝隙或开口不能切断磁力线。

（3）电磁屏蔽。电磁屏蔽通过屏蔽体内流过的与干扰磁通方向相反的高频电流起屏蔽作用。静电屏蔽和静磁屏蔽只能用于直流或低频的场合，当频率升高后，就必须采用电磁屏蔽。为了加强电磁屏蔽的效果，电磁屏蔽体不能在高频电流流动的方向上有横切缝。

2）削弱对核电磁脉冲能量的吸收作用。

为了削弱对核电磁脉冲能量的吸收作用，通常采用如下措施。

（1）尽量缩短系统中导线或天线的长度。

（2）避免采用环形电路布局，尽量采用树形电路布局（图4-5），以减少电路通过磁耦合吸收核电磁脉冲的能量。

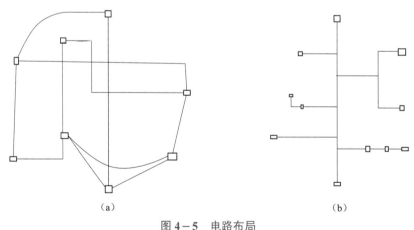

（a）　　　　　　　　　　　　　　　（b）

图4-5　电路布局

（a）环形布局；（b）树形布局

（3）减少核电磁脉冲防护的接地电阻，不良的接地可能会带来更坏的结果。

3）加固电路或改进电路设计。

加固电路或改进电路设计的主要方法是：

（1）采用限幅和滤波等技术，减少加在敏感元件上的能量份额。

（2）采用具有较高电压与开关阈的数字逻辑电路，减少核电磁脉冲对电路的干扰。

4）提高系统内核电磁脉冲的防护水平。

为了提高系统内核电磁脉冲的防护水平，常用的方法是：

（1）利用铅或钢筋混凝土等屏蔽 γ 射线。

（2）构件或设备采用原子序数低的材料制造，也可以在构件或设备表面涂覆原子序数低的涂料，以降低电子发射率。

（3）减少系统内的自由空间。

（4）采用抗电磁辐射的电缆。

第5章　地面设备系统

5.1　概　　述

地面设备系统是完成导弹或运载火箭发射准备与发射所使用的各种专用分系统或设备的总称，它既是导弹武器系统或运载火箭系统的有机组成部分，也是导弹或运载火箭与发射工程设施之间的联系纽带，同时还是发射方式与发射工艺流程的重要载体。

一般按照导弹或运载火箭的发射地点与用途、发射方式和发射动力等对地面设备系统进行分类。按照发射地点与用途，可分为地地导弹、舰（潜）地导弹、防空导弹、飞航导弹、空空导弹、空地导弹、空舰导弹、反导弹导弹和运载火箭等地面设备系统；按照发射方式，可分为固定、半机动、机动、地面、半地下、地下、水面、水下及空中发射等地面设备系统；按照发射动力，可分为自动力、外动力及复合发射等地面设备系统。

地面设备系统既对导弹武器系统的生存能力、作战能力、发射方式和发射工程设施以及运载火箭系统的发射准备时间和发射工程设施等有重要的影响，也对导弹或运载火箭的结构及发射场地的选择等有直接的影响。地面设备系统的地位与作用主要表现在下述几个方面。

（1）地面设备系统对导弹武器系统的生存能力有决定性的影响。为了保护导弹武器系统，通常都要部署弹道导弹预警系统，它虽然能够早期发现来袭弹道导弹的运动参数，为导弹武器系统提供一定的预警时间，但由于任何预警系统的发现概率不可能为百分之百，即虚警率不可能为零，故必须对导弹武器系统采取隐蔽、伪装、加固及机动等措施。工程实践表明，落实上述措施主要依赖地面设备系统。譬如，通过伪装设计，可以提高导弹武器系统的生存能力；地下井中的抗核减振装置能够有效地保护导弹及其发射设备；铁路或公路运输设备能够使导弹及时逃离核环境并进入安全区域。一定程度上，可以说地面设备系统是保护导弹武器系统的最后一道屏障。

（2）地面设备系统对导弹武器系统的作战能力有重要的影响。将导弹发射出去是导弹武器系统具有作战能力的先决条件，而发射导弹又主要依赖地面设备系统。作战实践表明，地面设备系统对实现导弹安全、快速和可靠的发射具有非常重要的作用。导弹武器系统的安全性与可靠性不仅是指地面设备系统在自身运转过程中，不发生任何预案之外的不可修复的故障，而且还指地面设备系统必须保证导弹在发射准备与发射过程中的安全性与可靠性。快速性是指地面设备系统能够快速地进入作战状态，并按规定的发射工艺流程与程序时间完成导弹的发射准备与发射。为了提高导弹武器系统的作战能力，通常对地面设备系统采取伪装、加固、冗余和自动化等技术措施。

（3）地面设备系统对缩短导弹或运载火箭的发射准备时间具有重要的作用。由于导弹或运载火箭的绝大部分发射准备工作都与地面设备系统有关，故提高地面设备系统的自动化水平和使用可靠性对缩短导弹或运载火箭的发射准备时间具有十分重要的意义。较短的发射准备时间可以提高导弹武器系统的快速反应能力与生存能力；可以提高导弹武器系统的作战能力；可以充分、有效地利用航天器的发射窗口；可以提高地面设备系统与发射工程设施的利用率，即提高了运载火箭系统的技术经济性能。

（4）地面设备系统对导弹发射方式的选择与确定具有较大的制约作用。在设计导弹时，总是希望能以任何一种发射方式和最简单的地面设备系统完成导弹的发射任务，然而，囿于导弹与地面设备系统的研制水平，这种良好的愿望总是难以实现，一种导弹只能使用一种或几种发射方式进行发射是不争的事实。在研制过程中，若只根据导弹进行设计，不能正确地解决地面设备系统的技术、经济和研制时间等问题，则再理想的发射方式也无法实现。譬如，对于结构尺寸与质量均较大的导弹，若拟采用公路机动发射方式，则必须重点解决大吨位公路车辆的通过性与机动性及全天候气象条件下的快速定位与定向等问题，否则，这种导弹的公路机动发射就只能是纸上谈兵。

（5）地面设备系统决定或影响发射工程设施。地面设备系统的土建及工艺要求是确定发射工程设施的基本依据。譬如，瞄准间的位置、结构形式及建筑规模主要与瞄准设备的工作距离、瞄准范围、工作仰角、配套数量及使用要求等有关；气瓶库的位置、结构形式及建筑规模主要与气源压力、气源种类、气瓶与配气设备等的数量、设备布局、使用及安全要求等有关；加注库的位置、结构形式及建筑规模主要与推进剂的贮量、加注方式、物理与化学性质、设备数量与布局、使用及安全要求等有关；转载间的位置、结构形式及规模主要与运输设备、停放设备、起重设备及转载要求等有关。

（6）地面设备系统对导弹的结构参数有一定的影响。在确定大型导弹的诸如长度、直径及质量等结构参数时，不仅应考虑导弹的射程、威力及级间质量匹配等，而且亦应考虑对导弹实施铁路或公路运输的可能性；若装载导弹的铁路或公路运输设备不能按要求通过规定的铁路线路或等级公路，或虽能通过但其机动性能不满足导弹武器系统的战术技术要求，则必须根据地面设备系统的技术可能性适当地调整导弹的结构参数，以使导弹与地面设备系统之间有最佳的协调性。

（7）地面设备系统对导弹或运载火箭技术准备场地和发射场地的选择有一定的影响。技术准备场地和发射场地的位置与面积不仅与导弹或运载火箭的类型、航区、落点、战术要求和技术经济指标等有关，而且与地面设备系统也有一定的关系。地面设备系统对导弹技术准备场地和发射场地选择的主要影响是：在基本不破坏场地地貌与地场的情况下，场地应便于地面设备系统的平面布局，并为地面设备系统提供较好的隐蔽条件；技术准备场地与发射场地应有适当的距离，以使地面设备系统具有导弹武器系统规定的快速反应能力、机动性及安全性；在导弹武器系统具有多个发射场地的情况下，一个技术准备场地应能对多个发射场地提供技术支援。地面设备系统对运载火箭技术准备场地和发射场地选择的主要影响是：对于大型运载火箭，大约90%的起飞质量是液体推进剂，它们通常有毒，且易燃易爆，大多贮存于发射场地固定贮罐或活动槽车中，为了提高发射场地的安全性能，应将发射场地选在人烟稀少、地势比较平坦开阔及水源比较充足的地方；发射场地应便于地面设备系统的平面布局；发射场地应与铁路和公路等有一定的安全距离；将运载火箭和地面设备等由生产厂运往技术准备场地的方式有铁路、公路、水路和空运等，但使用最多的还是铁路运输方式。为此，要求技术准备场地尽量靠近铁路干线，这样既可缩短运输时间，又可节省专用铁路线的建造费用，还可减少地面设备的配套数量；为了减少专用输电设备及提高供电系统的使用可靠性，应使技术准备场地和发射场地尽量靠近工业电力网络；技术准备场地与发射场地应有适当的距离，以提高技术准备场地的安全性能和发射场地的利用率。

地面设备系统是由很多分系统或设备组成的整体，在技术状态、组成及使用等方面具有复杂系统工程的特点。

地面设备系统的种类多，组成复杂，专业面广。不仅有导弹或运载火箭地面设备系统，而且不同的导弹或运载火箭又有不同的地面设备系统；即使对于同一种导弹，若采用多种发射方式，也必须研制多种不同的地面设备系统；甚至导弹武器系统战术技术指标或运载火箭系统技术经济指标的变化也会使地面设备系统的技术状态和组成等发生变化。为了完成导弹或运载火箭的发射准备与发射，地面设备系统必须具有发射工艺流程规定的多种特定功能，它们分别由属于不同专业的分系统或设备提供，故组成复杂和专业面广是地面设备系统的基本属性。导弹或运载火箭地面设备系统通常由机械、电气、电子、液压、气压、控制和光学等数百甚至上千项设备组成，它们大多配置在技术准备场地和发射场地，与发射工程设施共同组成发射及勤务保障体系。

地面设备系统的使用环境恶劣。在使用过程中，地面设备系统可能会遇到气候环境、力学环境、发射环境、水下环境、生物环境、化学环境、爆炸大气环境、电磁干扰环境、雷电环境和地震环境中的几种，它们形成了地面设备系统的综合使用环境。在综合使用环境中，地面设备系统仍能正常地运转。譬如，在核爆炸引发的力学、热辐射、核辐射及电磁干扰环境中，抗核减振装置应能有效地保护导弹及地面设备；在低温及高压状态下，气管连接器应能可靠地向火箭供气并顺利地脱落；在常温及高温的环境中，加注系统应能按规定的流量、压力和时间向火箭加注低温（20 K）液体推进剂；在低等级的冰雪路面上运输结构尺寸与质量较大及过载能力较小的导弹时，运输设备应有良好的减振性能及机动性能；在高温（1 600 K）及高速（3 000 m/s）腐蚀性燃气的作用下，发射台应能可靠地支撑火箭或导弹，并能顺利地排导燃气流。

地面设备系统是贮存与使用交替和不可维修性与可维修性并存的系统。与短时间一次使用的火箭或导弹相比，地面设备系统是贮存与使用交替且贮存时间大于累积使用时间的系统。地面设备系统的贮存时间短则几个月，长达数年甚至更长。地面设备系统的一次使用时间通常为数小时至数十小时，累积使用时间可达数百小时至数千小时。这种交替使用的特点要求地面设备系统具有较长的使用寿命，在条件相对恶劣的贮存期内，地面设备系统应保持良好的技术状态，并可快速投入再使用。为了保证火箭或导弹的准时发射，通常不允许地面设备系统在航天器发射窗口或导弹武器系统的预警时间内出现任何故障，若一旦出现故障，则应立即启用故障分系统或设备的备份部分。为了避免或减少这种情况，要求地面设备系统具有很高的使用可靠性和确定的无故障操作时间，这就是地面设备系统的不可维修性。地面设备系统的不可维修性主要是指发射场地以内的分系统或设备，尤其是指射前几分钟或数十分钟必须使用的发射场地以内的分系统或设备，因为排除它们的故障势必要花费一定的时间，这将打乱既定的发射工艺流程，有可能酿成错过发射窗口或贻误战机的不良后果。对于发射场地以外的分系统或设备，由于有足够的时间排除它们可能发生的故障，基本不会影响火箭或导弹的发射准备与发射，这就是地面设备系统的可维修性。

航天技术的发展促进了发射技术的变化，新的发射技术孕育与催生了新的地面设备系统。与发射技术一样，军事与市场需求、科学与技术基础、经济发展水平和研制经验等也是新型地面设备系统产生与发展的动力。

随着发射技术的发展，地面设备系统在未来军事对抗与航天市场的竞争中将发挥越来越大的作用。导弹命中精度的不断提高、侦察技术的日臻成熟和现代战争的突然性向地面设备系统提出了更新、更高的要求，地面设备系统将以全新的军事系统工程的面貌出现，不断采用最新科研成果，从整体上经济、有效地解决导弹武器系统的生存能力与作战能力等问题，并促使地面设备系统向小型化、智能化和光机电一体化的方向发展。

由于空间开发规模的迅速扩大，各种高性能、多用途运载火箭与航天器不断出现，地面设备系统将研制使用可靠性高、操作方便、可维修性好和使用寿命长的大型通用发射平台，快速、有效地提高运载火箭系统的技术经济性能。

微电子技术、计算机、新材料及新工艺的应用将为地面设备系统的研制开辟新的途径。譬如，计算机不仅用于地面设备系统的设计计算、仿真模拟试验和试验过程的数据处理，而且在发射过程控制、分系统程序控制、设备工作状态设置及故障诊断等方面发挥越来越大的作用。

虽然早期的运载火箭大都使用稍加修改的导弹地面设备系统在导弹试验场实施发射，但随着航天技术和发射技术的发展，运载火箭地面设备系统与导弹地面设备系统的通用性越来越小，运载火箭地面设备系统与导弹地面设备系统逐渐向不同的方向发展，并形成了各自独立的体系。

由于运载火箭地面设备系统中的指挥系统、测试发射系统（包括测试设备、活动勤务塔、固定脐带塔、发射台、发射控制设备、瞄准设备、加注系统、供气系统、供电系统、消防系统和空调通风系统等）、测控系统、通信系统、气象系统和技术勤务系统等已在与航天器发射场有关的书籍中做了介绍，故这里仅简单介绍几种典型导弹地面设备系统。

5.2 弹道导弹地面设备系统

5.2.1 战略弹道导弹地面固定发射地面设备系统

5.2.1.1 "雷神"导弹地面固定发射地面设备系统

"雷神"导弹地面固定发射地面设备系统由美国道格拉斯飞机公司研制，组成比较复杂，其研制成本约为整个导弹武器系统的87%，主要由发射架、运输起竖车、发射控制设备、导弹测试设备、供电设备、加注设备、供气设备、瞄准设备、弹头运输车、辅助设备和液压传动设备等组成。除发射架外，其他设备分装在6辆拖车上，并在拖车上使用。

"雷神"导弹的对接、起竖和发射过程如图5-1所示。

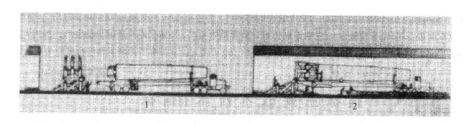

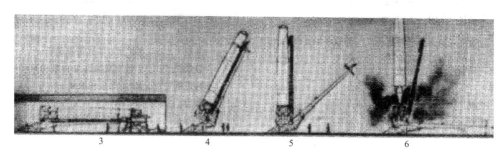

图5-1 "雷神"导弹的对接、起竖和发射过程

（上图右与下图左连接）

（1）发射架位于发射位置，水平状态的导弹位于运输起竖车上，导弹的环境保护罩位于撤回位置。

（2）发射架倾斜并与导弹连接，已卸下车轮的运输起竖车与发射架连接。

（3）撤出运输起竖架牵引车，通过弹头运输车对接弹头，然后起竖架顶杆与运输车底盘连接，连接脐带杆。

（4）在起竖架作动筒的推动下，运输起竖架、脐带杆和导弹平稳地升至垂直发射位置，起竖过程约需 1 min。

（5）当起竖架上的卡环脱离导弹后，运输起竖架回落至水平状态，但仍与发射架底座相连，向导弹内加注液体推进剂（煤油和液氧）。

（6）插头脱落，脐带杆折倒，导弹点火离开发射架。

导弹在技术阵地检查测试合格后，通过运输起竖车运往发射场，每个发射场配备 3 个发射架，发射架之间的距离约为数百米。发射架为支承式，结构质量约为 1.36 t，由上、下钢结构组成。在发射场，将发射架的车轮卸下，用螺栓将下部钢结构固定在混凝土基座上，通过起重机将上部钢结构放在下部钢结构上，并用铰链将上、下钢结构连接固定起来。

下部钢结构上装有液压传动设备，它能将起竖架与导弹从水平状态起竖至垂直状态。

上部钢结构的底板又是燃气导流器，在导流器的周围有 6 个高约 3 m 的支柱。支柱由上、下两部分组成，上部分铰接在下部分上，通过下部分上的液压传动设备调节 6 个支柱的相互位置。导流器的上方有一个凸台，其上装有固定导弹的维护装置和构架式塔柱。塔柱用于安装导管与导线，以便在导弹发射前向弹头和制导系统供应压缩气体和电能。

5.2.1.2　"宇宙神"导弹地面固定发射地面设备系统

"宇宙神"导弹地面固定发射地面设备系统由美国通用动力公司研制，主要由运输拖车、起竖设备、发射台、控制站、发射控制测试设备、瞄准设备、加注设备、供气设备和辅助设备等组成。"宇宙神"导弹垂直竖立在发射台上的状态如图 5-2 所示。

半挂型运输拖车既能将导弹从生产厂运至发射阵地，又可作为空运时导弹的水平停放设备。运输拖车由标准的 M-52 型牵引车牵引，长度为 24 m，宽度为 4 m，高度为 4.3 m（装弹时），结构质量为 12.5 t，在平直公路上的最大行驶速度为 80 km/h，转弯时的最大行驶速度为 16 km/h。

起竖设备为钢管焊接构架式起重设备，其一端装有大型夹具，用于夹紧导弹的头部。起竖设备用 56 kW 的电动液压系统驱动，起竖时间约为 115 s。

发射台是钢筋混凝土结构，高出地面约 3 m。发射台上装有发射器，它由 4 根大型钢管焊接而成，其中两根钢管起支撑作用，另外两根钢管起牵制作用。发射台通过四点支撑保证导弹的垂直度，发射台的水平调整精度为 1°。发射台上还装有能够测量导弹结构质量、液体推进剂加注量和火箭发动机推力等的应变仪，测量精度可达 0.5%。发

图 5－2　"宇宙神"导弹垂直竖立在发射台上的状态

射台上装有脐带杆，用于支撑加注管路、供气管路和电缆。发射前，各种液、气、电插头先行自动脱落，然后导弹点火起飞。

控制站及发射控制测试设备配置在距发射台约 300 m 的钢筋混凝土掩体内，发控操作与指挥人员可通过自动检测设备、电视设备、控制台和通信设备等控制导弹的发射。"宇宙神"战略导弹采用自动测试与检测设备，发射前的检测仅需几秒。

5.2.2　战略弹道导弹地下井贮存、地面发射地面设备系统

5.2.2.1　"宇宙神"导弹地下井贮存、地面发射地面设备系统

"宇宙神"导弹地下井贮存、地面发射地面设备系统由美国通用动力公司研制，主要由地下井、发射管、发射管构架、发射控制中心、发射台、瞄准设备、加注设备和供气设备等组成。

　　地下井由井筒和井盖组成。在地下井内安装了发射管，导弹垂直竖立在发射管内的发射台上。井筒内壁有混凝土衬里，深度为 53 m，内径为 15.8 m。井盖为对开式钢筋混凝土结构，铰接在地面上。

　　发射管呈八边形，通过构架悬挂在井筒的内壁上，结构质量为 1 361 t，高度为 46.9 m，分为 8 层，各层配置了用于发射与维护导弹的设备。第一层（最上面的一层）安装了升降系统，可将导弹提升至地面。第二层安装了一对液压动力系统和地下井空气处理系统，液压动力系统能使两扇井盖绕自身枢轴转动，以实现开启或关闭。第三层安装了电子设备，供发控系统使用。第四层安装了加热与空调系统，它既能使井筒内的温度保持在 21 ℃±3 ℃ 的范围内，又能使井筒内的气压处于平衡状态。第五层和第六层安装了柴油发电机组。第七层安装了液体推进剂加注系统。第八层安装了液体推进剂贮罐。

　　发射管构架通过 4 对支柱式悬挂系统将发射管和导弹悬挂起来。支柱式悬挂系统相当于一个 15.2 m 长的单摆，这种高质心摆式减震器装置的水平减振能力由长摆杆提供；长摆杆既能使减振系统沿水平方向的固有频率降得很低，以提高系统在水平方向的减振能力，也能消除减振系统在水平方向与垂直方向的耦合振动。

　　发射控制中心是一个直径为 12 m 并有钢筋混凝土内衬的地下室，分上、下两层，其内安装了发控设备和通信设备等，它与井筒和地面之间有坑道，并通过防爆门隔开。

　　发射台是一个安装在发射管内的钢构架，高度为 13.7 m，底座面积为 1.57 m²。发射台沿着固定在发射管构架上的 3 根导轨上升与下降。完成导弹的垂直分系统测试和总检查后，先向导弹贮箱加注液氧和煤油，然后打开井盖，再通过提升机将带着导弹的发射台提升至地面，最后导弹点火起飞。发射导弹时，用导流器排导火箭发动机喷出的燃气流。为了延长导流器的使用寿命，每次使用前，都在导流器的表面喷涂耐烧蚀的灌浆层。

5.2.2.2　"大力神 1"导弹地下井贮存、地面发射地面设备系统

　　"大力神 1"导弹地下井贮存、地面发射地面设备系统由美国马丁公司研制，主要由地下井、提升机、发射台、地面制导站、推进剂快速加注系统、供气设备、运输设备、瞄准设备和辅助设备等组成。

　　地下井由井筒和井盖组成。井筒是钢筋混凝土结构，直径为 12.2 m，深度为 48.3 m。井盖为对开式钢筋混凝土结构，每扇井盖的尺寸为 4.95 m × 7.20 m × 1.06 m，结构质量为 106 t，可承受 22 261 kN 垂直载荷或 686 kPa 超压。导弹和发射台垂直竖立在结构质量约为 480 t 的钢制吊篮上，吊篮通过 8 根组合弹簧固定在井筒内壁上，在冲击作用下，其运动范围为 ±600 mm，能有效地保护导弹和发射平台免遭核爆炸的破坏。完成导弹的垂直分系统测试和总检查后，先向导弹贮箱加注液氧和 RP−1，然后打开井盖，再通过提升机将带着导弹的发射台提升至地面，最后导弹点火起飞。

　　推进剂室距井筒 12 m，是一个直径为 12.2 m 的球形建筑物，壁厚为 457 mm，顶板

厚为 1.8 m，底板厚为 1.95 m。推进剂室内有液氧加注系统、氧气输送系统和氦冷却剂。容量为 102.7 m³ 的液氧贮罐位于与推进剂室隔开的附属建筑物里。

设备室是一个直径为 12.9 m、高为 21.15 m 的 4 层圆柱形建筑物，距井筒为 13.5 m，其内主要有井盖开启设备、空调设备、发射检测设备、动力设备和提升机的控制设备。

控制中心是一个距地面 5.18 m 的钢筋混凝土拱形结构，直径为 30.5 m，高度为 11.25 m，用弹簧桁梁支承，使地板与拱形结构隔开。控制中心内主要有发射控制台、有线与无线通信设备、计算机和自动判读设备等，用于监视、显示和控制导弹的发射准备与发射。

动力室是一个距控制中心 36 m、跨度为 37 m 的拱形建筑，其内安装了 4 台总功率为 1 000 kW 的柴油发电机，可为导弹武器系统提供连续发射 3 枚导弹所需的电力。

天线室距动力室 180 m，有两个天线井，其中一个备用，天线用于跟踪导弹主动段的飞行。

辅助设备主要包括电子设备、电气设备、液压设备、空气冷凝设备、导弹释放设备、维修设备、水平停放设备和工作台（梯）等。

5.2.3 战略弹道导弹地下井发射地面设备系统

5.2.3.1 "大力神 2" 导弹地下井发射地面设备系统

"大力神 2" 导弹地下井发射地面设备系统由美国马丁公司研制，主要由地下井、发射台、发射控制设备、加注设备、供气设备、瞄准设备、供电设备、通信设备和辅助设备等组成。

"大力神 2" 导弹的发射阵地由地上设施和地下加固设施组成。地上设施主要包括停车场、围墙、照明设备、目标观察站、推进剂与电气连接导管、天线、水塔和气象站等。地下加固设施主要包括地下井、控制中心、防爆闸门、连接通道、应急出入口和加固通信设备等。

地下井如图 5-3 所示。地下井由井筒和井盖组成。井筒直径为 16.7 m，深度为 44.5 m，井筒内衬为 900 mm 厚的消声材料；井筒两侧是位置对称、直径较小的排烟道，底部有 W 形导流器；井筒内安装了发射台、升降平台、危险敏感装置、电梯和可伸缩隔振工作台等。井盖是一个结构质量为 750 t 的滑动门，由液压作动筒打开或关闭，能抗核攻击。

控制中心是一个加固的钢筋混凝土构筑物，直径为 11.2 m，高度为 13.4 m，其内有 3 层防震结构。最上层为操作人员休息室和机械设备室，第二层为控制中心和电子设备室，第三层为设备贮存间。当地下井受到核攻击时，防爆闸门自动关闭，操作人员使用自备的空气和供水系统。控制中心内有发射控制设备、监测与监控设备、供电设备和通信设备等。

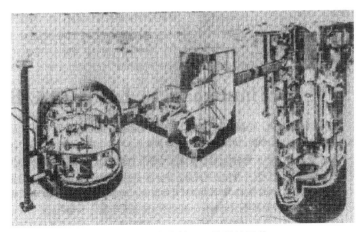

图 5-3　"大力神 2"导弹地下井

发射控制装置由发射控制综合设备控制台、控制-监测装置和配电控制设备等组成,用于监测、显示和控制目标瞄准状态、电源运行状态及导弹的发射准备与发射等。发射控制综合设备控制台能够对导弹武器系统进行发射监控、战备监控和设备监控。发射监控是指切断各系统、选择目标、监测发射程序、启动和停止发射等。战备监控是指监测与显示作战制导系统、配电设备和导弹状态等。设备监控是指监测与显示发射阵地危险和设备故障状态等。

通信系统用于战略空军司令部、导弹中队和发射阵地,主要包括高频、超高频无线电通信设备和一般的无线与有线通信设备。

5.2.3.2 "民兵"导弹地下井发射地面设备系统

1. "民兵 1"导弹地下井发射地面设备系统

"民兵 1"导弹地下井发射地面设备系统由美国波音公司研制,主要由地下井、发射控制设备、发射台、运输起竖车、供电设备、瞄准设备、通信系统、减振系统和安全墙等组成。

地下井为简易井,由井筒和井盖组成。井筒为钢筋混凝土结构,直径为 3.66 m,深度为 25 m,上部为两层环形设备室,装有防震地板;井筒的后勤供应室内有环境控制系统和一台备用柴油发电机,环境控制系统能保证井筒内的温度在 24 ℃±6 ℃的范围内,相对湿度不大于 60%。井盖的厚度为 1.22 m,结构质量为 85 t,在导弹发射前 12～15 s打开。发射导弹时,燃气流直接从导弹周围排出,井筒底部有火焰偏流器。地下井能抗2 060 kPa 的超压,与相邻井的距离为 9～16 km,以保证一枚核弹头不能同时摧毁两口地下井。

发射控制中心距离地面 15 m,与地下井的距离大于 5.5 km,其内除安装发射控制设备外,还有应急电池和生活物资。发射控制中心内的环境温度为 24 ℃±1 ℃,相对湿度约为 45%。

运输起竖车能将"民兵1"导弹（不含弹头和制导舱）从生产厂运至发射阵地，并将之安装到地下井内的三点悬挂减振系统上。运输起竖车包括牵引车、装载导弹容器的拖车和井口装填设备等。运输起竖车装载导弹时的总质量为 49 t。牵引车的功率为 205 kW，高度约为 1.83 m，底盘最小离地高度为 0.23 m，可爬 17°的斜坡。装载导弹的容器用铝镁合金制成，长度为 19.4 m，宽度和高度均为 2.44 m，结构质量约为 4 t；容器内安装了导弹托架，在导弹与托架及托架与容器之间又安装了防振架，以满足导弹在公路运输过程中的过载要求；由于对容器壁采取了绝热措施，故容器内部的温度（27 ℃±9 ℃）和相对湿度（不大于 57%）能够满足固体推进剂对环境条件的要求。井口装填设备主要包括液压动力装置、两个千斤顶、液压升降机和控制台。待导弹在井内定位后，再依次安装制导舱和弹头。

"民兵1"导弹的指挥、控制及通信系统用于传输指令和自动显示战斗准备状态与维护状态信息，主要由信息处理系统、状态鉴别系统、电缆通信系统（包括有线话音系统和数据记录系统）、无线电通信系统、主电源和备份电源等组成。

2. "民兵2"导弹地下井发射地面设备系统

在"民兵1"导弹地下井发射地面设备系统的基础上，"民兵2"导弹地下井发射地面设备系统做了以下改进。

（1）由于 D37 计算机承担了原属于地面设备系统的许多功能，加之采用了微电子技术，故使地面辅助与测试设备的质量由 430 kg 减至 41 kg。

（2）用于发射控制的计算机能够提供更多的信息量，诸如操作人员工作状态、目标时间控制和导弹起飞时间预测等信息与改进的制导系统一起使导弹武器系统的目标选择能力提高了 8 倍。

（3）由于采用了自准直技术和可遥控校准平台，故在 360°范围内可迅速变换瞄准目标，不再如"民兵1"那样，重新瞄准时，需要操作人员在井内转动导弹。

（4）导弹的发射准备时间与发射除了在发射控制中心通过地下电缆和无线电网进行指挥控制外，还可由空中指挥所通过无线电指令控制发射。空中指挥所原来设在 EC-135 飞机上，1973 年，改用装载量大和续航能力强的 E-4A 飞机。"民兵2"导弹的指挥、控制和通信系统用 24 位数字编码系统替代了原"民兵1"的发射保险系统，新系统处理的发射指令只能是经授权的真实指令，不再含有任何虚假的发射指令。

（5）1971—1979 年，对"民兵2"导弹地下井进行了加固，主要加固措施与"民兵3"导弹地下井相同。

3. "民兵3"导弹地下井发射地面设备系统

1971—1977 年，对"民兵3"导弹地下井进行了加固，加固后，地下井的抗压能力可达 7～14 MPa。地下井的主要加固措施是：①改进导弹的悬挂系统，将发射台等安装在由隔震板支撑的悬浮地板上，有效地提高了导弹武器系统的抗地震冲击波的能力。

②为井盖填加了一层厚度为 250 mm 的硼酸盐防辐射混凝土，提高了地下井防辐射和抗空气冲击波的能力；填加防辐射混凝土后，井盖的厚度为 1.47 m，结构质量约为 100 t。③沿井盖周围安装了碎片收集器，它可收集由核爆炸产生的尘埃、碎石、积雪和冰块等，避免它们落入井内损伤导弹。

"民兵 3"导弹的指挥、控制和通信系统比"民兵 2"导弹更加完善，除了有地面电缆通信系统、无线电通信系统和空中指挥所以外，还配置了卫星通信系统、紧急火箭通信系统和攻击后指挥控制系统，大幅度提高了导弹武器系统的生存能力与作战能力。

5.2.3.3　"MX"导弹地下井发射地面设备系统

"MX"导弹地下井发射地面设备系统由美国马丁公司研制，它与"民兵 3"导弹地下井发射地面设备系统基本相同。1993 年，美国将数十枚"MX"导弹部署在改进后的"民兵 3"导弹地下井内。"民兵 3"导弹地下井的修改内容主要是：①地下井的抗压强度从 14 MPa 提高到 35 MPa；②井底增加了一个特制的隔振台，它直接支撑装在钢制发射筒中的"MX"导弹，而不像"民兵 3"导弹那样悬挂在井内。

5.2.4　战略弹道导弹公路机动发射地面设备系统

5.2.4.1　"侏儒"导弹公路机动发射地面设备系统

"侏儒"导弹采用公路机动冷发射方式，其地面设备系统由美国波音公司、古德伊尔公司和帕卡公司联合研制，主要由加固机动发射车和加固的指挥、控制、通信及情报系统等组成。

加固机动发射车是一种抗核加固的重型轮式车辆，主要由牵引车、挂车、轮胎中央充放气系统、锚定器、升降系统、柴油发动机、电视摄像机、测发控设备、空调设备和防核生化设备等组成。加固机动发射车的长度为 30.48 m，宽度为 3.7 m，高度为 2.7 m，总重约为 90 t，机动范围为 3.2 万 km²，在平坦路面上的最高车速可达 88.5 km/h，公路及越野行驶速度为 30～40 km/h。这种加固机动发射车的使用可靠性高，使用寿命长，行驶速度高，能快速完成远距离转移；与履带式车辆相比，可更多地采用民用汽车标准件和组件，生产成本较低，便于维护与保养。

牵引车为 4 轴 8 轮，采用 SDA－21 转向驱动桥，它既能使加固机动发射车具有公路行驶速度，又能使车辆便于维修。牵引车采用标准的钢丝子午线轮胎，直径为 1.37 m，宽度为 0.61 m。由两名乘员驾驶牵引车，核攻击时，牵引车的风挡可以关闭，这时乘员可通过驾驶室的电视屏幕操纵车辆。

挂车为 3 轴 6 轮，车轮的直径和宽度与牵引车相同。挂车上装有导弹发射筒和起竖装置，发射筒内装有导弹。为了防止核爆炸产生的冲击波损伤导弹，挂车上的升降系统能使挂车降至距地面约 380 mm 的位置，然后挂车自由落到地面，在重力作用下，挂车边缘插入地面，形成裙状密封。

轮胎中央充放气系统能够根据路面情况为行驶中的加固机动发射车的 14 个轮胎充气或放气，使加固机动发射车具有较好的通过性。轮胎中央充放气系统安装在加固机动发射车的转向和不转向驱动桥内，空气从桥的中心吸入，经轮辋罩组件的空气管路进入轮胎。

锚定器能够将处于核爆炸环境中的加固机动发射车锚在地面上，避免其在空气冲击波或地震波作用下产生不能承受的位移。在驻车状态下，加固机动发射车能够承受 0.13～0.34 MPa 的超压，这相当于距 1 Mt 梯恩梯当量核弹头爆心 4.8 km 处的超压，也就是说，在遭受核打击的情况下，只要加固机动发射车距该当量核弹头爆心超过 4.8 km，就不会因核爆炸效应发生翻车或损坏。

加固机动发射车有两台增压式柴油发动机，一台装在牵引车上，功率为 559 kW；另一台装在挂车上，功率为 410 kW。

加固机动发射车有 4 台电视摄像机，3 台位于牵引车的前部，1 台位于牵引车与挂车的连接处。

加固的指挥、控制、通信及情报系统主要由软固定发射控制中心、地面机动发射控制中心和重复的 C^3 网络组成，该系统还能利用类似于"民兵"导弹的机载发控中心作支援，并通过超高频和甚高频通信线路与加固机动发射车保持联络。

"侏儒"导弹的发射准备时间约为 15 min。在 30 min 内，500 枚"侏儒"导弹的疏散区域可达 725 000 km²。

500 枚"侏儒"导弹放在 500 辆加固机动发射车上，部署在 3 个"民兵"导弹基地上。平时，载有导弹的加固机动发射车隐藏在有人值守的掩体内。战时，载有导弹的加固机动发射车快速离开掩体进入警戒状态，只有在受到攻击时，载有导弹的加固机动发射车才被允许在洲际高速公路上机动。

5.2.4.2 "白杨 M"导弹公路机动发射地面设备系统

"白杨 M"导弹采用公路机动冷发射方式，其地面设备系统主要是指运输起竖发射车（图 5-4），它采用了明斯克拖拉机重工联合体研制的 MAZ-79221 型 16 轮驱动的军用重型越野运输车，前后各有 6 轮能够动力转向，底盘能够适应各种路面，可在 -40 ℃～50 ℃ 的恶劣环境中使用，可部署在俄罗斯版图的任何地方。

"白杨 M"导弹运输起竖发射车的长度为 22.8 m，宽度为 3.05 m，高度为 3.8 m，最小转弯直径接近 40 m，整备质量为 44 t，装载质量为 80 t，最高行驶速度为 40 km/h，最大燃油续驶里程为 500 km；配备了 YAMZ 847 型涡轮增压四冲程柴油发动机，输出功率为 800 马力[①]。

"白杨 M"导弹运输起竖发射车上有一双层保温容器，平时，容器用于贮存与运输

---

① 1 马力=0.735 kW。

导弹;战时,作为导弹的发射筒。

图 5-4 "白杨 M"导弹运输起竖发射车

"白杨 M"导弹运输起竖发射车到达预定发射地点后,导弹的主要发射准备与发射程序是:①水平打开发射筒的顶盖;②对导弹进行水平测试;③对导弹进行瞄准定向;④对运输起竖发射车进行调平;⑤起竖导弹;⑥发射导弹。

"白杨 M"导弹运输起竖发射车的主要特点是:①采用了先进的冷发射技术,减少了弹射过程中导弹上的过载与压力,降低了发射筒内压,减少了发射筒的结构质量,有利于快速机动与发射;②采用燃气蓄压器,实现了快速调平与快速起竖,能在 1 min 内使导弹由水平状态变成垂直状态;由于采取了控制措施,起竖过程中的导弹过载仍满足要求。③发射筒顶盖在起竖前水平状态下打开,并能自动解锁与自动脱落,简化了垂直操作项目,起竖后可立即发射;④在水平状态下完成导弹的测试与瞄准定向,转为自动发射程序后 1.5 min 内可将导弹发射出去。

5.2.5 战略弹道导弹铁路机动发射地面设备系统

"SS-24"导弹采用铁路机动冷发射方式,其铁路发射列车是典型的战略弹道导弹铁路机动发射地面设备系统,由苏联特种机械设计局和尤尔金机械制造厂研制,它采用一列车三发弹、20 节车厢的编组模式,主要由 1 个牵引单元、3 个发射单元、1 个指挥站、1 辆能源车和 1 个生活单元组成。根据作战需要,列车可分解为 3 个相互独立的作战单元,每个作战单元都包括 1 辆机车、1 辆发射车、1 辆控制车和 1 辆辅助车。列车解列前可整车控制,解列后每个作战单元可独立控制,并受指挥站指挥。列车储备的生活物资可以满足列车独立运行 120 h 的需要。

"SS-24"导弹铁路发射列车如图 5-5 所示,"SS-24"导弹装填运输车如图 5-6

所示，"SS-24"导弹的起竖状态如图5-7所示。

图5-5 "SS-24"导弹铁路发射列车

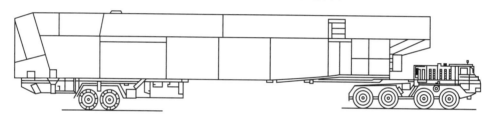

图5-6 "SS-24"导弹装填运输车

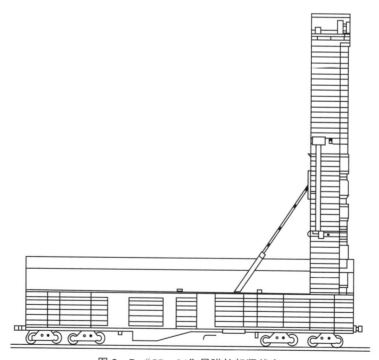

图5-7 "SS-24"导弹的起竖状态

牵引单元包括 3 辆内燃机车，每辆机车都配置了列车内部通信系统和铁路部门的列调系统。

每个发射单元都包括 1 辆发射车、1 辆控制车和 1 辆辅助车。发射车内有发射筒（含1 枚导弹）、弹射动力装置、液压起竖装置、瞄准设备、空调设备、活动车顶盖、消防设备、火灾自动探测与灭火设备、列车内部指挥与通信系统和生活间等。控制车内有线通信设备、无线接收设备、控制设备、温湿度保障系统、卫星通信设备和太阳能电站等。辅助车内有自备电源、技术辅助设备和工艺设备等。

指挥站包括 1 辆指挥车、1 辆通信车和 1 辆电源车。指挥车内有帧同步天线与馈线装置、防护设备、自动控制与监测设备、空调设备、气体保障系统和无线接收设备等。通信车内有无线电发送中心、帧同步天线与馈线装置和温湿度保障系统等。电源车内有4 台柴油机、配电设备和自动消防系统等。

能源车内有柴油机与机油贮存容器、柴油装卸设备、消防设备、通信设备、闸瓦监测设备和供油管路等。

生活单元包括生活车、餐车和储藏车等。

发射车的长度为 23.6 m，宽度为 3.2 m，高度为 5 m；底盘为由 4 个转向架构成的八轴车，装载质量为 135 t；活动车顶盖用液压系统打开；用火药燃气动力将发射筒从水平状态起竖到垂直状态。

发射筒内有保温与导弹自动弹射装置，发射筒的直径为 2.7 m，长度为 18.9 m。

铁路发射列车有专门的掩蔽工事，其长度为 462 m，宽度为 9.2 m，高度为 10.4 m。

5.2.6　战术弹道导弹公路机动发射地面设备系统

5.2.6.1　"潘兴 1"导弹公路机动发射地面设备系统

"潘兴 1"导弹公路机动发射地面设备系统由美国马丁公司研制，主要由弹头装载车、运输起竖发射车、无线电终端设备车、程序器 – 试验设备车和瞄准设备等组成。

弹头装载车是 XM474E2 型履带车，其上装有弹头容器、起重设备和吊具等。

运输起竖发射车是 XM474E2 型履带车，其上装有双轨起竖架、发射台、全功能机电系统、测试电缆杆和手动与自动控制装置等。使用时，将运输起竖发射车开到发射场地，放下发射台和方位瞄准环，作动器借助机电系统将导弹从水平状态起竖到垂直状态，稳定器的千斤顶将发射台精确调平，驱动电机将导弹转到预定的发射方位。若导弹部件还未装到车上，亦可临时装载。

无线电终端设备车是 XM474E2 型履带车，其上装有 AN/TRC – 80 自容式通信设备，用于发射排与指挥部之间的通信联络。

程序器 – 试验设备车是 XM474E2 型履带车，其上装有程序器 – 试验设备和能源设备。程序器 – 试验设备包括自动点火数据计算机、检测设备和辅助设备等，它们装在圆柱形容器中，容器用铝板、聚苯乙烯泡沫塑料和玻璃纤维夹层板制成。自动点火数据计算机给弹上计算机提供所需的全部飞行前的数据。检测设备是一种自检、自校全自动设备，用 1 台汽轮机拖动 2 台交流电机和 1 台直流发电机，为脐带脱落插头分离、有关部位供气及发射前测试等供电。

瞄准设备包括 3 台经纬仪，它们装在卡车上，分别完成水平、垂直和方位瞄准，使"潘兴 1"导弹的惯性坐标系与发射点的地理坐标系精确对准。

XM474E2 型履带车的长度为 5.5 m，宽度为 2.6 m，高度为 1.5 m，装满燃料时的整备质量为 5.355 t，装载质量约为 6 t，最高行驶速度为 64 km/h，能爬 60° 的陡坡，能在 30° 的倾斜路面上稳定行驶，能涉深约 1 m 的水障，如遇深水，还可浮游通过，能在 −54 ℃～52 ℃的环境中满载行驶。该车装有一台 160 kW 的 V8 发动机，底盘有 10 个车轮，每边 5 个，底盘上安装了两台功率分别为 8.2 kW 和 2.24 kW 的发动机，用于启动车辆。

5.2.6.2 "潘兴 1A"导弹公路机动发射地面设备系统

"潘兴 1A"导弹公路机动发射地面设备系统由美国马丁公司研制，主要由起竖发射车、程序器 – 试验设备车、发射控制中心整体设备车和无线电终端设备车等组成。

起竖发射车是半挂拖车，用一台 M656 型轮式车辆牵引，车上装载两级导弹和置于容器内的弹头，并有一套手动或自动起竖发射设备。起竖发射设备包括导弹运载架、液压起竖吊架、发射台、瞄准环、液压气动升降机和电缆杆等。液压起竖吊架能将弹头快速地对接到弹体上。液压气动升降机能将运载架上的导弹快速地从水平状态起竖到垂直状态，这比"潘兴 1"导弹的起竖时间缩短了将近一半。

程序器 – 试验设备车是一台 M656 型轮式车辆，其上安装了程序器 – 试验设备和能源设备。程序器 – 试验设备是一个便携式装置，用于对导弹进行快速测试、发射计时与发射；用于自动测试与隔离故障；用于完成导弹飞行程序模拟操作和控制导弹发射程序试验。程序器 – 试验设备主要包括控制台、计算机和变换器。控制台用于对导弹的发射程序进行控制与显示，并将发射程序、发射点位置、目标位置和弹头爆炸方式等数据传给计算机。计算机接收控制台的指令信号，并将指令信号按数字形式编成一定的程序，提供给变换器。变换器能对来自导弹和地面设备的各种信号进行变换，或送入计算机进行分析，或送往控制台进行显示。能源设备位于车辆的后部，向导弹和地面设备提供电能与高压气体。

发射控制中心整体设备车是一台 M656 型带篷轮式车辆，它是一个掩蔽指挥所，既可监视与指挥发射阵地的活动，也可通过无线电设备与上级指挥机关保持联络，以便核实指挥与控制信息。

无线电终端设备车是一台 M656 型轮式车辆，其上装有无线电终端设备，与"潘兴 1"导弹相同，具有通过对流层传播语音信息与电传打字的通信网，其顶部装有可展开的抛物面天线。

M656 型轮式车辆是一种新型 8×8 牵引运输车，整备质量为 7.33 t，装载质量为 4.45 t，最高车速为 80 km/h，发动机功率为 157 kW，最小转弯直径为 25 m，满载时能爬 60° 的陡坡，牵引 5.8 t 的挂车能以 48 km/h 的速度爬 30° 坡，可涉水浮渡。

相对于"潘兴 1"导弹公路机动发射地面设备系统，"潘兴 1A"导弹公路机动发射地面设备系统最重要的改进是增加了自动定位系统和连续发射转接装置。由于这种自动定位系统采用了与导航系统相类似的陀螺罗盘技术，可以自动确定发射方位，故可使地面设备系统从未经预先勘测的发射点上发射导弹，并可在发射计时期间简化发射操作，缩短发射准备时间。这种连续发射转接装置能使操作人员在一辆发射控制车上控制 3 枚导弹的自动发射计时与发射，而且在每枚导弹发射后都无须撤收或重新敷设电缆，这既可缩短发射准备时间，又可提高导弹武器系统的生存能力与威慑能力。

5.2.6.3 "潘兴 2"导弹公路机动发射地面设备系统

"潘兴 2"导弹公路机动发射地面设备系统由美国马丁公司研制，主要由运输起竖发射车、发射控制车、基准图像生成设备车、系统元件试验站、电气元件供应车、机械构件供应车、电站和辅助设备等组成。

运输起竖发射车（图 5-8）在外形上与"潘兴 1A"导弹的起竖发射车类似，它由牵引车和半挂拖车组成。牵引车是福特公司生产的 M757 型车，牵引质量为 10 t，车上装有 30 kW 标准柴油发电机组和搬运起重机。在发射准备期间，标准柴油发电机组向运输起竖发射车和导弹供电，同时也作为备用电源。在装配与维修期间，搬运起重机用于更换导弹部件。半挂拖车的整备质量为 1 060 kg，车上装有导弹、雷达、弹头集装箱、弹头温控系统、保护罩、电子设备地面接口、液压控制台和两台直流电源（100 A 和 200 A）。不带弹头的导弹置于起竖发射架上，下面有液压起竖系统支撑。需要时，弹头可快速地对接到弹体上。运输起竖发射车传动齿轮的承载能力为 16.36 t。导弹电子仪器

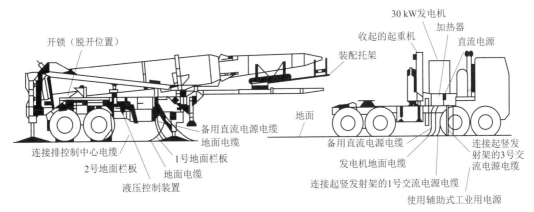

图 5-8　"潘兴 2"导弹的运输起竖发射车示意图

由 200 A 直流电源供电。运输起竖发射车是自容式的，每个发射排配备 3 辆，每辆车可独立使用，最高行驶速度为 60 km/h，续驶里程为 800 km。

发射控制车是一辆整备质量为 2.5 t 的卡车，其上装有排发射控制中心（图 5-9），它是 S-280 型指挥掩蔽所，其内有通信设备和发射控制设备。

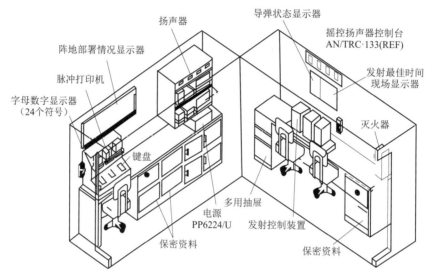

图 5-9 "潘兴 2"导弹排发射控制中心设备

通信设备用于传递如释放核弹头和控制等导弹武器系统的基本指令，主要由 SB-22A 型交换台、AN/TRC-133 型无线电设备和核准的调频设备等组成。发射控制设备包括 3 套远距离发控装置，可同时对 3 枚导弹进行射前测试、发射计时和发射。

基准图像生成设备车是一辆卡车，其上装有基准图像生成设备，如图 5-10 所示。

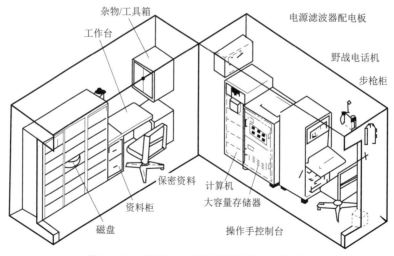

图 5-10 "潘兴 2"导弹基准图像生成设备

基准图像生成设备实际上是一个计算机系统，它能将目标坐标和地形数据列成数字式基准图像并贮存在磁带上，然后通过数据联络线将之引入弹上计算机，以实现末制导雷达图像匹配。预定计划内的目标基准图像由设在高级指挥部的固定设备产生。基准图像生成设备可对预定计划外的目标随时生成图像，可以满足军方在任何时间和任何地点对"潘兴 2"导弹的需求，可以使地面设备系统在几分钟内完成导弹的发射程序，将导弹引向在作战过程中随时出现的任何目标，大大提高了导弹武器系统的作战灵活性。

5.2.6.4　"SS−26"导弹公路机动发射地面设备系统

"SS−26"导弹公路机动发射地面设备系统包括运输起竖发射车、装填车、测试车、维护修理车、指挥车、通信车和生命保障车等，它是俄罗斯研制的最新一代单级固体战术弹道导弹公路机动发射地面设备系统。

运输起竖发射车如图 5−11 所示，它是一种新型全轮驱动轮式越野车，是 9P71 型"oka"导弹发射车的改型，采用 8×8 底盘，整车质量为 40 t，可装载两枚导弹，能在 −50 ℃～60 ℃的环境中正常使用，可在 16 min 内完成导弹的发射准备。

图 5−11　"SS−26"导弹运输起竖发射车

"SS−26"导弹公路机动发射地面设备系统的主要特点是：①由于采用了自动化发射控制与信息保障系统，故导弹的发射准备与发射具有较强的隐蔽性；②运输起竖发射车和装填车等可用包括飞机在内的多种运输工具运输，故导弹武器系统具有较强的战略机动能力；③由于运输起竖发射车是全轮驱动越野车，故有较强的战术机动能力；④能在恶劣的气候环境和强电子干扰环境中使用；⑤在发射准备与发射过程中，无须进行任何修理与校正，具有很高的使用可靠性。

5.2.6.5 "哈德斯"导弹公路机动发射地面设备系统

"哈德斯"导弹公路机动发射地面设备系统主要指"哈德斯"导弹运输起竖发射车（图5-12），它是一种用雷诺 TRH350（6×4）或贝利埃 GBU15（6×6）牵引车牵引的俗称"畅通无阻车"的贝利埃轮式半挂拖车，其上装有发射箱、发射箱自动开盖装置、自动起竖装置、自动检测装置、自动发射控制系统和通信系统等。

每辆运输起竖发射车都有并排设置的两个发射箱，即每辆车都装载两枚导弹。平时，运输起竖发射车部署在发射阵地上；战时，能在任意地点发射导弹，两枚导弹既可以从发射箱同时垂直发射，也可以从发射箱同时倾斜发射。导弹发射后，运输起竖发射车可在 10 min 内自动装填两枚导弹，并能立即开往不引人注目的地点待命。

图 5-12 "哈德斯"导弹运输起竖发射车

5.3 防空导弹地面设备

5.3.1 "爱国者"防空导弹地面设备

美国研制的"爱国者"防空导弹武器系统（一个火力单元的作战设备）由 1 辆指挥控制车、1 辆相控阵雷达车、1 套地面设备和多发箱弹等组成。指挥控制车用于控制火力单元的作战过程。相控阵雷达车用于搜索、跟踪与照射目标,并为导弹提供目标信息。地面设备用于导弹的发射准备与发射。

"爱国者"防空导弹地面设备由导弹发射车、发射箱、电源车、导弹运输车、小型备件运输车、大型备件运输车和维修车等组成。

5.3.1.1 导弹发射车

导弹发射车的主要用途是:运输箱弹;可在最大坡度不超过 10°的地面上调平发射架;完成导弹的射前检查与参数装订;向导弹提供发射初始方位角与高低角;通过自检设备自动监视电子设备与导弹的状态,并定时向指挥控制车报告;通过微波数据链路自动接收指挥控制车的射前导弹制导信息与发射指令;按照发射指令启动发射程序发射导弹。

导弹发射车由牵引车、半挂车、发射架、发电机组、电子设备和发射架连接组合等组成,如图 5-13 所示。

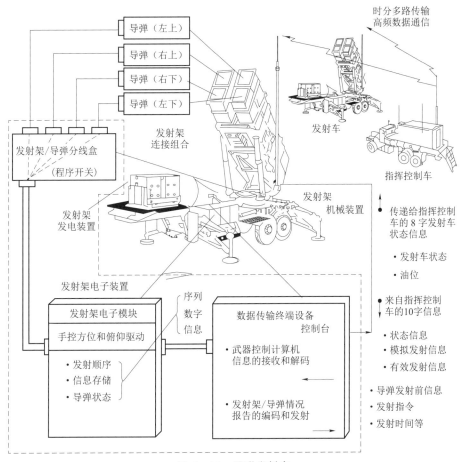

图 5-13 导弹发射车

牵引车为 M-818 型，半挂车为 XM-869 型。

发射架安装在半挂车上，用于支撑箱弹和赋予导弹发射角，由起落架、转盘、基座和电力驱动机构等组成。发射架机械装置如图 5-14 所示。发射架上设有高低角与方位角回转装置，高低角通常为 38°，方位角变化范围为 ±100°，高低角电动机功率为4.21 kW，方位角电动机功率为 2.2 kW。

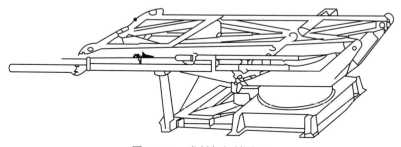

图 5-14　发射架机械装置

发电机组为燃气涡轮发电机，功率为 15 kW，可向导弹与发射架提供频率为 400 Hz、电压为 120 V/208 V 的三相四线交流电。

电子设备用于接收、译码和执行指挥控制车的控制指令，并向指挥控制车定时报告发射架与导弹的状态以及诸受控动作的实施情况。

发射架连接组合由外部导弹数据电路、电源电缆和发射架与导弹分线盒等组成，起程序开关作用。

5.3.1.2　发射箱

发射箱（图 5-15）用于运输和发射导弹。在制造厂，将导弹装入发射箱，发射箱内充有干燥惰性气体，发射箱前后各有用于密封的端盖，前端盖用玻璃纤维和橡胶制成，发射时导弹可直接将之穿破，后端盖用聚氨基泡沫塑料制成，发射时导弹喷出的燃气可将之吹掉。

在发射箱外部，导弹由两条纵向铝制导轨支承（上托式）；在导弹前部上方和两侧有可调导向板，在导弹后部上方也有可调导向板；导弹纵向由制动销支承，在导弹发射车展开时打开制动销，在导弹发射车行驶过程中用扭矩手柄锁住制动销。

导弹发射后，导弹发射车要装上新的发射箱，装填 4 个箱弹的时间为 30 min。

5.3.1.3　电源车

电源车是指挥控制车和相控阵雷达车的交流电源，采用 6×6 越野车底盘，其上装有两台涡轮发电机组，每台涡轮发电机组是功率为 150 kW、频率为 400 Hz 的中频电源，具有一定的抗核电磁脉冲的能力，两台涡轮发电机组通过配电装置连接起来。

配电装置通过 1 根电源电缆和 1 根控制电缆与指挥控制车连接，通过 3 根电源电缆与相控阵雷达车连接。

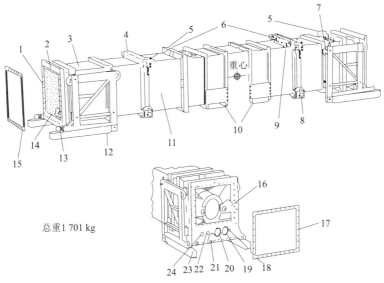

总重1 701 kg

图 5 - 15　发射箱的外形

1—隔热层；2—导弹；3—非滑动表面；4—定位销；5—导弹支撑框架；6—主框架；

7—连接配件；8—垂直固紧装置；9—起吊装置；10—叉式起重机叉入部位；11—蒙皮板；

12—托板体；13—牵引环；14—发射导轨；15—可穿过的前端盖；16—导弹脱落插头支架；

17—可吹掉的后端盖；18—湿度指示器；19—记录器座；20—进气活门和干燥剂架；

21—扭矩手柄；22—排气活门；23—地线接线柱；24—发射箱连接插座

行军状态的电源车质量为 15 132 kg。

5.3.1.4　导弹运输车

导弹运输车用于运输与吊装导弹，它是 XM-976 型半挂车，其牵引车上的起重机能将箱弹吊装到导弹发射车上。

5.3.1.5　小型备件运输车

小型备件运输车是采用 M814 型底盘的厢式车辆，用于运输小型备件，其内装有用于存放小型备件的支架、筐和抽屉等。

5.3.1.6　大型备件运输车

大型备件运输车是 XM-974 型半挂车，用于存放与运输大型备件；行军时由维修车牵引。

5.3.1.7　维修车

维修车主要用于吊装、运输和维修涡轮发电机组等大型可更换设备，行军时还可牵引大型备件运输车。

5.3.2　"C-300"防空导弹地面设备

俄罗斯研制的"C-300"是一种高空、中远程防空导弹，其地面设备主要包括导弹发射车、发射筒、电源车、地形联测车和支援保障设备等。

5.3.2.1 导弹发射车

导弹发射车的主要用途是：贮存与运输发射筒和导弹；接收照射制导雷达的控制指令，准备与发射导弹；对导弹进行频率重调。

导弹发射车主要由汽车底盘、导弹固定升降机构、液压系统、发射控制设备、遥码通信设备和自主电源等组成，如图 5-16 所示。

图 5-16 "C-300" 导弹发射车

1. 汽车底盘

导弹发射车既可以采用 MAZ-543M 重型越野汽车底盘，也可以采用牵引式半挂车。汽车底盘上还有汽车动力发电机、夜视仪、电台、放射与化学侦察仪、空气过滤器和驾驶室控制面板等。发射装置牵引车如图 5-17 所示。半挂车用于装载电气、机械和液压设备。

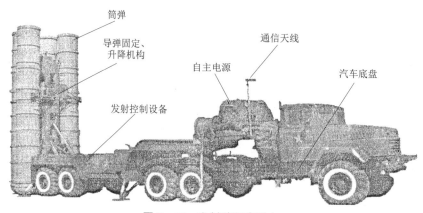

图 5-17 发射装置牵引车

发射装置半挂车的结构如图 5 - 18 所示。

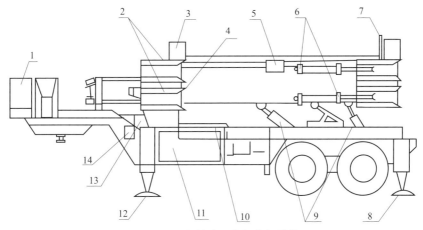

图 5 - 18 发射装置半挂车的结构

1—燃气涡轮发电机；2—带运输发射筒导轨与制动器的活动臂；3—上抱夹；4—支撑点；
5—液压传动装置配电极；6—带抓钩的液压作动筒；7—全景瞄准镜；8—后千斤顶；
9—举升活动部分的大、小液压作动筒；10—导弹地面电源；11—发控舱；
12—前折叠式机械千斤顶；13—固定活动部分的液压止动器；14—扩音装置

MAZ - 543M 采用重型越野车常用的 8 × 8 的驱动形式，其主要特点是：轮胎压力低、机动能力强、行驶平顺性好、行驶稳定性好、车速高和通过性好。

MAZ - 543M 采用宽断面超低压越野轮胎，并有中央充放气系统，轮胎能够自动调压，调压范围为 0.15～0.38 MPa，适于在耕地、沙漠、雪地、沼泽地和泥泞地上行驶。

MAZ - 543M 采用双横臂双扭杆独立悬挂系统，其一阶固有频率为 1.5 Hz，减振性能好。

MAZ - 543M 的整备质量为 21.2 t，装载质量为 22.2 t。

2. 导弹固定升降机构

导弹固定升降机构的主要用途是：在贮存或运输时，将导弹水平固定在挂车平台上；战时，将导弹从水平状态起竖至垂直状态并固定。

导弹固定升降机构主要由活动臂（图 5 - 19）和活动臂升降机构（图 5 - 20）等组成。

3. 液压系统

液压系统的主要用途是：放下或收起导弹发射车上的 4 个液压千斤顶；将发射筒和导弹从水平状态起竖至垂直状态；行军固定器解锁；将垂直状态的发射筒和导弹放到地面或将发射筒和导弹收起；装卸发射筒和导弹或发射筒。

液压系统的功率为 23 kW；将发射筒和导弹从水平状态起竖至垂直状态的时间不超过 90 s；导弹发射车上的 4 个液压千斤顶采用机械锁定。

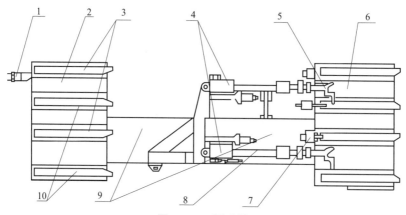

图 5-19　活动臂

1—发射筒止动器；2—前支架；3—上导轨；4—液压传动装置和耳环铰链；5—抓钩；6—后支架；
7—检查发射筒的终端开关；8—带抓钩的液压作动筒；9—横梁；10—下导轨

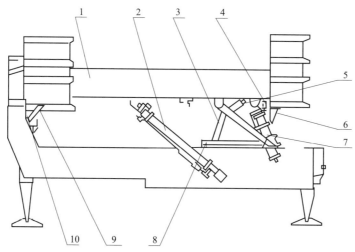

图 5-20　活动臂升降机构

1—活动臂；2—小液压作动筒；3—终端开关；4—活动臂垂直时三脚架底脚的支撑点；
5—活动臂垂直定位模板；6—大液压作动筒；7—活动臂定位滚轮；
8—三脚架限动底脚支撑点；9—活动臂水平定位模板；10—活动臂锁定支架

4. 发射控制设备

发射控制设备的主要用途是：控制导弹射前检查与发射；接收照射制导雷达的发射指令；控制导弹固定升降机构；控制自主电源；等等。

5. 遥码通信设备

遥码通信设备是导弹武器系统内部的无线通信设备，它用于照射制导雷达与导弹发射车之间的无线信息交换。

6. 自主电源

自主电源是导弹发射车自带的一台燃气涡轮发电机组，其结构质量为 595 kg，频率为 400 Hz，功率为 75 kW，电压为 230 V，电流为 233 A。

5.3.2.2　发射筒

发射筒用于贮存、运输和发射导弹。在生产厂，将组装好的导弹装入充有干燥空气的密封发射筒后，无须再对导弹进行测试与维护，导弹可随时进入发射准备程序。发射时，将导弹弹出发射筒外 20 m，然后导弹发动机点火。

发射筒主要由筒体、前盖、保护盖、后盖、弹射装置、副燃气发生器、后支座和电插头脱落机构等组成，如图 5－21 所示。

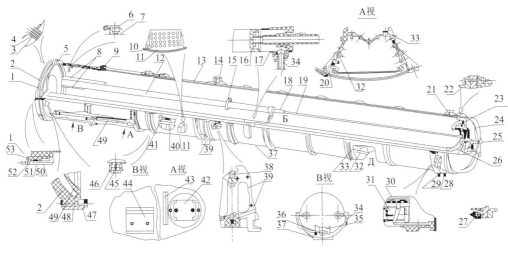

图 5－21　发射筒的结构

1—保护盖；2—前盖；3，7—充气口；4，6，45—螺栓；5，9，22—框架；8，15，20，31，35—支架；10—接线盒；11，37—舵盖；12—弹射装置；13—筒体；14—扇形吊耳；16—活塞；17—作动筒；18—制动锥；19—活塞杆；21—吊耳；23—后支座；24—后盖；25，36—燃气发生器；26—弹射装置后梁；27—接地螺栓；28—销柱；29—运输耳；30—杠杆；32—后梁；33，41—导轨；34—导管；38—支柱；39—扇形运输耳；40—电插头收起装置；42—电插头盖；43—挡板；44—固定板；46—接地栓；47—螺栓；48—法兰盘；49—耦合装置；50—接合销；51—拉紧螺栓；52—弹簧；53—橡胶圈

1. 筒体

筒体由四节壁厚为 2.5 mm 的铝镁合金圆筒焊接而成，每节圆筒上都有加强框。

筒体上有一个装干燥剂的小盒；圆筒加强框上的销柱是抓放筒弹机构的接口，筒弹起竖后，将筒弹置于地面，导弹发射后，提升发射筒并使之离开地面；筒体内安装了导轨，发射时，导弹沿着导轨滑出筒体。

2. 前盖

前盖用 40 mm 厚的泡沫塑料制成，其表面涂有铝镁防护层。导弹发射时，前盖被副燃气发生器产生的燃气冲击波破坏，残骸被抛向空中。

3. 保护盖

保护盖用铝镁合金制成，在贮存与运输筒弹时，保护盖用于保护前盖。

4. 后盖

后盖用于密封发射筒，筒弹起竖后，后盖落地，成为发射筒的底座。

5. 弹射装置

弹射装置能将导弹弹出发射筒。弹射装置由两个作动筒、两个活塞杆、燃气发生器、导管、后梁和制动锥等组成。运输发射筒的弹射装置如图 5 - 22 所示。

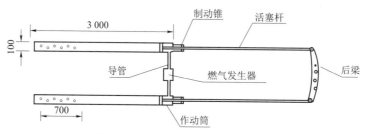

图 5 - 22　运输发射筒的弹射装置

弹射装置的工作过程是：弹上的直流电源使燃气发生器内的电爆管起爆，于是点燃了燃气发生器内的主装药，主装药燃烧产生的高压燃气经导管进入作动筒，推动活塞杆运动，将位于后梁上的导弹弹射到空中，当活塞行程将要结束时，燃气从作动筒前部的排气孔排出，作动筒内的压力降低，这时活塞杆凸缘撞击制动锥，由于制动锥被压缩，故活塞杆和后梁被制动。

6. 副燃气发生器

副燃气发生器主要由电爆管、点火药、固体燃料和压力传感器等组成。

导弹发射时，弹上的直流电源点燃了副燃气发生器，其产生的燃气既能摧毁导弹固定机构中的镁带，使导弹解锁，同时也能冲破前盖，使副燃气发生器外壳上的两个压力传感器工作，接通主燃气发生器的电路，主燃气发生器点火，将导弹弹出发射筒。

7. 后支座

后支座主要由托盘和导弹固定机构（包括用镁带连接起来的锁扣）等组成。

导弹发射时，副燃气发生器工作，导弹固定机构中的镁带被燃气摧毁，松开挂钩，钩环从拉杆中脱落，弹体凹槽中的挂钩在弹簧作用下弹出，松开导弹，即导弹固定机构解锁。

8. 电插头脱落机构

电插头脱落机构主要由电插头、托板、弹簧、前拉杆、后拉杆轴和基座等组成。

导弹发射时，导弹在发射筒内的纵向运动带动电插头与托板一起向前移动，同时将前、后拉杆拉向导弹的运动方向，使电插头的导向锁从弹体插座孔中拔出。

5.3.2.3　电源车

虽然导弹发射车和照射制导雷达车都有自带的电源，但为了提高供电可靠性，还是为"C－300"配置了电源车。

电源车包括油机车和变频配电车。油机车的功率为 $2 \times 200\ \text{kW}$，频率为 $50\ \text{Hz}$，输出电压为 400 V。变频配电车能将工频交流电变为 400 Hz、230 V 的中频交流电。

5.3.2.4　地形联测车

地形联测车能够确定与显示被测点的平面直角坐标，能够预先侦察与测量导弹武器系统的行军路线和行将通过的道路。

地形联测车主要由地形联测设备和专用载车组成。地形联测设备主要包括领航设备、辅助设备和备件等。

5.3.2.5　支援保障设备

支援保障设备主要包括导弹装填车、导弹运输车、导弹架、吊梁和吊架等。

1. 导弹装填车

导弹装填车主要用于为导弹发射车装填或退出导弹，也可用于吊装其他设备。

导弹装填车的最大起重量为 6 t，起重臂的工作幅度为 2.5～7.87 m，最大起升速度为 3.2 m/min，最大下降速度为 4.7 m/min。

导弹装填车的基本组成如图 5－23 所示。从图中可以看出，导弹装填车主要由汽车底盘、液压泵站、行程车架、板簧联锁机构、液压系统、前支腿、旋转平台、起重臂、机械手、吊架、液压支柱、电气设备等组成。

导弹装填车要求作业场地的坡度小于 3°，场地表面要坚硬。

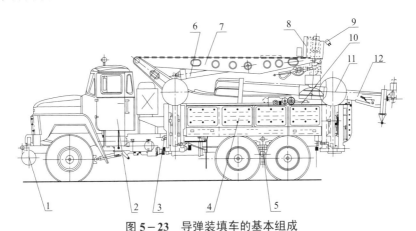

图 5－23　导弹装填车的基本组成

1—前支腿；2—KPA3－260 型汽车底盘；3—液压泵站；4—行程车架；
5—板簧联锁机构；6—液压系统；7—起重臂；8—机械手；9—电气设备；
10—旋转平台；11—液压支柱；12—吊架

导弹装填车的工作状态如图 5－24 所示，其主要工作程序是：①启动汽车发动机；②接通液压泵；③锁定板簧联锁机构；④放下液压支腿；⑤支起液压支柱；⑥支起前支腿；⑦检查装填车水平度；⑧展开起重臂；⑨展开机械手；⑩通过便携式控制盒使起重臂、旋转平台和机械手运动，将导弹从导弹架吊装到导弹发射车上。

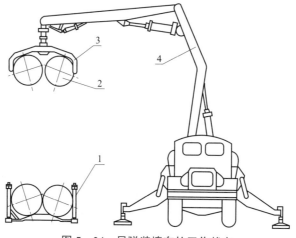

图 5－24　导弹装填车的工作状态
1—导弹架；2—导弹；3—吊架；4—起重臂

2. 导弹运输车

导弹运输车用于运输导弹和其他设备。

导弹运输车主要由 KPA3－260B 型牵引车和 MAZ－938 型半挂车组成。在半挂车上安装了前梁、后梁、专用油箱、前篷布、后篷布、接地柱、支梯架、梯子、附件箱和灭火器等。

3. 导弹架

导弹架（图 5－25）用于装载筒弹或发射筒，一个导弹架可装载 1～2 枚筒弹，两个导弹架可以叠放，每个导弹架的结构质量为 720 kg。

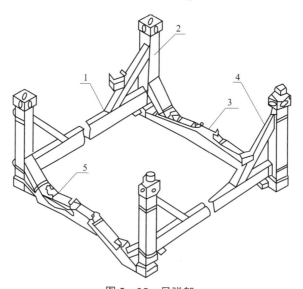

图 5－25　导弹架
1—纵梁；2—立柱；3—横梁；4—斜梁；5—固定机构

4. 吊梁

吊梁有两种，一种是导弹架内筒弹或发射筒的装卸吊梁（图 5-26），另一种是向导弹架或导弹运输车装卸单发筒弹的吊梁（图 5-27）。

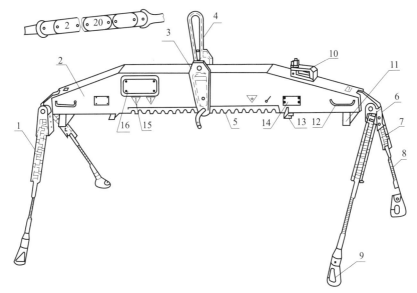

图 5-26　导弹架内筒弹或发射筒的装卸吊梁

1—吊链；2—横梁；3—吊环座；4—吊环；5—梳状板；6—链轮；7—链条；8—钢索；9—弹簧钩；
10—固定夹；11—支架；12—把手；13—固定板；14—数据标牌；15—位置标尺；16—标牌

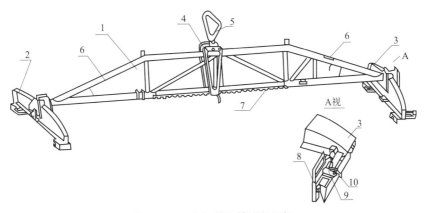

图 5-27　装卸单发筒弹的吊梁

1—桁架；2—前扇形板；3—后扇形板；4—吊环架；5—吊环；6—标牌；
7—梳状条；8—止动装置；9—壳体；10—止动销

导弹架内筒弹或发射筒的装卸吊梁由 1 根横梁、2 根吊链、2 个链轮和 1 个吊环等组成。横梁下方有一段梳状板，吊环套装在有梳状板的横梁上，可以根据筒弹或发射筒的质心改变吊环的位置，以使吊梁保持水平。吊环与吊链的位置由横梁上的标牌标明。

装卸单发筒弹的吊梁是一个金属焊接框架，由桁架、前扇形板、后扇形板、吊环架、吊环、梳状条、止动装置、壳体和止动销等组成。桁架下方有一段梳状条，吊环架套装在有梳状条的桁架上，并可沿梳状条移动。可以根据筒弹的质心改变吊环架的位置，以使吊梁保持水平。前扇形板和后扇形板可以相对于桁架旋转或移动，扇形两端的导向块用于连接筒弹的吊耳，后扇形板上的筒弹固定装置能防止筒弹沿吊梁纵向移动或发生脱落。

5. 吊架

吊架的主要用途是：装卸带导弹架的筒弹；装卸不带导弹架的筒弹；在导弹发射车上装填或退出导弹。

吊架的结构如图 5-28 所示，它是由 2 根纵梁与 2 根横梁焊接而成的。

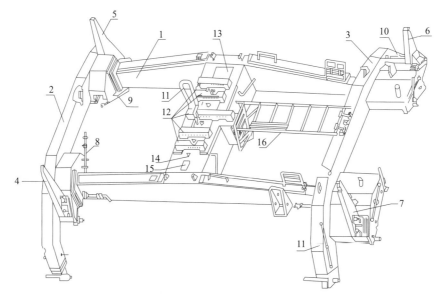

图 5-28　吊架的结构

1—纵梁；2，3—横梁；4，5—前折叠杆；6，7—后折叠杆；8，9，10，11—拉紧螺杆；
12—梳状板；13，14，15—标牌；16—梯子

5.3.3 "响尾蛇"防空导弹地面设备

法国研制的"响尾蛇"是一种中低空、近程防空导弹，其最小作战单元使用的地面设备主要包括 1 辆搜索雷达车、2~3 辆导弹发射车、1 辆导弹运输装填车、1 辆标杆半挂车、1 辆导弹运输车（可运 16 发箱弹）、1 辆电子维修车、1 辆机械维修车、1 辆备件车和 2 辆电源车。

"响尾蛇"导弹发射车如图 5-29 所示。导弹发射车主要由底盘、发射装置、跟踪制导雷达、红外测角仪和电视跟踪系统等组成。

图 5-29 "响尾蛇"导弹发射车

底盘为四轮电动车，车体后部安装了一台 125kW 的六缸四冲程水冷汽油发动机或 200 马力的柴油发动机，用于驱动一台 135kV·A 的交流发电机。交流电源用于向底盘和其上装的各种电子设备供电。4 个车轮由 4 个电力牵引马达驱动。底盘采用油气悬挂，每个车轮都安装了一个油气缸，起减震和校平作用。

发射装置由起落架、方向机、起竖油缸、左支臂、右支臂、伺服机构、托架、发控组合、无线通信组合、方向齿圈、底座和回转轴承等组成。发射装置为四联装，采用倾斜热发射方式，起落架左、右各装两发筒弹。发射架安装在导弹发射车的转塔上，由液压随动系统驱动，在方位上，发射架与雷达天线同步转动，在高低方向，发射架既可与雷达天线同步转动，也可独立转动。

5.3.4 "道尔"防空导弹地面设备

苏联研制的"道尔"是一种低空（或超低空）近程防空导弹，其地面设备主要包括导弹发射车、导弹运输装填车、导弹运输车、导弹测试车、维修车和备件车等。

导弹发射车（图 5-30）是一种能够独立完成作战任务的野战履带车，是弹站架三位一体、功能齐全的火力单元，其上有发射箱、搜索雷达、跟踪雷达和电视瞄准跟踪设备等。由于发射箱、搜索雷达和跟踪雷达等都装在导弹发射车的转塔上，故目标搜索、跟踪、识别、威胁判断、拦截可能性计算、导弹发射准备和火力分析等作战环节可同步进行，即在导弹发射车行进、搜索过程中，就可以使导弹随时处于垂直待发状态，发现目标后，可立即停车发射导弹。

导弹发射箱（图 5-31）位于履带车上部，其内有弹射装置，它主要由作动筒、活塞、活塞杆、火药、弹簧和剪切销等组成。活塞杆的一端顶住导弹的尾部，另一端有缓

图 5－30　"道尔"导弹发射车

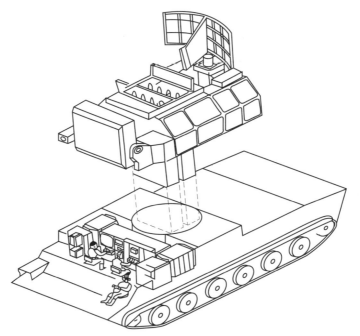

图 5－31　"道尔"导弹发射箱

冲弹簧，活塞与作动筒底部之间装有火药，作动筒的顶部与发射箱固联。导弹发射时，由点火电路点燃火药，火药燃烧产生的高温高压燃气推动活塞向上运动，顶住导弹尾部的活塞杆推动导弹剪断剪切销，导弹在发射箱内沿导轨垂直向上运动，顶破发射箱易碎盖，冲出发射箱。

　　导弹发射车具有很强的越野能力，作战反应快，行军 – 战斗状态转换时间短，导弹的运输、装填实现了模块化，使用可靠性高，可通过铁路、公路或空中进行机动。

5.4　飞航导弹发射装置

5.4.1　自行式车载飞航导弹发射装置

　　自行式车载飞航导弹发射装置主要由发射车底盘总成、发控室、起落架、贮运发射箱、液压传动装置和电气控制系统等组成，如图 5 – 32 所示。

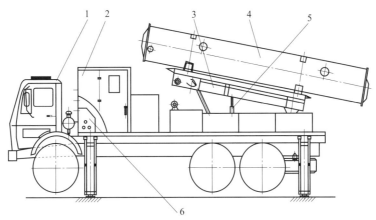

图 5 – 32　自行式车载飞航导弹发射装置

1—发射车底盘总成；2—发控室；3—起落架；4—贮运发射箱；
5—液压传动装置；6—电气控制系统

5.4.1.1　发射车底盘总成

　　发射车底盘总成是发射车的基础，为发射装置中的机械、电气和液压装置提供了安装接口，用于支承发射装置的全部质量，传递与承受行驶和发射过程中的综合载荷、振动载荷及发射载荷，保持发射装置的稳定性，为发射车提供了公路机动与越野机动的能力。发射车底盘总成主要由底盘、支承平台、调平油缸连接架和支承平台随位刚弹性转换机构等组成。

5.4.1.2　发控室

　　发控室是一个具有防水、防尘、隔热、消声、减振和一定电磁屏蔽功能的舱室，能为操作人员及设备提供良好的工作与使用环境。

5.4.1.3 起落架

起落架用于支承与固定贮运发射箱，并在射前将贮运发射箱起竖至规定的仰角。起落架主要由起落架本体、贮运发射箱锁定机构、连接起竖油缸的耳轴座、滑架组件和连接支承平台的耳轴座等组成。

5.4.1.4 贮运发射箱

贮运发射箱安装在发射箱支架上。按照装箱的数量与形式，有单联、一字形双联、一字形三联、品字形三联和田字形四联贮运发射箱。贮运发射箱主要由箱体、发射梁、插头机构、开关盖机构及电气设备等组成。有贮运发射箱的发射装置没有电气随动系统，不能回转，发射仰角固定。导弹悬挂在贮运箱内的发射梁导轨上，发射梁通过悬挂减震总成与箱体连接，在贮存、运输过程中，发射梁呈弹性状态，能够减少冲击振动对导弹的影响；在发射过程中，发射梁呈刚性状态，能够保证导弹的初始发射精度。

贮运发射箱可以多次重复使用，在技术阵地，使用支承车和装弹车等设备可重新向贮运发射箱装填导弹。

贮运发射箱具有规定的隔热性能，以保证导弹上的各种元器件能够在使用环境中正常工作。一般地说，当使用环境温度为 $-30\ ℃\sim60\ ℃$ 时，则贮运发射箱内的温度为 $-25\ ℃\sim50\ ℃$。为了减少贮运发射箱的传热，常用的隔热措施是：①选用传热系数小的非金属材料或复合材料；②减少箱体内外筒体之间的金属搭接，或在内外筒体之间填充隔热材料；③尽量采用具有复合结构的箱盖和窗口盖。

贮运发射箱具有规定的密封性能，其内充有一定压力的干燥空气或惰性气体，经过一段时间后再补充充气，使箱内压力始终高于箱外压力，以保护导弹不受湿热、盐雾和霉菌等的腐蚀。

贮运发射箱大多采用圆柱形或长方形箱体结构。圆柱形箱体结构简单，箱体断面尺寸小，结构质量轻。长方形箱体适用于多联装，结构紧凑，占用空间小。但是，过小的箱体断面会加大导弹发射时产生的高温高速燃气流对箱体内壁的作用力和冲刷烧蚀，故工程上大多采用内筒承力箱体。

贮运发射箱典型箱体外形结构如图 5-33、图 5-34 所示。

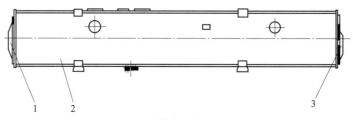

图 5-33　贮运发射箱典型箱体外形结构（一）

1—前箱盖；2—箱体；3—后箱盖

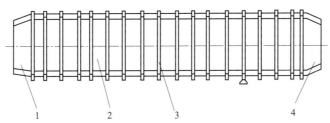

图 5－34　贮运发射箱典型箱体外形结构（二）

1—前箱盖；2—箱体；3—加强筋；4—后箱盖

贮运发射箱典型箱体加强筋分布如图 5－35 所示。

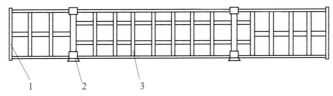

图 5－35　贮运发射箱典型箱体加强筋分布

1—法兰；2—支脚；3—加强筋

贮运发射箱典型箱体断面如图 5－36 所示。

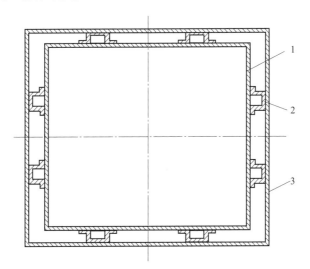

图 5－36　贮运发射箱典型箱体断面

1—内筒；2—加强筋；3—外筒

5.4.1.5　液压传动装置

液压传动装置主要由液压升降系统、液压调平系统及公用液压源等组成，用于起落架的起竖与回平和发射车的调平与撤收等。

5.4.1.6　电气控制系统

电气控制系统主要由发控设备、车控设备、温控设备、定位定向设备和指挥通信单元等组成，用于导弹的装填、瞄准和发射等。

5.4.2 舰舰飞航导弹发射装置

舰舰飞航导弹发射装置主要由贮运发射箱、贮运发射箱支架、电气系统、液压传动装置和导流器等组成，如图5-37所示。

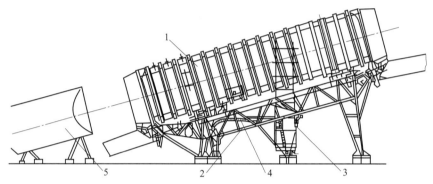

图5-37 舰舰飞航导弹发射装置

1—贮运发射箱；2—贮运发射箱支架；3—电气系统；4—液压传动装置；5—导流器

5.4.2.1 贮运发射箱

贮运发射箱安装在贮运发射箱支架上，其组成及功能与自行式车载飞航导弹发射装置基本相同。

5.4.2.2 贮运发射箱支架

贮运发射箱支架是发射装置中的一个重要承力组件，其主要用途是：①支承与固定贮运发射箱，并将贮运发射箱与舰面联系起来；②赋予导弹规定的发射仰角；③固定发射装置的部分电气和液压设备。

贮运发射箱支架的种类较多，常用的有直联式双联支架、间接联接式双联支架、带蒙皮舰用双联支架和"品"字形三联支架等。

直联式双联支架如图5-38所示，适用于液力驱动关盖的贮运发射箱。这种支架的支腿直接焊接在艇甲板面上，能同时支承与固定两个贮运发射箱。支架本体是用合金钢

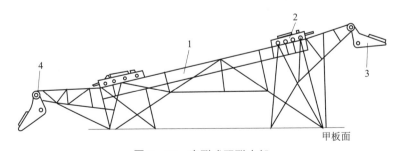

图5-38 直联式双联支架

1—支架本体；2—锁定机构；3—减速板；4—转轴

管和钢板焊接而成的空间桁架结构，结构质量轻，整体刚度大。前、后减速板通过转轴与支架本体连接，并可绕轴转动。固定在支架本体上的前、后液压作动筒通过减速板开启或关闭贮运发射箱的前、后盖。锁定机构用于固定贮运发射箱的支脚，它焊在支架本体上。

　　间接联接式双联支架如图 5-39 所示，适用于液力驱动关盖的贮运发射箱。这种支架通过处于同一水平面并带有固定螺孔的支承底板与艇甲板面上的支承平台连接，能同时支承与固定两个贮运发射箱，既便于单独生产运输，也便于与发射装置中的其他配套设备进行联合试验。这种支架的位置精度主要与焊接变形和支承底板的厚度有关。锁定机构是一个单独部件，用螺栓固定在支架本体上，这种组装结构既便于装配，又能提高贮运发射箱支承平面的精度。

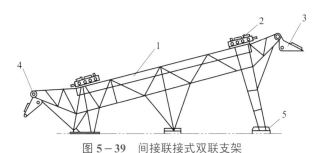

图 5-39　间接联接式双联支架
1—支架本体；2—锁定机构；3—减速板；4—转轴；5—支承底板

　　带蒙皮舰用双联支架如图 5-40 所示，适用于有电力驱动开关且可向外抛掷易碎裂箱盖的贮运发射箱。这种支架是用金属型材焊接而成的空间结构，通过支承底板与舰甲板面上的支承平台连接，能同时支承与固定两个贮运发射箱；支架赋予贮运发射箱以规定的仰角；支架的两侧和前端均附有蒙皮，它不仅有装饰作用，而且还能使支架本体上的电气设备免受海水的直接冲刷。

　　带蒙皮艇用双联支架如图 5-41 所示，其功用及特点与带蒙皮舰用双联支架基本相同，主要区别是在艇用双联支架的蒙皮上开了窗口，它可以减少艇的迎风面积，从而提高了艇的稳定性。

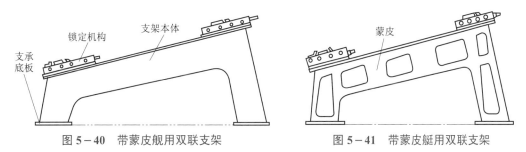

图 5-40　带蒙皮舰用双联支架　　　　图 5-41　带蒙皮艇用双联支架

　　"品"字形三联支架如图 5-42 所示，适用于非液力驱动关盖的贮运发射箱。这种支架是用金属型材焊接而成的空间结构，通过支承底板与舰甲板面上的支承平台连接，能同时支承与固定3个贮运发射箱，主要由上支架和下支架组成。上支架前、后各有一个立柱，其下面带有法兰，用于与下支架连接，上支架能支承与固定一个贮运发射箱。下支架是整个支架的基础，用于支承与固定上支架及发射装置的电气设备；侧面的护板既有装饰作用，又能保护内侧面上的电气设备；位于左右两侧的两组手动平台用于吊装和固定两个贮运发射箱。

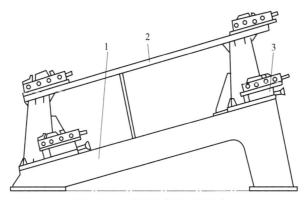

图 5－42 "品"字形三联支架
1—下支架；2—上支架；3—锁定机构

5.4.2.3 电气系统

电气系统主要由发控箱、电缆转接箱和液压控制箱等组成，用于导弹的装填、瞄准和发射等。

5.4.2.4 液压传动装置

液压传动装置主要由缓冲油缸和液压柜等组成，用于吸收贮运发射箱快速开盖时产生的动能，并向执行机构提供动力、控制及辅助设备等。

5.4.2.5 导流器

导流器能按预定的导流方向顺利地排导发射时导弹产生的高温高速燃气流，并有效地保护发射装置及其周围的设备。

舰载发射装置使用的导流器种类较多，常用的有单联装发射装置导流器、双联装发射装置导流器和"品"字形发射装置导流器。

单联装发射装置导流器如图5－43所示。以舰艇为方向基准，内侧一组导流器能将燃气流导向后上方，外侧一组导流器能将燃气流导向后侧向。导流器的楔形型面由直线段和圆弧段组成。导流器是横断面为半圆形的槽形结构，用薄钢板弯制而成，为了提高结构强度与刚度，在导流槽外侧焊有一定数量的纵、横加强筋，用管材制成的支杆与导流槽焊成一体。为便于安装，导流槽与舰甲板采用螺栓连接。

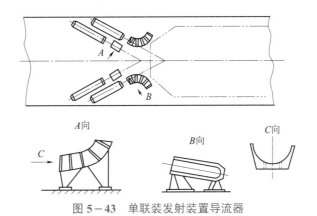

图 5－43　单联装发射装置导流器

双联装发射装置导流器如图 5－44 所示。由于双联装发射装置位于舰的上层建筑前

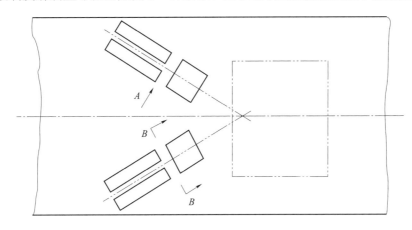

图 5－44　双联装发射装置导流器

面，故导流器的设置受到一定的限制，只能采用具有楔形导流面的导流器，将燃气流导向后上方。考虑到双联装发射装置的特点，增加了导流型面，这样既满足了导流需要，又减少了结构质量，而且还节约了空间。这种导流器是横断面为梯形、用薄钢板焊接而成的整体结构，并直接焊接在舰甲板上。

　　"品"字形发射装置导流器如图 5－45

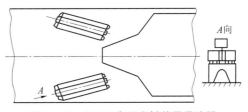

图 5－45　"品"字形发射装置导流器

所示。由于发射装置的后面就是需要保护的舱室，在发射装置与舱室之间设置导流器比较困难，故采用了导流型面与舱壁结构合为一体的楔形结构，它能同时顺利地排导来自上下、左右的燃气流。

5.4.3　瞄准机动式飞航导弹发射装置

瞄准机动式飞航导弹发射装置主要由回转部分、行驶部分和电气部分等组成，如图5-46所示。

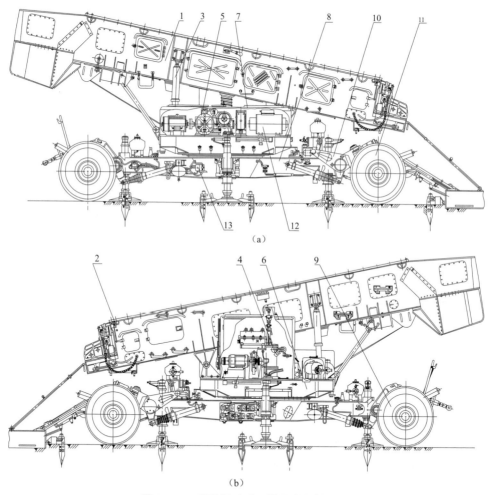

图5-46　瞄准机动式飞航导弹发射装置

（a）正视图；（b）后视图

1—导向梁；2—插头机构；3—高低机；4—方向机；5—装填机；6—回转台；
7—护罩；8—十字托架；9—后车体；10—前车体；11—车轮组；12—电气部分；13—刹车装置

回转部分主要由导向梁、插头机构、高低机及行军固定器、方向机、装填机、回转台和护罩等组成。

行驶部分主要由十字托架、前车体、后车体、车轮组和刹车装置等组成。

电气部分主要由装填机电气系统、方位角随动系统和发控系统等组成。

5.4.3.1　导向梁

导向梁的主要用途是：①在发射前和发射过程中，支承导弹；②配合其他设备完成导弹的射前检查；③赋予导弹一定的初始飞行姿态；④为顺利发射导弹提供必要的条件。

导向梁的组成与导弹结构和发射要求有关，通常包括支承部分、安全保险装置、电气转接装置、装弹限制定位装置和减震装置等。

支承部分主要包括导向梁本体和发射导轨，用于支承导弹，并赋予导弹发射离轨时的初始飞行姿态。

安全保险装置主要包括闭锁挡弹器、固定锁紧装置、安全让开机构和分流器等，用于保证导弹在行驶、发射前和发射过程中的安全。

电气转接装置主要是指电连接器等弹上控制指令反馈装置，用于向导弹提供地面电源和发控信号，保证导弹顺利发射离轨。

装弹限制定位装置主要包括对接滑板、限制定位器和导向器等，用于装退导弹时的对接导向与定位。

减振装置主要包括刚-弹性转换机构、固定座、转换动力源和减震器等，用于运输导弹和发射导弹，运输导弹时，导向梁呈弹性状态，发射导弹时，导向梁呈刚性状态。

5.4.3.2　插头机构

插头机构的主要用途是：①在导弹发射前，发射装置通过插头机构对导弹进行地面供电与控制；②在导弹发射时，插头机构能及时、可靠地断开供电与控制电路。

插头机构主要由电插头和插拔机构组成。电插头又称电连接器，它将地面电路与导弹电路连接起来。插拔机构能使电插头与导弹插座可靠地插接与分离。

插头机构的类型主要与电插头的种类、插拔机构的工作原理和插座在导弹上的安装方向等有关。

电插头的种类较多，常见的有钮式电插头、裂离式电插头和直式电插头等。与钮式电插头配套的插拔机构是弹簧装置，在弹簧力作用下，发射装置上的电插头与导弹上的插座相接触，从而将地面电路与导弹电路连接起来。裂离式电插头没有对应的插拔机构，在这种插头机构中，插头与插座是一个整体，在发射装置的适当位置设置了切刀，导弹发射时，切刀借助导弹的冲力将裂离式电插头分成两半，从而将地面电路与导弹电路断开。虽然使用钮式电插头和裂离式电插头的插头机构比较简单，但由于上述两种电插头存在使用可靠性较低和一次性使用等缺点，故在飞航导弹发射装置中已较少采用。与钮式电插头和裂离式电插头相比较，直式电插头的应用范围较大，它既可以与由平行四连杆机构和模板举升机构组成的插拔机构配套使用，也可以与由移动架、分离弹簧和模板等组成的插拔机构配套使用，还可以与由弹簧和滑板等组成的插拔机构配套使用。

插座在导弹上的安装方向直接影响插拔机构的结构形式。若插座轴线与导弹轴线平行，则插拔机构比较简单，需要重点考虑装填导弹时的让开和防止燃气流烧蚀电插头等问题。若插座轴线与导弹轴线垂直，即电插头沿导弹的径向插入，则插拔机构比较复杂，这时有两种电插头拔离方案可供选择。一种是电插头提前拔离方案，即电插头在导弹发射前按照指令先行拔出，将地面电路与导弹电路断开，由于电插头拔后导弹才启动，故插拔机构的运动与导弹的运动无关，需设计专门的电插头解锁与分离机构。另一种是电插头随导弹起飞拔离方案，即电插头在导弹运动过程中逐渐拔离插座，最后将地面电路与导弹电路断开，由于导弹起飞后有较大的加速度，导弹的运动速度增加很快，故要求插拔机构能够快速、安全、可靠地将电插头拔离插座。

5.4.3.3 高低机

高低机是高低角瞄准机的简称，它是瞄准机构的重要组成部分，能按照战术技术要求使发射架的起落部分从战术准备状态转动到空间发射角度。常见的液压高低机结构原理如图 5-47 所示。从图中可以看出，导弹发射架的导向梁在油缸的驱动下绕其耳轴做俯仰运动，斜支板能将导向梁固定在发射架上。液压高低机的液压传动原理如图 5-48 所示。松开行军固定器后，摇动手摇泵，液压油从油箱经转换器上的三通阀及连接管进入千斤顶，并推动柱塞向上运动，升起导向梁；同时，斜支板的滑杆在左右本体内滑动，这时，已由"行军"位置拔出的转换手柄即可插到"战斗"位置上，于是齿轮带动固定销下移并固定斜支板滑杆，从而将导向梁固定在发射架上，导向梁呈战斗状态。行军时，将转换手柄插到"行军"位置，齿轮带动固定销上移并解除对斜支板滑杆的约束。这时，松开手摇泵上的开关手柄，千斤顶的柱塞在导向梁自重作用下向下移动，液压油经连接

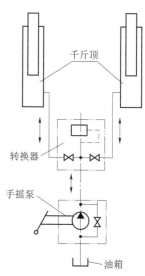

图 5-48　液压高低机的液压传动原理

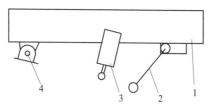

图 5-47　常见的液压高低机结构原理

1—导向梁；2—斜支板；3—油缸；4—耳轴

管和由泵内开闭杆控制的通道返回油箱。利用开关手柄可以控制导向梁的下降速度，直至导向梁与拉紧机壳体接触为止。接着使离合器与手柄脱开，转动手柄和带手柄的轴，使上下拉杆可靠地连在一起。然后，转动离合器，使之在弹簧作用下与手轮啮合并固定，手柄也固定在固定夹内，导向梁呈行军状态。

5.4.3.4　方向机

方向机是方向角瞄准机的简称，它是瞄准机构的重要组成部分，能按照战术技术要求使发射架的回转部分从战术准备状态转动到空间发射角度。

方向机包括动力系统和传动系统。动力系统主要由执行电机、弹性联轴节和电磁制动器等组成。传动系统主要由减速器、回转角限制器、缓冲器和瞄准镜总成等组成。

执行电机是电力随动系统的执行元件，是驱动发射架回转部分的动力，它能在一定范围内连续稳定平滑地调速。

弹性联轴节用于连接执行电机和减速器的输入轴，能够保护执行电机和传动件。

电磁制动器能使传动部分确定停止在瞄准后的位置上，避免因意外外力矩作用而使回转部分自行转动。

减速器是方向机传动系统的中心环节，它不仅能改变运动方向和调节运动速度，而且也能传递执行电机的驱动力。减速器可采用圆柱齿轮、圆锥齿轮、蜗轮蜗杆和行星齿轮等传动形式，但使用较多的还是蜗轮蜗杆和行星齿轮传动。

回转角限制器是发射架的安全保险装置之一，它能限制发射架回转部分的回转范围，受控于方位角终断行程开关。

缓冲器也是发射架的安全保险装置之一，它既能避免发射架在自动跟踪瞄准到极限角时可能受到的刚性冲击，同时也能防止来自回转中心孔的电缆被绞乱或损坏。缓冲器通过其内的弹簧变形起缓冲作用。

瞄准镜总成用于对发射架进行标定和发射后的方位检查，由瞄准镜底座、中心杆、瞄准镜座和瞄准镜等组成。

方向机的电动工作过程是：根据雷达测得的目标方位角与计算机修正量的角度确定电力随动角，随动系统将电力随动角转换成电压控制信号，电压控制信号的大小与极性能够控制执行电机的转速与转向，执行电机通过弹性连轴节带动螺旋锥齿轮转动，并通过从动螺旋锥齿轮和行星齿轮机构，使方向机主齿轮沿十字托架的齿圈做内啮合滚动，从而完成发射架回转部分对目标的自动跟踪瞄准过程。

方向机的瞄准方式有 3 种，即自动跟踪瞄准、半自动瞄准和人工瞄准。自动跟踪瞄准是指随动系统将雷达指挥仪对目标跟踪的信号传给执行电机，由执行电机驱动发射架回转部分对目标实施自动跟踪。半自动瞄准是指当雷达指挥仪因故障不能实施自动跟踪瞄准时，为了提高武器系统的生命力，在射前检查车上根据地面跟踪雷达传来的目标数据，通过预先编好的射表确定导弹自控飞行时间、自导距离和战斗方位，手控装定后操纵半自动传信仪,从而完成对目标的半自动瞄准过程。人工瞄准是指用手操纵瞄准机构,主要用于发射架进入场地后的初始射向标定和日常维护与保养。

方向机的手动工作过程是:将手柄置于水平位置,推动摇臂,通过杆状行程开关断开电传动电路并以锥齿轮轴接合,踩下平衡臂,使带式电磁制动器松开;转动手柄,通过锥齿轮轴带动锥齿轮,经过一对圆柱齿轮,中心轴带动行星齿轮与主齿轮一起转动;同时,主齿轮沿齿圈滚动,从而完成发射架回转部分对目标的手动瞄准过程。

在方向机电动和手动工作过程中,旋转的中心轴经齿轮将运动传给双联齿轮和连轴齿轮,并通过联轴节将运动传给定位受信仪;同时,油泵凸轮随方向机主轴旋转,通过与两油泵滚轮接触,完成压力油泵润滑油箱内齿轮的润滑过程。

5.4.3.5 装填机

装填机用于向发射装置装卸导弹,通常由钢索、滑轮和传动装置等组成。装填导弹时,由钢绳牵引弹体滑块或牵引环,在动力装置驱动下,经滑轮(定滑轮与导向滑轮)和传动装置将导弹牵引到发射装置的固定位置上,如图5-49所示。

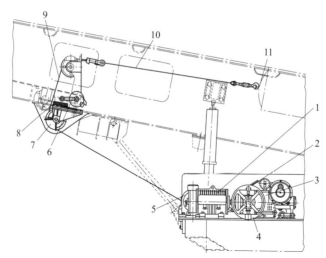

图5-49 典型装填机

1—装填电机;2—铰筒;3—减速器;4—手轮;5—拉紧机;6—导向滑轮;
7—定滑轮;8—弹簧;9—钢绳;10—活动钢索;11—助推器拉弹环

5.4.3.6 回转台

回转台又称回转支承装置,在自动跟踪瞄准目标的飞航导弹发射装置中,它位于回转部分与基座之间,用于支承回转部分,并配合方向机使回转部分在水平面内转动,赋予导弹以预定的方向射角。发射架回转部分固定在回转台的回转座圈上,而回转台的固定座圈又固定在基座上;回转时,由于回转台借助滚动摩擦传递力矩,故可以减少方向瞄准的载荷。

在采用自动跟踪瞄准的发射装置中,回转台大多采用滚动支承座结构,根据受力状态，回转台有 3 种结构形式，即简单回转台、半通用型回转台和通用型回转台。

简单回转台如图 5-50 所示，它主要由止推轴承、径向轴承和立轴等组成。这种回转台受力单纯，立轴和径向轴承承受径向力；止推轴承承受轴向力和翻倒力矩。防撬板与基座之间留有间隙，它随着翻倒力矩的增加而减少，最后为零。防撬板具有防止回转部分翻倒的作用。这种回转台的特点是承载能力大，便于制造，结构复杂，不同方向承受翻倒力矩的能力不同。

半通用型回转台如图 5-51 所示，它主要由上、中、下座圈等组成。上、下座圈固定在回转托架上，中座圈固定在基座上。中座圈上的齿圈与方向机的小齿轮配合能使发射架的回转部分相对于固定部分回转。中座圈上的短立柱和滚柱轴承承受径向力；双排轴承和上、下座圈承受轴向力和翻倒力矩。这种回转台的特点是承载能力大，摩擦力小，跟踪瞄准轻便，结构复杂。

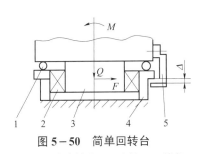

图 5-50　简单回转台

1—止推轴承；2—径向轴承；3—立轴；4—基座；5—防撬板

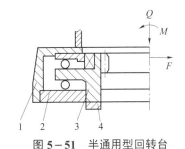

图 5-51　半通用型回转台

1—上座圈；2—下座圈；3—中座圈；4—基座

通用型回转台如图 5-52 所示，它主要由内、外座圈和滚珠等组成。内、外座圈滚道是两个对称的圆弧面。滚珠的接触压力角一般为 $60°\sim70°$。一排滚珠能同时承受轴向力、径向力和翻倒力矩 3 种载荷。这种回转台的特点是结构简单，承载能力大，高度小，受力状态复杂，摩擦阻力矩大，工艺要求高。

5.4.3.7　十字托架

十字托架又称基座，它是车载发射装置的主要承力部分。发射时，十字托架用于支承回转部

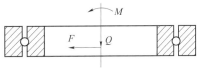

图 5-52　通用型回转台

分，承受发射载荷和环境载荷，保持发射装置的稳定性；行军过程中，十字托架是发射装置行驶部分的车架，承受冲击振动载荷，使行驶部分具有良好的通过性、平顺性和稳定性。十字托架是由盒形变断面的纵梁组成的铸焊结构。

典型十字托架如图 5-53 所示，战斗时，左、右折动横梁展开，与纵梁形成"十"字形，并由 4 个千斤顶支撑，形成射击稳定面。

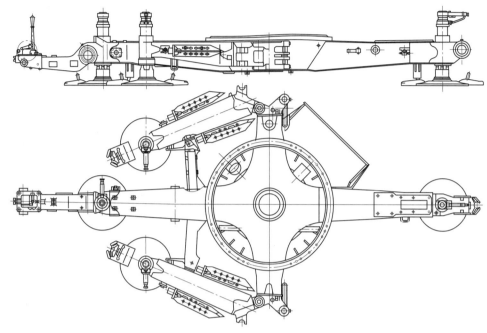

图 5-53　典型十字托架

5.4.3.8　装填机电气系统

装填电气系统主要由装填电机、磁力启动器和行程开关等组成。装填电机为防水型鼠笼式三相交流异步电动机，安装在发射架的回转台上，电机自身带有制动器。磁力启动器用于控制装填电机的启动与停机，并对电机具有失压与过载保护作用，主要由交流接触器、热继电器、启动按钮、停机按钮和电源指示灯等组成，它们共同安装在一个防水壳体内。行程开关用于控制装填机的行程，当装填机构移动到预定位置时推动行程开关，使其切换控制电路，从而使装填机停止运动。

5.4.3.9　方位角随动系统

方位角随动系统是导弹武器系统中自动跟踪系统的主要组成部分，用于对发射架水平回转的远距离控制，赋予导弹精确的初始射向，完成导弹的初始制导，根据发控指令使发射架精确地返回装填位置。

方位角随动系统是一种位置控制系统，其输入是指挥仪输出的瞄准角，其输出是发射装置的转角（发射装置的方位角），将输出反馈到输入端并与输入相比较，比较后的偏差角信号经控制台变换、运算和放大，作用于执行电机，执行电机自动地纠正偏差，使发射装置的转角按照一定精度追随瞄准角的变化。

方位角随动系统主要由控制台、电机放大机组合、定位受信仪和执行电机等组成。

控制台用于变换、运算和放大偏差角信号，并将信号输出给执行电机。

电机放大机组合用于放大来自控制台的偏差角电压信号，以便执行电机直接驱动发射装置。

定位受信仪安装在发射架上，其内的自整角机的转子轴通过减速器与发射架连接，用于测量发射架的实际方位角。

执行电机能根据放大了的偏差角电压信号驱动发射架的回转部分，使其按照信号变化规律低速平稳转动。

第6章 地面设备系统总体设计

6.1 概　　述

地面设备系统总体设计是地面设备系统研制过程的重要环节，它不仅直接影响地面设备系统的总体性能和使用，而且也直接影响导弹武器系统的战术技术指标或运载火箭系统的经济技术指标。

通常将通过总体方案论证和总体方案设计，获得总体技术指标和使用性能相对最优且现实可行的地面设备系统总体方案的过程称为地面设备系统总体设计。在地面设备系统总体设计过程中，需要综合考虑多方面的有时甚至是相互矛盾的要求，既要考虑导弹或运载火箭的射前准备与发射要求，也要考虑导弹试验基地或航天器发射场的布局与建设要求；既要考虑地面设备系统的研制难度，也要考虑地面设备系统的使用要求；既要考虑地面设备系统的效能，也要考虑地面设备系统的研制费用。

地面设备系统总体设计的主要任务是：①完成地面设备系统总体方案论证。②完成地面设备系统总体方案设计。③确定地面设备系统中各分系统或设备的协调关系。④确定地面设备系统与导弹武器系统或运载火箭系统中其他系统的协调关系。⑤提出地面设备系统中各分系统或设备的设计任务书。⑥提出地面设备系统对导弹试验场或航天器发射场的土建工艺要求。⑦提出地面设备系统的可靠性大纲。⑧监督、控制地面设备系统中各分系统或设备的工程设计和生产质量。⑨组织实施地面设备系统的各种性能试验和自然环境试验。⑩参加导弹武器系统或运载火箭系统的合练和飞行试验。

地面设备系统总体设计的方法主要有两种，即统计法和系统设计法。使用统计法进行地面设备系统总体设计时，应选定一种与设计对象接近、技术资料比较完整和使用成功的地面设备系统作为参考，用数理统计的方法找出这种地面设备系统的使用性能与设计参数的关系，然后将这种地面设备系统与新的地面设备系统进行全面的比较，得出新地面设备系统的使用性能与设计参数的关系。统计法大多用于早期地面设备系统的总体设计和改型。系统设计法亦称预研综合法，是指在对关键技术进行预先研究的基础上，结合已有的设计理论和经验，将新地面设备系统视为一个大系统，应用系统工程的方法，对论证出来的多个可靠的总体方案进行综合比较，通过计算机辅助设计找出相对最优方案；然后通过相关的试验，对某些关键技术问题做出工程判断，决定取舍。系统设计法是地面设备系统总体设计最常用的方法。在某些情况下，统计法和系统设计法可同时用于地面设备系统的总体设计。

地面设备系统总体设计的期望目标是：①提高地面设备系统的环境适应能力。②提高地面设备系统的生存能力。③提高地面设备系统的快速反应能力。④提高地面设备系统的使用可靠性。⑤提高地面设备系统的可维修性、安全性和保障性。⑥提高地面设备系统的效费比。⑦提高地面设备系统的小型化、轻型化、智能化、标准化、系列化和通用化水平。

6.2 总体设计原则

导弹有自身的设计特点和使用特点，同样，运载火箭也有自身的设计特点和使用特点，地面设备系统的总体设计必须符合导弹或运载火箭的设计特点和使用特点，必须遵循一些基本原则。总体设计原则既是地面设备系统总体设计的指导思想，也是地面设备系统总体设计的规范和尺度。

6.2.1 满足作战或商业发射的需求

导弹是为了满足作战需求而研制的，导弹地面设备系统是为了满足导弹的射前准备和发射需要而研制的。虽然不同的导弹武器系统有不同的设计特点，但各种导弹武器系统的基本设计特点还是相同的，即保持技术性能先进、装备数量多和更新换代快。虽然不同的导弹武器系统有不同的作战需求，但各种导弹武器系统的基本作战需求还是相同的，即火力要求、装填与补给方式、发射率或发射速度、操作要求、发射安全性要求、使用可靠性要求、可维修性要求、机动性要求、使用环境要求、反应时间、伪装防护要求和通信要求等。地面设备系统满足导弹武器系统的作战需求是地面设备系统总体设计的最高目标。

为了满足作战需求，应通过地面设备系统总体设计，使地面设备系统能够耐受恶劣的使用环境；使地面设备系统的基本操作及辅助操作实现自动化；使地面设备系统的使用性能符合人机工程学和环境工程学的要求；使地面设备系统具有规定的使用可靠性和可维修性；使地面设备系统具有规定的生存能力；使地面设备系统具有规定的快速反应能力。

运载火箭是为了将各种航天器送入预定轨道而研制的，运载火箭地面设备系统是为了满足运载火箭的射前准备和发射需要而研制的。虽然不同的运载火箭系统有不同的设计特点和商业发射需求，但各种运载火箭系统的基本设计特点和商业发射需求还是相同的，即保持技术性能先进、通用性好、经济性好和使用可靠性。

为了满足商业发射需求，应通过地面设备系统总体设计，提高地面设备系统的标准化、系列化和通用化水平；简化地面设备系统的测试流程和测试项目；提高地面设备系统的免测试和免维护性能；提高地面设备系统的效费比；提高地面设备系统的使用可靠性。

运载火箭不像导弹那样要进行定型和批量生产，只是每一发运载火箭都可能有一些改进。为此，地面设备系统的总体设计就要考虑和适应这种不断产生的改进。地面设备系统的改进不能影响其使用可靠性和可维修性，通常也无须针对改进做专门的性能试验或耐环境试验。

6.2.2　坚持地面设备系统与导弹的同步一体化设计

地面设备系统与导弹的同步一体化设计是指运用系统工程的方法，同步进行地面设备系统与导弹的总体设计，实时协调地面设备系统与导弹的接口关系，合理分配导弹武器系统的战术技术指标，使相互作用和相互依存的地面设备系统与导弹融为一体，成为具有最佳作战功能的导弹武器系统。

地面设备系统与导弹的同步一体化设计贯穿导弹武器系统研制的全过程。不仅在方案论证和方案设计阶段，地面设备系统与导弹要进行同步一体化设计，而且在模样、初样、试样及定型阶段，两者也要进行同步一体化设计，使两者在符合作战任务、目标特性、毁伤标准、战场环境、作战构想、使用流程、部队素质、保障体制、指挥体制和战场体系等方面保持高度一致。

在导弹问世后的相当长一段时间内，地面设备系统在导弹武器系统中的重要性并不被人们所理解和认识。那时，往往是在导弹初样的后期或试样设计的前期，才开始地面设备系统的总体设计工作。这种地面设备系统的总体设计滞后于导弹总体设计的非同步一体化设计思想给地面设备系统的研制造成了很多障碍并酿成了严重的后果。譬如，地面设备系统失去了正常的研制程序；地面设备系统的设计、生产和试验时间不足；地面设备系统的配套数量不合理；地面设备系统过于复杂和笨重；地面设备系统的效费比低；等等。

研制实践表明，地面设备系统与导弹是导弹武器系统中相互制约、相互依存而又相得益彰的两个最重要的组成部分，只有利用系统工程的理论和方法，坚持地面设备系统与导弹的同步一体化设计，才能使地面设备系统与导弹界面友好，才能使地面设备系统与操作人员界面友好，才能使地面设备系统总体设计中遇到的如人的因素、环境变化和各种干扰等难于量化或不能量化的指标得到定性与定量相结合的评价，才能显著地提高地面设备系统的总体性能，才能全面地提高导弹武器系统的实战化水平。譬如，对于弹道导弹总体设计，如果只是片面根据导弹的射程、战斗部的质量和威力等确定导弹的外形、各段结构形式、部位安排和结构质量等参数，而不考虑导弹铁路运输或发射车辆的限界要求和轨道结构的承载能力等，不要说研制铁路机动发射导弹武器系统了，就是导弹的铁路运输都难以实现；对于防空导弹总体设计，如果只片面根据导弹的作战空域、射程、战斗部的质量和威力等确定导弹的气动外形、速度特性、发动机推力特性、弹翼面积、气动控制面、燃气舵、前翼和部位安排等参数，而不考虑公路车辆的诸如动力性、通过性和行驶稳定性等实施地面机动所必需的性能，就不可能研制出高性能的公路机动发射导弹武器系统；对于飞航导弹总体设计，如果只片面根据导弹的有效射程、飞行高度、飞行速度、战斗部的质量和威力等确定导弹的总体布局、外形布局、助推器布局、部位安排和质心定位等参数，而不考虑发射装置运载体（地面车辆、舰艇或飞机）实施机动的条件和可能性，就不可能研制出高性能的车载、舰载或机载发射导弹武器系统。

6.2.3　坚持先进性与继承性相结合

先进性与继承性相结合的、好用且管用的地面设备系统，既离不开现代科学技术的最新成就，离不开由现代科学技术最新成就支撑的分系统或设备的合理组合，同时也离不开成熟的技术、设计、材料、元器件和工艺，离不开由成熟的技术、设计、材料、元器件和工艺支撑的分系统或设备的重新组合。

虽然先进性与继承性相结合的原则适用于所有的工程设计或研制，但对于地面设备系统的总体设计，坚持先进性与继承性相结合的原则更具有特殊的意义。先进性与继承性相结合可以缩短地面设备系统的研制时间，加快导弹武器系统更新换代的步伐；可以减少地面设备系统的研制费用，提高地面设备系统的效费比；可以使地面设备系统在其寿命周期内具有规定的任务成功性、战备完好性、可用性、可信性、维修性和保障性；可以使地面设备系统具有符合任务要求和当前技术水平的可靠性指标；可以提高地面设备系统的安全性能；可以提高武器系统的实战化水平或运载火箭系统的商业化水平。

提高地面设备系统先进性与继承性的技术措施或建议可谓林林总总，现撮其常用者，以资参考。地面设备系统总体设计应尽量采用经过预先研究和技术鉴定的新技术、新材料、新元器件和新工艺，既可使其主要技术性能接近、达到或超过国内外同类系统的水平，又可使其研制具有可靠的技术基础；应充分吸收或借鉴已有地面设备系统的成功研制经验，继承或应用已有地面设备系统的研制成果，在满足使用要求的条件下，尽量采用成熟技术、已定型的产品和有继承性的分系统、设备、结构及零部件；应优先采用标准件、通用件和通用的工艺方法，提高地面设备系统的标准化、系列化和通用化水平；所采用的原材料、元器件和制造工艺等应与国家的经济基础、科学技术水平和工业生产能力等相适应，即对所采用的原材料、元器件和制造工艺等在可用性、易得性、适应性、经济性和生产一致性等方面进行综合分析，以缩短地面设备系统的研制周期和减少地面设备系统的研制费用；应避免用分系统或设备的使用可靠性、维修性、互换性、可更换性和易检性等换取所谓的系统先进性；应避免因追求系统先进性而使分系统或设备复杂化；对于导弹地面设备系统总体设计，当先进性与继承性发生矛盾时，通常根据导弹武器系统的战术技术指标和研制周期来决定先进性与继承性的排序；对于运载火箭地面设备系统总体设计，当先进性与继承性发生矛盾时，通常应根据商业发射市场的需求和可能的研制费用来决定先进性与继承性的排序。先进性是地面设备系统总体设计追求的目标，继承性是地面设备系统总体设计领先的基础，将先进性与继承性有机地结合起来是提高地面设备系统总体设计水平和缩短设计周期的必由之路。

6.2.4　坚持近期需要与长远目标相结合

近期需要与长远目标相结合是指通过地面设备系统总体设计，使地面设备系统既能满足作战或商业发射市场的近期需要，也能给导弹武器系统的更新换代或运载火箭系统的修改与完善预留一定的空间。导弹武器系统或运载火箭系统是国家级系统工程，其研制规模之大、研制费用之高、研制周期之长、研制人员之多和涉及面之广是任何其他军用或民用系统工程所无法比拟和不可企及的。对于导弹或运载火箭地面设备系统，既不能奢望在短期内实现国家规划的长远目标，也不能为了实现长远目标，而忽视国家的近期需要。无论从军事或政治的角度，还是从经济或技术的角度，都应坚持近期需要与长远目标相结合的原则，找到近期需要与长远目标之间的最佳结合点和平衡点，以获取更大的军事、政治、经济和技术利益。

近期需要与长远目标相结合可以更好地实现地面设备系统与导弹和火箭的同步一体化设计；可以使地面设备系统的先进性与继承性实现分阶段的结合；可以缩短地面设备系统的研制周期；可以提高地面设备系统的效费比。

为了使近期需要与长远目标得到更好的结合，地面设备系统总体设计应实时跟踪国外导弹或运载火箭发射技术发展的新动向；应务实地确定近期目标与长远目标；应全面了解国家科学技术水平和工业生产能力；应审慎确定近期研制费用与长远研制费用的比例关系。

6.2.5　坚持技术配套与实物配套相结合

技术配套是指通过地面设备系统总体设计，确定地面设备系统的技术组成、各分系统或设备的技术状态和技术配套的数量。

实物配套是指通过地面设备系统总体设计，确定地面设备系统的实物组成、各分系统或设备的实物技术状态和实物配套的数量。

技术配套与实物配套相结合是指通过地面设备系统总体设计，为导弹或运载火箭的射前准备与发射提供实物配套完整、技术状态正确和效费比高的地面设备系统。

坚持技术配套与实物配套相结合可以减少地面设备实物配套的数量，节约研制费用，缩短研制周期。

实现技术配套与实物配套相结合的技术途径较多，譬如，在不过多增加研制费用的情况下，应通过地面设备系统总体设计，提高地面设备的功能集成度；在不过多降低地面设备系统先进性的情况下，应尽量借用或简单修改已有型号的地面设备；在不过多增加导弹或运载火箭的射前准备时间的情况下，技术阵地（或技术中心）与发射阵地（或发射工位）可以共用某些地面设备；在不影响使用可靠性的条件下，应减少地面设备的备份数量。

6.2.6 坚持效能与费用相结合

效能与费用相结合是指在满足作战或商业发射需求的条件下，通过地面设备系统总体设计，使地面设备系统的效能与其寿命周期费用之比接近或达到最大值。

通常将地面设备系统在规定的条件下，满足导弹武器系统或运载火箭系统给定定量特征和射前准备与发射要求的能力称为效能，它是地面设备系统的可用性、可信性和固有能力的综合反映。20世纪50年代，毛泽东同志曾对我国的民兵建设工作提出了明确要求，即"招之即来，来之能战，战之能胜"，若将之用于地面设备系统，"招之即来"就是地面设备系统的可用性；"来之能战"就是地面设备系统的可信性；"战之能胜"就是地面设备系统的固有能力。这经典的3句话全面、充分地诠释了地面设备系统效能的含义。

可用性是指在射前准备与发射过程中，在任一随机时刻，地面设备系统处于可工作或可使用状态的程度。再高的导弹射击精度也不能抵消地面设备系统的故障影响，只要地面设备系统发生了故障，地面设备系统的故障排除时间超过了规定，导弹就会有相当大比例的时间处于不能发射的状态。通常将地面设备系统处于能完成规定功能状态的时间称为能工作时间，将地面设备系统处于不能完成规定功能状态的时间称为不能工作时间。使用可用性是指地面设备系统的能工作时间与能工作时间、不能工作时间之和的比值。可达可用性是理想状态（保障资源和管理延误时间均为零）时的使用可用性，它是最佳管理状态下使用可用性的极限。固有可用性是指不考虑预防性维修的可达可用性，它是仅与地面设备系统的工作时间和修复性维修时间有关的一种可用性参数。

可信性是指在射前准备开始且可用性给定的情况下，在规定任务剖面的任一随机时刻，地面设备系统能够使用且能完成规定功能的能力。在射前准备过程中，可信性与地面设备系统的使用可靠性和维修性有关，但不包括非任务时间。

固有能力是指在给定的导弹武器系统或运载火箭系统的独特内在条件下，地面设备系统满足给定定量特性要求的能力。譬如，射前准备时间、快速反应能力、机动能力和生存能力等都属于地面设备系统的固有能力。

通常将研制地面设备系统消耗的资源（人力、财力、物力和时间）称为费用。寿命周期费用是指在地面设备系统预期的寿命周期内，为地面设备系统的论证、设计、生产、试验、使用、维护及退役等付出的费用的总和。

通过总体方案论证，可以得到多个地面设备系统总体方案；通过总体方案设计，可以确定几个备选的地面设备系统总体方案；通过效能–费用分析，可以获得一个效费比最高的地面设备系统总体方案。

效能–费用分析的一般准则是：①当两个地面设备系统总体方案具有相同的效能时，应将寿命周期费用较小的一个作为优选方案。②当两个地面设备系统总体方案具有相同或接近的寿命周期费用时，应将效能高的一个作为优选方案。③当两个地面设备系统总体方案的效能与寿命周期费用均不相同时，应将效能与寿命周期费用之比较大的一个作为优选方案。

为了提高地面设备系统的效费比，应通过地面设备系统总体设计，使各分系统或设备有规定的可用性、可信性和固有能力；通过可靠性设计，提高各分系统或设备的使用可靠性，延长各分系统或设备的寿命周期；通过维修性设计，提高各分系统或设备的可维修性，降低各分系统或设备的寿命周期费用；地面设备系统总体设计应采用经过预先研究和技术鉴定的新技术；地面设备系统总体设计应避免因过分追求先进性而增加各分系统或设备寿命周期费用的现象。

6.3　总体设计依据

由导弹或运载火箭总体设计部门根据导弹或运载火箭的射前准备与发射要求和作战或商业发射市场的要求等提出的地面设备系统设计技术要求是地面设备系统总体设计的基本依据。

虽然不同的导弹或运载火箭对地面设备系统有不同的要求，不同的地面设备系统涉及不同的专业和具有不同的功能，但各种地面设备系统总体设计的基本依据还是有许多相同或相似之处。地面设备系统总体设计的基本依据通常包括导弹或运载火箭的主要总体参数、弹头或航天器的主要总体参数、导弹试验场或航天器发射场的定点与工程勘察报告、导弹试验场或航天器发射场的保障条件、目标特征、性能要求、一般要求和国外研制导弹武器系统或运载火箭系统的经验教训等。

6.3.1　导弹或运载火箭的主要总体参数

1. 导弹或运载火箭的主要总体几何参数

导弹或运载火箭的主要总体几何参数通常包括导弹或运载火箭的外形、最大长度、最大直径、质心、风压中心、支点尺寸、舱口位置与尺寸、导管或电缆整流罩尺寸和转动惯量等，上述参数是发射台、发射装置、发射筒、发射车、装填设备、运输设备、起重设备、支承设备、地下井、加注连接器、溢出连接器和供气连接器等总体设计的依据之一。

2. 导弹或运载火箭的主要总体质量参数

导弹或运载火箭的主要总体质量参数通常包括导弹或运载火箭的起飞质量、子级结构质量、子级推进剂加注量和加注后的总质量等，它们是发射台、发射装置、发射筒、发射车、装填设备、运输设备、起重设备、支承设备、加注设备和弹射动力装置等总体设计的依据之一。

3. 导弹或运载火箭贮箱容积参数与加注诸元

液体导弹或运载火箭贮箱容积参数与加注诸元通常包括贮箱种类、箱体容积、输送管容积、贮箱总容积、加注容积、气枕容积、允许最小气枕容积、加注活门口径、溢出活门口径、气管插座尺寸、液体推进剂种类、贮箱加注量、加注液位、补加量、加注流量、补加流量、贮箱允许工作压力、定量方式和加注顺序等，它们是加注系统、供气系统、动力控制系统和推进剂利用系统等总体设计的依据之一。

4. 一级火箭发动机的性能与结构参数

对于采用自动力发射的液体导弹或运载火箭，其一级火箭发动机的性能与结构参数通常包括最大额定地面推力、最大地面比推力、喷管数量、喷管布置形式、喷口出口直径、喷口燃气流参数、发动机达到最大额定地面推力的时间及增压流量等，它们是发射台、发射装置、发射车、导流装置、地下井排焰道和供气系统等总体设计的依据之一。

5. 导弹或运载火箭的起飞漂移量

对于采用自动力发射的导弹或运载火箭，由一级火箭发动机偏差和控制系统误差等引起的导弹或运载火箭的起飞漂移量是固定脐带塔、发射台脐带杆和地下井等总体设计的依据之一。

6. 导弹或运载火箭的瞄准基面

导弹或运载火箭的瞄准基面、射向变换范围和纵轴对发射点的允许偏差等是瞄准设备总体设计的依据之一。瞄准基面的主要参数是指形式、尺寸、位置、摆动量及频率等。

7. 导弹或运载火箭的地面测试用电参数

导弹或运载火箭动力装置、遥测系统、控制系统、外测安全系统、伺服机构、推进剂利用系统等的地面测试用电参数和电池充电参数等是供电系统总体设计的依据之一。

6.3.2　航天器的主要总体参数

1. 航天器的主要总体几何与质量参数

弹头或航天器的主要总体几何与质量参数通常包括外形、最大长度、最大直径、舱口位置与尺寸、质量、质心及支点尺寸等，它们是起重设备、运输设备、支承设备、供气设备、加注设备和密封容器等总体设计的依据之一。

2. 航天器的环境要求

在运输、测试或停放过程中，航天器对诸如温度、相对湿度、压力和空气洁净度等环境要求是空调设备和供气设备等总体设计的依据之一。

6.3.3　导弹试验场或航天器发射场的定点与工程勘察报告

若一种新研制的地面设备系统在新建的导弹试验场或航天器发射场使用，则导弹试验场或航天器发射场的定点与工程勘察报告将是地面设备系统总体设计的依据之一。

定点勘察是指在国家指定的地域内，选择一个在弹道、落区、测量、交通、道路、安全、防护、指挥、通信、供水、供电、水文、地质和气候等方面符合导弹或运载火箭发射限制条件和射程等要求的几平方千米或数十平方千米的首区，它就是导弹试验场或航天器发射场的场址。

工程勘察是指在导弹试验场或航天器发射场的场址内，确定与导弹或运载火箭的射前准备与发射有关的建筑物的位置、公路专用线的走向、铁路专用线的走向、专用机场的位置及首区总平面图等。

导弹试验场或航天器发射场的经度、纬度和高程是瞄准设备总体设计的依据之一；地形、地质和植被等是建（构）筑物、场坪、导流槽、抗核加固设备和伪装防护设备等总体设计的依据之一；公路专用线的走向、标高、坡度和最小平曲线半径等是公路运输设备总体设计的依据之一；铁路专用线的走向、标高、坡度和最小平曲线半径等是铁路运输设备总体设计的依据之一；导弹试验场或航天器发射场的市电供应情况是供电设备总体设计的依据之一；导弹试验场或航天器发射场的水源情况是加注系统和消防设备等总体设计的依据之一；导弹试验场或航天器发射场的气象资料是加注系统、供气系统、空调设备、供电设备和防雷设备等总体设计的依据之一。

6.3.4　导弹试验场或航天器发射场的保障条件

若一种新研制的地面设备系统在已有的导弹试验场或航天器发射场使用，则导弹试验场或航天器发射场发射系统的保障条件将是地面设备系统总体设计的依据之一。

导弹试验场或航天器发射场的发射系统通常由指挥分系统、测试发射分系统、测控分系统、通信分系统、气象分系统和技术勤务分系统等组成。

指挥分系统的任务是制定、实施发射方案和预案；收集、处理各类信息和数据；对所有参试单位和人员实施不间断的指挥。

测试发射分系统的任务是完成导弹或运载火箭的射前准备与发射，通常由技术区与发射区组成。

测控分系统的任务是完成导弹或运载火箭飞行段的跟踪测量与安全控制。

通信分系统的任务是为参试系统或单位提供联络的工具和手段；为系统或设备提供

测量信息通路；为导弹或运载火箭的发射提供时间统一勤务。

气象分系统的任务是为导弹或运载火箭的转场、模拟发射演练、加注和发射等提供中、短期气象预报；为诸如火工品测试、推进剂加注和发射等危险性操作提供关于灾害性天气及最低发射气象条件的实时监测与预报。

技术勤务分系统的任务是为导弹或运载火箭的射前准备与发射提供必要的支持与保障。

由于测试发射分系统的保障条件与地面设备系统总体设计有着更为密切的关系，故这里只简单介绍测试发射分系统的保障条件对地面设备系统总体设计的影响。

在技术区，测试发射分系统的转载、测试、加注、供气、供电、转运、空调和供水等保障条件是铁路运输设备、起重设备、支承设备、公路运输设备、供气系统、加注系统、供电设备、动力控制设备和消防设备等总体设计的依据之一。

在发射区，测试发射分系统的发射工位、发射场坪、井口场坪、活动勤务塔、固定勤务塔、导流槽、地下井、水平坑道、发射控制间、加注、供气、供电、瞄准、空调、供水和化验等保障条件是发射设备、起重设备、装填设备、支承设备、瞄准设备、动力控制设备、加注设备、供气设备、供电设备、空调设备、抗核加固设备、伪装防护设备和消防设备等总体设计的依据之一。

6.3.5　目标特征

由于目标的某些特征直接影响地面设备系统的总体性能，故目标特征是地面设备系统总体设计的依据之一。譬如，为了同时打击多个空中目标，很多国家研制了配置在发射车上的多联装发射装置，它增加了一个火力单元可同时或连续发射的导弹数量，即在导弹配置数量不变的情况下，它减少了一个火力单元的发射车的数量；为了打击来自不同方向的高速空袭目标，应通过发射装置总体设计，确定发射装置瞄准系统的驱动和驱动功率，使发射装置的方位调转角、高低调转角、调转时间、瞄准角速度和瞄准角加速度等满足反应时间、作战空域和目标特征等要求；为了打击不同空域的来袭目标，应通过发射车总体设计，使发射车具有通过铁路、水路和空运实施快速、远距离转移的能力，并具有依靠自身动力实现机动的能力。

6.3.6　性能要求

1. 环境适应性要求

地面设备系统应能在导弹武器系统或运载火箭系统规定的使用环境条件下正常工作。地面设备系统在各种使用环境条件下可能产生的环境效应在本书第 4 章（导弹武器系统生存能力）和第 7 章（地面设备系统的使用环境与适应性设计）均有介绍，这里不再重复。应通过地面设备系统、分系统或设备的环境适应性设计，使地面设备系统具有良好的环境适应能力。

2. 可靠性要求

地面设备系统应有导弹武器系统或运载火箭系统规定的使用可靠性。对地面设备系统的可靠性要求通常包括以下内容。

（1）地面设备系统的设计可靠性不能低于"地面设备系统设计技术要求"规定的发射可靠性。

（2）地面设备系统中各分系统或设备的设计可靠性不能低于地面设备系统总体方案设计分配的可靠性指标。

（3）在射前准备过程中，技术阵地（或技术中心）的各分系统或设备的平均故障间隔时间应满足导弹武器系统或运载火箭系统的要求。

（4）在射前准备与发射过程中，发射阵地（或发射工位）的各分系统或设备的平均故障间隔时间应满足导弹武器系统或运载火箭系统的要求。

（5）地面设备系统中各分系统或设备的使用寿命不能低于规定值。

（6）应对地面设备系统、各分系统或设备的总体设计进行可靠性设计评审，对于未通过可靠性设计评审的部分，不能转入下一研制阶段。

3. 维修性要求

地面设备系统应有良好的维修性能。对地面设备系统的维修性要求通常包括以下内容。

（1）地面设备系统中各分系统或设备的平均修复时间和平均维修间隔时间应满足导弹武器系统或运载火箭系统的要求。

（2）在射前准备过程中，技术阵地（或技术中心）的各分系统或设备应具有任务维修性，且保障资源延误时间和管理资源延误时间均为零。

（3）在射前准备与发射过程中，发射阵地（或发射工位）的各分系统或设备的最大修复时间不能影响导弹或运载火箭发射工艺流程的正常进行。

（4）地面设备系统中的各分系统或设备应有良好的测试性，以缩短故障检测时间和故障隔离时间。

（5）地面设备系统中各分系统或设备的结构、标识、操作性能、安装性能、安全性能和防差错性能等应保证或有利于提高其维修性能。

4. 伪装要求

无论是固定发射导弹武器系统还是机动发射导弹武器系统，它们的伪装性能基本都取决于地面设备系统。对地面设备系统的伪装要求通常包括以下内容。

（1）地面设备系统的伪装性能应与导弹武器系统部署或机动区域的地形和植被等相融合。

（2）应通过地面设备系统总体设计，减少、消除各分系统或设备在外形、结构和性能等方面的军事特征。

（3）地面设备系统中各分系统或设备的伪装措施应相互协调，并具有浑然一体的效果。

（4）伪装设备或结构应体积小、质量轻、成本低和使用方便。

5．机动性要求

机动发射导弹地面设备系统应有符合导弹武器系统战术技术指标的机动性能。由于公路和铁路机动发射导弹地面设备系统用得最多，故这里只简单介绍对公路车辆和铁路车辆的机动性要求。对公路车辆和铁路车辆的机动性要求通常包括以下内容。

（1）公路车辆的动力性能应满足最高车速、原地起步加速时间和连续换挡加速时间等要求。

（2）公路车辆的最小转弯直径、最大通道宽度、最小离地间隙、接近角、离去角和涉水能力等应满足使用要求，既能在等级公路上行驶，也能在被破坏的道路上行驶。

（3）公路车辆的纵向行驶稳定性、横向行驶稳定性和抗侧向偏离的行驶稳定性应满足上装要求。

（5）公路车辆的制动性能应满足上装要求。

（6）公路车辆的续驶能力应满足导弹武器系统大范围机动转移的要求。

（7）在导弹武器系统的部署区域内，铁路车辆在一定长度、密度和分岔度的铁路网上能够通过规定限界的桥梁、隧道、建筑物和最小平曲线半径的地段。

（8）铁路车辆的动力性能应保证导弹武器系统具有规定的机动速度。

（9）铁路车辆在曲线段上的行驶稳定性应满足上装要求。

（10）铁路车辆的弹簧减振系统应满足上装要求。

（11）铁路车辆的制动性能应满足上装要求。

（12）铁路车辆的续驶能力应满足导弹武器系统大范围机动转移的要求。

6．快速性要求

导弹地面设备系统应有符合导弹武器系统战术技术指标的快速反应能力。对地面设备系统的快速性要求通常包括以下内容。

（1）在满足使用要求的条件下，应提高各分系统或设备的功能集成度，减少各分系统或设备的实物配套数量。

（2）各分系统和设备应有不低于地面设备系统总体设计规定的设计与使用可靠性。

（3）在射前准备过程中，地面设备系统中各分系统或设备的平均修复时间和平均维修间隔时间应满足导弹武器系统的要求。

（4）在射前准备过程中，技术阵地的各分系统或设备应具有任务维修性，且保障资源延误时间和管理资源延误时间均为零。

（5）在射前准备与发射过程中，发射阵地的各分系统或设备的最大修复时间不能影响导弹发射工艺流程的正常进行。

（6）应缩短各分系统或设备的状态转换时间。

（7）应延长各分系统或设备性能测试的间隔时间。

（8）应提高各分系统或设备的自动化水平。

7. 电气性能要求

对导弹或运载火箭地面设备系统中供电或用电设备的电气性能要求通常包括以下内容。

（1）供电设备的设计容量应考虑因导弹或运载火箭发射工艺流程发生变化而临时增加的用电量，它一般为最大负荷的 5%～10%。

（2）在保证可靠供电和满足用电品质指标要求的条件下，应提高供电设备的利用率。

（3）供电设备不能使用同一条电源干线和同一个断路开关向主系统或冗余系统供电。

（4）应对供电设备进行环境适应性设计和试验。

（5）用电设备的常用额定电压和额定频率见表 6-1。

表 6-1　用电设备的常用额定电压和额定频率

用电设备种类		额定电压/V	额定频率/Hz
直流用电设备		5，12，15，24，28，36，48	—
交流用电设备	单相	220	50
	三相	380	50
	单相	127	400
	三相	220	400

（6）用电设备的输入电压和频率的变化范围一般规定是：在额定频率下，当输入电压的变化为额定电压的 ±10% 时，交流用电设备能够正常工作；在额定电压下，当频率的变化为额定频率的 ±3% 时，交流用电设备能够正常工作；当输入电压的变化为额定电压的 ±10% 时，直流用电设备能够正常工作；当输入电压的变化为额定电压的 ±15% 时，由蓄电池供电的用电设备能够正常工作。

（7）电气设备各独立导电部分之间以及各独立导电部分与壳体之间的绝缘电阻一般规定如下：

在正常使用条件下，绝缘电阻不应小于 3 MΩ；

在湿热条件下，绝缘电阻不应小于 0.5 MΩ；

在高温条件下，绝缘电阻不应小于 1.5 MΩ。

（8）应在电气设备各独立导电部分之间以及各独立导电部分与壳体之间进行抗电

强度试验；在规定的试验电压下，通电 1 min，间隙部分不应有击穿、起弧和电晕现象。抗电强度试验电压见表 6-2。

表 6-2　抗电强度试验电压

试验等级	电 压 种 类	
	额定工作电压/V	试验电压/V
1	<15	250
2	>15～45	500
3	>45～115	1 000
4	>115～220	1 500
5	>220	1 000+2 倍额定工作电压

（9）电气设备的电磁兼容性能应符合相关专业标准的规定。

（10）电气设备的其他常见电气性能要求见相关标准；特殊电气性能要求见电气设备的设计任务书。

（11）计算机和其他电子设备的常见电气性能要求见相关专业标准；特殊电气性能要求见设计任务书及相关专业技术条件。

6.3.7　一般要求

对导弹或运载火箭地面设备系统的一般要求通常包括下述内容。

1. 结构性要求

对导弹或运载火箭地面设备系统的结构性要求通常包括以下内容。

（1）设备的结构尺寸和质量应满足设计任务书要求；在不影响使用的条件下，力求实现设备的小型化和积木化。

（2）设备及其包装的最大外形尺寸应符合公路和铁路运输规定。满载公路车辆的通过性几何参数和附着牵引力等应符合规定公路等级的路面状况，满载公路车辆的单轴载荷和轴距应符合规定公路等级桥梁的承载标准。铁路车辆（或装在车辆底架上的设备）的横断面尺寸应符合铁路机车车辆限界、超限限界和建筑限界的规定，铁路车辆的轴荷应符合轨道结构和桥梁的承载标准。

（3）设备的结构形式和质量应便于搬运或吊装。

2. 标准化要求

对导弹或运载火箭地面设备系统的标准化要求通常包括以下内容。

（1）各分系统或设备的设计应符合简化、统一、协调和优选的标准化原则，以提高地面设备系统的标准化、通用化、系列化和组合化水平。

（2）各分系统或设备设计时选用的基础标准和通用规范等应符合导弹武器系统或运载火箭系统的综合标准化要求。

（3）应充分利用成熟的、经过预先研究和技术鉴定的技术、材料和元器件。

（4）各分系统或设备的设计图样和技术文件等应符合标准化要求。

3. 协调性要求

对导弹或运载火箭地面设备系统的协调性要求通常包括以下内容。

（1）地面设备系统与导弹或运载火箭的结构、动力系统、控制系统、遥测系统、外测安全系统及推进剂利用系统等有协调的机械、电气和软件接口。

（2）地面设备系统中各分系统或设备之间应有协调的机械、电气和软件接口。

（3）地面设备系统中各分系统或设备的技术性能、使用可靠性、维修性和效费比等应与地面设备系统的总体性能相协调。

4. 工艺性要求

对导弹或运载火箭地面设备系统的工艺性要求通常包括以下内容。

（1）应充分利用成熟的、经过预先研究和技术鉴定的工艺。

（2）在保证使用要求的条件下，应使制造设备的原材料既能满足结构强度与刚度要求，又能满足诸如量测、切削、热处理和检验等加工要求。

（3）应尽量避免采用特种工艺加工零、部、组件，如确需采用特种工艺时，应先由工艺部门做特种工艺试验，取得经验后，再用于正式生产。

（4）应在设备的设计文件中明确诸如机械加工、装配、锻造、铸造、焊接、表面处理和热处理等工艺要求、检测手段及检测要求等。

5. 安全性要求

对导弹或运载火箭地面设备系统的安全性要求通常包括以下内容。

（1）应对分系统或设备进行危险性分析，以确定其危险可能性等级和危险严重性等级。

（2）应对分系统或设备中可能危及操作人员安全的部位进行诸如语音告警、灯光告警、色彩告警和符号告警等安全告警设计。

（3）应对分系统或设备进行诸如极限环境条件、有毒物、易燃物、易爆物、机械危险和电气危险等安全防护设计。

（4）应对可能影响导弹武器系统或运载火箭系统安全的分系统或设备进行故障模式、影响及危害性分析。

（5）在各种最坏使用条件组合出现的情况下，各分系统或设备仍能安全地工作。

（6）某个分系统或设备的安全故障不应殃及其他分系统或设备。

（7）压力容器的设计、制造、试验、验收和维护保养等应符合《压力容器安全监察规程》的规定。

（8）凡可能危及操作人员安全的设备均应有联锁、屏蔽和接地等措施。

6.3.8　国外研制导弹武器系统或运载火箭系统的经验教训

工程实践表明，只有"知彼知己"，才能"百战不殆"；只有"求多闻善败"，不忘往事，了解往事，才能获得"鉴戒"，才能引往事为教训。分析总结国外研制导弹武器系统或运载火箭系统的经验教训，实时跟踪国外研制导弹武器系统或运载火箭系统的现状，并将之作为地面设备系统总体设计的参考，对提高导弹武器系统的实战化水平或运载火箭系统的市场化水平均有很大的好处。

6.4　总体方案论证

地面设备系统总体方案论证是总体设计的重要内容，通常在导弹试验场或航天器发射场工程勘察以后进行。

导弹地面设备系统总体方案论证是指根据导弹武器系统的战术技术指标、部署特点、导弹总体方案设计报告、导弹试验场的保障条件、作战使用要求、导弹发射工艺流程、国防政策和现代战争的特点等，选择导弹的发射方式，分析导弹武器系统的生存能力、作战能力和机动能力，论证主要分系统或设备的初步方案等。

运载火箭地面设备系统总体方案论证是指根据运载火箭的技术经济指标、运载火箭总体方案设计报告、航天器发射场的保障条件、商业发射使用要求、运载火箭发射工艺流程和航天器的种类等，论证主要分系统或设备的初步方案。

导弹地面设备系统总体方案论证的重点与运载火箭地面设备系统不同。由于导弹武器系统既是攻击敌方的威慑性武器，同时也是敌方侦察与打击的主要目标，故导弹地面设备系统总体方案论证的重点是发射方式、生存能力、作战能力和机动能力等。

运载火箭地面设备系统总体方案论证的重点是地面设备系统的通用性、技术经济指标、使用可靠性、维修性和安全性等。

在地面设备系统总体方案论证过程中，应正确处理地面设备系统与导弹或运载火箭的关系；应正确处理地面设备系统与导弹试验场或航天器发射场的关系；应正确处理地面设备系统总体先进性与各分系统或设备先进性的关系；应正确处理发射可靠性与各分系统或设备的设计可靠性的关系。

研制实践表明，通过地面设备系统总体方案论证，可以摒弃理论上可行、实现起来勉强或困难的"最优"总体方案；能够得到现实可行、性能相对先进、研制费用合理和使用可靠的"满意"总体方案。

6.4.1　发射方式的选择

发射方式的选择是导弹地面设备系统总体方案论证的重要内容，它涉及国家战略方针、国防政策、国土环境、交通状况、导弹特点和发射技术水平等因素，它直接影响导弹武器系统的作战模式、作战效能、生存能力、阵地配置和地面设备系统的总体方案。

本书第3章（发射方式）已对发射方式的分类，各种发射方式的优、缺点以及各种导弹可能采用的发射方式等均做了比较详细的介绍，这里不再重复。总的来说，应根据导弹武器系统的战术技术指标、发射技术水平、研制时间、研制费用和作战使用要求等确定导弹的发射方式。选择导弹发射方式的基本原则是：

（1）满足导弹地面设备系统设计任务书的要求。通常根据设计任务书的要求、导弹武器系统的战术技术指标、导弹部署特点和目标特性等，选择导弹的发射方式。

（2）符合导弹的特点。通常根据弹体结构、制导系统、动力装置和飞行弹道等，选择导弹的发射方式。譬如，当弹道导弹不具有尾段加强弹体结构且燃气流的排导又不受限制时，则应选择自动力发射方式；当弹道导弹具有尾段加强弹体结构，且要求导弹武器系统具有良好的机动能力时，则应选择外动力发射方式。对于防空导弹，其发射方式与制导系统有密切的关系，驾束制导的防空导弹宜采用倾斜发射方式，它有利于将导弹引入波束；攻击高空目标的远程指令制导的防空导弹宜采用垂直发射方式；攻击低空目标的近程防空导弹宜采用倾斜发射方式。为了使飞航导弹有良好的运输、贮存环境并能长时间地安放在发射装置上，宜采用贮运箱（筒）发射方式；制导系统精度高和可靠性高的小型飞航导弹宜采用垂直发射方式。

（3）符合国情。通常根据国家的诸如国土环境、山区、平原、海岸、港湾、水道、岛屿、海域和空域等具体国情，选择导弹的发射方式。譬如，当山区的地形、地质、交通和能源等便于工程施工和导弹武器系统的伪装防护时，可选择地下井发射方式；当山区或平原具有一定长度、密度和分岔度的铁路网时，可选择铁路机动发射方式；当山区或平原具有大范围和高密度的公路网时，可选择公路机动发射方式。

（4）符合发射技术的现状。通常根据已有导弹武器系统的生存能力、作战能力、机动能力及实战化水平，并借鉴已有发射方式的设计与使用经验，选择满足现代战争需要的发射方式。譬如，越野性能好、机动性能高和防护性能强的重型车辆底盘技术的突破为战略弹道导弹和大型防空导弹采用公路机动发射方式创造了条件；贮运箱式发射技术的突破为飞航导弹采用公路机动发射和水面机动发射创造了条件。

（5）符合导弹武器系统的部署特点。导弹武器系统的部署是指其在既定地域、海域或空域的配置方式与数量，它取决于国家的战略方针和作战使用要求，并与导弹的发射方式有密切的关系。通常根据导弹武器系统的部署特点选择导弹的发射方式，使导弹的运输方式、装填方法、测试体制、瞄准方案和发射动力等满足导弹武器系统的作战使用要求。

不同的发射方式有不同的地面设备系统总体方案，不同的地面设备系统总体方案有不同的技术特征。这里简要介绍几种常见发射方式使用的地面设备系统的主要技术特征。

1. 地下井发射导弹地面设备系统的主要技术特征

地下井发射的研究重点是提高导弹武器系统的生存能力；研制的重点设备是发射设备、加注设备和抗核减振装置；需要解决的关键技术问题是抗核加固、导弹起飞漂移对井筒直径的影响、排焰、降低噪声、防腐、瞄准、减振、伪装防护和防水等。

地下井发射导弹地面设备系统的主要技术特征是：

（1）大部分地面设备都集中布置在井筒和坑道内，井外设备很少，设备的功能集成度较高，设备的结构比较紧凑，设备的活动范围较小。譬如，为了实现井下起竖，就必须研制结构紧凑和使用可靠的起重设备；为了减少气瓶的数量，就必须提高气瓶的贮气压力；为了缩小井筒直径，就必须研制回转、翻转及升降功能兼备的工作台。

（2）地面设备具有良好的使用安全性能。譬如，井筒和坑道内的电气设备具有良好的防爆和电磁兼容性能；液体推进剂和惰性气体贮存容器具有良好的密封性能；加注设备布置在专用的设备间内，且氧化剂加注设备与燃烧剂加注设备之间有足够的安全距离；有燃烧或爆炸危险的设备均远离井筒。

（3）井筒和坑道内的温度变化小，相对湿度大，对地面设备采取了防潮、防雷和防腐蚀措施。譬如，井筒和坑道内定时通风；重要设备间设置了空调设备；重要地面设备有防腐涂层或镀层。

（4）井筒和坑道内的地面设备具有导弹武器系统规定的抗核加固能力。譬如，井盖有规定的抗力且能快速地打开或关闭；为导弹和发射设备设置了抗核减振装置；井筒与坑道之间有防爆门；坑道口设有防爆门；设备间安装了减振地板。

（5）地面设备能使导弹长时间地处于待发状态，使导弹武器系统具有很强的快速反应能力。

2. 公路机动发射导弹地面设备系统的主要技术特征

公路机动发射方式的研究重点是提高导弹武器系统的机动能力；研制的重点设备是多功能发射车、发射动力装置、大功率牵引车和智能化发射控制设备等；需要解决的关键技术问题是伪装防护、抗核加固、快速定位定向、结构减重和增加装载质量等。

公路机动发射导弹地面设备系统的主要技术特征是：

（1）地面设备系统的机动能力强。地面设备系统能以较高的速度在较大的范围内实施快速转移；能随时改变导弹的发射位置；能有效地躲避敌方的攻击。

（2）地面设备系统的快速反应能力强。在快速转移过程中，地面设备系统就可完成导弹的部分射前准备工作；到达发射阵地后，能够快速展开地面设备和快速发射导弹；导弹发射后，能够快速撤收地面设备。

（3）地面设备系统的伪装性能好。车辆的功能集成度高、行军队列短、发射阵地面积小和车辆与背景的融合性好等都有利于提高地面设备系统的伪装能力。

3. 铁路机动发射导弹地面设备系统的主要技术特征

铁路机动发射方式的研究重点是提高导弹武器系统的机动能力和伪装防护能力；研制的重点设备是发射车、低动力作用多轴转向架、大吨位起竖设备、变射向瞄准设备和大功率发射动力装置等；需要解决的关键技术问题是伪装防护、抗核加固、快速调平、快速定位定向、大吨位导弹单缸起竖、瞬时大冲击载荷扩散、弹射稳定、发射车顶盖快速开启和发射列车编组等。

铁路机动发射导弹地面设备系统的主要技术特征是：

（1）地面设备系统对导弹结构尺寸和起飞质量的限制较小。与公路机动发射方式相比，由于铁路发射列车具有更大的承载能力和动力，故能发射具有较大结构尺寸和起飞质量的导弹。

（2）地面设备系统的机动能力强。与公路机动发射方式相比，由于发射列车能以更高的速度在更广的地域内实施快速转移，故能更快地改变导弹的发射位置和更有效地躲避敌方的攻击。

（3）地面设备系统的快速反应能力强。与公路机动发射方式相比，由于铁路发射列车具有更好的射前准备条件，在机动过程中，能够更快地完成导弹的部分或全部射前准备工作；到达发射阵地后，能够快速调平、快速开启车顶盖、快速起竖和发射导弹；导弹发射后，能够在更短的时间内撤收地面设备。

（4）地面设备系统的伪装性能好。与公路机动发射方式相比，虽然铁路机动发射方式也是通过提高车辆的功能集成度、缩短列车编组长度和缩小发射阵地的面积等来提高其伪装性能，但铁路发射列车能以客运、货运或客、货运混编列车的外形混迹于民用铁路线上，故铁路发射列车具有更好的伪装性能。

4. 水下机动发射导弹地面设备系统的主要技术特征

水下机动发射导弹地面设备系统就是通常所说的潜艇及其内的地面设备。

水下机动发射导弹地面设备系统的研究重点是导弹的发射精度、发射安全和地面设备对水下环境与发射环境的适应性；研制的重点设备是发射装置，它包括发射筒、发射动力装置、减振装置和密封装置等；需要解决的关键技术问题是发射筒的减振、程序开盖、水下压力平衡和导弹发射后发射筒的排水等。

水下机动发射导弹地面设备系统的主要技术特征是：

（1）潜艇的机动能力强。与水面舰只相比，潜艇有更大的机动空间、机动速度和续航能力。

（2）潜艇的隐蔽性能好。平时，潜艇可在数十米乃至数百米深的水中游弋；战时，潜艇上浮至发射深度发射导弹；潜艇能够随时、隐蔽地改变导弹的发射地点；潜艇能够突然、隐蔽地发起攻击。

（3）潜艇的快速反应能力强。在潜艇巡航过程中，地面设备有充裕的时间完成导弹的诸如测试和瞄准等射前准备工作,待到达预定发射地点后,可快速地将导弹发射出去。

（4）潜艇及其内的地面设备对诸如油雾、盐雾、霉菌、摇摆、冲击和颠震等使用环境条件具有良好的适应性。

（5）潜艇对导弹的结构长度限制较大。由于导弹发射筒的设计受到潜艇艇体特征长度的限制,故采用外动力发射的导弹结构长度不能太长;为了提高潜艇发射导弹武器系统的威慑力和连续作战能力,在潜艇动力允许的条件下,可适当增加潜艇装载导弹的数量。

6.4.2　生存能力分析

导弹武器系统射前生存能力分析是地面设备系统总体方案论证的重要内容,它涉及国家战略方针、敌方威胁的规模与特性、现代战争的特点、导弹的发射方式和防御能力等;生存能力分析的结果直接影响导弹发射方式和地面设备系统总体方案的最后确定。

本书第 4 章（导弹武器系统生存能力）已对各种导弹武器系统的生存能力做了比较详细的介绍;从地面设备系统的角度提出了生存能力的分析方法、生存概率的计算方法和提高生存能力的主要技术途径等。上述内容可作为生存能力分析时的参考,这里不再重复。

为了分析导弹武器系统的生存能力,通常根据敌方的侦察手段、攻击模式和己方导弹武器系统的作战模式等建立生存能力评估模型。常见的生存能力评估模型主要有两类:一类是受卫星侦察和核武器攻击的固定发射或机动发射导弹武器系统生存能力评估模型,另一类是受飞机侦察和常规武器打击的固定发射或机动发射导弹武器系统生存能力评估模型。

在导弹武器系统生存能力分析过程中,有几个与生存能力分析有关但又容易被混淆或忽略的问题,现简要说明如下。

（1）生存能力是导弹武器系统的客观属性,是敌我双方在侦察手段、攻击武器、防御能力、伪装防护能力、快速反应能力、机动能力和抗核加固水平等方面综合比较的结果,它既不是计算出来的,也不是分析出来的,更不是假设出来的;它是设计出来的,生产出来的,试验出来的。计算只是一种工具,分析只是一种手段,计算与分析的过程能使设计者对影响生存能力的各种因素有一个比较客观的认识;计算与分析的结果能使设计者对导弹武器系统采取有针对性的技术措施,以便有效地提高导弹武器系统的生存能力。

（2）生存能力是一种必须经过实战考核才能得到最终确认的导弹武器系统的战术技术性能,任何实物工程试验或仿真试验都不能替代生存能力的实战考核。在地面设备系统总体方案论证过程中,虽然通过实践法、仿真法或解析法能够分析与评估导弹武器系统的生存能力,通过一些经验公式能够计算出导弹武器系统的生存概率,但这样得到的生存能力分析结果仍然只能作为决策时的参考，因为即使是最直接、最可靠的实践法也不能与实战考核相媲美。

（3）在一定程度上，可以说导弹武器系统的射前生存能力就是导弹地面设备系统的生存能力，实用的发射方式和高效的地面设备系统是导弹武器系统地面生存能力的主要来源。试问，一枚离开地面设备系统且尚未起飞的导弹会有生存能力吗？显然答案是否定的。工程实践表明，通过导弹发射方式的选择和地面设备系统的总体设计能够显著地提高导弹武器系统的生存能力，尤其是地面设备系统总体设计对生存能力具有更大的影响。

（4）生存能力虽然是导弹武器系统实施后发制敌所必备的战术技术性能，但也不能使其成为"唯我独尊"或"主宰一切"的战术技术指标。在地面设备系统总体设计过程中，应通过地面设备系统总体方案论证找出生存能力与其他战术技术指标之间的最佳契合点，有时，生存能力以外的其他战术技术指标的适当强化反而会提高导弹武器系统的生存能力；应正确处理生存能力与发射方式的关系；应正确处理生存能力与地面设备系统总体方案的关系。在确定生存能力指标和选择能够提高生存能力的技术措施时，既要考虑导弹武器系统承受敌方第一波攻击的可能性，也要考虑导弹武器系统实施反击的作战要求；既要考虑提高生存能力措施的有效性，也要考虑提高生存能力的技术措施在时间、费用、科学技术水平和生产能力等方面实现的可能性。

不同的导弹武器系统有不同的与生存能力相关的使用状态，不同的使用状态有不同的生存能力。

地下井发射导弹武器系统与生存能力相关的使用状态是贮存状态和临射状态。贮存时，由于地下井的结构及其内的地面设备能够承受一定的非直接命中性核攻击或常规打击，故导弹武器系统处于相对安全的状态。临射时，由于井盖已经打开，故短时间内导弹武器系统处于最危险的状态。对于地下井发射导弹武器系统，主要分析其战备状态的生存能力。战备状态是指自装填或起竖导弹至导弹发射的全过程。在分析和综合评估战备状态的生存能力时，输入的参量主要包括敌方侦察卫星的分辨率、侦察信息的传输时间、来袭导弹的数量、飞行时间、弹头威力、地下井的数量、位置、结构尺寸、伪装等级、抗压能力和己方导弹的发射准备时间等。

公路机动发射导弹武器系统与生存能力相关的使用状态是待机状态、机动状态和临射状态。待机时，由于待机阵地的建（构）筑物能够承受一定的非直接命中性核攻击或常规打击，故导弹武器系统处于相对安全的状态；若建（构）筑物发生倒塌，则认为导弹武器系统已经受损。机动时，虽然运动中的导弹武器系统能够避开敌方的核攻击或常规打击，但由于它失去了庇护，故仍处于敌方侦察或攻击的危险之中。临射时，由于各种设备均已展开成工作状态，导弹武器系统无法躲避敌方的侦察与打击，故处于最危险的状态。对于有依托的公路机动发射导弹武器系统，主要分析其机动或发射过程的生存能力。在分析与评估机动或发射过程的生存能力时,输入的参量主要包括敌方侦察卫星的分辨率、运行周期、侦察信息的传输时间、来袭导弹的数量、发射阵地上地面设备的数量与规模、车辆的机动速度、车辆的抗压能力和导弹武器系统的发射准备时间等。

铁路机动发射导弹武器系统与生存能力相关的使用状态是待机隐蔽预警发射状态和随机机动发射状态。在分析与评估两种使用状态的生存能力时,输入的参量主要包括敌方侦察卫星的分辨率、运行周期、侦察信息的传输时间、来袭导弹的数量、飞行时间、命中精度、弹头威力、铁路发射列车的长度、机动速度、抗压能力、伪装性能、铁路线的长度、发射阵地的位置与数量和导弹武器系统的发射准备时间等。

导弹武器系统生存能力分析与评估的基本流程如图 6-1 所示。

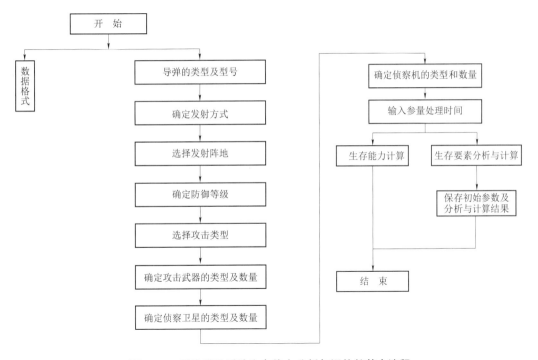

图 6-1　导弹武器系统生存能力分析与评估的基本流程

6.4.3　作战能力分析

导弹武器系统作战能力分析是地面设备系统总体方案论证的重要内容,作战能力分析的实质是论证地面设备系统对导弹武器系统作战能力的影响。

作战能力是导弹武器系统的基本属性,它包括按照预定的发射工艺流程发射导弹的能力、导弹的射程、命中精度、战斗部的威力、发射准备时间、机动性、使用可靠性和维修性等。显然,地面设备系统对导弹武器系统发射导弹的能力、发射准备时间、机动性、使用可靠性和维修性等都有重要影响。

对于初步确定了发射方式和地面设备系统总体方案的导弹武器系统，其作战能力分析应围绕导弹武器系统的作战程序进行。作战程序包括作战准备和作战过程两个阶段。不同的导弹武器系统有大致相同或基本相似的作战准备工作内容，通常包括地面设备的状态转换、展开、功能检查、导弹的在位状态测试和设备之间的数据传输检查等。不同的导弹武器系统有不同的作战过程，弹道导弹的作战过程自火箭发动机点火开始，至弹头命中目标为止；防空导弹的作战过程自搜索雷达首次探测到来袭目标开始，至弹头命中目标为止；飞航导弹的作战过程自火控系统探测并显示目标开始，至导弹命中目标为止。在作战能力分析过程中，应具体分析地面设备系统对导弹武器系统作战程序的影响，并采取有效的技术措施。从地面设备系统的角度，提高导弹武器系统作战能力的技术措施主要有以下几个。

（1）通过地面设备系统总体方案论证，选择符合导弹特点、部署方式和作战使用要求的发射方式，提高导弹武器系统的威慑力。

（2）通过地面设备系统总体设计，减少地面设备的数量，提高地面设备的功能集成度和实战化水平。

（3）通过地面设备系统总体设计，提高地面设备系统的状态转换能力和快速反应能力。

（4）通过地面设备系统可靠性和维修性设计，延长地面设备的使用寿命。

（5）通过地面设备系统总体设计，减少电缆和各种管路的长度，缩短发射准备时间。

（6）通过地面设备系统安全性设计，提高地面设备的使用安全性能。

6.4.4　机动能力分析

机动能力分析是机动发射导弹地面设备系统总体方案论证的重要内容，机动能力分析的实质是论证地面设备系统对导弹武器系统机动能力的影响。

机动能力是导弹武器系统从一个地点快速转移到另一个地点的能力，它通常包括战略机动性、战术机动性和火力机动性。机动能力可用地面设备系统的作战和使用参数表示。

战略机动性是机动发射导弹武器系统通过铁路车辆、舰船和飞机等运输工具实施远距离快速转移的能力。对于幅员辽阔的国家，导弹武器系统的战略机动性既可以弥补武器系统装备数量的不足，同时也可以提高导弹武器系统的战略威慑水平。为了提高导弹武器系统的战略机动性，可通过地面设备系统总体设计，减少配套车辆的数量，减少上装的结构尺寸与质量，减少配套车辆的外形尺寸与整车质量，尤其应降低配套车辆的高度。譬如，对于防空导弹武器系统，其配套车辆的外形尺寸既要满足标准铁路限界要求，又要满足空运时的高度要求，为此，车辆常常采用高度可调的悬架系统；若普通厢式车辆的尺寸既超过了标准铁路限界，也超过了空运限制的高度，此时可采用方舱式装车体制，即将方舱与车辆分开，分别进行铁路运输或空运。

战术机动性是机动发射导弹武器系统依靠自身动力实现快速行驶与通过规定道路的能力。战术机动性既能使导弹武器系统躲避敌方的侦察与打击，同时也能增加导弹武器系统攻击敌方的突然性。为了提高导弹武器系统的战术机动性，可通过地面设备系统总体设计，减少配套车辆的行军长度，提高配套车辆的伪装防护性能，提高配套车辆的抗核加固水平，提高配套车辆的机动速度和通过各种道路的能力。

火力机动性是机动发射导弹武器系统快速改变射向的能力。随着隐身技术和电子对抗技术的发展，敌我双方在搜索与反搜索和跟踪与反跟踪方面的对抗日趋激烈，这给防空导弹武器系统或飞航导弹武器系统捕捉空中目标设置了重重障碍。为了应对这种情况，既要提高导弹武器系统发现与跟踪目标的概率，也要提高导弹武器系统的火力机动性。为了提高导弹武器系统的火力机动性，可通过地面设备系统总体设计，缩短导弹武器系统的发射准备时间，增强对付多目标的连续作战能力。

对于机动发射导弹武器系统，虽然战略机动性、战术机动性和火力机动性都很重要，但从作战使用的角度来看，战术机动性具有更为重要的影响与作用。工程实践表明，在一定程度上，机动发射导弹武器系统的机动能力就是地面设备系统的机动能力；地面设备系统的机动能力就是地面设备系统的战术机动性。

地面设备系统的战术机动性与配套车辆的动力性、通过性、行驶稳定性、行驶平顺性和制动性等密切相关。

6.4.4.1　动力性

动力性是指车辆在各种运动阻力的道路上行驶时，车辆驱动力可能产生的最高车速、加速能力和最大爬坡度。

附着力是车辆依靠驱动力能够在道路上行驶的必要条件，驱动力与附着力的关系可用式（6-1）表示：

$$F_K \leqslant \varphi \cdot G_a \cdot \cos\alpha \tag{6-1}$$

式中　F_K——车辆驱动力，N；

　　　φ——附着系数，与路面的物理机械性质、表面状态、轮胎结构和使用条件等有关，通过查表得到；

　　　G_a——车辆满载时的重力，N；

　　　α——道路坡度角，（°）

车辆的驱动力可用式（6-2）计算：

$$F_K = \frac{M_e \cdot i_K \cdot i_o \cdot \eta}{r_K} \tag{6-2}$$

式中　M_e——车辆发动机的输出扭矩，N·m；

　　　i_K——车辆变速器的传动比；

i_o——车辆主减速器的传动比；

η——传动系统机械效率，一般为 0.85～0.95，它考虑了自发动机至车轮的能量损失；

r_K——车轮的工作半径，m。

车轮的工作半径可用式（6-3）计算：

$$r_K = (0.93 \sim 0.95) r_o \qquad (6-3)$$

式中　r_o——车轮的理论半径，m。

驱动力是车辆能够在道路上行驶的充分条件，驱动力与各种运动阻力的关系可用式（6-4）表示：

$$F_K \geqslant F_f + F_w + F_i + F_j \qquad (6-4)$$

式中　F_f——车辆行驶的滚动阻力，N；

　　　F_w——车辆行驶的空气阻力，N；

　　　F_i——车辆行驶的上坡阻力，N；

　　　F_j——车辆行驶的惯性阻力，N。

车辆行驶的滚动阻力可用式（6-5）计算：

$$F_f = f \cdot G_a \cdot \cos\alpha \qquad (6-5)$$

式中　f——滚动阻力系数，与轮胎压力、轮胎结构和路面状况等有关，通过查表得到。

车辆行驶的空气阻力可用式（6-6）计算：

$$F_w = \frac{1}{2} \cdot C_d \cdot \rho \cdot A \cdot v_r^2 \qquad (6-6)$$

式中　C_d——空气阻力系数，对于一般动力性分析，可取 0.8～1.0；

　　　ρ——空气密度，对于一般动力性分析，$\rho = 1.225\,8\,\mathrm{N} \cdot \mathrm{s}^2 / \mathrm{m}^4$；

　　　A——车辆的迎风面积，即车辆行驶方向的正面投影面积，m^2；

　　　v_r——车辆行驶的相对速度，m/s，无风时，$v_r = v_a$；顺风时，$v_r = v_a - v_w$；逆风时，$v_r = v_a + v_w$。其中，v_a 为车辆行驶速度，m/s，v_w 为风速，m/s。

汽车列车行驶的空气阻力比牵引车单独行驶时的空气阻力大，近似计算时，认为汽车列车的空气阻力等于牵引车空气阻力的 1.2 倍。

车辆行驶的上坡阻力可用式（6-7）计算：

$$F_i = G_a \cdot \sin\alpha \qquad (6-7)$$

道路坡度除用坡度角表示外，还可用上坡阻力系数表示，它是每百米坡道的升高量 h（m）与百米之比，即

$$i = \frac{h}{100} = \tan\alpha$$

《公路工程技术标准》规定，四级公路路面允许的最大上坡阻力系数为 9%。在一般

路面上，当道路坡度角小于 15° 时，认为 $\sin\alpha \approx \tan\alpha$。

若道路坡度角小于 15°，则可将式（6-7）写成：

$$F_i \approx G_a \cdot \tan\alpha = G_a \cdot i \tag{6-8}$$

通常将滚动阻力与上坡阻力之和称为道路阻力 F_ψ，即

$$F_\psi = F_f + F_i = f \cdot G_a \cdot \cos\alpha + G_a \cdot \sin\alpha$$

当道路坡度角不大时，则道路阻力可用式（6-9）表示：

$$F_\psi \approx G_a \cdot f + G_a \cdot i \tag{6-9}$$

令 $\psi = f + i$，将 ψ 称为道路阻力系数，则道路阻力可用式（6-10）计算：

$$F_\psi = G_a \cdot \psi \tag{6-10}$$

车辆行驶的惯性阻力可用式（6-11）计算：

$$F_j = \frac{G_a}{g} \cdot \delta \cdot a \tag{6-11}$$

式中　g——重力加速度，m/s^2；

δ——惯性阻力附加系数，与车辆的类型有关，可通过试验、理论公式或经验公式求得；

a——车辆行驶的线加速度，m/s^2。

由于平移质量的线加速度与旋转质量的角加速度有一定的比例关系，因此为了便于计算车辆行驶的惯性阻力，通常将旋转质量产生的惯性力矩折算成惯性力，即

$$\delta = 1 + \frac{g}{G_a} \cdot \frac{\sum I_W}{r_o^2} + \frac{g}{G_a} \cdot \frac{I_f \cdot i_K \cdot i_o \cdot \eta}{r_o^2} \tag{6-12}$$

式中　$\sum I_W$——车轮的转动惯量之和，$kg \cdot m^2$；

I_f——飞轮的转动惯量，$kg \cdot m^2$。

计算惯性阻力附加系数的经验公式为：

$$\delta = 1.03 + 0.05 i_K^2 \tag{6-13}$$

车辆的动力性既可以用最高车速、加速能力和最大爬坡度衡量，也可以用比功率 $\left(\dfrac{P_{emax}}{G_a}\right)$ 和比扭矩 $\left(\dfrac{M_{emax}}{G_a}\right)$ 等简单指标衡量，还可以用车辆各挡的动力因数与车辆行驶速度的关系曲线衡量。

由于车辆头挡的最大动力因数（D_{1max}）和直接挡的最大动力因数（D_{0max}）均可用来表示车辆行驶过程中克服道路阻力的能力或加速能力，故也可用它们表示车辆的动力性。理论动力因数的表达式为：

$$D = \frac{F_K - F_W}{G_a} = \psi + \frac{\delta}{g} \cdot a \tag{6-14}$$

从式（6-14）可以看出，理论动力因数表示单位车辆重力用于克服道路阻力的剩

余驱动力；不论各种车辆的质量、轴数、轴距、轮距和质心等结构参数有什么差别，只要它们有相等的动力因数，便具有相同的加速能力，便能克服相同的道路坡度角（假设各种车辆的 δ 值相同）。

利用式（6-14）和车辆的动力特性图可以确定车辆的最高车速、加速能力和最大爬坡度。

从上面分析可知，$D-v_a$ 曲线与 $f-v_a$ 曲线交点处的车速就是车辆行驶的最高车速；当车辆达到最高车速时，$\psi = f$，$a = 0$，$D = f$。

在良好水平路面上行驶的车辆的加速能力可用式（6-15）表示：

$$a = \frac{g}{\delta}(D - f) \qquad (6-15)$$

从式（6-15）可以看出，$D-v_a$ 曲线与 $f-v_a$ 曲线之间的距离（$D-f$）的 g/δ 倍就是车辆各挡的加速能力。当车辆上坡行驶时，$a = 0$，式（6-14）变成 $D = \psi = f + i$，$D-v_a$ 曲线与 $f-v_a$ 曲线之间的距离（$D-f$）就是车辆各挡的爬坡能力；（$D_{imax} - f$）就是车辆的最大爬坡度。实际上，由于车辆一挡爬坡的坡度角较大，$\cos\alpha < 1$，$\sin\alpha \neq \tan\alpha$，故最大爬坡度的误差较大，此时，$D_{imax} = f \cdot \cos\alpha + \sin\alpha$，解此三角方程，可求得车辆的最大爬坡度，即

$$\alpha_{max} = \arcsin\frac{D_{imax} - f \cdot \sqrt{1 - D_{imax}^2 + f^2}}{1 + f^2} \qquad (6-16)$$

6.4.4.2 通过性

通过性是指满载车辆以正常行驶速度通过铁路、公路、无路地区、冰雪地、沙地、桥梁及各种障碍物的能力，它包括几何通过性、质量通过性和动力通过性。

1. 几何通过性

几何通过性是指具有既定几何参数的满载车辆通过规定道路的能力。装载导弹或地面设备的铁路运输车的几何通过性是指其几何参数符合机车车辆限界（图6-2）的程度，即铁路运输车的极限外形尺寸与机车车辆限界之间间隙的大小。机车车辆限界既是一个与线路中心线垂直的极限横断面轮廓，同时也是一个与车辆中心线垂直的断面净空限界，它规定了机车车辆的最大容许尺寸。

为了保证运输安全，铁路运输部门在机车车辆限界与建筑物接近限界之间预留了安全间隙，它与车辆的运行速度和复线列车的对开等有关。若大型导弹铁路运输车过高过宽，其极限外形尺寸超过了机车车辆限界，则可以适当地减少安全间隙实现超限运输。超限运输有3个限界等级，即一级超限限界、二级超限限界和超级超限限界。随着限界等级的提高，对铁路车的限制运行条件亦相应增加。由于这种减少安全间隙和增加限制运行条件的超限运输方法会给铁路运输部门带来诸多不便，故超限铁路运输车在上线运行之前，应先行申报，在获得铁路运输部门批准后，方可上线运行。

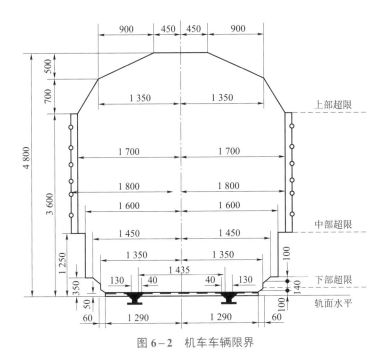

图 6-2 机车车辆限界

通常用计算宽度来衡量铁路运输车的几何通过性，不仅要考虑铁路运输车在平直线路上停留时的长度、宽度与高度，而且也要考虑铁路运输车在具有最小平曲线半径的曲线段上运行时，车辆在弯道内侧与外侧的高度及宽度。由于铁路运输部门规定的限界是不同的高度有其相应的宽度值，故在一定的高度上，车辆对应的计算宽度应在规定的机车车辆限界或超限限界内。只有这样，铁路运输车才具有几何通过性。

装载导弹（火箭）或地面设备的公路运输车的几何通过性是指其几何参数符合规定等级公路要求的程度。为了使公路运输车能够通过规定等级的公路，公路运输车的极限外形尺寸不能超过规定等级公路的主要技术指标（表 6-3）和公路建筑限界（图 6-3）。

表 6-3 等级公路的主要技术指标

公路等级	汽车专用公路							一般公路					
	高速公路				一级公路		二级公路		二级公路		三级公路		四级公路	
地形	平原微丘	重丘	山岭		平原微丘	山岭重丘	平原微丘	山岭重丘	平原微丘	山岭重丘	平原微丘	山岭重丘	平原微丘	山岭重丘
计算行车速度/$(km \cdot h^{-1})$	120	100	80	60	100	60	80	40	80	40	60	30	40	20
行车道宽度 B_f /m	2×7.5	2×7.5	2×7.5	2×7.0	2×7.5	2×7.0	8.0	7.5	9.0	7.0	7.0	6.0	3.5	

续表

公路等级	汽车专用公路								一般公路					
地形	高速公路				一级公路		二级公路		二级公路		三级公路		四级公路	
	平原微丘	重丘	山岭		平原微丘	山岭重丘	平原微丘	山岭重丘	平原微丘	山岭重丘	平原微丘	山岭重丘	平原微丘	山岭重丘
路基宽度 一般值	26.0	24.5	23.0	21.5	24.5	21.5	11.0	9.0	12.0	8.5	8.5	7.5	6.5	6.5
路基宽度 变化值	24.5	23.0	21.5	20.0	23.0	20.0	12.0	—	—	—	—	—	7.0	4.5
极限最小半径/m	650	400	250	125	400	125	250	60	250	60	125	30	60	15
停车视距/m	210	160	110	75	160	75	110	40	110	40	75	30	40	20
最大纵坡/%	3	4	5	5	4	6	5	7	5	7	6	8	6	9
桥涵设计车辆载荷	汽车—超20级 挂车—120	汽车—超20级 挂车—120	汽车—超20级 挂车—120	汽车—超20级 挂车—120	汽车—超20级 挂车—120 汽车—20级 挂车—100	汽车—超20级 挂车—120 汽车—20级 挂车—100	汽车—20级 挂车—100	汽车—20级 挂车—100	汽车—20级 挂车—100	汽车—20级 挂车—100	汽车—20级 挂车—100	汽车—20级 挂车—100	汽车—10级 履带—50	汽车—10级 履带—50

公路等级	汽车专用公路						一般公路				
	高速公路		一级公路		二级公路		二级公路		三级公路		四级公路
C /m	0.5	0.5	0.25	0.25	0.5	0.5	0.25	0.25	0.25	0.25	0.25
S_1 /m	0.75 (0.50)	0.75 (0.50)	0.50 (0.25)	0.50 (0.25)	0.50 (0.25)	0.50 (0.25)	—	—	—	—	—
S_2 /m	0.50	0.50	0.50	0.50	0.50	0.50	—	—	—	—	—
M_1 /m	4.50 (3.00)	3.00 (2.00)	2.50 (2.00)	2.50 (2.00)	3.00 (2.00)	2.50 (2.00)	—	—	—	—	—
M_2 /m	3.00 (2.00)	2.00 (1.50)	1.50	1.50	2.00 (1.50)	1.50	—	—	—	—	—
E /m	当 $L \leq 1m$ 时，$E = L$；当 $L > 1m$ 时，$E = 1m$										
H /m	5.0	5.0	5.0	5.0	5.0	5.0	5.0	5.0	5.0	5.0	4.5
L_1, L_2 /m 土路肩宽度	≥2.50 (2.25)	≥2.50 (1.75)	≥2.25 (1.50)	≥2.00 (1.50)	≥2.50 (2.25)	≥2.00 (1.50)	1.50	0.75	1.50	0.75	0.5 或 1.5
	≥0.75	≥0.75	≥0.50	≥0.50	≥0.75	≥0.50	1.50	0.75	1.50	0.75	
L /m	与硬路肩宽度相等						1.25	0.50	1.25	0.50	0.25 或 1.25

注：当受地形条件及其他特殊情况限制时，可采用括号内的数值。

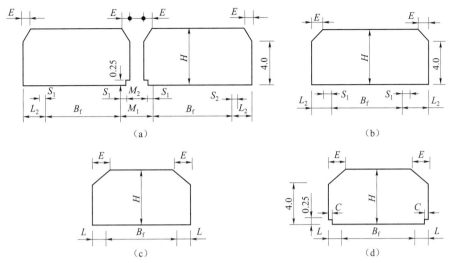

图 6-3　公路建筑限界

（a）高速公路、一级公路；（b）高速公路、一级公路（分离式）；（c）二、三、四级公路；（d）隧道

B_f—行车道宽度；C—根据车速确定；S_1—行车道左侧路缘带宽度；S_2—行车道右侧路缘带宽度；

M_1，M_2—中间带及中央分隔带宽度；E—建筑限界顶角宽度；

H—净高；L_1，L_2—左、右侧硬路肩宽度；L—侧向宽度

装载导弹（火箭）或地面设备的公路运输车可以是自行式车辆、半挂列车或全挂列车。公路运输车的几何通过性包括路面通过性和空间通过性。

路面通过性是指公路运输车在弯道行驶过程中，其车轮始终位于路面上且最小离地间隙、接近角、离去角、纵向通过半径、横向通过半径和车轮半径等符合规定等级公路的要求。为了分析公路运输车的路面通过性，这里引入"相当长度"的概念。在图 6-4 中，自牵引车前桥中点 1 作一直线与以 D_4 为直径并经过挂车后轴中点 4 的圆相切于 5 点，当半挂列车进入弯道稳定行驶时，其在路面上的行驶轨迹可用具有 $\overline{15}$ 长度轴距的牵引车的行驶轨迹代替，通常将 $\overline{15}$ 直线称为半挂列车的相当长度 l_s。

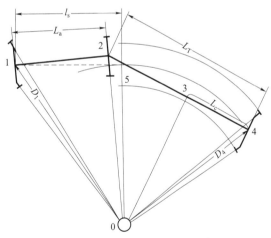

图 6-4　后轮转向的半挂列车

欲使半挂列车具有路面通过性，必须满足下述条件：

$$l_s \leqslant L_s \tag{6-17}$$

式中　l_s——半挂列车的相当长度，m；

　　　L_s——路面允许的最大相当长度，m。

路面允许的最大相当长度与公路等级、牵引车轴距、牵引车轮距、挂车轴距和挂车轮距有关，通常用一个公式就可计算出不同等级公路路面允许的最大相当长度。但汽车列车相当长度的计算公式较多，半挂列车相当长度的计算公式与全挂列车不同；后轮转向挂车相当长度的计算公式与后轮不转向挂车不同。这里，拟介绍几种汽车列车相当长度的计算方法和一种等级公路路面相当长度的计算方法。

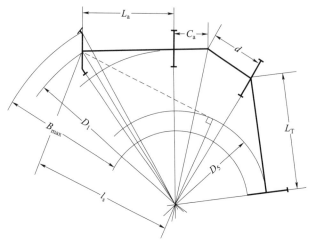

图6-5 后轮不转向的全挂列车

后轮不转向的全挂列车如图6-5所示，其相当长度可用式（6-18）计算：

$$l_s = \sqrt{L_a^2 + L_T^2 + d^2 - C_a^2}$$ （6-18）

式中 L_a——牵引车轴距，m；

L_T——挂车轴距，m；

d——挂车牵引臂长度，m；

C_a——牵引车后桥至牵引钩中心的长度，m。

后轮不转向的半挂列车如图6-6所示，其相当长度可用式（6-19）计算：

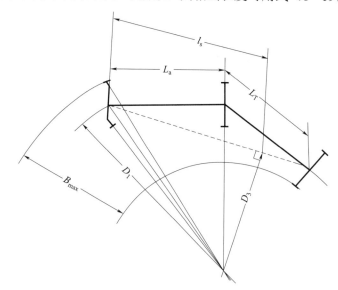

图6-6 后轮不转向的半挂列车

$$l_s = \sqrt{L_a^2 + L_T^2} \tag{6-19}$$

后轮转向的全挂列车如图 6-7 所示，其相当长度可用式（6-20）计算：

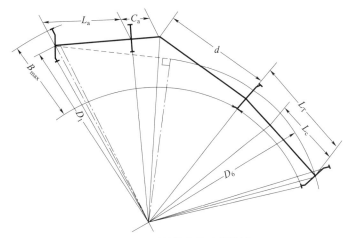

图 6-7　后轮转向的全挂列车

$$l_s = \sqrt{L_a^2 - C_a^2 + d^2 + L_T^2 - 2L_T \cdot L_c} \tag{6-20}$$

式中　　L_c——挂车轴距，m。

后轮转向的半挂列车的相当长度可用式（6-21）计算：

$$l_s = \sqrt{L_a^2 + L_T^2 + 2L_T \cdot L_c} \tag{6-21}$$

等级公路路面相当长度的计算简图如图 6-8 所示，等级公路路面相当长度可用式（6-22）计算：

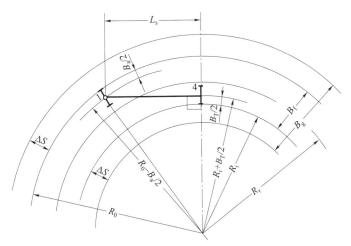

图 6-8　等级公路路面相当长度的计算简图

1—牵引车前桥中点；4—挂车后轴中点

$$L_s = \sqrt{\left(R_0 - \dfrac{B_a}{2}\right)^2 - \left(R_i + \dfrac{B_T}{2}\right)^2}$$

$$R_0 = R_r + \dfrac{B_f}{2}$$

$$\left.R_i = R_r - \dfrac{B_f}{2}\right\} \tag{6-22}$$

式中　　R_0——路面外侧边缘平曲线半径，m；

　　　　R_i——路面内侧边缘平曲线半径，m；

　　　　B_a——牵引车轮距，m；

　　　　B_T——挂车轮距，m；

　　　　R_r——公路最小平均平曲线半径，m；

　　　　B_f——路面宽度，m。

空间通过性是指公路运输车在弯道行驶过程中，车体或导弹外轮廓投影点始终保持在公路路基上。

欲使公路运输车具有空间通过性，必须满足下述条件：

$$l_s' \leqslant L_s' \tag{6-23}$$

式中　　l_s'——公路运输车扫过空间宽度的相当长度，m；

　　　　L_s'——公路路基允许的最大相当长度，m。

后轮不转向全挂列车相当长度的计算简图如图6-9所示。

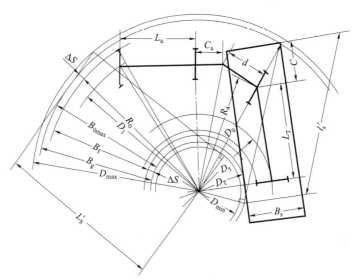

图6-9　后轮不转向全挂列车相当长度的计算简图

后轮不转向半挂列车相当长度的计算简图如图6-10所示。

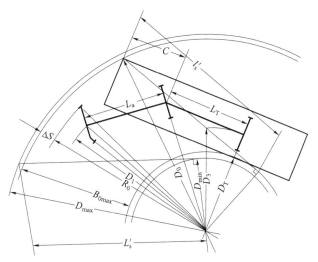

图 6－10　后轮不转向半挂列车相当长度的计算简图

后轮转向全挂列车相当长度的计算简图如图 6－11 所示。

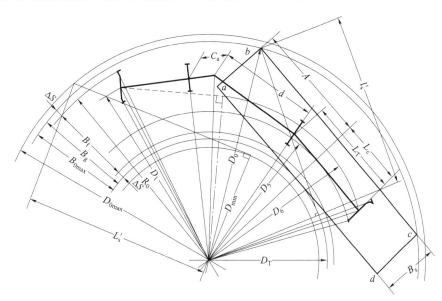

图 6－11　后轮转向全挂列车相当长度的计算简图

A—挂车前端至虚轴的距离

后轮转向半挂列车相当长度的计算简图如图 6－12 所示。

后轮转向、不转向全挂列车或半挂列车扫过空间宽度的相当长度可用式（6－24）计算：

$$l_s' = \sqrt{\frac{D_0^2 - D_T^2}{2}} \qquad (6-24)$$

式中　D_0——车体或导弹外轮廓投影点的最大通道圆直径，m；

D_T——车体或导弹外轮廓投影点的最小通道圆直径，m。

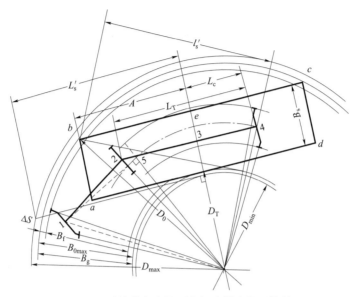

图 6-12　后轮转向半挂列车相当长度的计算简图

A—挂车前端至虚轴的距离

等级公路路基相当长度的计算简图如图 6-13 所示。

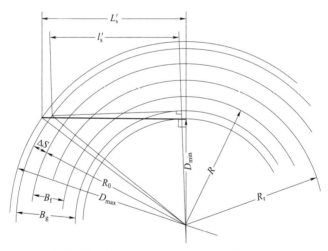

图 6-13　等级公路路基相当长度的计算简图

等级公路路基的相当长度可用式（6-25）计算：

$$L_s' = \sqrt{\left(\frac{D_{max}}{2}\right)^2 - \left(\frac{D_{min}}{2}\right)^2} \qquad (6-25)$$

式中　D_{max}——路基（弯道）外侧排水沟中心的直径，m；

$D_{\min}$——路基（弯道）内侧排水沟中心的直径，m。

2. 质量通过性

质量通过性是指具有既定几何参数和满载质量的车辆通过规定等级公路桥梁的能力。

在地面设备系统总体方案论证过程中，一般不分析铁路运输车的质量通过性，因为轨道结构的承载力远远大于铁路运输车的总重力。在分析公路运输车的质量通过性时，若车辆的实际总载荷与轴荷明显低于对应级别的汽车荷载，则可不必验算车辆的质量通过性，否则应依据相关的规范进行车辆质量通过性分析。车辆质量通过性分析常用的规范是各级汽车荷载主要技术指标（表 6-4）和各级验算荷载主要技术指标（表 6-5）。各级验算载荷图式和横向布置如图 6-14 所示。

表 6-4　各级汽车荷载主要技术指标

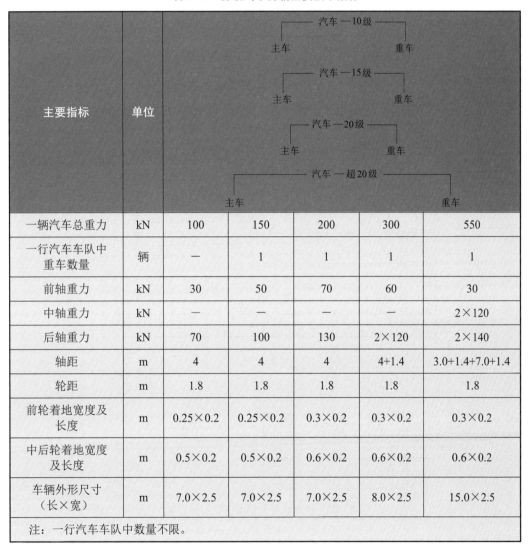

主要指标	单位	汽车—10级 主车 / 重车	汽车—15级 主车 / 重车	汽车—20级 主车 / 重车	汽车—超20级 主车 / 重车	
一辆汽车总重力	kN	100	150	200	300	550
一行汽车车队中重车数量	辆	—	1	1	1	1
前轴重力	kN	30	50	70	60	30
中轴重力	kN	—	—	—	—	2×120
后轴重力	kN	70	100	130	2×120	2×140
轴距	m	4	4	4	4+1.4	3.0+1.4+7.0+1.4
轮距	m	1.8	1.8	1.8	1.8	1.8
前轮着地宽度及长度	m	0.25×0.2	0.25×0.2	0.3×0.2	0.3×0.2	0.3×0.2
中后轮着地宽度及长度	m	0.5×0.2	0.5×0.2	0.6×0.2	0.6×0.2	0.6×0.2
车辆外形尺寸（长×宽）	m	7.0×2.5	7.0×2.5	7.0×2.5	8.0×2.5	15.0×2.5

注：一行汽车车队中数量不限。

表 6−5　各级验算荷载主要技术指标

主要技术指标	单位	履带—50	挂车—80	挂车—100	挂车—120
车辆重力	kN	500	800	1 000	1 200
履带数或车轴数	根	2	4	4	4
各条履带压力或每根车轴重力		56 kN/m	200 kN	250 kN	300 kN
履带着地长度或纵向轴距	m	4.5	1.2+4.0+1.2	1.2+4.0+1.2	1.2+4.0+1.2
每根车轴的车轮组数目	组	—	4	4	4
履带横向中距或车轮横向中距	m	2.5	3×0.9	3×0.9	3×0.9
履带宽度或每对车轮着地宽度与长度	m	0.7	0.5×0.2	0.5×0.2	0.5×0.2

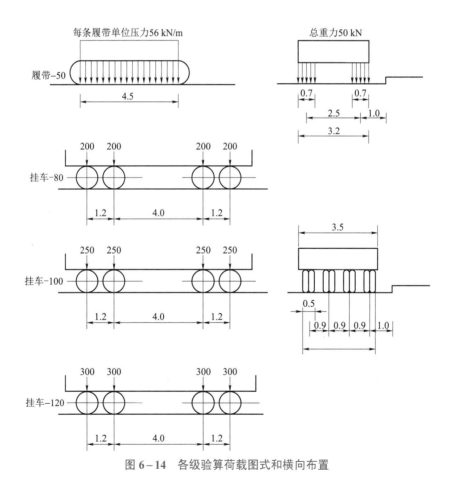

图 6−14　各级验算荷载图式和横向布置

车辆质量通过性验算常用等代荷载比较法。等代荷载比较法是指当车辆通过等级公路上的桥梁时，将车辆载荷使桥梁产生的内力（用相应的等代荷载表示）与规定的桥梁承载能力（用相应的等代荷载表示）进行比较；当内力小于承载能力时，认为车辆在该桥梁上具有质量通过性。规定的桥梁承载能力与其结构形式（如简支梁板桥、连续梁桥、圆弧拱桥）和跨径有关。

为了使用等代荷载比较法分析车辆的质量通过性，应了解等代荷载与影响线的概念。

等代荷载是利用同号影响线内满布均匀荷载来代替其他形式的荷载（见《公路工程技术标准》）。

影响线是指一个指向不变的单位活荷载（$P=1$）在结构上移动时，表示结构任一截面产生的某种内力变化规律的图形。

当车辆通过桥梁时，可以认为有 n 个集中力在桥梁上移动，这时桥梁内任一截面产生的某种内力的变化规律就可以用影响线表示。桥梁的结构形式不同，表示桥梁内力的影响线也不同。

由于给出的桥梁等代荷载是按照多辆车以正常行驶速度同时通过桥梁时允许其中一辆车的最大等代荷载，而设计桥梁时，通常都按两个以上的行车道考虑，故当重型车辆通过桥梁时，应采取限制车辆行驶速度和不准其他车辆同时通过等措施，以提高桥梁的通过能力。设计车辆时，通常采用多轴和贯通式平衡悬挂装置，减少每根轴的集中载荷，以提高车辆的质量通过性。

由于特种重型车辆的结构复杂，桥梁的结构形式和跨距不同，桥梁的等代荷载是按照通用车辆的荷载分布给出的，故应对特种重型车辆的质量通过性进行具体分析和验算。

3. 动力通过性

动力通过性是指单台公路运输车在规定等级公路上快速行驶的能力。在地面设备系统总体方案论证过程中，一般不分析铁路运输车的动力通过性，因为铁路机车完全能够满足铁路运输车的动力通过性要求。公路运输车的动力通过性主要取决于牵引车的动力性能。通常根据导弹或运载火箭的类型、结构尺寸、结构质量和机动性要求等确定公路运输车的型式和动力性能。运载火箭的公路运输车一般是标准的通用车型，而导弹的公路运输车或发射车对牵引车的动力性能却有很高的要求，牵引车的动力性能首先应满足导弹武器系统对逃逸速度的要求，其次应满足海拔高度、温度、相对湿度、湿土路、冰雪路和路面坡度等使用环境要求。

逃逸速度是指在战备状态下，自接到预警系统发出的转移命令开始，在敌方来袭导弹飞行的时间内，导弹武器系统转移至逃脱距离外的安全地区所需的行驶速度，它可用式（6-26）计算：

$$v_e = \frac{L_{RY}}{t_1 - t_2 - t_3}$$ （6－26）

式中　L_{RY}——逃脱距离，km；

　　　t_1——来袭导弹的飞行时间，h；

　　　t_2——预警系统发现来袭导弹起飞至导弹部队接到命令的时间，h；

　　　t_3——导弹部队接到命令至导弹武器系统离开原驻地的时间，h。

为了使装载导弹或地面设备的公路运输车具有良好的动力通过性，还应使公路运输车的平均速度大于逃逸速度。这里的平均速度是指公路运输车在规定等级公路上行驶的时间（不包括中途停车时间）内行驶速度的平均值，它不仅与车辆的动力性能、行驶稳定性、制动性能和无故障行驶里程等有关，而且与机动区域内的公路等级及气候等有关。

6.4.4.3　行驶稳定性

行驶稳定性是指车辆在按规定方向行驶过程中，不发生翻车或侧滑的能力。公路运输车的行驶稳定性包括纵向行驶稳定性和横向行驶稳定性。

1. 纵向行驶稳定性

纵向行驶稳定性是指在车辆在纵坡上行驶的过程中，使前后车轮上的法向反作用力不等于零的能力。在行驶过程中，随着车辆运动状态的改变，前后车轮上的法向反作用力的大小亦随之改变，当前车轮上的法向反作用力等于零时，则前车轮的偏转将不能确定车辆的行驶方向，即车辆失去了操纵的可能性；当后车轮上的法向反作用力等于零时，则车辆失去驱动力，即车辆失去了行驶的可能性。上述两种情况均会使车辆丧失纵向行驶稳定性，即可能使车辆发生纵向翻车。

单台车辆在纵坡上行驶时的受力状态如图6－15所示。根据车辆的受力平衡方程，可以得到车辆具有纵向行驶稳定性的条件，即

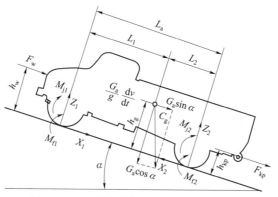

图 6－15　车辆在纵坡上行驶时的受力状态

G_a—车辆满载时的重力；F_w—空气阻力；C_g—车辆质心；α—道路坡度角；h_g—质心高度；h_w—风压中心高度；
h_{kp}—挂钩高度；F_{kp}—挂钩牵引力；M_{j1}、M_{j2}—作用在前轴及后轴车轮的惯性力矩，包括飞轮、传动轴、半轴等（N·m）；
M_{f1}、M_{f2}—作用在前轴及后轴车轮的滚动阻力矩（N·m）；X_1、X_2—作用在前轴及后轴车轮的切向反作用力（N）；
Z_1、Z_2—作用在前轴及后轴车轮的法向反作用力（N）；L_a—车辆轴距；L_1、L_2—车辆质心距前后轴的距离

$$\frac{L_2}{h_g} > \varphi \qquad (6-27)$$

汽车列车在纵坡上行驶时的受力状态如图 6-16 所示。根据汽车列车的受力平衡方程，可以得到汽车列车具有纵向行驶稳定性的条件，即

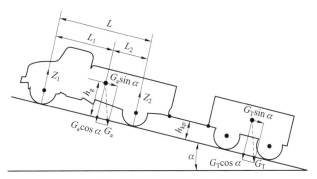

图 6-16　汽车列车在纵坡上行驶时的受力状态

$$\frac{(G_a + G_T) \cdot L_2}{G_a \cdot h_g + G_T \cdot h_{kp}} > \varphi \qquad (6-28)$$

由式（6-28）可以看出，挂钩的位置越低，汽车列车的纵向行驶稳定性越好。

2. 横向行驶稳定性

横向行驶稳定性是指车辆在横坡上行驶过程中，使车辆一侧车轮上的法向反作用力不等于零的能力。在行驶过程中，车辆会受到重力、转向惯性力和空气阻力等侧向力作用，当车轮上的法向反作用力等于附着力时，则车辆发生侧滑；当一侧车轮上的法向反作用力等于零时，则车辆发生侧翻。

车辆在横坡上转向行驶时的受力状态如图 6-17 所示。对于在横坡（坡度角为 β）上沿圆周（半径为 R）做等速行驶的车辆，不发生侧翻的最大车速可用式（6-29）计算：

图 6-17　车辆在横坡上转向行驶时的受力状态

$$v_{\beta \max} = \sqrt{\frac{g \cdot R \left(h_g \cdot \tan \beta + \dfrac{B_a}{2} \right)}{h_g - \dfrac{B_a}{2} \cdot \tan \beta}} \qquad (6-29)$$

对于在横坡（坡度角为 β）上沿圆周（半径为 R）做等速行驶的车辆，不发生侧滑的最大车速可用式（6-30）计算：

$$v_{\varphi \max} = \sqrt{\frac{g \cdot R(\varphi + \tan \beta)}{1 - \varphi \cdot \tan \beta}} \qquad (6-30)$$

使车辆具有横向行驶稳定性及侧滑发生在侧翻之前的条件是：

$$v_{\varphi_0 \max} < v_{\beta_0 \max}$$

$$\sqrt{g \cdot \varphi \cdot R} < \sqrt{\frac{g \cdot R \cdot B_a}{2h_g}}$$

$$\varphi < \frac{B_a}{2h_g} \qquad (6-31)$$

一般来说，即使单台车辆或汽车列车在干燥的沥青或混凝土路面上行驶，也能满足式（6-29）的条件；但是，当车辆重心提高后，就有可能出现不满足式（6-29）的情况。为此，应尽量降低整车的重心高度。

为了传递驱动力，车辆驱动轮单独发生侧滑的可能性较大，若车辆的前轮侧滑、后轮不侧滑，则车辆转向时产生的离心力会减少前轮侧滑的倾向；若车辆的后轮侧滑、前轮不侧滑，则车辆转向时产生的离心力会增加后轮侧滑的倾向。

6.4.4.4 行驶平顺性

行驶平顺性是指车辆对各种不平路面的减震性能，它与路面状况和车辆悬架系统的响应特性等有关。

对各种不规则路面的测试结果表明，路面不平度是由无穷多正弦波谐量成分组成的，且基本符合正态分布规律；路面不平度的频谱构成基本相同。路面输入功率谱密度通常用式（6-32）表示：

$$S(\Omega) = A\left(\frac{\Omega}{\Omega_0}\right)^{-n} \qquad (6-32)$$

式中 Ω_0——参考空间频率，$\Omega_0 = 0.1 \mathrm{m}^{-1}$；

Ω——长度频率，c/m；

n——频率指数（无因次），表示频率成分的相对分布，对于绝大多数路面，$n = 2$；

A——路面不平度，对于普通路面，$A = 0.1\ [\mathrm{cm}^2 \cdot (\mathrm{c} \cdot \mathrm{m}^{-1})^{-1}]$。

若车辆的行驶速度为 v（m/s），以时间频率 f（c/s）表示的路面实际输入功率谱密度为：

$$S_1(f) = v \cdot s \cdot \left(\frac{f}{v}\right)^{-n}$$

当 $n = 2$ 时，则有

$$S_1(f) = \frac{A}{\Omega^2}\left(\frac{f}{v}\right)^{-2}$$

由上式可以看出，波长越长（Ω 越小）的频率成分的平均幅值越大，由于 $n=2$，故平均幅值与对应的波长大致成正比。

路面输入功率谱密度与车辆悬架系统垂直振动功率谱密度的关系可用式（6-33）表示：

$$P(f) = \left| \frac{\ddot{z}}{g} \cdot f \right|^2 \cdot S_1(f) \qquad (6-33)$$

式中　$P(f)$——车辆悬挂系统垂直振动功率谱密度；

$\left| \dfrac{\ddot{z}}{g} \cdot f \right|$——车体垂直振动加速度的幅频特性，它与簧载质量、非簧载质量、轮胎刚度、弹簧刚度和车身固有频率与相对阻尼系数等有关。

若已知路面输入功率谱密度和车体垂直振动加速度的幅频特性，则车体垂直振动加速度的均方值可用式（6-34）计算：

$$\ddot{z}^2 = \int_0^\infty P(f)\mathrm{d}f = \int_0^\infty \left| \frac{\ddot{z}}{g} \cdot f \right|^2 \cdot S_1(f)\mathrm{d}f \qquad (6-34)$$

通过对路面输入功率谱密度进行复变函数积分，即可得到车体垂直振动加速度的均方值：

$$\ddot{z}^2 = 2\pi \cdot A \cdot v \cdot \omega_0^3 \cdot \left(\gamma \cdot \psi + \frac{1+\mu}{4\mu \cdot \psi} \right) \qquad (6-35)$$

式中　μ——簧载质量 (m_s) 与非簧载质量 (m_u) 之比；

γ——轮胎刚度 (C_e) 与弹簧刚度 (C) 之比；

ω_0——车身固有频率，$\omega_0 = \sqrt{\dfrac{C}{m_s}}$；

ψ——车身相对阻尼系数，$\psi = \dfrac{K}{2m_s \cdot \omega_0}$，[$K$ 为偏离系数 N/（°）]。

从式（6-35）可以看出，提高车辆行驶平顺性的主要措施是：降低车身固有频率；降低轮胎刚度；尽量减少非簧载质量。

采用适当的车身相对阻尼系数，对于车体垂直振动加速度均方值，令 $\dfrac{\mathrm{d}\ddot{z}^2}{\mathrm{d}\psi} = 0$，即可得到最好的车身相对阻尼系数，即 $\psi = \dfrac{1}{2}\sqrt{\dfrac{1+\mu}{\mu} \cdot \gamma}$，为了减少车轮的离地倾向和弹簧的动行程，通常选择比计算值稍大的 ψ 值；为了减少前后悬架发生共振的可能性和车辆的纵向振动，应使前后悬架的频率尽量接近，或使后悬架的固有频率稍高于前悬架。

车辆行驶平顺性试验的主要内容是：①测定悬架系统的刚度、阻尼和惯性参数；②测定悬架系统的固有频率和车身的相对阻尼系数；③测定既定路面输入功率谱密度下的车辆振动；④测定车辆在实际路面上的随机行驶平顺性参数。

6.4.4.5 制动性

制动性是指车辆以规定速度在各种运动阻力的道路上行驶时，产生符合使用要求的制动效能的能力，它既是车辆具有战术机动性的基本条件之一，同时也是提高车辆平均行驶速度的重要保证。作用在车轮上的有效制动力与附着系数和路面对车轮的法向反作用力有关。评定车辆制动效能的主要指标是制动减速度和制动距离。

车辆的制动减速度可用式（6-36）计算：

$$j_\tau = \frac{dv}{dt} = \frac{g}{G_a \cdot \delta} \cdot \frac{M_\mu}{r} \tag{6-36}$$

式中 M_μ——车辆制动器的摩擦力矩，N·m；

r——车轮半径，m。

在式（6-36）中，由于 $\frac{M_\mu}{r}$ 的极值是 $G_a \cdot \varphi$，故理论最大制动减速度可用式（6-37）计算：

$$j_{\tau max} = g \cdot \varphi \tag{6-37}$$

若车辆开始制动时的行驶速度为 v_1（m/s），则车辆的制动时间可用式（6-38）计算：

$$t = \frac{G_a \cdot \delta}{g} \cdot v_1 \cdot \frac{r}{M_\mu} \tag{6-38}$$

理论最小制动时间可用式（6-39）计算：

$$t_{min} = \frac{v_1}{g \cdot \varphi} \tag{6-39}$$

车辆的制动距离可用式（6-40）计算：

$$S_t = \frac{G_a \cdot \delta}{2g} \cdot \frac{r}{M_\mu} \cdot v_1^2 \tag{6-40}$$

理论最小制动距离可用式（6-41）计算：

$$S_{tmin} = \frac{v_1^2}{2g \cdot \varphi} \approx \frac{v_{a1}^2}{254\varphi} \tag{6-41}$$

式中 v_{a1}——车辆开始制动时的初速度，km/h。

汽车列车制动效能的计算方法与单台车辆相同，只是公式中的 G_a 为汽车列车的总重力，$\frac{M_\mu}{r}$ 为汽车列车全部的制动力。

影响车辆制动性能的主要因素是制动器的结构与尺寸、摩擦副材料、制动管路压力、路面的物理机械性质、路面状态、轮胎结构和使用条件等。

一般车辆的制动系统（包括装有调节阀的制动系统）都无法利用峰值附着力，在紧急情况下，只能是通过抱死车轮来利用较小的滑动附着力。

为了充分利用轮胎与路面间的潜在附着力，满足整车的制动要求，国内外研制了多种自动防抱装置。自动防抱装置能够防止车轮完全抱死；能够使车轮处于纵向附着力最大、侧身附着力很大的半抱半滚动状态（滑动率为10%～20%）；能够使制动时的车辆具有足够的防后轮侧滑能力和较好的转向能力；能够增加车辆的制动减速度；能够缩短车辆的制动距离。

车辆制动性能试验的主要内容是：①测定制动器冷制动状态下的制动性能；②测定高温工况下制动器的热衰退性能；③测定制动器的摩擦力矩。

6.4.5 提出部分或全部地面设备的初步方案

应通过地面设备系统总体方案论证提出部分或全部地面设备的初步方案。这里拟介绍在导弹发射工艺流程中常用的运输设备、起重设备、装填设备、起竖设备、瞄准设备、加注系统、供气系统、供电系统和空调净化系统等部分地面设备的初步方案及论证初步方案的基本原则。

6.4.5.1 运输设备

通过铁路、公路、水路和空中等运输方式，可将导弹（火箭）、推进剂和地面设备等从生产厂运至导弹（火箭）试验场、发射场或武器中心库。当运输距离较大时，通常采用铁路、水路和空中运输；当运输距离较小时，可采用公路运输。在工程中，使用最多的还是铁路和公路运输设备。

1. 铁路运输设备

铁路运输设备通常包括导弹（火箭）铁路运输车和推进剂铁路槽车。

1）导弹（火箭）铁路运输车。

导弹（火箭）铁路运输车的种类较多，按照车厢形式，可分为可拆车厢式和整体车厢式铁路运输车；按照托架形式，可分为起落托架式铁路运输车、固定托架式铁路运输车和移动托架式铁路运输车；按照功能，可分为普通式铁路运输车、调温式铁路运输车和起竖式铁路运输车；另外，还有独立车厢式铁路运输车、组合式铁路运输车和超限铁路运输车。

铁路运输车选择的基本原则是：

（1）满足发射方式和伪装防护要求。铁路运输车的外形应尽量与普通民用铁路车辆相似；通过转向架、轮对和车体等设计，减少铁路运输车的确定性激扰并适应规定运输条件下产生的非确定性激扰；最好采用普通民用铁路车辆总成改装。

（2）满足导弹（火箭）外形尺寸要求。尽量选用独立车厢式或组合式铁路运输车；

仅当导弹的外形尺寸超过一定限度时，才选用超限铁路运输车。

（3）满足多种规格导弹（火箭）的运输要求。在不改变转向架、轮对和车体结构的条件下，仅改变托架的结构，即可实现一辆铁路运输车能分别运输多种不同外形尺寸导弹的目标。

（4）减少与铁路运输车配套使用的专用设备的数量与要求。譬如，降低对起重设备的起升高度要求，采用通用起重设备即可完成导弹的转载工作。

（5）减少导弹（火箭）转载所占用的场地面积、铁路线长度和操作时间。

（6）在运输过程中，若导弹对温度、相对湿度和洁净度等有特殊要求，则应选用调温式铁路运输车。

对导弹铁路运输车的主要技术要求是：

（1）铁路运输车的外形尺寸应符合机车车辆限界要求，超限铁路运输车应符合超限运输的规定。

（2）铁路运输车车厢长度和内部空间不仅应满足导弹的装卸要求，而且还应便于运输过程中对导弹紧固状态的检查。

（3）铁路运输车应有符合导弹过载要求的减振性能，即在规定的运行线路和行驶速度下，能够最大限度地减少确定性和非确定性激扰，使作用在导弹上的垂向、横向和纵向动载荷不超过允许值。

2）推进剂铁路槽车。

推进剂铁路槽车的种类较多，按照使用范围，可分为通用铁路槽车和专用铁路槽车；按照推进剂种类，可分为燃料铁路槽车和氧化剂铁路槽车；按照功能，可分为推进剂运输铁路槽车和推进剂运输加注铁路槽车。

推进剂运输铁路槽车具有运输与贮存推进剂的功能，通常只有推进剂贮罐，不设置动力系统。

推进剂运输加注铁路槽车具有运输、贮存和加注推进剂的功能，除有推进剂贮罐外，还设置了泵式或挤压式加注设备。

推进剂贮罐应有足够的强度、良好的密封性能和安全性能；运输、贮存低温推进剂的贮罐还应有良好的绝热性能。为了减少推进剂铁路槽车的数量，推进剂贮罐的容积可以适当地大一些。

推进剂铁路槽车应有良好的通过性和减振性能。

2. 公路运输设备

公路运输设备通常包括弹体公路运输车、弹头公路运输车、运输起竖发射车和各种专用地面设备的公路运输车辆。

公路运输车的形式通常有牵引式车辆和自行式车辆，牵引式车辆包括全挂式车辆和半挂式车辆；自行式车辆包括轮式车辆和履带式车辆。全挂式、自行式和半挂式公路运输车各有优缺点。

全挂式公路运输车具有整车高度小、质心低、侧向稳定性好、通过性好、便于反向牵引、更换牵引车方便和挂车承受全部载荷等优点。全挂式公路运输车的主要缺点是整车长度大、倒车困难、牵引车需加配重和机动性较差。全挂式公路运输车通常用于直径和结构质量均较大的导弹。

自行式公路运输车具有长度较小、布置紧凑、行驶平顺性较好、机动性较好、爬坡能力较强、倒车方便和操作方便等优点。自行式公路运输车的主要缺点是整车较高、质心较高和通过隧道受限制等缺点。自行式公路运输车通常用于直径和结构质量均不太大的导弹或火箭。

半挂式公路运输车的优缺点介于全挂式与自行式公路运输车之间。半挂式公路运输车的整车高度适中，质心较低，行驶稳定性、行驶平顺性和机动性均优于全挂式公路运输车；由于牵引车承受了部分有效载荷，故增加了车辆的附着力；若后轮设置驱动装置，则车辆的通过能力会比普通半挂式公路运输车提高 50%；对于同一种导弹，半挂式公路运输车的长度比全挂式公路运输车短。半挂式公路运输车的行驶平顺性、机动性和倒车等比自行式公路运输车差；半挂式公路运输车的整车高度比全挂式公路运输车大。半挂式公路运输车通常用于直径和结构质量均比较适中的导弹或火箭。

通常根据导弹（火箭）的类型、外形尺寸（整体、分级或分段）、结构质量、过载能力、发射方式、道路条件和使用环境等确定公路运输车的形式和初步方案。为了提高公路运输车的机动能力，可在全挂式或半挂式公路运输车的挂车上设置由专人操作的转向机构和辅助动力系统。

可按照驱动条件、动力因数、附着条件和起步可能性分别计算公路运输车的总质量，然后再根据公路运输车的总质量、附着系数和道路坡度角等求出车辆的附着力，使附着力与驱动力的关系满足车辆在道路上行驶的必要条件。

按照驱动条件计算公路运输车的总质量时，认为车辆处于稳定（匀速）行驶、具有最大道路阻力和最大驱动力的工况。公路运输车的总质量可用式（6-42）计算

$$m_t = \frac{G_a}{g} = \frac{F_{Kmax}}{g \cdot \psi_{max}} \tag{6-42}$$

式中　F_{Kmax}——牵引车的最大驱动力，N；

ψ_{max}——最大道路阻力系数。

按照动力因数计算公路运输车的总质量时，公路运输车能以直接挡（动力因数 D_0）克服规定的最大道路阻力（ψ_{0max}）的条件是 $D_0 \geqslant \psi_{0max}$；若考虑因拖带挂车而增加的空气阻力时，则牵引车的后备驱动力应大于公路运输车的后备驱动力。公路运输车的总质量可用式（6-43）计算：

$$m_t \leqslant \frac{D_K \cdot m_K}{D_0} \tag{6-43}$$

式中　　D_K——牵引车的动力因数；

　　　　m_K——牵引车的总质量，kg；

　　　　D_0——公路运输车的动力因数。

按照附着条件计算公路运输车的总质量时，认为牵引车驱动轮的布置已经确定。公路运输车的总质量可用式（6-44）计算：

$$m_t = \frac{m_D \cdot G_D}{g} \cdot \frac{\varphi}{\psi} \tag{6-44}$$

式中　　m_D——牵引车驱动轴的负荷转移系数，近似计算时，可取 $m_D=1$；

　　　　G_D——牵引车驱动轴的静载荷，N。

在大多数情况下，按照附着条件计算的公路运输车的总质量都大于按照驱动条件计算的数值。

按照起步可能性计算公路运输车总质量时，认为公路运输车处于一挡起步、驱动力最大和发动机具有最大输出扭矩的不利工况。起步时，车辆除了需要克服滚动阻力、上坡阻力和惯性阻力外，还需要克服起步时的附加阻力，它与空气温度、路面状况和起步前的停车时间等有关。公路运输车的总质量可用式（6-45）计算：

$$m_t = \frac{G_a}{g} = \frac{F_K}{g\left(e \cdot f + i + \frac{\delta}{g}\frac{dv}{dt}\right)} \tag{6-45}$$

式中　　e——附加阻力修正系数，夏季时，$e=1.5\sim3.5$，冬季时，$e=2.5\sim5.0$。

公路运输车起步时的加速度并非常数，仅当 $\frac{dv}{dt}>0$，即 $F_K>m_t \cdot g(e \cdot f + i)$ 时，车辆的起步才是可能的。

选择公路运输车的基本原则是：

（1）尽量选用已定型军用车辆的基本型及其发展型；或者在基本型车辆的基础上，通过少量改装即可满足导弹武器系统或运载火箭的使用要求。

（2）减少专用汽车底盘的品种规格与数量，满足系统配套一致性和维护保养方便性的要求。

（3）应满足导弹（火箭）或专用地面设备的外形尺寸、结构质量和联装数量等要求，对于结构质量小于 10 t 的导弹或专用地面设备，宜选用自行轮式车辆；对于结构质量大于 10 t 的导弹（火箭）或专用地面设备，宜选用全挂式、半挂式或履带式车辆。

（4）减少与公路运输车配套使用的专用辅助设备的数量。

（5）对于越野性能、机动性能和防护性能要求较高的导弹或专用地面设备，宜选用履带式或轮式装甲车辆。

（6）对于结构质量较大但机动性要求不高的导弹（火箭）或专用地面设备，宜选用全挂式或半挂式车辆。

对公路运输车的主要技术要求是：

（1）底盘结构和总体布置应满足导弹或专用地面设备的安装要求。

（2）底盘应有足够的承载能力，车架应有足够的强度和刚度。

（3）应满足导弹或专用地面设备的运输过载要求。

（4）应有较好的环境适应性，譬如，低温时，应有较好的启动和起步性能；高温时，应有较好的散热性能；在高原上，应有足够的动力。

（5）结构及性能应与发射场坪、车库、掩体和起重设备等相协调。

（6）应有较好的战略和战术机动性。

（7）应有导弹武器系统战术技术指标规定的连续行驶能力。

（8）应有较好的操作性能。

（9）应有规定的使用可靠性和维修性。

6.4.5.2　起重设备

起重设备主要用于导弹（火箭）的吊装。起重设备通常包括起重机、吊具和升降工作台。起重机与吊具共同完成导弹或火箭的吊装。升降工作台能将操作人员和仪器送到导弹需要检查或测试的舱口或部段。这里简单介绍起重机的选型原则和对起重机的主要技术要求。

1. 起重机类型

用于导弹或火箭吊装的起重机的类型很多，主要有桥式起重机、轮式起重机、电动葫芦、龙门起重机和塔式起重机等。

桥式起重机主要用于导弹或火箭总装厂、技术阵地、转运站和武器中心库等。

轮式起重机包括汽车起重机和轮胎起重机，主要用于发射场坪、地下井井口场坪和坑口场坪等。

电动葫芦主要用于水平坑道和地下井内。

龙门起重机主要用于发射阵地的固定场坪，其门架安装在 4～8 台可沿宽轨移动的台车上；双钩起重小车可沿安装在门架上部的桥架轨道移动；门架内侧安装了多层升降工作平台。

塔式起重机主要用于发射阵地的固定场坪，它通常被置于固定发射塔架的上部，呈水平状态的吊臂可回转 180°；通过双钩起重小车在吊臂上的平移实现变幅；在固定发射塔架的一侧设有多层工作平台。

2. 吊装方式

使用较多的吊装方式是水平转载、垂直翻转与对接和水平对接。

1）水平转载。

水平转载方式主要包括起重臂回转式转载、平移式转载和车辆移动式转载，如

图 6-18 所示。

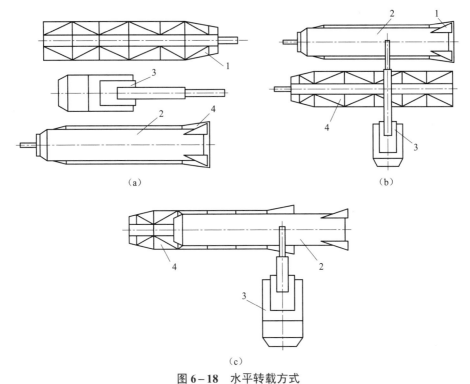

（a）

（b）

（c）

图 6-18　水平转载方式

（a）起重臂回转式转载；（b）平移式转载；（c）车辆移动式转载

1—公路运输车；2—产品；3—起重机；4—产品车

起重臂回转式转载是指将载产品车与空载的公路运输车方向相反地并列置于轮式起重机的两侧，起重臂与水平吊具将导弹从产品车上吊起后回转 180°，然后将产品水平下放到公路运输车上。

平移式转载是指将公路运输车和载产品车并列置于起重机桥架或起重臂下方，起重臂与水平吊具将产品从公路运输车上吊起，横向移动吊钩，然后将产品水平下放到待载产品车上。

车辆移动式转载是指将载产品车置于起重机桥架或起重臂下方，起重臂与水平吊具将产品从发射车上吊起，并升至一定高度，撤走产品车，将公路运输车移至产品的下方，然后将产品水平下放到公路运输车上。

2）垂直翻转与对接。

垂直翻转与对接包括单级产品和多级产品的垂直翻转与对接。

单级产品的垂直翻转与对接实际是水平对接加起竖，即先将有效载荷水平地对接到弹（箭）上，然后由起竖车将产品起竖至垂直状态，最后将产品放到发射台上。

多级产品的垂直翻转与对接主要包括地面场坪发射和地下井发射多级产品的垂直

翻转与对接。

地面场坪发射多级产品的垂直翻转与对接是指利用塔式起重机或龙门起重机的两个起升机构与翻转吊具完成各级弹（箭）的水平起吊、垂直翻转和对接。

地下井发射多级弹（箭）的垂直翻转与对接又可分为井口场坪垂直翻转与井内对接和井内垂直翻转与对接两种方式。

为了提高导弹武器系统的伪装性能，井口场坪上通常不设置固定设备或设施，采用轮式起重机与翻转吊具完成导弹的垂直翻转与井内对接。井口场坪垂直翻转与井内对接通常有3种方式，即单机双钩纵向吊装、双机单钩横向吊装和单机双钩横向吊装。

单机双钩纵向吊装如图6-19所示。使用这种吊装方式时，将带产品的公路运输车置于轮式起重机的起重臂下方，并使公路运输车的纵轴线与起重臂的中心线在同一铅垂面内，通过轮式起重机的两个起升机构与翻转吊具完成产品的水平起吊与垂直翻转，通过一个起升机构与翻转吊具的主吊索完成产品的井口装填与井内对接。

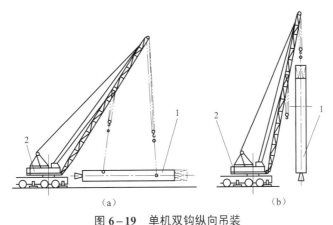

(a)　　　　　　　　　　　　(b)

图6-19　单机双钩纵向吊装

（a）产品被水平起吊状态；（b）产品被翻转成垂直状态

1—导弹；2—轮式起重机

双机单钩横向吊装如图6-20所示。使用这种吊装方式时，将带产品的公路运输车置于两台轮式起重机之间，并使公路运输车的纵轴线垂直于两台轮式起重机的起重臂中心线，通过两个起升机构与翻转吊具完成产品的水平起吊与垂直翻转，通过一台轮式起重机的起升机构与翻转吊具的主吊索完成产品的井口装填与井内对接。由于这种吊装方式需要两台轮式起重机，故井口场坪较大。

单机双钩横向吊装如图6-21所示。使用这种吊装方式时，将带导弹的公路运输车置于

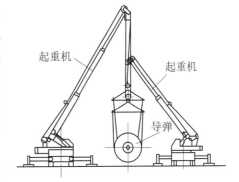

图6-20　双机单钩横向吊装

轮式起重机的起重臂下方，并使公路运输车的纵轴线垂直于起重臂中心线，通过两个起升机构与翻转吊具完成产品的水平起吊与垂直翻转，通过一个起升机构与翻转吊具的主吊索完成导弹的井口装填与井内对接。这种吊装方式需要的井口场坪较小。

为了提高地下井的伪装隐蔽性能，通常采用如图 6-22 所示的井内垂直翻转与井内对接吊装方式。使用这种吊装方式时，将带导弹的铁轮支架车推至主坑道与井筒之间的起竖间，伸缩式起重机的起升机构通过翻转吊具的主吊索与产品的前吊点连接，固定桥式起重机的起升机构通过翻转吊具的副吊索与产品的后吊点连接，通过两个起升机构与翻转吊具完成产品的水平起吊与垂直翻转，通过一个起升机构与翻转吊具的主吊索完成产品的井内对接。

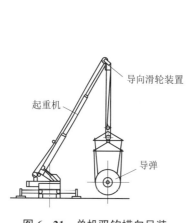

图 6-21 单机双钩横向吊装

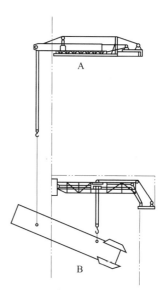

图 6-22 井内垂直翻转与井内对接吊装方式
A—伸缩式起重机；B—固定桥式起重机

3）水平对接。

水平对接是指产品各子级之间或弹（箭）与有效载荷之间的水平对准和连接。在总装厂房或技术阵地，通常采用水平对接车或两台桥式起重机与水平吊具完成水平对接工作；在坑道内，通常采用两台电动葫芦完成水平对接工作；在发射阵地，通常采用汽车起重机与有效载荷运输车完成单级弹（箭）与有效载荷的对接工作。

3. 选择起重机形式的基本原则

（1）应根据发射方式、发射工艺流程、结构尺寸、结构质量、吊点位置、吊耳结构、过载能力和吊装环境等确定吊装方式，然后根据吊装方式选择起重机的形式。

（2）尽量选用通用起重机，避免选用或设计专用起重机。

（3）起重机形式应有利于减少与其配套的专用设备的数量，有利于减少对其他地面设备的使用限制。

（4）起重机形式应为吊装作业提供较多的作业面和较大的操作空间。

（5）机动发射系统应尽量选用具有通用汽车底盘的汽车起重机。

（6）在狭窄作业场所，应尽量选用稳定性好及可四面作业的轮胎起重机。

4. 对起重机的主要技术要求

（1）起重机的诸如起重量、工作幅度、跨度、起重力矩、起升高度及工作速度等性能参数应满足产品的吊装要求。

（2）起重机结构应有足够的强度和刚度。

（3）起重机能在规定的诸如海拔高度、温度、相对湿度、雨、雪、雾及夜间等使用环境中正常工作。

（4）起重机可整机在标准轨距铁路上运输。

（5）起重机应有诸如起重力矩限制、起升机构限位、小车移动限位及电气防爆等安全措施。

（6）在动载荷、风载荷和最大工作幅度下，起重机应有良好的工作稳定性。

（7）起重机占地面积小。

（8）起重机的展开与撤收时间短，操作性能好。

（9）起重机应与专用吊具相配合，减少吊装过程中作用在产品上的轴向力。

（10）汽车起重机应具有导弹武器系统规定的机动性能。

（11）在使用寿命内，起重机应有规定的使用可靠性和维修性。

6.4.5.3　装填设备

装填设备能够按照要求将弹（箭）装入或退出发射装置，有的装填设备还能将弹（箭）从存放地点（技术阵地、发射阵地掩蔽所或武器中心库等）运至发射装置的装弹位置或从发射装置运回存放地点。

装填设备通常包括装填装置和辅助设备。装填装置是完成弹（箭）装填与退出的主要设备。辅助设备是配合装填装置完成弹（箭）装填与退出的起重机、架车和工作梯等。装填设备的类型取决于装填方式，而装填方式又与弹（箭）的发射方式、发射阵地类型、弹库的位置与布局、载体类型和作战使用能力等有关。

在一定程度上，发射方式决定了弹（箭）的装填方式。倾斜发射通常采用固定装填角（与水平面夹角小于 3°）装填导弹。对于发射装置的起落臂，固定装填角的正负与弹（箭）相对于定向器的方向有关，当采用前装填时，固定装填角为正；当采用后装填时，固定装填角为负。倾斜发射使用的装填设备一般都有装填臂，导弹或箱弹被置于装填臂上，在装填臂与发射臂对准并连接固定后，即可将导弹或箱弹推入发射臂。这种装填方式的技术关键是装填臂与发射臂在高低及方位上的对准问题，高低对接精度由装填设备与发射装置共同保证，方位对接精度则由装填设备独自保证。对于半固定发射，由于发射装置在发射阵地内有确定的位置和高度，故可通过接桥使装填设备与发射装置在高低及方位上对准。固定场坪垂直发射和地下井发射大多采用吊装装填方式，装填设备与发射设备的对准问题容易解决，装填设备比较简单。

发射阵地的类型对弹（箭）装填方式的选择有一定的影响。对于陆基防空导弹，无论是采用倾斜发射还是采用垂直发射，其装填设备除需要足够的操作空间外，还要求发射阵地具有一定的平整度。

弹库的位置与布局对装填方式的选择有较大的影响。由于弹库通常位于距发射阵地一定距离的技术阵地或临时库房内，故装填设备还应具有短途运输导弹的能力，通常将具有运输功能的装填设备称为运输装填车。虽然弹库离发射阵地有几千米或十几千米，但若路况较差，仍需对运输装填车提出较高的要求。

载体类型是机动发射导弹武器系统使用的运输工具的种类。当载体上有弹库时，弹库大多位于发射装置的下面，且配有机械输弹与装弹装置。车载机动发射导弹武器系统一般采用下装填方式，弹库位于发射车的两侧，通过液压传动装置向发射装置自动装填导弹。舰载机动发射导弹武器系统一般采用垂直装填或水平装填方式，当弹库位于甲板下方时，可采用垂直后装填方式，当弹库位于甲板上方时，可采用水平后装填或水平前装填方式。

作战能力是指机动发射导弹武器系统连续或非连续发射导弹的能力，它对导弹的装填方式有较大的影响。譬如，为了应对敌机间隔时间很短的多批次饱和攻击，防空导弹武器系统常采用自动装填方式，以缩短装填时间；非连续作战的防空导弹武器系统常采用半自动或人工机械装填方式，这样可以减少武器系统的研制时间和研制成本。

装填方式的分类方法很多，按照装填控制手段，可分为吊装装填、人工机械装填、半自动装填和自动装填；按照装填力的来源，可分为自重装填和外力装填；按照发射装置的装填角（装填时发射装置的高低角和方位角），可分为倾斜装填、垂直装填和水平装填；按照装弹时导弹相对于发射装置定向器的方向，可分为前装填、后装填、上装填和下装填。

吊装装填是指利用汽车起重机，将导弹或装有导弹的发射箱吊到发射装置上，既可以单发吊装，也可以多发同时吊装。发射装置有 1 个平台和 4 个定位销，发射箱上有 4 个定位孔，当发射箱被吊到发射装置上后，由 4 个定位销定位，并用旋转螺栓固紧。吊装装填的主要优点是发射装置结构简单，可以选用通用起重机，它与专用吊具相配合完成导弹的装填与退出。吊装装填方式适用于各种结构尺寸和质量的导弹。

人工机械装填是指利用装填运输车上的起重机，将带弹的发射箱装填架吊起并与发射车上的起落架对接；然后由人工将带弹发射箱推到起落架的滑轨上；再由人工将发射箱锁到起落架上。人工机械装填方式的主要缺点是装填时间较长，操作人员较多，安全性较差。人工机械装填方式适用于结构尺寸与质量较小的导弹。

　　半自动装填是指装填时，先将发射装置的起落臂转到行军状态的纵轴上，然后将装填运输车移至发射装置的前方并与起落臂垂直的预定位置，通过液压控制系统使装填运输车的装填梁自动转 90° 并与起落臂对接，由装填车上的液压系统驱动链条装置将导弹送到发射装置的起落臂上，最后由人工将导弹锁到起落臂上。半自动装填方式的主要优点是装填时间较短，安全性较好。半自动装填方式适用于各种结构尺寸和质量的导弹。

　　自动装填是指利用自动装填装置完成弹（箭）的装填。早期自动装填装置的执行元件是顶住弹（箭）底部的推杆，通过电气液压系统，推杆将装填架上的多发弹（箭）一次顶推入架。自动装填方式的主要优点是装填速度高，操作人员少，安全性好，作战能力强。自动装填方式适用于结构尺寸与质量均较大的弹（箭）和多联装发射装置。对于防空导弹，采用自动装填方式会遇到发射车与运输装填车的对准问题，它主要是由运输装填车的随意性停车引起的；为了减少或消除运输装填车对导弹装填的影响，应在装填前对运输装填车上的导弹进行位置调整。

　　垂直装填是指利用垂直装填装置，起重机和专用吊具完成导弹的装填。装填导弹时，先将导弹水平吊入装填筒体；然后使用翻转吊具将垂直装填装置翻转成垂直状态，并与发射筒对接；最后通过垂直装填装置中的升降机和抓弹机构将导弹放入发射筒。垂直装填方式的主要优点是装填时间短、装退弹安全可靠、操作简便和自动化程度高。支承在潜艇发射筒上的垂直装填装置如图 6 – 23 所示。

　　垂直装填方式适用于潜艇和地下井发射等导弹武器系统。

　　水平装填是指利用水平装填装置和铁轮支架车完成弹（箭）的装填。常见的水平装填装置如图 6 – 24 所示。装填导弹时，抓弹机构与导弹连成一体，装填机构运动时，带动抓弹机构与导弹一起运动，从而将导弹装入处于水平状态的发射筒。水平装填方式的主要优点是：①水平装填装置不仅具有装填导弹的功能，而且还有短途运输和短期存放导弹的功能；②装填时间短；③操作方便；④装退弹安全可靠。这种装填方式适用于厂房和坑道。

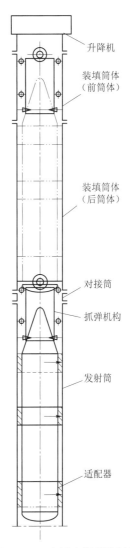

升降机

装填筒体
（前筒体）

装填筒体
（后筒体）

对接筒

抓弹机构

发射筒

适配器

图 6 – 23　支承在潜艇发射筒
上的垂直装填装置

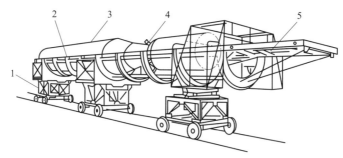

图 6-24　水平装填装置示意图

1—支架车；2—本体；3—待装导弹；4—抓弹机构；5—装填机构

　　前装填是指从发射装置的前方将导弹装到定向器上，如图 6-25 所示。装填导弹时，装填运输车位丁其纵轴线与发射装置定向器轴线成 90° 的位置，通过装填运输车载重梁在水平面内的回转，使弹轴线与定向器轴线对齐。为了避免导弹尾翼碰撞定向器，载重梁除在水平面内回转外，还需在垂直面内回转一个角度。当导弹尾翼越过定向器后，通过载重梁在垂直面内的转动，使导弹的后支承与定向器上平面的滑轨接触，然后将导弹推至预定位置。

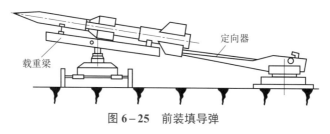

图 6-25　前装填导弹

　　后装填是指从发射装置的后方将导弹装到定向器上，如图 6-26 所示。装填导弹时，利用倒车的方法，使装填运输车的尾部从发射装置的后方接近发射装置；通过调整装填运输车载重梁的横向位置和高度，使载重梁对准发射装置的定向器；通过传动装置，将导弹转载到定向器上。由于后装填方式采用了倒车的方法，故装填运输车与发射装置的对接比前装填方式要困难一些。

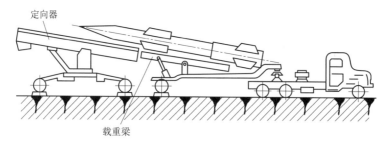

图 6-26　后装填导弹

　　上装填是指从发射装置的上方将导弹装到定向器上，如图 6-27 所示。装填导弹时，运输装填车位于发射装置的一侧，且运输装填车的轴线平行于发射装置定向器的轴线；将定向器转到与运输装填车轴线相垂直的位置；利用起重机和专用吊具将导弹从运输装填车上吊起并放到定向器上。

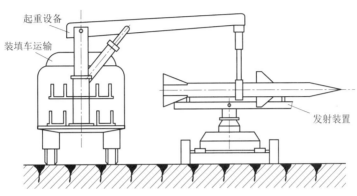

图 6 - 27　上装填导弹

下装填是指从发射装置的下方将导弹装到定向器上，如图 6 - 28 所示。装填导弹时，利用倒车的方法，使运输装填车的尾部接近发射装置并位于定向器的下方；通过微动运输装填车和定向器，将导弹固定到定向器上。下装填方式常用于

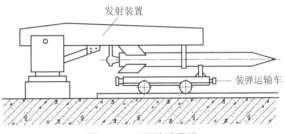

图 6 - 28　下装填导弹

固定阵地，可以在固定阵地上铺设轨道，使运输装填车沿轨道接近发射装置，这样既容易使导弹与定向器对齐，同时也能缩短装填时间。

虽然不同的装填方式使用不同的装填设备，不同的装填设备又有不同的特殊要求，但对装填设备的基本要求是相同的。基本要求主要包括：

（1）装填或退出导弹的速度应平稳、可调。

（2）装填或退出导弹的过程应安全、可靠。

（3）装填过程中，作用在导弹上的载荷不应超过导弹结构的承载能力。

（4）装填设备应有导向机构，以满足导弹在发射装置中的方位要求。

（5）装填设备应有过载保护及装填到位等显示或信号输出。

（6）应提高装填设备的自动化水平，缩短装填时间。

（7）当装填设备还具有短途运输功能时，应给导弹提供保护和保温条件。

（8）当装填场地的不平度较小时，装填设备能自行调平，调平精度和调平时间应满足导弹的装填要求。

（9）装填设备应尽量与其他地面设备共用动力源。

（10）装填设备应便于转载和运输。

（11）装填设备在规定的使用环境中应能正常地工作。

（12）在寿命周期内，装填设备应有规定的使用可靠性和维修性。

6.4.5.4 起竖设备

起竖设备能够按照要求将水平状态的导弹起竖至垂直状态，并放置到发射台上；在取消发射或进行训练时，从发射台上垂直回抱导弹，并将之还原至水平状态。

起竖设备的形式通常有三种，即起竖机式、桅杆式和起竖车式。

起竖机式起竖设备是指利用一台或两台起重机的两个起升机构与辅助设备完成导弹的起竖。这种起竖设备具有较好的通用性，既能起竖结构尺寸与质量均较小的导弹，也能起竖结构尺寸与质量均较大的导弹；既能用于单级导弹，也能用于多级导弹的分级起竖与对接；既能用于场坪起竖，也能用于井下起竖或井口装填。由于这种起竖设备的机动性较差，操作费时，故通常用于固定发射导弹武器系统。

桅杆式起竖设备亦称"A—H"架式起竖设备，如图6-29所示。这种起竖设备以卷扬机为动力，利用绕过 A 形架上部的钢丝绳拉住导弹的前端，使导弹绕其尾部与发射台相连的支点做回转（起竖）运动。虽然这种起竖设备可用于地面固定发射和机动发射导弹武器系统，又可起竖不同长度的导弹，但由于其限制条件较多，故工程应用较少。桅杆式起竖设备的主要特点是：①起竖导弹的长度取决于 A 形架的高度；②需要的场坪面积较大；③要求导弹有较大的横向刚度和过载能力；④要求导弹与发射台有较高的对接精度；⑤当起竖角接近90°或导弹的质心接近起竖支点正上方时，应采取防碰撞与防翻倒措施。

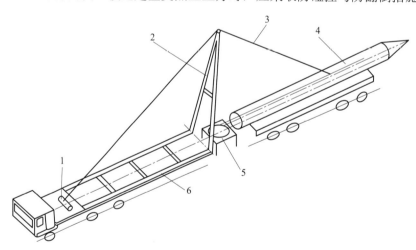

图6-29 桅杆式起竖设备示意图

1—卷扬机；2—A 形架；3—钢丝绳；4—导弹；5—发射台；6—H 形架

由于起竖车式起竖设备具有布置紧凑、结构尺寸与质量小和机动性较好等特点，故机动发射固体或液体导弹武器系统常采用这种起竖设备。另外，起竖车式起竖设备还可与发射台或发射筒组成多功能发射车，它具有运输、起竖和发射导弹的功能。

按照行走部分的结构，起竖车式起竖设备又可分为轮式、履带式和铁路车式 3 种，其中轮式起竖车应用最广。按照拖挂方式，轮式起竖车又可分为自行式、全挂式和半挂式 3 种。

自行式多功能发射车是轮式起竖车的一种，如图 6 - 30 所示。自行式多功能发射车具有运输、起竖、发射、供配电和测试发控等功能。这种起竖车的主要特点是整车较高，发射准备时间短，操作方便，对发射场地要求不高。

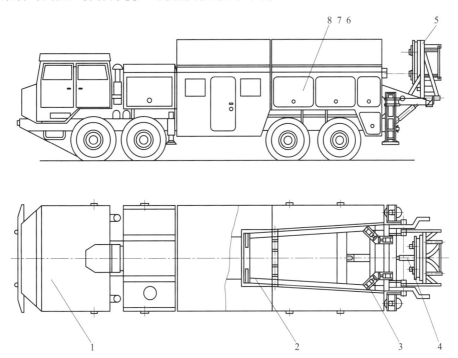

图 6 - 30　自行式多功能发射车

1—汽车底盘；2—起竖臂；3—闭锁装置；4—液压系统；5—发射台；

6—供配电系统；7—瞄准设备；8—测试发控系统

全挂式起竖车如图 6 - 31 和图 6 - 32 所示。起竖车通过牵引杆与牵引车相连。

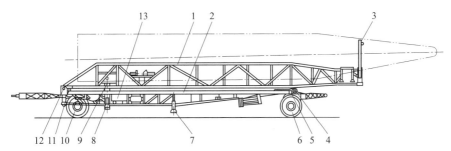

图 6 - 31　有车架的全挂式起竖车

1—起竖臂；2—车架；3—闭锁装置；4—转向系统；5—后梁；6—后轮组；7—中支柱；8—液压系统；

9—起竖油缸；10—前轮组；11—前梁；12—回转轴；13—电气系统

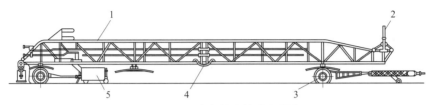

图 6-32　无车架的全挂式起竖车

1—起竖臂；2—闭锁装置；3—行走系统；4—液压系统；5—电气系统

这种起竖车的主要特点是具有较强的独立性，结构布局比较容易；带弹时整车高度较小，侧向稳定性较好；倒牵与更换牵引车均比较方便；倒车比较困难；全车长度、转弯直径及转弯通道宽度较大。

有车架的全挂式起竖车对发射场地的适应性较强，操作方便，机动性较好，应用广泛。

虽然无车架全挂式起竖车适合较长的导弹，但难以带弹长途运输；当带弹短途运输时，起竖臂起车架作用，不带弹时，可将起竖臂拆开分段运输。这种起竖车可用于洞内贮存、洞口发射方式。

半挂式多功能发射车是半挂式起竖车的一种，如图 6-33 所示。半挂式多功能发射车直接与牵引车上的牵引座相连，由于发射车上的部分重力通过牵引座传到牵引车上，故增加了牵引车的附着力。与自行轮式起竖车相比，半挂式多功能发射车的特点是：整车长度与高度较小；牵引座处的协调关系复杂；由于只能通过牵引座传递转角，故转向系统的设计难度较大；虽然能够倒车，但不能倒牵。

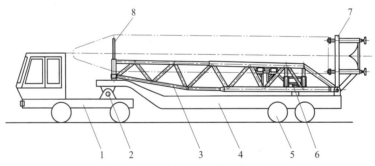

图 6-33　半挂式多功能发射车

1—牵引车；2—牵引座；3—起竖臂；4—车架；5—行走系统；6—液压系统；7—发射台；8—闭锁装置

在总体设计时，通常根据导弹的发射方式、结构质量、刚度分布、支承部位、支承形式和发射台的结构尺寸等确定起竖设备的形式。对于结构尺寸与质量均较小的机动发射的中近程导弹，通常采用自行轮式起竖车；对于结构尺寸与质量均较大的机动发射的远程导弹，通常采用全挂式或半挂式起竖车。

对起竖设备的主要技术要求是：

（1）起竖与下放导弹的时间应满足导弹武器系统战术技术指标要求。

（2）起竖速度与起竖臂的刚度不能使导弹产生超过其承载能力的附加载荷。

（3）起竖设备应能可靠地支承和固定导弹。

（4）起竖设备应有足够的起竖角度，以便将导弹垂直地下放到发射台上。

（5）起竖设备应有起竖角度与起竖到位的显示或信号输出。

（6）起竖设备应有符合导弹武器系统战术技术指标要求的机动性能。

（7）起竖设备在规定的使用环境中应能正常地工作。

（8）当起竖场地的不平度较小时，起竖设备能自行调平，调平精度和调平时间应满足导弹的起竖要求。

（9）起竖设备可整机在标准轨距铁路上运输。

（10）在寿命周期内，起竖设备应有规定的使用可靠性和维修性。

6.4.5.5　瞄准设备

发射前，瞄准设备给予弹（箭）一定的初始射向与姿态，它对弹（箭）的射击（入轨）精度有直接影响。采用不同发射方式的同类弹（箭）或采用相同发射方式的不同类弹（箭）都可能采用不同的瞄准方式，而不同的瞄准方式又有不同的瞄准设备。

1. 弹道导弹的瞄准设备

弹道导弹的瞄准设备与弹上的瞄准回路组成了地面瞄准系统，用于调整导弹制导系统中惯性器件的方位敏感轴（垂直陀螺仪的转子轴或陀螺稳定平台的方位轴），使之与导弹的射击方向或已知方向（与射击方向保持已知角值的方向，下同）所在的铅垂面垂直，即使平台坐标系平行于发射坐标系，以保证导弹的初始方位精度。

弹道导弹的瞄准方式通常有两种，即垂直瞄准和水平瞄准。垂直瞄准是指利用制导系统、发射台和垂直瞄准设备使平台坐标系平行于发射坐标系。水平瞄准是指利用制导系统和水平瞄准设备使平台坐标系平行于发射坐标系。在弹道导弹武器系统中，垂直瞄准用得最多，水平瞄准用得较少。这里只简单介绍垂直瞄准。

垂直瞄准包括定位定向、方位瞄准和射向变换。导弹的发射方式、瞄准基面（代替惯性器件的方位敏感轴）、瞄准时间、射向变换范围和使用环境等均影响垂直瞄准方案。

定位定向是指在发射阵地采用不同的方法确定发射点、瞄准点、基准点和检查点的位置，并标出射击方向或与已知方向的夹角。有依托的机动发射导弹武器系统通常采用大地测量标点法或天文测量法进行定位定向，虽然这种方法的测量精度高，简单可靠，但不能全天候使用，且测量时间长。无依托的机动发射导弹武器系统通常采用大地联测车或快速定位定向车进行定位，用陀螺定向经纬仪定向，这种方法测量时间短，可全天候使用。地下井发射导弹武器系统通常采用陀螺定向经纬仪定向，并将定向基准传递到预先固定在井壁上的基准直角棱镜装置，以便将定向基准贮存起来。为了提高定向精度，还要建造具有天文基准的工程设施，供校核定向精度使用。

方位瞄准是指利用定位定向的结果，通过光电瞄准仪将射击方向或已知方向赋予导弹的瞄准基面。由于受发射场地限制，机动发射导弹武器系统通常采用手动或半自动光电瞄准方案，全套瞄准设备装在专用的瞄准车上，水平瞄准距离为 20～50 m，能够全天候工作。由于受井筒直径的限制和燃气流的影响，地下井发射导弹武器系统通常采用半自动或全自动光电瞄准方案，水平瞄准距离为 6～8 m，井筒瞄准窗能够远控自动关闭。由于航天器发射场场坪面积大，而且运载火箭的姿态需要从瞄准开始一直监视到射前2 min，故通常采用半自动或全自动光电瞄准方案，水平瞄准距离为 100～150 m。为了提高大风环境中的瞄准精度，还需要增加风摆跟踪装置。对于发射窗口较小的运载火箭，为了提高垂直瞄准的可靠性，通常设置两台光电瞄准仪，它们可同时工作，并能进行瞄准信号的自动切换。

射向变换是指根据需要临时改变导弹的射击方向或已知方向。有的机动发射导弹武器系统采用地面射向变换法，即采用射向变换设备改变射向，虽然这种方法变向角度大，但变向时间长，精度低。有的机动发射导弹武器系统采用空中射向变换法，即在地面通过弹上计算机装定射向变换角，发射后，由导弹在空中自行滚动变向，虽然这种方法变向时间短，但变向范围较小。地下井发射导弹武器系统通常采用井内射向变换法，即在导弹平台上安装相互垂直的四块直角棱镜，并在井内瞄准间开设瞄准窗口，瞄准窗口的尺寸与数量取决于导弹的射击范围，瞄准窗口不宜过大或过多，否则会降低地下井的强度；若射向变换角为 $\pm 180°$（连续），则应设三个瞄准窗口，每个瞄准窗口的张角为 $30° + \Delta\alpha$（$\Delta\alpha$ 为克服瞄准盲区需要增加的张角，若相邻两个瞄准窗口中心的夹角为 $60°$，则 $\Delta\alpha$ 约为 $5°$，它主要与导弹轴线的制造偏心、导弹轴线在发射台上的偏心、发射台轴线在减震吊篮上的偏心、减震吊篮轴线对地下井的偏心、瞄准窗口轴线与张角的施工偏差及瞄准窗口利用光电瞄准仪物镜通光口径量的程度有关）。为了采用井内射向变换法，还须在瞄准间地面上画一个以井心为圆心、以光电瞄准仪至井心的距离为半径的圆弧线，并在其上标注角度，供射向变换时架设光电瞄准仪使用。

从上面可以看出，地面瞄准系统的初步方案确定以后，垂直瞄准设备的初步方案也就确定了。垂直瞄准设备主要由方位瞄准设备、基准标定设备、射向变换设备、寻北定向设备、水平检查设备和检测训练设备等组成。

虽然机动发射导弹武器系统采用的瞄准方案和设备与固定发射导弹武器系统不同，但两者对瞄准设备的基本要求是相同的，主要有以下几点：

（1）方位瞄准误差应满足导弹的射击精度要求，即导弹瞄准基面与射击方向垂直或保持已知角值的误差应小于地面瞄准系统对应项的分配值。方位瞄准误差一般有三挡，即高精度挡（小于 20″）、中精度挡（20″～40″）和低精度挡（40″～60″）。

（2）瞄准时间应满足导弹武器系统战术技术指标要求。对于机动发射导弹武器系统，缩短瞄准时间尤为重要。由于地下井发射导弹武器系统的发射准备工作可以在平时进行，故其瞄准时间可以相对长一些。

（3）射向变换能力应满足导弹武器系统射向变换范围的要求。

（4）应能显示和传输瞄准情况。

（5）导轨平移量应考虑导弹轴线的制造误差、导弹轴线相对于发射台的最大偏心和由日照引起的导弹瞄准窗口的最大变形等。

（6）在规定的使用环境中应能正常工作。譬如，为了满足导弹在大风环境中的瞄准需求，应设置风摆跟踪装置；为了满足导弹在重雾环境中的瞄准需求，应设置光能量和电气放大倍数的贮存与释放机构。

（7）在寿命周期内，瞄准设备应有规定的使用可靠性与维修性。

2. 防空导弹的瞄准设备

防空导弹的瞄准设备能使发射装置的起落架与回转装置以需要的速度、加速度瞄准与跟踪目标，给予导弹需要的发射方向。瞄准设备包括高低机和方向机，高低机能使起落架获得需要的高低射角，方向机能使回转装置获得需要的方位射角。

固定或变化的高低射角与固定或变化的方位射角可以组合成不同的瞄准方式。对于任何一种瞄准方式，虽然很高的初始瞄准精度能够为防空导弹提供较为理想的攻击条件，但给瞄准设备的研制带来很多困难。在大多数情况下，都是根据防空导弹武器系统的战术技术指标确定瞄准方式。防空导弹的瞄准方式通常有三种，即固定高低射角与固定方位射角瞄准、固定高低射角与变化方位射角瞄准和变化高低射角与变化方位射角瞄准。

固定高低射角与固定方位射角瞄准是指起落架与回转装置的姿态均固定不变的瞄准，亦称定角瞄准，主要用于远程高空防空导弹。定角瞄准时，虽然防空导弹的初始射向并未对准被攻击的目标，但在遭遇目标前的较长飞行过程中，控制系统仍能使防空导弹逐渐接近目标，并最终摧毁目标。对于结构质量较大的远程高空防空导弹，采用定角瞄准既可以简化瞄准设备的设计，也可以简化瞄准设备的使用与维护。

固定高低射角与变化方位射角瞄准是指起落架的姿态固定不变，回转装置能够自动伺服跟踪目标的瞄准，主要用于具有较大可用过载的防空导弹。导弹离开发射装置后能够很快接近目标，既能保持导弹的作战性能，也能简化瞄准设备与装填设备的设计。

变化高低射角与变化方位射角瞄准是指起落架与回转装置均能自动伺服跟踪目标的瞄准，亦称变角瞄准，主要用于近程中低空或超低空防空导弹。在使用防空导弹实施近距离作战时，这种瞄准方式的优点尤为突出。

简而言之，在攻击远距离或低速目标时，通常用定角瞄准；在攻击近距离、高速度和机动性较强的目标时，通常用变角瞄准。

瞄准设备的瞄准范围、跟踪速度与加速度、调转速度与加速度、高低与方位瞄准误差和使用安全与可靠性等均应满足防空导弹武器系统的战术技术要求。瞄准范围是指防空导弹的攻击区域,是发射装置的高低射角与方位射角的变化范围,是瞄准设备总体设计必须保证的重要参数。通常根据目标可能入侵的水平方向确定方位射角,变化方位射角瞄准的特点是瞄准设备的初始瞄准线对准目标或目标前置点,方位射角的变化范围为360°,以便对全方位入侵的目标实施瞄准。通常根据导弹发射时需要的最大与最小俯仰角确定高低射角,变化高低射角瞄准的特点是起落架具有一定的俯仰范围,发射装置具有一定的装填角(0°~3°)。为了使转动机构在进入极限射角后有减速或缓冲的角度,为了避免起落架和回转装置与限制机构发生激烈的碰撞,为了补偿因发射装置运载体运动产生的角度变化,应适当扩大发射装置的高低与方位瞄准范围。

跟踪速度是起落架或回转装置在单位时间内的角位移,跟踪加速度是跟踪速度的变化率。通常根据被攻击目标的最大飞行速度和航路参数确定跟踪速度与跟踪加速度。在导弹发射前,瞄准设备就已经对目标实施了跟踪。对于迎击目标的防空导弹,由于目标从远处进入导弹的发射区,故瞄准设备的跟踪速度与跟踪加速度不断增加,并在目标进入发射点时达到最大值,通常将此最大值作为瞄准设备的设计参数。对于尾随目标的红外制导的防空导弹,由于目标从近处进入导弹的发射区,故瞄准设备的跟踪速度与跟踪加速度不断减少,通常将开始跟踪目标时的速度与加速度作为瞄准设备的设计参数。

通常将瞄准设备从初始位置转向跟踪目标位置的过程或者从第一批目标位置转向第二批目标位置的过程称为调转过程,它包括加速段、等速段、制动段和过渡段。在一定程度上,调转过程决定了发射装置的火力机动性。

通常将调转过程所需要的时间称为调转时间,它是防空导弹武器系统总反应时间的一部分。调转速度是调转过程中瞄准设备在单位时间内的角位移,调转加速度是调转速度的变化率。为了快速地追上目标,希望减少瞄准设备的调转时间,即希望提高瞄准设备的调转速度与调转加速度,但过大的调转加速度会使瞄准设备产生过大的惯性力,故应合理地选取调转时间。在设计瞄准设备时,既可以根据瞄准方式、瞄准范围、最大调转角度和调转时间等确定瞄准设备的调转速度、调转加速度和自动伺服跟踪系统的极限功率等,也可以由防空导弹武器系统总体与发射装置总体共同确定瞄准设备的调转速度与调转加速度。

不同类型的防空导弹武器系统有不同的瞄准速度与加速度。在一般情况下,调转速度与调转加速度大于跟踪速度与跟踪加速度;方位瞄准速度大于高低瞄准速度;低空防空导弹发射装置的瞄准速度大于高空防空导弹的瞄准速度。

高低与方位瞄准误差是防空导弹飞离发射装置时瞄准设备的初始瞄准精度,是影响导弹离轨初始偏差的重要因素,是瞄准设备总体设计的重要依据。瞄准设备的瞄准误差实际上是瞄准伺服跟踪系统的动态误差,它包括速度动态误差和加速度动态误差。速度动态误差随着跟踪速度的增加而增加,加速度动态误差则与跟踪规律有关;速度动态误差与加速度动态误差均取决于伺服跟踪系统的动态品质。

使用安全与可靠性是指瞄准设备应具有必需的安全装置，并且在规定的使用环境中能够正常可靠地工作。必需的安全装置主要包括制动器、安全离合器、射角限制器、机械极限角限制器和终端缓冲器等。规定的使用环境主要包括海拔高度、温度、相对湿度、风、雨、雪、雾和夜间等影响因素。

3. 飞航导弹的瞄准设备

飞航导弹的瞄准设备能够使发射装置的起落部分和回转部分按照作战需要瞄准与跟踪目标，即能使发射装置从战术准备状态转动到空间发射角度。瞄准设备包括高低射角瞄准机和方位射角瞄准机。

由于飞航导弹发射点与目标之间的高度差变化较小，加之飞航导弹又采用"自控加自导"的制导方式，故飞航导弹发射装置大多都采用固定高低射角与变化方位射角相结合的发射方式，高低射角固定在 $10°$ 左右，方位射角的变化范围为 $360°$。

瞄准设备的瞄准方式通常有三种，即自动跟踪瞄准、半自动跟踪瞄准和手动瞄准。

自动跟踪瞄准是指通过电力随动系统将雷达指挥仪对目标跟踪的信号传给方位射角瞄准机的执行电机，执行电机驱动发射装置的回转部分，回转部分自动转到雷达指挥仪确定的目标方位上。

半自动跟踪瞄准是指射前检查车根据地面跟踪雷达传来的目标信息，通过预先编好的射表确定飞航导弹的自控飞行时间。自导距离和战斗方位，手控装定后，操纵半自动传信仪。半自动瞄准通常用于雷达指挥仪发生故障不能实施自动瞄准的场合。

手动瞄准是指通过方位射角瞄准机的手传动装置驱动发射装置的回转部分。手动瞄准主要用于飞航导弹武器系统的初始射向标定和维修保养等战斗准备状态。手动瞄准时，回转部分的回转范围小于自动跟踪瞄准。

瞄准设备的瞄准速度、瞄准射界、瞄准精度和结构设计与使用性能等均应满足飞航导弹武器系统的战术技术要求。

瞄准速度包括调转速度与跟踪速度，它直接影响发射装置的火力机动性。调转速度是指回转部分在由任意方位角调转到装填方位角的过程中单位时间内的角位移，它表示发射装置的快速反应能力。跟踪速度是指跟踪目标过程中回转部分具有的与雷达指挥仪同步的速度，它表示发射装置的作战能力。瞄准速度通常与目标性能、导弹的航速与航程、预定攻击目标的远域范围、发射装置的结构及传动性质等有关。合理的瞄准速度可使方位射角瞄准机传动平稳，可使发射装置具有准确的初始位置，可使发射装置快速地转到装填位置，可使传动系统具有最短的传动路线和较高的传动效率，可有效地减少执行电机的功率或手柄力。

瞄准射界是指方位射角瞄准机极限角的范围，是发射装置攻击活动目标时应有的开阔区域，它决定了方位射角瞄准机的传动形式与结构。

瞄准精度是方位射角瞄准机的瞄准误差，它与传动系统的空回量和随动系统的传动误差有关。为了提高瞄准精度，应使回转部分运动平稳，应避免瞄准速度的剧烈变化，应采用传动比不变或平滑变化的传动装置，应选择特性曲线具有足够刚度与过载能力的执行电机。采用齿轮传动的方位射角瞄准机的瞄准精度主要与齿轮的中心距、齿侧间隙、齿轮制造误差和齿轮轴的径向间隙等有关。由于过低的瞄准精度会影响导弹武系统的作战性能，过高的瞄准精度会增加发射装置的研制成本，故应根据导弹武器系统的实际需要确定合理的瞄准精度。

结构设计与使用性能是指通过合理的结构设计满足瞄准设备的使用要求。合理的结构设计应具备结构布置合理、结构尺寸小、结构质量轻、回转部分的质心接近回转轴、传动路线短、传动误差小和传动效率高等特点。使用性能主要包括工作寿命、环境适应能力、安全性和操作性等。为了使瞄准设备有足够的工作寿命，应在材料性能、加工精度、装配质量和机械润滑等方面予以考虑。环境适应能力是指瞄准设备在诸如低气温、高气温、动载荷和燃气流等使用环境中能够正常可靠地工作。安全性是指瞄准设备具有诸如制动装置、行军固定装置、射角限制器、缓冲装置和互锁机构等安全保险装置。操作性是指瞄准设备的手动部分使用方便，手柄的位置和手柄力符合操作人员的要求。

6.4.5.6 加注系统

加注系统用于向导弹或运载火箭贮箱加注或泄出液体推进剂，运输或贮存液体推进剂，安全排放或处理液体推进剂废液或废气。

加注系统通常由推进剂车辆、推进剂贮罐、加注泵或挤压装置、控制检测设备、管路、阀门和连接器等组成。

推进剂车辆主要包括可贮存推进剂公路泵车、公路槽车、铁路槽车、低温推进剂公路加注运输车和铁路加注运输车等。可贮存推进剂公路泵车是一种具有加注泵和管路系统的特装车，用于加注或转注推进剂。可贮存推进剂公路槽车是一种具有贮罐和简单管路系统的特装车，用于运输或短期贮存推进剂，也可以配合泵车实施推进剂的加注与转注。可贮存推进剂铁路槽车是一种具有贮罐和简单管路系统的铁路特装车，用于运输或短期贮存推进剂，也可以配合泵车实施推进剂的加注与转注。低温推进剂公路加注运输车是一种具有贮罐、管路、阀门和挤压设备的特装车，用于运输、短期贮存、加注和转注推进剂。低温推进剂铁路加注运输车是一种具有贮罐、管路、阀门和挤压设备的铁路特种车，用于运输、加注和转注推进剂。

推进剂贮罐用于贮存推进剂。

加注泵是一种动力装置，用于加注、转注、搅拌和泄出推进剂等。挤压装置是一种气体动力装置，用于加注、转注和泄出推进剂等。

控制检测设备用于控制加注过程及与加注过程有关的工序，接收指令信号，监测与传输各种信号参数。

管路用于输送推进剂。

阀门用于改变管路断面的大小和推进剂的流动方向。

连接器是加注系统的管路与导弹或运载火箭的加注、溢出（或排气）及清洗泄出活门之间的连接装置，用于打开或关闭上述活门。

加注系统的分类方法很多，按照推进剂的性质，可分为可贮存推进剂和低温推进剂加注系统；按照加注方式，可分为泵式、挤压式和自流式加注系统；按照加注流程，可分为闭路和开路加注系统；按照设备的机动性，可分为固定、半机动和机动加注系统；按照加注定量方式，可分为弹（箭）定量和弹（箭）与地面联合定量加注系统；按照工序的自动化程度，可分为自动、半自动和手动加注系统。工程实践表明，任何一种加注系统都是单一类型加注系统的组合。加注系统的类型主要与发射方式、作战和使用能力、快速反应能力、生存能力、加注量、加注精度和推进剂的性质等有关。

对加注系统的基本要求是可靠、准确、快速和安全。①"可靠"是指加注系统应在规定的射前工序时间内按照要求完成推进剂的加注、排放和处理；②"准确"是指加注系统应在规定的射前工序时间内按照规定的加注定量方式与加注精度完成推进剂的加注；③"快速"是指加注系统应在规定的射前工序时间内按照要求快速完成加注准备，快速完成加注程序和要求；④"安全"是指加注系统应在规定的射前工序时间内按照要求安全完成推进剂的加注、排放和处理，不发生可能危及导弹武器系统与场地安全的任何故障。

1. 可贮存推进剂加注系统的初步方案

通常根据弹（箭）对加注系统的设计技术要求、地面设备系统总体方案和发射场地的定点与工程勘察报告等论证可贮存推进剂加注系统的初步方案，论证内容主要包括加注系统的布局、推进剂的总贮量、加注方式、加注定量、加注流量调节、工序与流程和加注控制等。

1）对加注系统的设计技术要求。

弹（箭）对加注系统的设计技术要求主要包括：①可贮存推进剂的种类；②加注量和加注速度；③加注定量要求和定量精度；④贮箱加注液面高度；⑤贮箱允许的工作压力；⑥对加注、溢出和清洗泄出连接器的要求；⑦加注系统与弹（箭）结构、动力系统和推进剂利用系统等的协调要求；⑧发射工艺流程；⑨使用环境条件；⑩安全性要求；⑪操作性要求；⑫可靠性与维修性要求。

2）加注系统的布局。

加注系统的布局是指加注设备在发射场地的位置规划或安排，它与发射方式、场地地形、地质、气候条件、推进剂性质和使用要求等有关。

（1）地下井发射加注系统的布局。

由于地下井是一个封闭的空间，地面设备布置在井内、井筒周围或坑道中，加之可贮存推进剂又大多是易燃、易爆、有毒和易挥发的液体，故考虑布局时应特别注意燃烧、爆炸、毒性和污染等问题。对于新建的地下井，为了提高其生存能力和安全性能，通常在地下井的工程勘察阶段就要考虑加注系统的布局问题。

在确定地下井加注系统的布局时，主要考虑使用、维护、安全和施工等问题。工程实践表明，上述几个问题通常是相互矛盾的。譬如，为了便于使用与维护，可能会扩大工程规模和增加施工量；为了缩小工程规模和减少施工量，可能会给使用带来不便，给安全带来隐患。实际上，加注系统的布局过程就是采取各种有效措施正确处理各种矛盾的过程。

应通过加注系统总体设计简化加注系统的流程，合理确定加注泵、贮罐等设备的位置和加注管路或排放管路的走向，以方便加注系统的使用与维护。

应通过加注系统总体设计合理确定氧化剂加注系统与燃烧剂加注系统的位置及安全距离；合理设置事故情况下操作人员的撤离通道；危险的设备间应有通风设备、泄压口或密闭门等。

应通过加注系统的总体设计减少设备间的数量与面积，减少施工量。

地下井发射加注系统的布局有多种类型，常见加注系统的布局如图 6-34～图 6-36 所示。

图 6-34 所示是加注系统布局的第一种类型。氧化剂加注系统与燃烧剂加注系统分别位于接近井底与井筒相连的水平坑道内，燃烧剂坑道为挖井时使用的排渣坑道。在每条坑道内，有贮罐间、加注泵间、操纵间、集液罐间、配电间、工具附件间、更衣间、进风机房、排风机房和休息间等。坑道口的转注场坪用于停放推进剂车辆。这种布局的主要特点是坑道长度及断面尺寸与加注系统的组成及地下井的地形有关，建设工程量较大。

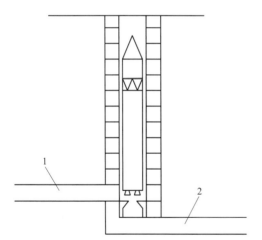

图 6-34　地下井加注系统布局的第一种类型
1—氧化剂坑道；2—燃烧剂坑道

图 6-35 所示是加注系统布局的第二种类型。氧化剂加注系统位于接近井底的水平坑道内，燃烧剂加注系统位于井口附近的水平山洞内，燃烧剂泄出坑道为挖井时使用的排渣坑道。在氧化剂或燃烧剂坑道内，有贮罐间、转注操纵间、工具备附件间、清洗间和更衣间等。可以通过坑道口或洞口的泵车将贮罐中的推进剂加注到贮箱中，也可以通过燃烧剂泄出坑道口的泵车将贮罐中的推进剂加注到贮箱中。通过燃烧剂泄出坑道口的泵车可将贮箱中的推进剂泄回到贮罐中。这种布局的主要特点是可以根据需要改变泵车的工作地点，泵车的调试与检修比较方便，工作稳定性较差，噪声大。

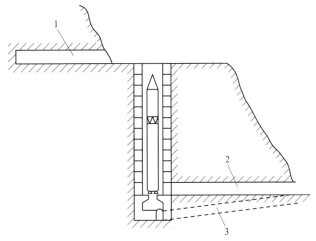

图 6-35　地下井加注系统布局的第二种类型

1—燃烧剂坑道；2—氧化剂坑道；3—燃烧剂泄出坑道

　　图 6-36 所示是加注系统布局的第三种类型。氧化剂加注系统和燃烧剂加注系统分别位于井口附近的水平山洞内。在氧化剂或燃烧剂坑道内，有贮罐间、转注操纵间、工具备附件间、清洗间和更衣间等。氧化剂加注泵间和燃烧剂加注泵间分别位于外井筒的下部。加注泵既可以将贮罐中的推进剂加注到贮箱中，也可以将贮箱中的推进剂泄回到贮罐中。管廊中的管路可将坑道内的加注设备与井内的加注设备连接起来。这种布局的主要特点是设备分散配置，安全性好。

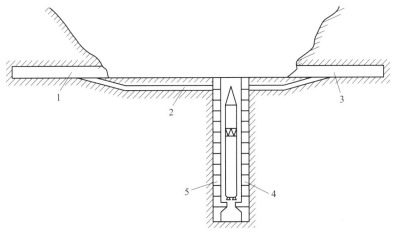

图 6-36　地下井加注系统布局的第三种类型

1—燃烧剂坑道；2—管廊；3—氧化剂坑道；4—氧化剂加注泵间；5—燃烧剂加注泵间

　　（2）洞内贮存、洞口发射加注系统的布局。

　　洞内贮存洞口发射使用的加注系统的大部分设备都位于发射点附近的山洞内。位于洞口的加注泵或泵车既可以将贮罐中的推进剂加注到贮箱中，也可以将贮箱中的推进剂泄回到贮罐中。采用这种布局时，为了排空或抽空加注管路，应特别注意洞口场坪、贮罐和加注泵的相对标高，若相对标高无法保证排空或抽空加注管路，则应在管路的最低点设置用于排空或抽空的集液罐。另外，为了便于用加注泵抽空软管，应使与连接器相连的软管高于加注泵的入口。

（3）固定场坪发射加注系统的布局。

固定场坪发射使用的加注系统通常位于场坪附近，加注系统与发射台有一定的安全距离，氧化剂加注系统与燃烧剂加注系统位于发射台的两侧，并有一定的安全距离。加注管路敷设在发射台两侧的地沟和加注井内，通过软管将加注井与发射台上的加注管连接起来。若固定场坪位于山区，则可将加注系统布置在山洞中。这种布局的主要特点是布局简单，工程量小，防护能力差。

（4）机动发射加注系统的布局。

机动发射使用的加注系统通常配置在公路车辆上。泵车的加注能力、槽车的贮液量和车辆的机动性等应满足机动发射导弹武器系统的战术技术要求。为了保证安全加注，应将氧化剂加注泵车和槽车与燃烧剂加注泵车和槽车布置在发射台或发射车的两侧。这种布局的主要特点是布局简单，工程量小，加注时间短，防护能力差，通常用于加注量较小的中近程导弹。

3）推进剂的总贮量。

推进剂的总贮量主要与贮箱的最大加注量有关。若考虑多发导弹和型号发展的需要，则总贮量会大幅度增加。

一发导弹需要的推进剂数量通常包括贮箱的最大加注量、加注管路的填充量、贮罐残留量、使用损耗和安全裕量等。

无论是固定发射，还是机动发射，在满足加注要求的条件下，其推进剂的总贮量均不应有太大的安全裕量。

4）加注方式。

加注方式是指加注系统向贮箱加注推进剂的工作机理。常用的加注方式主要有泵式加注、挤压式加注、真空式加注和自流式加注。

泵式加注是指利用加注泵增加推进剂的压力并使之流入距离较远和位置较高的贮箱中。由于中远程弹道导弹的加注量较大，故通常采用泵式闭路增压加注。增压加注可以有效避免加注泵发生气蚀，并能获得较大的加注流量。

挤压式加注是指利用与推进剂相容的压缩气体将推进剂挤出贮罐并流入距离较远和位置较高的贮箱中。当贮箱需要的加注流量较大时，则应适当增加贮罐的强度，并配置大流量挤压装置。由于挤压式加注只能用于开路加注系统，加注过程中会排出大量的推进剂蒸汽，故通常用于加注量较小的场合。

真空式加注是指利用真空度使推进剂在压差作用下从贮罐流入贮囊。实际上，真空式加注与挤压式加注的工作机理是相同的。真空式加注通常用于加注量较小的场合。

自流式加注是指利用高差使推进剂从贮罐流入贮箱。由于自流式加注速度太小，加之从贮箱泄出推进剂仍然需要加注泵，故工程中很少使用。自流式加注仅用于贮罐高于贮箱的场合。

5）加注定量。

加注定量是指利用单一或联合的定量方法控制贮箱内推进剂的加注总量。贮箱加注定量的方式有3种，但工程上应用最多的还是弹（箭）与地面联合定量，即推进剂的基本量由贮箱液位计定量，推进剂的补加量由加注系统的流量计定量。基本量的定量精度取决于贮箱液位的标定精度；补加量的定量精度与流量计的制造精度有关。由于补加量占加注总量的比例较小，故允许补加量有较大的误差，补加精度通常为最大补加量的±2%。

弹（箭）定量是指利用贮箱内的连续液位计控制推进剂的加注总量。为了减少加注误差，应在贮箱内安装高精度液位计，这不仅增加了液位计的复杂度，还经常达不到预期的精度水平，故工程上很少采用。

地面定量是指利用地面监视流量计和补加流量计控制推进剂的加注总量。工程实践表明，高精度流量计的绝对误差仍然比贮箱液位计大，加之如充填加注管路和使用损耗等不确定因素的影响，加注总量的误差还会更大。因此，即使采用地面定量，贮箱内仍要安装点式液位计，以避免加注过量或溢出。

6）加注流量调节。

加注系统一般采用大流量和减速加注流量向贮箱加注推进剂，基本量用大流量加注，补加量用减速加注流量加注。加注流量调节是指利用节流孔板和调节阀等获得规定的减速加注流量。

节流孔板是一个具有不变局部阻力的节流元件，它通过节流改变推进剂的流量。节流是推进剂流过突然缩小，旋即又突然扩大的管路截面后产生的压力降低或流量改变的现象。为了使减速加注时加注泵的工作状态基本不变，除应在减速加注管路上设置节流孔板外，还应在加注泵的回流管路上设置节流孔板，以使减速加注流量与回流量之和等于或接近大流量加注时的流量。根据加注泵的出口压头、加注管路状态和需要减速加注流量，可以求出节流孔板的局部阻力系数，再根据节流孔板的局部阻力系数和加注管路直径求出节流孔板的孔径。由于水力计算的误差较大，故应通过加注系统调试对节流孔径进行修正。

调节阀是一个具有可变局部阻力的节流元件。推进剂流过调节阀时的速度与压力变化过程与流过节流孔板时很相似。通过水力计算可知，当调节阀的前后压力不变时，流过调节阀的推进剂流量仅与调节阀的局部阻力有关。调节阀能够根据输入的控制信号，通过改变阀芯行程来改变局部阻力系数，从而达到调节流量的目的。在一般情况下，虽然改变阀芯与阀座间的节流面积即可调节推进剂的流量，但由于各种因素的影响，在改变节流面积的同时改变调节阀两端的压差，而压差的变化同样使推进剂的流量发生变化。通过调节阀的推进剂流量主要与推进剂的种类、温度、密度、调节阀两端的压差和阀芯与阀座的结构尺寸等有关，通常用流通能力表示。流通能力是指当调节阀全开、两端压差为 98 kPa 和使用水介质时流过调节阀的流量。

7）工序与流程。

工序是指加注系统按照液路流程实施的加注、泄回、转注、泄出、灌泵、抽空和排空管路等作业。

流程是加注系统全部工序的综合。

工序设置与流程设计是相辅相成的，首先应根据加注系统的设计技术要求论证并确定工序的数量及每个工序的作业内容，然后根据工序设置论证并确定初步液路流程。

前面已经讲过，发射方式影响加注系统的布局，加注系统的布局又影响加注系统方案。这里需要特别指出的是，发射方式、加注系统的布局和加注系统的方案直接影响工序设置与流程确定。譬如，固定泵式加注系统的工序设置和流程确定与固定挤压式加注系统有很大区别；机动式加注系统的工序设置和流程确定与固定式加注系统也有很大区别。

加注系统初步方案论证的主要任务就是寻求一种"较优"的工序设置与流程。"较优"的工序设置与流程的判定标准是：①加注系统能在规定的使用环境条件和工序时间内完成规定的加注任务；②用规定的程序与方法进行维修时，加注系统能在规定的维修环境条件和时间内保持或恢复到规定的状态；③在使用过程中，加注系统不能发生危及人员及设备安全的故障；④工序数量少，流程简单。在初步方案论证过程中，上述标准往往是相互矛盾的，应抓住主要矛盾，全面分析比较。

8）加注控制。

加注控制是指按照指令信号控制加注及与加注有关的工序，监测、显示和传输规定的信号参数。加注控制由加注控制系统完成。加注控制系统通常由控制设备、传感器与测量仪表、供电与信号传输线路和配电设备等组成。加注控制系统影响加注系统的操作性能和使用可靠性。

加注控制方式通常有 3 种，即继电器控制、矩阵板式顺序控制和微机控制。

继电器控制是一种直接控制方式，操作简便，使用可靠。继电器控制包括泵机组控制、工序控制和加注定量控制。泵机组控制是指利用低压启动控制箱控制泵机组的启动与自停。工序控制是指按照"工序表"利用工序按键控制阀门与流量控制仪等的开闭。阀门除受工序按键控制外，还受液位指令信号和故障指令信号的控制。加注定量控制是指按照贮箱基本液位信号指令自动关闭大流量加注阀门、自动打开小流量加注阀门和自动启动流量控制仪开始减速加注计数。

矩阵板式顺序控制是指根据液位指令信号、时控信号和自锁或互锁等条件信号，利用旁路与逻辑原理自动控制阀门的开闭。这种控制方式的主要特点是：①对于线圈工作电流约为 600 mA 的阀门，若采用顺序控制，则转换开关放大器的输入电流为 6～10 mA，只要选用一个互锁共复的琴键开关即可实现安全操作、优选元件和分步供电，具有以弱控强的优点；②在加注过程中，若需单独开闭某个阀门，则顺序控制器能够提供单点控制，可满足工序作业内容多变的要求；③顺序控制既能使不同控制状态受控于同一指令信号，也能使同一工序过程受控于不同指令信号。

微机控制是指利用加注控制系统微机与可编程序控制器，根据输入的诸如液位、压力、温度、流量及阀门状态等模拟量或数字量电信号，按照预先设定的数学模型，实现加注过程的自动程序控制；按照预先设定的加注流程模拟图，实时显示加注流程与各类参数；出现故障时，自动发出声光报警信号。这种控制方式的主要特点是：①在不改变硬件的条件下，可编程序控制器可以方便地改变程序；②可以利用简单的继电器梯形图进行编程；③在电磁干扰、高温、潮湿和振动环境中，有较高的使用可靠度；④当电源发生故障时，可以完整地保留程序；⑤体积小，使用方便。

通常根据加注系统的流程原理图及工序表确定控制对象、控制顺序、接口关系、信号传递、处理与显示要求及控制方框图或原理图，再根据控制内容、操作要求和使用可靠度等确定加注控制方式。

在理论上，若加注系统的工序次序固定不变，则加注过程中的工序转换可以自动进行。实际上，由于工序转换需要一些人为的条件，故一般不能实现工序转换的自动化。

在加注过程中，为了应对意外情况和处理故障，加注控制系统应能根据指令随时终止任何工序过程，应能根据指令打开或关闭指定的阀门，应同时具有自动控制和手动控制功能。

为了方便合练和设备检查，在不加注推进剂的情况下，加注控制系统应能按照规定的工序次序工作，应能与等效器配合模拟真实设备的工作。

2. 低温推进剂加注系统的初步方案

通常根据对加注系统的设计技术要求、地面设备系统总体方案论证报告和航天器发射场的保障条件等论证低温推进剂加注系统的初步方案，论证内容主要包括加注系统的布局、推进剂的总贮量、加注方式、加注定量、加注流量调节和工序设置等。这里以液氢、液氧加注系统为例，介绍与初步方案论证相关的内容，与可贮存推进剂加注系统相同的内容不再介绍。

1）对加注系统的设计技术要求。

对加注系统的设计技术要求主要包括：①加注前，应对液氢贮箱、输送管路系统和加注系统进行氮气与氦气置换，防止杂质气体在液氢温度下冷凝固化；②加注前，应对加注系统进行预冷，防止加注过程中产生过大的压力脉冲与冷缩应力；③应自动补加，使贮箱处于基本加满状态，以补偿低温推进剂的蒸发损耗；④应对贮箱实施射前补加，以保证运载火箭起飞时贮箱处于规定的加满状态；⑤应配合火箭发动机完成地面增压预冷与自流预冷；⑥射前补加结束后，低温加注与排气连接器应能可靠地脱落；⑦在加注液氢过程中，应能安全排放和处理热氢。

2）加注系统的布局。

低温推进剂加注系统的布局直接影响航天器发射场的安全。众所周知，最好的安全措施就是"防"，"防"是先其未然；必要的安全措施就是"救"，"救"是发而止之；不得已的安全措施就是"戒"，"戒"是行而责之。工程实践表明，合理的加注系统布局是最好的"防"。

通常将液氢加注系统与液氧加注系统分别布置在发射台或发射塔架的两侧，两个系统之间及它们与其他设备或设施之间有足够的安全距离。

可在液氢加注系统与发射台或发射塔架之间且靠近加注系统的某个位置设置钢筋混凝土防护墙。

应尽量露天布置液氢或液氧贮罐、公路车辆、铁路车辆和管路等，以利于液氢或液氧蒸气扩散。

在发射塔架上，应将液氢管路与液氧管路分开敷设，两种管路之间以及它们与其他设备之间应有足够的安全距离。

应将加注过程中产生的氢气顺风向排放到远离发射台或发射塔架的燃烧池，燃烧池产生的辐射热不能影响其他设备或设施的安全。

3）推进剂的总贮量。

推进剂的总贮量主要与贮箱的最大加注量有关。若考虑多发运载火箭和型号发展的需要，则总贮量大幅增加。

一枚运载火箭需要的低温推进剂数量通常包括贮箱的最大加注量、加注管路的填充量，贮箱与加注管路的蒸发损耗，预冷损耗、火箭发动机的增压预冷损耗、自流预冷损耗、贮罐汽化器的增压损耗、贮罐的残留液量、蒸发损耗、使用过程中的损耗和推迟发射产生的损耗等。

与常温可贮存推进剂不同的是，由于低温推进剂在贮存、预冷和加注过程中损耗很大，故实际总贮量比理论加注量大得多。

4）加注方式。

低温推进剂的加注方式通常有两种，即泵式加注和挤压式加注。

泵式加注主要用于推进剂比重较大和加注量很大的加注系统。虽然泵式加注具有较大的加注流量，但其在预冷、流量调节、自动补加和射前补加等方面均比挤压式加注复杂。

挤压式加注主要用于推进剂比重较小和加注量不是很大的加注系统。按照挤压用气的来源，可分为外气源挤压式加注与汽化器挤压式加注。外气源挤压式加注是指利用与推进剂相容的外来气体的压力将推进剂挤入贮箱，常见的有氢气或氦气挤压式液氢加注系统。汽化器挤压式加注是指利用汽化器产生的推进剂蒸气压力将推进剂挤入贮箱，由于汽化器挤压式加注不需要外气源及相关的配气设备，不存在挤压用气与推进剂相容及限制杂质含量的问题，故得到广泛的应用。

5）加注定量。

在预冷贮箱和加注管路的过程中，由于比较严重的两相流现象，使加注系统既不能检测出真实的预冷流量，也不能累积计量出真实进入贮箱的推进剂数量，故不能采用地面定量或箭上与地面联合的定量方式，只能采用箭上定量与地面监视的方式。箭上定量是指利用电容式连续液位计或电容点式液位计对进入贮箱的推进剂进行容积定量，将贮箱加注到规定的液位后，再通过自动补加使贮箱液位始终保持在一定范围内。地面监视是指利用安装在加注管路较高压力区段上的涡轮流量计监视加注流量，并通过计算机接收与显示贮箱液位变送器输出的液位电信号。

常见的断续自动补加法是先以小流量补加至贮箱的Ⅲ液位，然后停止补加；当贮箱液位因自然蒸发降至Ⅱ液位时，再以小流量补加至贮箱的Ⅲ液位。上述过程反复进行，直至射前补加阶段。这种自动补加法的主要特点是：①自动补加时，大量气体随推进剂进入贮箱，产生比较严重的推进剂波动现象；②停止自动补加时，加注管路中的推进剂处于平静状态，外界传入的热量使推进剂大量汽化。

为了提高自动补加过程的平稳度，通常采用连续自动补加法，即加至贮箱Ⅲ液位时，加注系统对贮箱实施减速自动补加。由于减速自动补加的速率小于贮箱中推进剂的蒸发速率，故贮箱液面开始缓降，当贮箱液面降至Ⅱ液位时，加注系统则以正常速率向贮箱加注推进剂。

6）加注流量调节。

为了获得需要的预冷加注、大流量加注、减速加注和补充加注流量，加注系统应对推进剂的加注流量进行调节。加注流量调节通常有四种方法，即压力调节、节流调节、压力-节流调节和自动稳定流量调节。

压力调节是指通过改变贮罐气枕压力（挤压压力）获得需要的加注流量。这种方法的主要特点是：①若加注管路的特性比较平坦，则较小的加注流量只需要很小的挤压压力；②压力波动使加注流量发生显著变化；③调节速度慢。

节流调节是指在贮罐气枕压力不变的情况下，通过调节阀改变加注管路的阻力以获得需要的加注流量。这种方法的主要特点是：①流量稳定，特别是在小流量补加时，压力波动对加注流量基本没有影响；②调节速度快；③节流阀后容易产生两相流。

压力-节流调节是指通过改变贮罐气枕压力与调节阀开度以获得需要的加注流量。通过改变贮罐气枕压力，加注系统能够实现预冷加注、大流量加注和减速加注。通过改变调节阀开度,加注系统能够实现自动补加、发动机预冷补加和射前补加。这种方法的主要特点是:①调节阀的节流程度比较缓和;②调节方便、快速。

自动稳定流量调节能够避免挤压压力对加注流量的影响,能够减少贮箱反压对加注流量的影响,能够提高加注流量的稳定度。自动稳定流量调节原理如图 6-37 所示。自动稳定流量调节是指通过向调节器输入不同的流量信号以获得不同的加注流量。自动稳定流量调节的过程是:流量传感器感受推进剂的加注流量(q_V),并将流量信号输入信号变换器;信号变换器对流量信号进行变换处理,并将之输入调节器或计算机;调节器或计算机将实际流量信号与给定的流量信号进行比较,并输出具有一定调节特性的控制信号;控制信号控制调节阀的执行机构,使调节阀形成一定的开度,即加注系统获得需要的加注流量。这种方法的主要特点是:①能够自动稳定加注流量;②加注过程平稳;③自动化程度高。

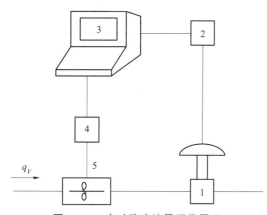

图 6-37 自动稳定流量调节原理

1—调节阀;2—电/气转换器;3—调节器或计算机;
4—信号变换器;5—流量传感器

7)工序设置。

与可贮存推进剂加注系统一样,低温推进剂加注系统的工序设置与流程设计也是密不可分的,即首先根据运载火箭对加注系统的设计技术要求确定工序的数量及每个工序的作业内容,然后根据工序设置确定初步液路流程,最后根据使用要求完成流程设计。

低温推进剂加注系统的工序设置主要包括贮箱与加注管路的整体置换、预冷、大流量加注、自动补加、发动机增压预冷与自流预冷、射前补加、加注管路排空、连接器脱落、泄回推进剂和管路吹除等。有的大型低温推进剂加注系统还设置贮罐置换、贮罐加注、贮罐排出和贮罐汽化器增压等工序。

为了减少低温推进剂的流动阻力,实现低温推进剂在管路中的单相流动,要求低温推进剂加注系统中的贮罐、管路、法兰、阀门和连接器等具有良好的绝热性能。由于绝热性能与绝热结构有密切的关系,而绝热结构又比常温结构复杂得多,故应通过低温推进剂和加注系统初步方案论证,减少加注系统的工序数量,以节约研制成本和缩短研制时间。

根据工序设置确定液路流程的基本原则是:①应防止低温管路超压,对于可能超压的管路应设置泄压装置;②应减少低温管路中接头及阀门的漏热与流动阻力;③应避免低温管路交叉;④应缩短低温分支管路的长度;⑤应减少低温推进剂蒸气在管路中聚集的概率,必要时可在易聚集蒸气部位设置放气阀。

6.4.5.7 供气系统

供气系统用于生产与贮存各种压缩气体,按照程序向导弹、运载火箭、航天器及地面设备供应不同种类、不同参数和不同品质的压缩气体。

供气系统通常由气源设备、净化设备、贮气设备、增压设备、配气设备、加(降)温设备、控制设备和供气附件等组成。气源设备用于制取各种气体,并将之充入贮气设备。净化设备用于净化各种气体,使其品质符合导弹、运载火箭、航天器及地面设备的用气要求。贮气设备用于贮存各种高压气体或低压液化气体,并向配气设备供气。增压设备用于各种气体的增压,并可将气体从一种贮气设备转注到另一种贮气设备。配气设备用于向导弹、运载火箭、航天器及地面设备供应各种规定种类、参数和品质的气体。加(降)温设备用于向导弹、运载火箭及航天器等供应各种规定温度的热(冷)气体。控制设备用于控制各种气体的压力、温度和流量等。供气附件用于连接各种供气设备,或将供气设备与导弹、运载火箭及航天器等连接起来。供气附件通常包括连接器、减压阀、安全阀、截止阀、软管及硬管等。

供气系统的分类方法很多,按照气体的性质,可分为空气、氮气和氦气等供气系统;按照供气对象,可分为导弹供气系统和运载火箭供气系统;按照使用地点,可分为技术阵地供气系统和发射阵地供气系统;按照设备的机动性,可分为固定发射供气系统和机动发射供气系统。

对供气系统的基本要求与加注系统基本相同,即可靠、准确、快速和安全。①"可靠"是指供气系统应在规定的射前工序时间内,按照要求完成导弹或运载火箭的气瓶气密性检查、气瓶置换、气瓶充气和贮箱气密性检查、贮箱置换、贮箱增压、贮箱测压,以及活门控制、连接器脱落和吹除供气等。②"准确"是指供气系统应在规定的射前工序时间内,按照规定的增压方式及精度完成贮箱的射前增压与测压。③"快速"是指供气系统应在规定的射前工序时间内,按照要求快速完成供气准备,快速完成供气程序,快速排除各种故障。④"安全"是指供气系统应在规定的射前工序时间内,按照要求安全完成供气任务,不发生可能危及导弹武器系统或运载火箭系统安全的任何故障。

这里主要介绍固定发射供气系统的初步方案和机动发射供气系统的初步方案。

1. 对供气系统的设计技术要求

导弹或运载火箭对供气系统的设计技术要求主要包括供气项目、供气程序、供气参数和供气品质等。

供气项目是指导弹或运载火箭及地面设备的用气项目,通常包括气瓶的气密性检查、气瓶置换、气瓶充气和贮箱气密性检查、贮箱置换、贮箱增压,以及伺服机构用气、气浮平台供气、活门检查与控制用气、连接器检查与控制用气、气封与吹除用气、推进剂泄出用气、加注系统用气、发射台操作用气、抗核减震装置用气和消防用气等。不同的导弹武器系统或运载火箭系统有不同的供气项目。

供气程序是指导弹或运载火箭及地面设备的用气程序，不同的导弹武器系统或运载火箭系统需要不同的供气程序。

供气参数是指供气系统向导弹或运载火箭及地面设备供应气体的压力、温度和流量等，不同的导弹武器系统或运载火箭系统需要不同的供气参数。

供气品质是指根据导弹、运载火箭及地面设备的需要确定的气体的纯度、含水量、含油量和洁净度等，不同的导弹武器系统或运载火箭系统需要不同种类的气体（空气、氮气、氦气和氢气等），不同种类的供气系统有不同的供气品质。

2. 固定发射供气系统的初步方案

固定发射供气系统初步方案论证的任务是根据导弹或运载火箭对供气系统的设计技术要求、地面设备系统总体方案和导弹发射基地或航天器发射场的保障条件等论证供气系统的初步方案。典型的固定发射供气系统组成框图如图 6-38 所示。

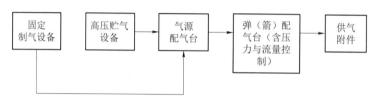

图 6-38 典型的固定发射供气系统组成框图

固定发射供气系统主要由固定制气设备、高压贮气设备、气源配气台与弹（箭）配气台（含压力与流量控制）和供气附件等组成。固定发射供气系统初步方案论证的基本原则是：①供气系统的布局与组成应满足使用要求；②供气设备的结构与性能应使供气系统具有导弹武器系统规定的抗核加固水平；③在供气参数满足要求的条件下，应使贮气设备尽量远离导弹、运载火箭及加注系统；④供气系统的总贮气量应有足够的裕度；⑤在总贮气量满足需要的条件下，应尽量减少气瓶的数量；⑥配气设备的供气参数应达到或略高于导弹或运载火箭及地面设备的用气要求；⑦在寿命周期内，供气系统应有规定的使用可靠性与维修性。

对于地下井发射导弹武器系统，无须过多考虑供气系统的结构尺寸与质量，可以比较粗略地计算用气量和选取较大的贮气裕度。有时，为了减少井内设备与工程量，常将气体制造设备置于井外且远离井筒的地方，需要时将之置于井口，并快速向井内气瓶充气。

战斗用固定发射供气系统的组成与试验用固定发射供气系统基本相同，只是气源设备与贮气设备的容量较小，有时还采用一些小型移动供气设备。

对于采用塔架发射的大型运载火箭，由于其用气项目与用气量比采用固定场坪发射的弹道导弹多，其用气参数与用气品质比采用固定场坪发射的弹道导弹高，故既应设置固定高压大容量气瓶与配气台，也应设置气体加（降）温设备、净化设备及防爆设备等。

由于航天器发射场是多次、长期使用的，故固定供气系统的贮气量应有更大的裕度，应尽量采用计算机控制供气参数与供气品质。

3. 机动发射供气系统的初步方案

机动发射供气系统初步方案论证的任务是根据导弹或运载火箭对供气系统的设计技术要求和地面设备系统总体方案等论证供气系统的初步方案。典型的机动发射供气系统组成框图如图6-39所示。

图6-39　典型的机动发射供气系统组成框图

机动发射供气系统主要由高压贮气设备、气源配气箱与弹体配气箱（含压力与流量控制）和供气附件等组成。虽然机动发射供气系统在生存能力、抗核加固、供气程序、供气参数、供气品质、使用可靠性和维修性等方面的要求与固定发射供气系统有许多共同之处，但也有其特殊性。在论证机动发射供气系统的初步方案时，应遵循的特殊原则是：①在满足使用要求的条件下，应尽量减小供气设备的结构尺寸与质量；②应尽量将贮气设备和配气设备配置在发射车上，如确有困难，亦可独立装车；③独立装车的贮气设备和配气设备的机动性能应满足导弹武器系统的战术技术要求；④应精确计算总贮气量，贮气裕度不宜过大；⑤气源设备一般不进入发射阵地。

4. 供气系统初步方案论证的主要内容

固定或机动发射供气系统初步方案论证的主要内容通常包括供气系统的组成与流程原理，气源设备、增压设备、净化设备、总贮气量与贮气设备、配气设备和加（降）温设备的方案等。

1）供气系统的组成与流程原理。

供气系统的组成用组成框图表示，组成框图是指根据供气设备的功能及安装布局归纳而成的简单图形，通常根据导弹或运载火箭及地面设备的用气要求和导弹发射基地或航天器发射场的具体情况确定供气系统的组成。

供气系统的流程原理用流程原理图表示，流程原理图包括气路流程原理图与电路原理图。

气路流程原理图是指用线条及规定的符号表示管路流程、设备、仪器、元器件和接口等的综合图形，通常根据导弹或运载火箭及地面设备的用气项目、用气程序、用气参数和用气品质等确定气路流程。气路流程应完整、准确、简单和实用。

电路原理图是指用线条及规定的符号表示系统电路、仪表、元器件和接插件等的综合图形，通常根据导弹或运载火箭及地面设备的用气控制要求、信号联系、使用可靠性及安全性等确定电路原理图。与气路流程原理图一样，电路原理图亦应完整、准确、简单和实用。

2）气源设备、增压设备与净化设备。

导弹或运载火箭常用的气体是空气、氮气或氦气，不同的气体有不同的气源设备、增压设备与净化设备。

（1）空气的气源设备、增压设备与净化设备。

空气是一种复杂的混合物，主要由氮气和氧气组成，由于在地球上的任何地方都可以得到，故不需要专门的空气气源设备。

空气的增压设备因高压多用多级活塞式压缩机，它用电动机或柴油机驱动。由电动机驱动的多级活塞式压缩机具有操作简单和噪声小等优点。由柴油机驱动的多级活塞式压缩机虽然可以在无电源的环境中使用，但存在操作复杂、噪声大和污染环境等缺点。由于移动式压缩机车在停车时压气，故可用汽车发动机驱动多级活塞式压缩机。在排量和压力等指标满足需要的条件下，高转速多级活塞式压缩机通常用于运转时间短和使用空间有限的场合；低转速多级活塞式压缩机通常用于运转时间长、使用可靠和使用空间不受严格限制的场合；立式多级活塞式压缩机通常用于使用面积较小的场合。

空气的净化设备主要是指干燥器和过滤器：干燥器用以去除压缩空气中的油和水蒸气，过滤器可以去除压缩空气中的机械杂质。

（2）氮气的气源设备、增压设备与净化设备。

氮气是一种化学性质不活泼的气体，由于空气的含氮量高达 78%（体积比），故通常从空气中制取氮气。

氮气气源设备的类型及组成与氮气的制取方法密切相关，不同的制取方法有不同的气源设备。常见的制取方法是吸附法、燃烧法和低温精馏空气分离法。

吸附法是指利用吸附剂对空气中的某种组分具有选择吸附作用的特性来分离空气，获得氮气；当空气流经已经填充某种吸附剂的吸附床时，由于氧气（或氮气）较多地吸附，故空气中的氮气（或氧气）浓度增加。吸附剂使用一段时间后，将吸附的气体解析出来，恢复吸附能力并可继续使用。使用吸附法获得的氮气纯度较低，回收率也较低。

燃烧法是指通过燃烧耗尽空气中的氧气并去除其他生成物及杂质获得氮气；燃烧室中的煤油或汽油与鼓风机吹入的空气混合后燃烧，空气中的氧气烧尽后，由燃烧室出来的高温混合气经过水浴水喷淋，以冷却净化，去除二氧化碳与烟尘，得到氮气。燃烧法具有设备简单、使用方便和启动快等优点。

低温精馏空气分离法是指利用空气中各组分沸点不同及混合状态气液两相平衡时的浓度差分离空气，获得氮气。在液态空气的蒸发过程中，由于低沸点的氮气容易蒸发逸出，而沸点较高的氧气不容易蒸发逸出，故蒸气中氮气的浓度大于液相中氮气的浓度，从而达到分离提纯的目的。使用这种方法可以得到高纯度的氮气。

氮气的增压设备也是多级活塞式压缩机，净化设备也是干燥器和过滤器。氮气的纯度除受制氮设备性能影响外，还与操作有关。通过操作既可以控制回流比、液面高度和氮气产量等，也可以使分馏塔处于良好的精馏工况，并且具有较高的精馏效率。在实际工程中，为了解决氮气产量与纯度之间的矛盾，通常采用减少气氮排量与增加回流比的方法；减少气氮排量可以提高气氮的纯度，增加回流比可以提高上升气的纯度。虽然在制取过程中氮气的纯度得以控制，但由于还要经过增压、贮运和配气等环节，故制取的氮气仍会受到空气、水分、尘埃和油等的污染。为此，通常采用气密性检查与气体置换的方法，保证氮气的纯度。

（3）氦气的气源设备和增压设备。

氦气是一种稀有气体，化学性质极其稳定，氦的沸点很低，广泛用于运载火箭系统，是目前唯一适合氢氧发动机使用的惰性气体。干燥空气的含氦量仅为 0.000 5%（体积分数），矿井天然气的含氦量可达 7%（体积分数）。在工程上，既可以从天然气中提取氦气，也可以从液态空气中提取氦气。目前，由于氦气的制取设备与工艺复杂，生产成本很高，故国内外大多都是外购。

氦气气源设备的类型和组成与制取方法密切相关，不同的制取方法有不同的气源设备。常见的制取方法有冷凝法和空气分离法。

冷凝法是指利用净化与冷凝天然气获得氦气的方法。使用硅胶去除天然气中的水分；使用 5A 型分子筛去除天然气中的二氧化碳；通过冷凝塔得到粗氦（含氦 40%～70%）；使用触媒加氧去除粗氦中的氢；利用低压和低温去除粗氦中的氮与甲烷；通过活性炭低温吸附得到纯度为 99.99% 的氦气。

空气分离法是指从液态空气中用分馏法获得氦气的方法。从中压塔的顶部引出混合气（含氦氖 3%～5%），使之通过分凝器，得到粗氦氖混合气（含氦氖 50%～60%，含氮 40%～50%，含氢 1%～2%，还有少量氧）；使用触媒（钯或铂）加氧去除粗氦氖混合气中的氢；使用吸收剂（硅胶、铝胶和分子筛等）去除粗氦氖混合气中的水分；通过高压低温冷凝和低温吸附去除粗氦氖混合气中的氮；在液氮温度下，利用活性炭将粗氦氖混合气中的氦与氖分离，去除氖，得到氦气。

氦气的增压设备通常用膜片式压缩机，可用电动机或其他动力机械驱动。由于膜片式压缩机具有密封好与排量小的特点，故适用于产量小与纯度高的场合。

3）总贮气量与贮气设备。

总贮气量是指为完成导弹或运载火箭的射前准备与发射供气系统而必须贮存的气体总量，通常用标准状态下的体积或质量表示。总贮气量与导弹或运载火箭及地面设备的用气量和贮气裕度有关。目前，常见的确定总贮气量与气瓶数的方法有两种，即直接累计法和编制程序法。

使用直接累计法确定总贮气量与气瓶数的主要步骤是：①计算各单项用气量；②计算总用气量；③确定气瓶最高充气压力与最低使用压力；④计算气瓶可供出气量与贮气

量之比；⑤确定贮气裕度；⑥确定总贮气量与气瓶数。虽然直接累计法比较简单，但未考虑用气程序与用气压力的影响。在工程上，实际使用情况是先低压，后高压，而气瓶的供气情况却是先高压，后低压，这种使用程序及压力与供气程序及压力相悖的情况会使气瓶内的部分气体无法排出，会降低气瓶的有效供气率，会增加总贮气量与气瓶数。

使用编制程序法确定总贮气量与气瓶数的主要步骤是：①计算各单项用气量；②确定气瓶最高充气压力与最低使用压力；③编制气瓶供气程序表；④确定气瓶数；⑤确定总贮气量。气瓶供气程序表不仅用于确定气瓶数量，而且用于指导气瓶的供气操作。气瓶供气程序表包括用气顺序、用气项目、用气参数（用气压力与用气量）、气瓶号、气瓶剩余压力和剩余气量。编制气瓶供气程序表的步骤是：①将用气项目按照用气顺序填入表中；②将用气参数按照用气项目填入表中；③根据用气顺序、用气压力及气瓶压力，确定供气气瓶号并填入表中；④计算气瓶剩余压力和剩余气量，并填入表中。使用编制程序法应注意的问题是：①注意保留高压气；②始终保证气瓶压力高于用气压力；③按照最高用气压力计算同时用气项目的用气量。虽然编制程序法能够比较准确地确定总贮气量，并使气瓶数减至最少，但仍须考虑一定的贮气裕度。

贮气设备的分类方法较多：按照机动性，可分为固定式和移动式贮气设备；按照贮存气体的物理性质，可分为常温和液化气贮气设备。气瓶和贮罐等固定式贮气设备主要用于定点、长期和大量贮存各种常温气体。载有气瓶或贮罐的移动式贮气设备主要用于中小量贮存和远距离运输各种常温气体，并向分散的用气项目供应各种常温气体。液化气贮气设备主要用于贮存和运输各种低沸点液化气体。这里简单介绍气瓶和气瓶车。

气瓶有柱形和球形两种。柱形气瓶强度高，制造方便，大多为中小容积，由于柱形气瓶的螺纹接口小，故内表面处理与清洗都比较困难。在相同容积与贮气压力下，球形气瓶具有最小的结构尺寸与质量，而且结构紧凑，连接简单，安装方便，但由于球形气瓶是由两个热冲压成形的半球壳体焊接而成，故制造比较困难。

气瓶车通常由汽车底盘、车厢、气瓶组、配气台、管路、电气设备和高压软管等组成。对气瓶车的主要技术要求是：①应满足导弹或运载火箭及地面设备的用气种类、用气量、用气参数和用气品质等要求；②气瓶组、配气台和管路等应有良好的密封性能；③气瓶车应有导弹武器系统规定的环境适应能力、机动性能、快速反应能力和安全性能。

4）配气设备。

配气设备的分类方法较多：按照用途，可分为气源配气设备、弹体或箭体配气设备、弹头配气设备和航天器配气设备等；按照结构，可分为配气台、配气盒、配气箱和配气板等；按照气体种类，可分为空气配气设备、氮气配气设备和氦气配气设备等；按照气体温度，可分为常温配气设备和低温配气设备。

配气设备通常由气路、电路和台架（或壳体）等组成。气路通常包括过滤器、减压阀、安全阀、截止阀、压力传感器、压力表和导管连接件等。电路通常包括电磁阀、压力信号器、开关、指示灯、电阻器、接线板和接插件等。台架通常包括骨架、面板和蒙皮等。

通常根据供气系统的气路流程原理图和电路原理图设计配气设备。对配气设备的主要技术要求是：①应满足导弹或运载火箭及地面设备的用气种类、用气参数和用气品质等要求；②阀件和管路等应有良好的密封性能；③应有导弹武器系统或运载火箭系统规定的环境适应能力；④对于可能危及操作人员安全的部位，应有联锁、屏蔽、隔离和保护等措施；⑤应有规定的使用可靠性与维修性能；⑥应有良好的工艺性能。

5）加（降）温设备。

将常温气体变成热气体的方法主要有电加温法和热水加温法。电加温法是指利用电加热器直接加温常温气体的方法，这种方法的主要特点是：①设备体积小；②升温快；③气体温度波动范围大；④不宜用于高压常温气体。热水加温法是指利用浸泡于热水中的盘管加热常温气体的方法，这种方法的主要特点是：①设备热容量大，升温慢；②温度稳定易控制；③加热温度受限制；④可用于高压常温气体。

将常温气体变成冷气体的方法主要有制冷机组冷却法、液氮冷却法、液氢冷却法、干冰冷却法和节流降温法等。制冷机组冷却法利用制冷机组直接冷却常温气体，这种方法的主要特点是：①设备体积小；②降温快；③气体温度波动范围大；④冷却温度受限。液氮、液氢或干冰冷却法利用浸泡于液氮、液氢或干冰中的盘管冷却常温气体，这种方法的主要特点是：①设备热容量大，降温慢；②温度稳定易控制；③可用于高压常温气体。节流降温法利用盘管外节流后的低温气体冷却盘管内的常温高压气体，这种方法的主要特点是冷却效果取决于节流气量与供出气量的比例。若节流气量越大，供出气量越小，则气体温度越低。

6.4.5.8　供电系统

供电系统用于向导弹、运载火箭、航天器及地面设备供应不同种类和品质的电能。在射前准备过程中，导弹、运载火箭或航天器的测试需要电能，弹头或航天器的调温需要电能，弹体或箭体电池充电需要电能，地面设备的操作需要电能，发射控制系统需要电能；发射后，指挥系统、测控系统、通信系统或技术勤务系统等也需要电能。

供电系统通常由电源、配电设备、输电设备和变电设备等组成。

电源包括一次电源和二次电源。一次电源是指将其他能源转变成电能的发电装置，常用的一次电源是工频（50 Hz）三相 380 V 交流电。虽然工业网络电可以作为一次电源使用，但由于工业网络电具有供电范围大、负荷种类多和输电线路长等特点，故通常不能完全满足导弹、运载火箭或航天器的用电要求。若导弹武器系统或运载火箭系统使用工业网络电，则必须增设专用的备用电源。一次电源通常用于动力、维修、仪器测试、设备控制和技术保障等。二次电源是指将一种指标的电能转变成另一种指标的电能的电源，譬如，将工频交流电转变成中频（400 Hz 或 500 Hz）交流电的变频机组或将工频交流电转变成直流电的变流型直流电源等都属于二次电源。二次电源用于导弹或运载火箭的射前测试和发射控制等。

配电设备能够按照要求将电能合理地分配给各用电设备。配电设备通常包括断路器、接触器和继电器等。在供电系统中，配电设备既可以独立设置，也可以附设在电源或变电设备上。

输电设备能够将电能输送给各用电设备。常用的输电设备有电缆、导线和接插件等。机动发射导弹武器系统全部采用电缆输电，固定发射导弹武器系统有时采用架空导线输电。

变电设备能够改变一次电源的电压、频率、电流性质和电能品质，亦称为二次电源。能够改变电压的变电设备有变压器；能够改变频率的变电设备有变频机组和变频器；能够改变电流性质的变电设备有整流器和逆变器；能够改善电能品质的变电设备有稳压器和稳频器。

虽然这里介绍的供电系统的组成与一般民用供电系统基本相同，但由于用电负荷是导弹武器系统或运载火箭系统，故这种供电系统还具有下列特点。

（1）供电范围与总容量小。供电范围仅限于导弹武器系统或运载火箭系统。总容量通常有数十千瓦至数百千瓦。

（2）单项负荷干扰大。由于导弹武器系统或运载火箭系统中某项负荷的容量可能是总容量的 20%，有时甚至超过总容量的 50%。故供电系统易受到单项大容量负荷的干扰，以致影响供电品质。

（3）使用电压等级低。虽然供电范围小，输电线路短，但由于使用电压等级低，相对传输电流大，故线路压降增加，这种现象在直流供电线路中尤为明显，直流供电线路的最大压降可达到额定电压的 50%。为此，通常对直流电源采取电压补偿措施。

（4）供电指标高。由于导弹或运载火箭的控制系统、遥测系统、外测安全系统、动力地面测试系统和推进剂利用系统的精密仪器与电子设备对电源品质有严格的要求，故供电指标比一般民用供电系统高得多。

（5）供电可靠度高。由于供电范围小，输电线路短，电源有足够的容量，元器件大多为军品，运行稳定，自动化程度高，故供电可靠度比一般民用供电系统高。

（6）供电负荷基本不变。供电负荷与导弹或运载火箭的发射工艺流程和发射条件密切相关。发射工艺流程和发射条件不变，供电负荷也就基本不变。

（7）环境适应能力强。由于供电系统的使用地点往往具有恶劣的地理与气候环境，尤其是机动发射导弹武器系统还要面对很大的环境差异，故供电系统的环境适应能力比一般民用供电系统强得多。

供电系统的分类方法很多：按照机动性，可分为固定式和移动式供电系统；按照电源的输出特征，可分为交流电源和直流电源；按照电源的运输工具，可分为自行式电站、拖车电站、方舱电站和汽车自发电电站；按照电源的频率，可分为工频电站、中频电站和双频电站；按照原动机的类型，可分为汽油电站、柴油电站和燃气轮机电站；按照能源的来源，可分为变流型直流电源和电池。

固定式供电系统的电源、配电设备和变电设备等安装在专用的建筑物或设施中，主要用于固定发射导弹武器系统或航天器发射场。

移动式供电系统的电源、配电设备和变电设备等安装在汽车、履带车或拖车上，主要用于半固定或机动发射导弹武器系统。在某些导弹武器系统中，小型电源可直接安装在发射装置和制导站的车辆上。

自行式电站是指将柴油发电机或汽油发电机固定在汽车车厢内并通过电缆向负荷供电的供电系统。自行式电站的主要优点是：①功率大；②机动性能好；③由于可将控制间与动力间分开设置，故操作人员有较好的工作环境；④由于电站使用的燃料大多与汽车使用的汽油相同，故燃料充足，供应方便；⑤连续供电时间长。自行式电站的主要缺点是：①利用率较低，电站设备与车辆容易锈蚀和损坏；②维护费用较高；③大功率电站的电缆比较粗重，故展开与撤收时间较长。

拖车电站是指将柴油发电机或汽油发电机固定在半挂车或全挂车车厢内的供电系统。功率较小的电站采用半挂车，功率较大的电站采用全挂车。拖车电站不用配置专用牵引车，成本较低。拖车电站的主要缺点是机动性能较差。

方舱电站是指将原动机与发电机固定在方舱内，并可通过飞机和车辆等运输工具改变其使用地点的供电系统。方舱电站有非自卸式与自卸式之分。非自卸式方舱电站是指只有借助起重设备才能展开与撤收的电站，自卸式方舱电站是指具有机械或液压伸缩支腿的电站。方舱电站的主要优点是：①功率大；②方舱既能承受运输过程中的振动与冲击，也能承受电站运转过程中的振动；③在紧急情况下，具有比自行式电站更好的机动性能；④由于伸缩支腿具有支撑与调平作用，故自卸式方舱电站能在平整度较差的场地上使用。方舱电站的主要缺点是快速反应能力较差。

汽车自发电电站是指从汽车变速箱或分动箱获取动力并带动发电机发电的电站，其主要特点是：①功率较小；②设备比较简单；③电压和频率的稳定度与调速器有关。

工频电站是指电源频率为 50 Hz 或 60 Hz 的交流电站。在国民经济各部门中，工频电站得到广泛的应用；在航天发射技术中，工频电站主要用于发射设备、起重设备、装填设备、起竖设备、瞄准设备、加注系统、供气系统、工程施工、通信、照明、消防和雷达站等。

中频电站是指电源频率为 400 Hz 或 500 Hz 的交流电站。无线电设备、自动化设备、雷达和陀螺仪等大多采用中频电源。中频电站不仅自身的结构尺寸和质量小，而且能减小用电设备的结构尺寸与质量。

双频电站是指能同时发出 50 Hz 与 400 Hz 交流电的电站，双频电站既能满足电子设备的中频用电，也能满足地面设备的工频用电。双频电站的主要特点是：①原动机与发电机通常同轴；②两种频率的电源相序一致；③两台相同的双频发电机组既可以并车，也可以相互转移负载；④在有市电的情况下，双频电站可以产生中频电源。

汽油电站是指以汽油机作为原动机的电站，主要用于小容量的供电系统。

柴油电站是指以柴油机作为原动机的电站，导弹武器系统或运载火箭系统用得最多。

燃气轮机电站是指以燃气轮机作为原动机的电站，主要用于防空导弹武器系统。中小型燃气轮机电站的主要优点是：①体积小，质量轻；②低温启动性能好，启动后可随时接入全部负荷；③可使用多种燃料，对环境污染小；④不需要冷却水；⑤易实现自动运行；⑥可长时间空载运行；⑦维修性能好。中小型燃气轮机电站的主要缺点是：①在相同输出功率的情况下，燃气轮机电站的燃料消耗量约为柴油电站的 1.5 倍；②运行噪声大；③废气温度高；④使用寿命较短；⑤成本高。

变流型直流电源是指以工业网络电或交流电站为能源，变流后输出直流电的电源。

电池是一种将化学能转变成直流电的装置，它具有无运行噪声、使用方便、性能可靠和抗电磁脉冲能力强等优点，主要用于导弹武器系统或运载火箭系统。

机动发射导弹武器系统通常使用移动式专用工频电站，除向负荷提供工频电源外，还通过变电设备向负荷提供中频电源和直流电源。

地下井发射导弹武器系统通常使用工业网络电，并通过变电设备，向负荷提供中频电源和直流电源。为了提高供电可靠度，应设置备用工频电站，它可独立向负荷供电。

航天器发射场通常采用工业网络电，并设置备份电站，通过变电设备向负荷提供中频电源和直流电源。

虽然导弹武器系统与运载火箭系统不同，但供电系统初步方案论证的内容大同小异。这里主要介绍用电负荷、供电方式、装机容量与单机容量、交流电源和直流电源。

1. 对供电系统的基本要求

虽然对供电系统的技术要求随着负荷的种类而变化，但对供电系统的基本要求是基本不变的。对供电系统的基本要求是：

（1）满足负荷对电源种类的要求。在射前准备过程中，导弹或运载火箭及地面设备需要多种电源，每种电源均由专用设备提供。譬如，某种岸舰导弹发射车需要的工频电源与中频电源均由电源车经射前检查车提供；地面需要的直流电源由射前检查车上的整流设备提供；导弹需要的直流电源由变流机组提供。

（2）满足负荷对电源品质的要求。交流电源的电压稳定度与频率稳定度和直流电源的电压调整率、输出电压的脉动系数、动态性能及电压漂移等应符合各类负荷的用电指标。

（3）满足负荷的功率要求。各种电源的容量除应满足负荷的功率要求外，还应有一定的裕量，以满足故障和临时增加负荷的用电需要。

（4）满足使用环境条件的要求。供电系统在导弹武器系统或运载火箭系统规定的使用环境中应有良好的适应能力。

（5）满足可靠性与维修性要求。供电系统的平均故障间隔时间（MTBF）和平均修复时间（MTTR）应符合导弹武器系统的战术技术指标或运载火箭系统的经济技术指标。

（6）满足操作与安全要求。供电系统应操作方便，关键测试点或调整点设在面板上；关键项目有防误操作措施。供电系统应使用安全，对于可能危及操作人员安全的部位应有联锁、屏蔽、接地、自动控制和远控等措施；危险设备应有语音、灯光、色彩或符号等安全告警提示信息。

2. 用电负荷

用电负荷是用电设备消耗的功率，它与供电系统的电压与频率有关，通常将用电负荷随着电压与频率变化而变化的性质称为其电压与频率特性。用电负荷有Ⅰ类、Ⅱ类和Ⅲ类之分。Ⅰ类用电负荷主要是指控制系统、动力系统、遥测系统、外测安全系统和推进剂利用系统等用电设备，它们对电源品质和供电可靠性有很高的要求。Ⅱ类用电负荷主要是指地面设备系统的用电设备，虽然它们对电源品质的要求不是很高，但要求电源能够承受较大的过载冲击。Ⅲ类用电负荷主要是指通信系统、气象系统和技术勤务系统等用电设备，虽然它们对电源品质的要求不是很高，但要求电源有很高的使用可靠度。

在工业电力系统中，用电负荷的变化是随机的，很难准确预测用电负荷的变化，而在导弹武器系统或运载火箭系统中，用电负荷的变化却有规律，这种变化规律通常用负荷曲线表示。单项负荷曲线表示单项负荷随时间或发射工艺流程变化的情况。由于导弹武器系统或运载火箭系统的用电负荷往往集中在少数设备上，加之这些设备的单项负荷曲线又有很大的差别，故应将各单项负荷曲线叠加起来，这样就得到供电系统的综合负荷曲线。

3. 供电方式

供电方式是一次电源向用电负荷分配电能的方法与式样。通常根据导弹发射阵地或航天器发射场的范围及用电设备的平面布局确定供电方式。常见的供电方式有 3 种，即集中供电、分散供电和混合供电。

集中供电是指通过一个或几个并联的电站向全部用电设备供电。集中供电可以减少电站的备份容量，可以提高供电可靠度，可以提高电源利用率。集中供电通常用于固定发射导弹武器系统、机动发射导弹武器系统或航天器发射场。

分散供电是指通过几个独立的电站分别向对应的独立用电单元供电。分散供电可以减少传输电缆的长度，即可以减少线路压降与功率损耗，电站的电压调节无须补偿就能满足用电单元的恒压要求。分散供电主要用于机动发射导弹武器系统。

混合供电是集中供电与分散供电相结合的供电方式，它具有集中供电与分散供电的优点。混合供电通常只用于导弹武器系统，当系统中的某个用电设备对电源品质有很高的要求且集中供电又无法满足时，则应为这种用电设备单独配置精密电源。

4. 装机容量与单机容量

装机容量是一次电源的总容量，它既要满足综合负荷曲线中最大用电负荷的需要，同时也要考虑临时增加的用电量。由于大型导弹或运载火箭的发射间隔时间较长，故通常不考虑因电站维修而增加的装机容量。供电容量可用式（6–46）计算：

$$S_{SY} = S_{LD}(1+\alpha) + \Delta S \tag{6-46}$$

式中　　S_{LD}——综合负荷曲线中的最大用电负荷，kV·A；

　　　　α——备用系数，通常取 0.05～0.10；

　　　　ΔS——输电线路的功率损耗，kV·A。

为了提高供电可靠度，供电系统应有备用电站，其容量应与供电系统中的单机容量相同，单机容量是指单台机组产生的一次电源的容量。装机容量可用式（6–47）计算：

$$S_S = nS_D \tag{6-47}$$

式中　　n——装机台数；

　　　　S_D——单机容量，kV·A；

单机容量可用式（6–48）计算：

$$S_D = \frac{S_{SY}}{n-1} \tag{6-48}$$

从式（6–48）可以看出，单机容量越小，装机台数越多；装机台数增加，备用电站对供电可靠度的影响随之下降；单机容量越大，备用电站的容量也越大，从而降低设备的利用率。

5. 交流电源

导弹武器系统或运载火箭系统使用的交流电主要来自工业网络电和交流电站。这里主要介绍对交流电站的技术要求及常见交流电站的特点。

1）对交流电站的技术要求。

对交流电站的技术要求主要包括一般电气性能要求与结构要求。

对交流电站的一般电气性能要求是：

（1）在额定负荷下，应能正常连续运行 12 h，其中包括过载 10% 运行 1 h；若连续运行 12 h，则电站的输出功率不应小于额定功率的 90%。

（2）在三相不平衡负荷下，应能可靠地运行；当承受三相平衡负荷的电站的任一相增加 25% 的额定相功率阻性负荷后，电站仍能正常运行，且线电压的最大值或最小值与三相电压平均值之差不应超过三相线电压平均值的 5%。

（3）供电电压与频率的品质指标应符合国家军用标准的规定。各类电站的供电电压与频率的品质指标见表 6-6。

表 6-6　各类电站的供电电压与频率的品质指标

原动机类别		电　压				频　率			
		稳态调整率/%	瞬态调整率/%	稳定时间/s	波动率/%	稳态调整率/%	瞬态调整率/%	稳定时间/s	波动率/%
I	柴油机	±1	±15	0.5	0.3	0.5	±3	2.0	0.25
	汽油机					1.0	±5	2.0	0.5
II	柴油机	±1	±20	0.5	0.5	1.0	±5	3.0	0.5
	汽油机					2.0	±10	3.0	0.75
III	柴油机	±3	±20	1.0	0.5	3.0	±7	5.0	1.0
	汽油机					4.0	±15	5.0	1.0
IV	柴油机	±3	—	3.0	1.0	5.0	±10	7.0	1.0
	汽油机					6.0	—	7.0	1.5

（4）在额定负荷下运行时，从冷态到热态的电压变化不应超过额定电压的 ±2%。

（5）空载电压的整定范围应为额定电压的 95%～105%。

（6）空载时，应能直接启动表 6-7 中规定的空载四级鼠笼型三相异步电动机。

表 6-7　电站直接启动电动机的能力

序号	电站的额定功率 P_F/kW	电动机的额定功率 P_0/kW
1	不大于 40	$0.7P_F$
2	50，64，75	30
3	90，120	55
4	150，200	75

（7）空载时，额定线电压波形正弦畸变率不应大于 10%。

（8）在额定功率因数及负荷在 20%～100% 额定功率范围内变动时，两台同型号电站既可并联稳定运行，又可相互平稳转移负荷的有功功率与无功功率，必要时还可使任一台电站脱离或并入电网运行。

（9）既应具有防止动力系统超速、冷却液过热、机油过热和油压过低等保护措施，也应具有防止电气系统过电压、欠电压、过频、短路和过载等保护措施。

（10）电站的绝缘电阻不应低于表 6-8 的规定值。

表 6-8 电站的绝缘电阻规定值

项 目	部 位	条 件	绝缘电阻/MΩ
冷态绝缘电阻	电站各独立电气回路与地及回路间	环境温度为 15 ℃~35 ℃,空气相对湿度为 45%~75%	2
		环境温度为 25 ℃,空气相对湿度为 95%	$\dfrac{U_{H}}{1\,000}$ ①
热态绝缘电阻	电站各独立电气回路与地及回路间	热态	0.5

注:① $\dfrac{U_{H}}{1\,000}$ <0.33 MΩ时,则取 0.33 MΩ,U_{H} 为电站的额定电压。

（11）当电站各独立电气回路与地及回路间承受频率为 50 Hz、波形为实际正弦波的交流电压并历时 1 min 时,应无击穿或闪络现象。电站的耐压试验要求见表 6-9。

表 6-9 电站的耐压试验要求

回路额定电压/V	试验电压/V
100~400	（1 000+2 倍额定电压）×0.8,最低为 1 200
低于 100	750

（12）应能本机或遥控接电、断电及调整电压与频率。

对交流电站的一般结构要求是:

（1）电站的外形尺寸和结构质量应满足公路、铁路、空运及海运要求。

（2）应能适应导弹武器系统或运载火箭系统规定的振动与冲击环境。

（3）电站正常运行时的振幅不应大于 0.5 mm。

（4）电站的运行噪声不应大于表 6-10 的规定值。

表 6-10 电站的运行噪声规定值

电站型式		噪声允许值/dB	测 点	
			距离	高度
汽车电站和箱式挂车电站	隔室操作	96	距控制屏正面中心 0.5 m	距地面 1 m
	非隔室操作	105	若控制屏在机组上,则取距控制屏正面中心可能的最远距离;若控制屏位于地面,则取距发电机端可能的最远距离	距地面 1 m
罩式挂车电站		102	距电站两侧和发电机后端 1 m	距地面 1.65 m
发电机组		102	距机组两侧和发电机后端 1 m	距地面 1 m

（5）应有抑制无线电干扰的措施，电站的端子干扰电压不应大于表6-11的规定值，辐射干扰场强不应大于表6-12的规定值。

表6-11 电站的端子干扰电压规定值

频率/MHz	端子干扰电压		频率/MHz	端子干扰电压	
	/μV	/dB		/μV	/dB
0.15	3 000	69.5	1.5	680	56.7
0.25	1 800	65.1	2.5	550	54.8
0.35	1 400	62.9	3.5	420	54
0.6	920	59	5	400	52
0.8	830	58	10	400	52
1	770	58	30	400	52

表6-12 电站的辐射干扰场强规定值

频段/MHz	0.15～0.5	大于0.5～2.5	大于2.5～20	大于20～300
干扰/（μV·m^{-1}）	100	50	20	50
场强/dB	40	34	20	34

（6）在规定的使用环境条件下，电站应有良好的启动性能。

（7）在倾斜状态下运行时，电站不应纵向或横向倾覆，柴油电站的倾斜角度不大于15°，汽油电站的倾斜角度不大于10°。

2）常见交流电站的特点。

（1）有刷励磁同步发电机。

按照交流发电机的基本结构，有刷励磁同步发电机可分为旋转电枢式和旋转磁场式。

旋转电枢式有刷励磁同步发电机的滑动接触部分容易产生火花与电弧烧蚀，通常用于小容量、低电压及无易燃易爆气体的场合。

旋转磁场式有刷励磁同步发电机的电枢绕组电流可以不经过滑环与电刷，绝缘强度和机械强度较高，运行安全可靠，通常用于容量较大及低电压的场合。

虽然旋转磁场式的结构比旋转电枢式好，但仍不能完全避免在滑动接触部分产生火花与电弧烧蚀；火花是重要的电磁干扰源，影响其他电子设备的使用性能。

（2）无刷励磁同步发电机。

与有刷励磁同步发电机相比，无刷励磁同步发电机具有明显的优点，由于取消了滑动接触部分，不仅维护简单，使用可靠性高，可长期连续运行，而且不会产生电火花，减少了对其他电子设备的干扰，容易实现并联运行。无刷励磁同步发电机的主要缺点是动态特性较差，轴向尺寸与结构质量较大。为了改善动态特性，应利用电压自动调节系统使发电机输出恒定端电压，使用电设备在额定电压允许的范围内正常运行。

由于导弹武器系统或运载火箭系统中的无线电设备和电子线路对无线电干扰极为敏感，对供电可靠性要求很高，故供电系统大都采用无刷励磁同步发电机。

（3）双频发电机。

为了满足导弹武器系统或运载火箭系统同时需要工频电源和中频电源的要求，通常有两种方案可供选择：一种方案是利用工频发电机组与变频设备得到两种频率的电能，另一种方案是利用双频发电机组得到两种频率的电能。前一种方案的主要缺点是配套设备多，设备结构尺寸大，效率低。与前一种方案相比，后一种方案具有明显的优点。

双频发电机的主要优点是：

①体积与结构质量小，在相同容量的情况下，双频发电机的体积约为工频发电机和变频机组的1/2，结构质量约为工频发电机和变频机组的2/3。

②在有工业网络电时，双频发电机具有单枢变频功能，无须启动原动机即可获得双频电能，这既方便使用，又节省油料，还可延长机组的使用寿命。

③由于可在一定范围内任意调整双频发电机输出的工频电容量与中频电容量的比例，故提高机组的使用灵活度。

④与工频发电机和变频机组相比，双频发电机的效率大约提高10%。

6. 直流电源

导弹武器系统或运载火箭系统使用的直流电主要来自旋转机械式直流电源或静止式直流电源。旋转机械式直流电源是指利用异步电动机带动直流发电机产生直流电的电源。静止式直流电源是指利用整流器将工频交流电变成直流电的电源。

由于直流电源的负荷是各种精密仪器或设备，故对直流电源的品质有很高的要求；进入导弹或运载火箭的发射程序后，由于直流电源的连续运行时间较长，为了不影响导弹或运载火箭的准时发射，故对直流电源的供电品质稳定性和使用可靠性也有很高的要求。这里主要介绍控制系统对直流电源的性能要求和常见直流电源的特点。

1）对直流电源的性能要求。

导弹或运载火箭控制系统对直流电源的性能要求主要是：

（1）直流电源的输出端电压应满足负荷对额定电压的要求。各种控制系统负荷的额定电压一般为27 V±3 V，由于负荷与直流电源的距离较大，加之传输电流大，故输电设备的压降通常可达几伏至十几伏。为了补偿输电设备上的压降，使负荷的端电压保持稳定，直流电源的输出端电压应随着负荷电流的变化而变化。直流电源需要补偿的电压可用式（6－49）计算：

$$\Delta U_{\mathrm{L}} = IR_{\mathrm{L}} \tag{6－49}$$

式中　I——负荷电流，A；

　　　R_{L}——输电设备的直流电阻，Ω。

　　若直流电源的空载额定电压为 U_0，则直流电源输出端电压的整定范围应为 U_0（100%－5%）至（$\Delta U_{\mathrm{LMax}} + U_0$）（100%+5%），可以看出，控制系统使用的直流电源电压整定范围比一般的直流电源大。

　　（2）直流电源的电压调整率应满足负荷对额定电压的要求。为了满足负荷对额定电压的要求，通常使用电压调节器调节直流电源的输出端电压。直流电源的静态电压调整率一般为额定值的±3%，随着航天技术的发展，负荷对直流电源电压调整率的要求会越来越高，目前，大多数直流电源的电压调整率都已达到额定值的±1%，最高可达额定值的±0.5%。

　　（3）直流电源输出端电压的脉动应满足负荷对额定电压的要求。脉动是直流电源输出端电压中的交流分量，通常将脉动的基波有效值与直流分量的比值称为输出端电压的脉动系数。为了使负荷的端电压保持稳定，直流电源的脉动系数一般不能超过 1%。随着微电子技术的发展，有些负荷要求直流电源的脉动系数不能超过 0.3%。

　　（4）直流电源的动态性能应满足负荷对额定电压的要求。动态性能表示直流电源输出端电压波动与恢复的过渡过程，它是由负荷的突加、突减或交流输入电压的突变等引起的。输出端电压波动的过渡过程可用输出端电压偏离额定电压的幅值与额定电压值的百分比来衡量，满足负荷要求的输出端电压波动一般为15%左右。输出端电压恢复的过程用时间表示，它是从输出端电压偏离开始至恢复到电压稳态调整率范围内为止的电压稳定时间，满足负荷要求的电压稳定时间应小于 2 s。目前，导弹武器系统或运载火箭系统使用的直流电源的电压稳定时间大多为 1 s 左右。

　　（5）直流电源的电压漂移应满足负荷对额定电压的要求。电压漂移表示直流电源输出电压的变化，它包括温漂和时漂。温漂是指使用期间因环境温度变化引起的直流电源输出端电压的变化。时漂是指使用期间因电源自身发热引起的输出端电压的变化。满足负荷使用要求的电压漂移幅值与额定电压值之比通常不能超过 1%。为了减少直流电源的电压漂移，应设置温度补偿电路。

　　（6）直流电源的使用可靠性应满足负荷对额定电压的要求。直流电源的使用可靠性应满足导弹或运载火箭的射前准备和发射需要。直流电源的设计可靠度一般为 0.998（置信度为 0.8），直流电源的连续无故障运行时间约为 750 h。

　　2）常见直流电源的特点。

　　（1）异步电动机-直流发电机组。异步电动机-直流发电机组的主要优点是：①功率较大；②运行可靠；③使用寿命长；④控制简单。这种直流电源的主要缺点是：①体积大；②运行噪声大；③效率低；④响应速度慢；⑤动态性能差；⑥电磁干扰强；⑦维护性能差。

（2）自饱和电抗器调压直流电源。自饱和电抗器调压直流电源的效率为 70%～80%。这种直流电源的主要优点是：①运行噪声小；②振动小；③运行可靠；④维护方便。这种直流电源的主要缺点是输出电压的脉动较大。

（3）可控硅整流直流电源。可控硅整流直流电源的静态电压调整率小于 1%；负载突变引起的过渡过程时间约为 1 s；加减 100%额定负荷时电压的瞬变幅值（超调量）约为额定电压的 30%。这种直流电源的主要优点是：①体积小，质量轻；②反应速度快；③调节方便。这种直流电源的主要缺点是：①功率因数较低；②输出电压脉动大；③对电网有干扰。

（4）电池。电池的主要优点是：①无噪声；②使用方便；③性能可靠；④不受能源限制；⑤抗电磁脉冲干扰能力强。

6.4.5.9 空调净化系统

空调净化系统用于向航天器整流罩输送具有一定温度、相对湿度和洁净度的空气，以满足航天器对射前环境的要求。空气由空调净化系统处理后，从整流罩空调口进入，通过扩散比较均匀地流过航天器表面，最后由整流罩排气口排出。

1. 对空调净化系统的基本要求

虽然对空调净化系统的技术要求与航天器的种类和发射场的环境等有密切的关系，但对空调净化系统的基本要求是相同的。对空调净化系统的基本要求是：

（1）整流罩内的空气温度、相对湿度和洁净度应满足航天器的要求。整流罩内空气温度一般为 15 ℃～25 ℃，在选择的名义温度下，温度误差不应超过±2 ℃。整流罩内空气相对湿度通常为 35%～55%。整流罩内空气洁净度分为四级，即一百级、一千级、一万级和十万级。一百级洁净度的空气最干净，每立方米空气中大于 0.5 μm 的尘粒不超过 35×100，每小时整流罩内换气 300～500 次；十万级洁净度的空气用得最多，每立方米空气中大于 0.5 μm 的尘粒不超过 35×100 000，每小时整流罩内换气 10～20 次。

（2）航天器表面的空气流动速度应满足航天器的要求。空气流动速度主要与航天器的结构尺寸和表面形状等有关，一般不超过 1 m/s。

（3）整流罩的进气量应满足航天器的要求。进气量取决于整流罩与航天器的间隙、空调口及排气口的尺寸等。进气量一般为每分钟数十千克。

（4）整流罩的进气噪声应满足操作要求。进气噪声主要与空调口的尺寸和空气流动速度有关，一般不超过 80 dB。

（5）自整流罩与运载火箭对接至射前几分钟，空调净化系统的环境监测设备能够连续、准确地测量整流罩内的空气温度、相对湿度、流动速度和噪声，当环境参数不能满足航天器要求时，应能发出声、光等报警信号。

（6）空调连接器和空调管路应有良好的密封性能。

（7）空调连接器应在规定的程序时间内可靠地脱落。

2. 空调净化系统的初步方案

空调净化系统通常由制冷压缩机组、热交换器、过滤器、送风机、控制设备、环境检测设备、空调管路和空调连接器等组成。若将空调净化系统装车，则还要增设发电机组，这就是常见的空调净化车，它既可用于发射场地，也可用于航天器从技术中心至发射场地的转运过程。

运载火箭系统常用的空调净化系统有 3 种，即直流式、全部回风式和部分回风式空调净化系统。

直流式空调净化系统全部利用整流罩外部的新鲜空气送风，而将整流罩内温度、相对湿度及洁净度均接近于航天器要求的空气全部排出。由于处理新鲜空气需要的冷（热）量很大，故这种空调净化系统的容量与体积均较大。直流式空调净化系统一般安装在发射工位的建（构）筑物内，不宜装车使用。

全部回风式空调净化系统处理的空气全部来自整流罩内部，由于不产生呼吸与尘埃，故无须从整流罩外部补充新鲜空气；由于处理再循环空气需要的冷（热）量最小，故全部回风式空调净化系统的容量与体积均较小，适用于装车使用。这种空调净化系统对整流罩的密封性能要求很高，会给整流罩分离面的密封设计带来一定的困难。

部分回风式空调净化系统的送风中有一小部分来自整流罩外部的新鲜空气，而送风中的大部分则是利用回风。这种空调净化系统的主要优点是效费比高，适于装车，整流罩分离面的密封问题比较容易解决。

各种空调净化系统常用的空气净化设备有初效、中效和高效空气过滤器。初效空气过滤器能够滤掉空气中直径大于 10 μm 的固体颗粒。中效空气过滤器能够滤掉空气中直径为 1～10 μm 的固体颗粒。高效空气过滤器能够滤掉空气中直径小于 1 μm 的固体颗粒。初效与中效空气过滤器可作为高指标空调净化系统的预过滤器，并可保护高效空气过滤器。高效空气过滤器通常作为超高指标空调净化系统的终端空气过滤装置。

6.5　总体方案设计

总体方案设计是总体设计的重要内容，通常根据导弹或运载火箭对地面设备系统的设计技术要求、导弹武器系统或运载火箭系统对地面设备系统的使用要求和地面设备系统的总体方案论证报告等进行地面设备系统的总体方案设计。地面设备系统总体方案设计的内容主要包括总体参数分析、总体布局设计、总体协调设计和可靠性设计等。

6.5.1 总体参数分析

总体参数是指表征地面设备系统总体特性的如总质量、外形尺寸、发射准备时间、瞄准时间、加注时间、起竖时间、装填时间、展开与撤收时间和机动性等性能或功能数据。总体参数是进行分系统或设备工程设计的主要依据，对分系统或设备的总体方案有决定性影响。

固定地面自动力发射液体弹道导弹地面设备系统的总体参数主要包括：①发射准备时间；②推进剂总贮量、加注时间及加注精度等；③气体总贮量及供气品质等；④瞄准时间、瞄准精度及射向变换范围等；⑤发射台的结构参数、垂直度调整精度及方位回转精度等；⑥运输设备的装载质量、动力性能及通过性能等；⑦电源总容量及供电品质指标等；⑧起重设备的起重量、起升高度及工作速度等。

公路机动自动力发射液体弹道导弹地面设备系统的总体参数主要包括：①发射准备时间；②展开与撤收时间；③起竖车的结构参数；④起竖时间；⑤推进剂槽车容量、推进剂加注时间及加注精度等；⑥气源车容量、贮气压力及供气品质等；⑦发射台的结构参数、垂直度调整精度及方位回转精度等；⑧瞄准时间、瞄准精度及射向变换范围等；⑨电源车容量及供电品质指标等；⑩车辆的动力性能及机动性能等。

公路机动外动力发射固体弹道导弹地面设备系统的总体参数包括：①发射准备时间；②展开与撤收时间；③起竖时间；④装填时间；⑤发射筒的结构参数；⑥发射车的结构参数；⑦发射车的动力性能及机动性能等；⑧弹射动力装置的结构参数及内弹道参数；⑨瞄准时间、瞄准精度及射向变换范围等；⑩电源车的容量及供电品质指标等；⑪空调参数等。

地下井自动力发射液体弹道导弹地面设备系统的总体参数主要包括：①发射准备时间；②装填时间或起竖时间；③推进剂总贮量、加注时间及加注精度等；④气体总贮量及供气品质等；⑤瞄准时间、瞄准精度及射向变换范围等；⑥发射台的结构参数、垂直度调整精度及方位回转精度等；⑦电源总容量及供电品质指标等；⑧起重设备的起重量及工作速度等；⑨抗核减震装置的结构参数及状态转换时间等；⑩井盖开启时间等。

铁路机动外动力发射固体弹道导弹地面设备系统的总体参数主要包括：①发射准备时间；②展开与撤收时间；③调平时间；④起竖时间；⑤装填时间；⑥发射筒的结构参数；⑦发射车的结构参数；⑧发射车的机动性能；⑨弹射动力装置的结构参数及内弹道参数；⑩瞄准时间、瞄准精度及射向变换范围等；⑪电源总容量及供电品质指标等；⑫发射列车的编组长度；⑬空调参数等。

大型运载火箭地面设备系统的总体参数主要包括：①发射准备时间；②推进剂总贮量、加注时间及加注精度等；③气体总贮量、气源设备生产能力、贮气压力及供气品质等；④瞄准时间、瞄准精度及射向变换范围等；⑤发射台的结构参数、垂直度调整精度及方位回转精度等；⑥铁路运输设备的性能参数；⑦公路运输设备的性能参数；⑧电源容量及供电品质指标等；⑨活动勤务塔的性能参数；⑩固定脐带塔的性能参数；⑪起重设备的性能参数；⑫防雷设备的性能参数；⑬消防设备的性能参数；⑭空调通风系统的性能参数；⑮发射台中心至固定脐带塔前缘的距离等。

公路机动防空导弹发射装置的总体参数主要包括：①发射装置的作战准备时间；②发射装置的结构参数；③发射装置的方位射角和高低射角；④发射装置的瞄准速度、瞄准加速度及瞄准精度等；⑤发射装置的调平精度及调平范围；⑥发射装置的展开与撤收时间；⑦导弹装填时间；⑧导流器结构参数；⑨电源车容量及供电品质指标等；⑩与发射装置配套使用的发射车、雷达车、运输装填车、电源车和充气车等的机动性参数。

公路机动飞航导弹贮运箱式发射装置的总体参数主要包括：①发射装置的结构参数；②贮运箱的结构尺寸；③导弹的滑离速度、角度及角速度；④瞄准机构的最大跟踪角速度及瞄准精度；⑤液压传动装置的性能参数；⑥导流器的结构参数；⑦运载体机动性能参数；⑧方位角随动系统的性能参数；⑨电源容量及供电品质指标等；⑩调平时间及调平精度；⑪导弹装填时间；⑫定位精度及定向精度等。

虽然导弹地面设备系统的总体参数与运载火箭地面设备系统不同，但它们的总体参数分析都必须遵循下面的原则。

（1）应正确选择和确定总体参数。通常根据导弹武器系统的战术技术指标或运载火箭系统的经济技术指标选择和确定地面设备系统的总体参数；凡直接或间接影响导弹武器系统或运载火箭系统性能并表征地面设备系统功能或性能的定量数据均可纳入总体参数分析的范畴。

（2）总体参数分析应突出重点。通常根据地面设备系统总体方案论证报告重点分析那些直接影响导弹或运载火箭发射成败及地面设备系统总体性能的总体参数。譬如，对于公路机动发射导弹地面设备系统，分析的重点是发射准备时间和车辆的机动性能；对于地下井发射导弹地面设备系统，分析的重点是快速反应时间、伪装防护性能和抗核加固水平；对于公路机动防空导弹或飞航导弹发射装置，分析的重点是作战准备时间、发射精度、射击循环时间和车辆机动性能等。

6.5.2　总体布局设计

总体布局设计是指在总体参数分析的基础上，确定阵地配置、建设要求、地面设备系统使用工艺流程和分系统或设备的配套等。导弹或运载火箭对地面设备系统的设计技术要求是总体布局设计的基本依据。导弹或运载火箭的发射方式对地面设备系统的总体布局有直接影响。这里简要介绍公路机动发射、铁路机动发射、潜艇水下机动发射及地下井发射地面设备系统总体布局设计。

6.5.2.1 公路机动发射导弹地面设备系统总体布局设计

1. 阵地配置

公路机动发射导弹地面设备系统的阵地配置通常有两种，即两级阵地配置和三级阵地配置。两级阵地配置是指由基地转运站支持的技术阵地和发射阵地的组合。三级阵地配置是指由基地转运站支持的技术阵地、发射阵地和待机阵地的组合。

技术阵地是地面设备系统完成导弹转载、测试、维护和贮存等技术准备工作的场所。发射阵地是地面设备系统完成导弹发射准备及发射工作的场所。待机阵地是技术准备好的导弹进入发射阵地前的隐蔽待机场所。

对于公路机动发射导弹武器系统，地面设备系统的总体布局既可以采用两级阵地配置，也可以采用三级阵地配置；三级阵地配置既可以是一个技术阵地、一个发射阵地和多个待机阵地的组合，也可以是一个技术阵地、多个发射阵地和多个待机阵地的组合。

对于公路机动发射导弹武器系统，各种阵地的配置数量、阵地间的距离和公路等级等通常与导弹的发射方式、阵地地形和导弹武器系统的战术技术指标等有密切的关系。

2. 阵地建设要求

1）技术阵地的建设要求。

固定技术阵地的建设要求通常包括：

（1）应有弹体转载间、弹体测试间、单元测试间、发动机测试间、火工品测试间、弹头测试间、气源间、电源间和消防间等。

（2）技术阵地的位置及建筑布局应满足导弹技术准备、伪装和安全要求。

（3）各设备间的尺寸、地面、环境条件和设备配置等应满足导弹的技术准备要求。

2）发射阵地的建设要求。

定点发射阵地的建设要求通常包括：

（1）发射阵地的位置、地形与地物等应有利于导弹武器系统的伪装防护。

（2）发射阵地的面积应便于地面设备的展开与撤收。

（3）发射阵地应视野开阔，尽量缩小发射装置的发射禁区。

（4）发射阵地的数量应与发射阵地和待机阵地的数量相匹配。

（5）发射阵地应有便于车辆进出的道路。

（6）发射场坪应有规定的抗压强度与水平度。

（7）发射场坪应有预先标定的发射点与瞄准点。

（8）应根据导弹射向、射向变换范围、瞄准距离、安全要求、电缆压降和车辆进出要求等确定发射阵地的平面布局。

3）待机阵地的建设要求。

待机阵地的建设要求通常包括：

（1）待机阵地的位置、地形与地物等应有利于导弹武器系统的伪装防护。

（2）待机阵地与发射阵地的距离应有利于提高导弹武器系统的快速反应能力。

（3）待机阵地的数量应与发射阵地和技术阵地的数量相匹配。

（4）待机阵地应有便于车辆进出的道路。

（5）待机阵地内的设备与设施应满足待机期间导弹武器系统的定期检查与维护要求。

（6）应尽量减少待机阵地内的固定设备与设施。

3. 地面设备系统使用工艺流程

通常根据导弹武器系统的作战使用要求和阵地配置确定导弹发射工艺流程，再根据导弹的发射工艺流程确定地面设备系统的使用工艺流程。采用不同发射方式的同一种导弹与采用相同发射方式的不同导弹，都有不同的发射工艺流程与地面设备系统使用工艺流程。确定地面设备系统使用工艺流程的基本原则是：①提高地面设备的利用率；②缩短导弹的发射准备时间；③减少地面设备配套数量。典型公路机动发射液体弹道导弹地面设备系统使用工艺流程如图6-40所示。从图中可以看出，导弹、弹头及地面设备出厂后，通过运输设备到达技术阵地、发射阵地和待机阵地，并在那里由地面设备系统按照导弹发射工艺流程完成导弹的各种射前准备工作。

4. 分系统或设备的配套

通常根据地面设备系统使用工艺流程确定分系统或设备的初步配套项目和数量。进行分系统或设备配套的基本原则是：

（1）应根据同时进行技术准备的导弹数量确定技术阵地分系统或设备的配套项目与数量。

（2）应根据发射工艺流程、发射可靠性和地面设备使用可靠性确定发射阵地分系统或设备的配套项目与数量。

（3）应尽量减少发射阵地内机动地面设备的数量，以提高导弹武器系统的快速反应能力和机动能力。

（4）在待机阵地上，仅配置必需的机动地面设备，以完成导弹的定期测试和地面设备的定期维护。

（5）在满足导弹射前准备和使用要求的条件下，应尽量在技术阵地、发射阵地和待机阵地配置通用或标准设备。

典型公路机动发射液体弹道导弹地面设备系统发射阵地总体布局如图6-41所示。从图中可以看出，这种定点发射阵地位于狭长的山谷中，以发射台为中心进行总体布局，其他地面设备呈辐射状分布在发射台的周围。

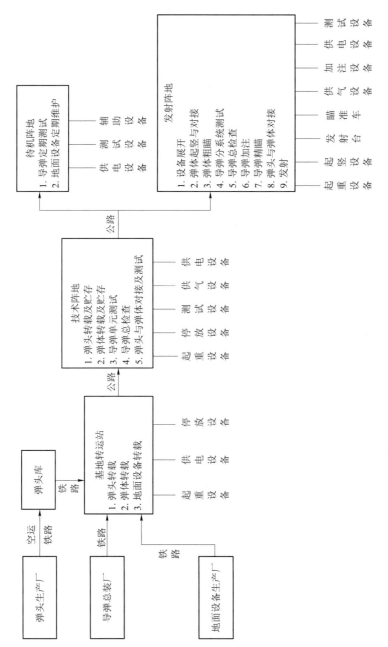

图 6-40 典型公路机动发射液体弹道导弹地面设备系统使用工艺流程

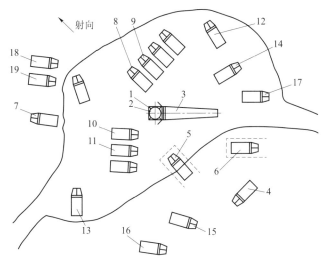

图 6 – 41   典型公路机动发射液体弹道导弹地面设备系统发射阵地总体布局

1—发射台;2—导弹;3—起竖车;4—瞄准车;5—变流车;6—电源车;7—气瓶车;8—氧化剂泵车;

9—氧化剂公路槽车;10—燃料泵车;11—燃料公路槽车;12—氧化剂备附件车;13—燃料备附件车;

14—消防车;15—电缆车;16—发控车;17—避雷车;18—工作台;19—发射台运输车

6.5.2.2   铁路机动发射导弹地面设备系统总体布局设计

1. 阵地配置

铁路机动发射导弹地面设备系统的阵地配置大多采用由基地转运站支持的一个技术阵地、多个发射阵地和多个待机阵地的组合。技术阵地通常位于隐蔽的洞库或铁路隧道中。发射阵地通常位于铁路发射列车机动范围内的支线、岔线、分线隧道口或待机阵地的洞口等。待机阵地通常位于铁路发射列车机动范围内的铁路隧道、岔线掩体或车库等。发射阵地或待机阵地的数量与导弹武器系统的战术技术指标及作战使用要求有关。

2. 阵地建设要求

技术阵地、发射阵地和待机阵地均应有一定长度的铁路直线段,以方便铁路发射列车停驻;在发射阵地,应以发射点为中心构建有一定面积的承力地基,它既可以是固定的水泥基座,也可以是临时铺设的钢结构基座;若采用垂直瞄准,还应设瞄准场坪,并配置瞄准点和基准点,瞄准场坪与基准点位于铁轨外的同一侧,以避免遮挡瞄准光路;在待机阵地,可根据作战使用要求设置发射场坪,以便在紧急情况下直接发射导弹。

3. 地面设备系统使用工艺流程

与公路机动发射导弹地面设备系统一样,铁路机动发射导弹地面设备系统也是根据导弹的发射工艺流程确定地面设备系统使用工艺流程。从转运站至技术阵地,铁路机动发射导弹地面设备系统使用工艺流程与公路机动发射基本相同。从技术阵地至发射阵地或待机阵地,铁路发射列车可在机动过程中进行发射准备,到达发射阵地后,或将发射台放到发射场坪的基座上,然后起竖导弹与发射台对接,自动力发射导弹,或起竖带弹发射筒，外动力发射导弹。

4. 分系统或设备的配套

铁路机动发射所需配套的地面设备分系统或设备的类型与公路机动发射基本相同，只是设备的具体结构有各种差异。

典型铁路机动发射导弹地面设备系统发射阵地总体布局如图 6-42 所示。

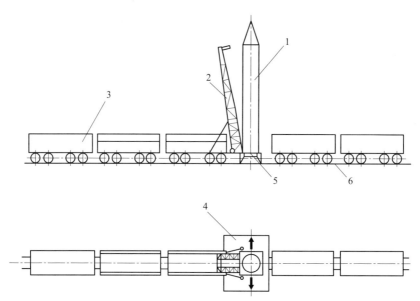

图 6-42 典型铁路机动发射导弹地面设备系统发射阵地总体布局

1—导弹；2—起竖设备；3—车厢（多节）；4—承力地基；5—发射台；6—铁轨

6.5.2.3 潜艇水下机动发射导弹地面设备系统总体布局设计

潜艇水下机动发射导弹地面设备系统的阵地配置大多采用由基地转运站支持的技术阵地、装填阵地和发射潜艇的组合。技术阵地通常位于隐蔽的洞库中，主要由弹头库、弹体库、测试间、气源间和电源间等组成。装填阵地通常位于港口的专用码头，距技术阵地较近，并通过公路与技术阵地连接。发射潜艇起发射阵地的作用。

从转运站至技术阵地，地面设备系统使用工艺流程与公路机动发射基本相同；技术准备好的导弹不是直接运往发射潜艇，而是先运到装填阵地；在装填阵地，将导弹装入发射筒。

与公路机动发射一样，潜艇水下机动发射也是根据地面设备系统的使用工艺流程确定分系统或设备的配套。技术阵地的配套与公路机动发射基本相同，由于技术阵地为隐蔽的洞库，故固定分系统或设备较多。装填阵地主要配置垂直装填设备。发射潜艇主要配置发射、瞄准、测试、供电、供气和发控等分系统或设备。

6.5.2.4　地下井发射导弹地面设备系统总体布局设计

1. 阵地配置

地下井发射导弹地面设备系统的阵地配置大多采用由基地转运站支持的多个地下井组合，地下井就是通常所说的发射阵地与技术阵地的组合。严格地说，地面设备系统总体布局是导弹武器系统总体布局的重要内容。导弹武器系统总体布局包括基地布局和井区布局。基地布局是指根据国家战略方针和导弹武器系统的战术技术指标等确定的基地位置、分布及数量。井区布局是根据导弹武器系统的战术技术指标、作战使用要求和地形等确定的地下井位置、分布及数量。

2. 建设要求及地下井的主要结构尺寸

井口装填使用的井口场坪的面积通常根据装填方式和装填设备的尺寸确定。井盖的结构尺寸通常根据地下井的抗力和井筒直径等确定。内井筒的结构尺寸通常根据导弹的结构尺寸、起飞漂移量、燃气流引射效应、发射设备的结构尺寸、抗核减震装置的结构尺寸及测试要求等确定。外井筒和水平坑道的结构尺寸通常根据地面设备的布局和使用要求等确定。

3. 地面设备系统使用工艺流程

与公路机动发射一样，地下井发射也是根据导弹的发射工艺流程确定地面设备系统的使用工艺流程。从转运站至地下井，虽然使用工艺流程与其他发射方式有很多相同或相似之处，但由于地下井内的导弹可长期处于垂直待发状态，故使用工艺流程就要适应这种特殊情况。应当指出，井口装填、井口发射或井口装填、井内发射导弹地面设备系统使用工艺流程与井下起竖、井内发射导弹地面设备系统使用工艺流程有很大的差别。

4. 分系统或设备的配套

与公路机动发射一样，地下井发射也是根据地面设备系统的使用工艺流程确定分系统或设备的配套。确定分系统或设备配套的基本原则是：

（1）在满足使用要求的条件下，通过减少分系统或设备的配套数量，减少井筒及水平坑道的结构尺寸，提高地下井抗力。

（2）应尽量减少井外设备的数量及操作时间，提高地下井的伪装防护能力。

（3）应有利于提高单口地下井的独立作战能力和多口地下井的协同作战能力。

（4）应尽量采用通用或标准设备。

6.5.3　总体协调设计

总体协调设计是指在地面设备系统总体参数分析与总体布局设计的基础上，确定地面设备系统与导弹及地面设备系统内部各分系统或设备接口协调性的过程。由于通过总体协调设计得到的协调性直接影响导弹武器系统的作战使用性能，故地面设备系统总体设计一定要满足导弹对地面设备系统的各项协调要求，并向导弹提出必要的反要求，以使地面设备系统与导弹在技术状态和使用性能等方面具有良好的协调性。

不同地面设备系统总体协调设计涉及的范围及主要内容大体相同，这里简单介绍几种常见地面设备系统总体协调设计的主要内容。

6.5.3.1　公路机动发射液体弹道导弹地面设备系统总体协调设计的主要内容

1. 地面设备系统与导弹的主要协调关系

地面设备系统与导弹的主要协调关系通常包括：

（1）为了稳定支撑垂直状态的导弹，发射台支点的位置、数量及结构形式应满足导弹主支点与辅助支点的要求。

（2）为了完成导弹的瞄准，发射台的回转装置应有不低于要求的方位回转精度。

（3）为了调整导弹的垂直度，发射台的支柱应有不低于要求的垂直度调整精度。

（4）发射台的导流器应满足定向排导火箭发动机燃气流的要求。

（5）为了稳定支撑竖立在发射台上的未加注液体推进剂的导弹，导弹与发射台之间应设防风装置。

（6）瞄准车的水平瞄准距离和瞄准仰角等应与导弹瞄准窗口协调。

（7）气瓶车与导弹的距离应满足导弹用气压力与流量的要求。

（8）加注泵车与导弹的距离应满足导弹加注流量与加注时间的要求。

（9）供气连接器应与导弹供气插座协调。

（10）加注连接器和溢出连接器应与导弹加注活门和溢出活门协调。

（11）电源车的供电品质指标及与导弹的距离应满足导弹的用电要求。

（12）起竖车和发射台应满足导弹的起竖及下放要求。

（13）避雷车的性能及位置应满足导弹的防雷要求。

（14）升降工作台（梯）应与导弹舱口位置及操作要求协调。

（15）发射台附件应满足导弹尾部各种触点的支撑要求。

（16）铁路运输车应满足导弹的铁路运输要求。

（17）起重设备应满足导弹的转载要求。

（18）停放设备应满足导弹的水平停放要求。

2. 地面设备系统内部的主要协调关系

地面设备系统内部的主要协调关系通常包括：

（1）发射台与起竖车的相对位置应保证起竖车能将垂直状态的导弹准确地下放到发射台的支点上。

（2）发射台与瞄准车的相对位置应保证瞄准车能完成导弹的垂直瞄准。

（3）发射台与电源车的相对位置应满足导弹与发射台的用电要求。

（4）发射台与加注泵车的相对位置应满足导弹的加注要求。

（5）发射台与气瓶车的相对位置应满足导弹的用气要求。

（6）加注泵车与电源车的相对位置应满足加注泵车的用电要求。

（7）发射台与消防车的相对位置应满足消防要求。

（8）发射台与加注泵车和公路槽车的相对位置应满足发射场坪的安全要求。

6.5.3.2　水平装填公路机动发射固体弹道导弹发射设备总体协调设计的主要内容

1. 发射设备与导弹的主要协调关系

发射设备与导弹的主要协调关系通常包括：

（1）发射设备应为导弹提供符合要求的发射力学环境；赋予导弹规定的离筒速度，保证导弹在发射筒内的运动过载不超过规定值。

（2）发射设备应为发射筒内的导弹提供符合要求的温度和湿度环境。

（3）发射设备应为导弹提供定期检查与射前检查所需的舱口。

（4）发射设备应为导弹提供脱落插头插拔机构。

（5）发射设备应满足导弹在发射筒内的轴向与周向定位要求。

（6）发射设备应满足导弹的支撑要求。

（7）发射设备应满足导弹发射时的燃气密封要求。

（8）发射筒的刚度应满足导弹在各种状态下的变形要求。

2. 发射设备内部的主要协调关系

发射设备内部的主要协调关系通常包括：

（1）发射筒及其运输设备应满足导弹的运输要求。

（2）发射设备与水平装填设备的相对位置、对接面结构及固定连接关系等既能满足导弹的水平装填要求，也能使一台水平装填设备能够适应多台发射设备。

（3）在发射设备或水平装填设备上，应设置导弹装填到位信号或到位区间，以保证导弹装填到位后，水平装填设备能立即停止工作。

（4）发射设备与瞄准设备应能保证发射设备的方位回转及回转精度。

（5）发射设备与供电设备的相对位置应满足发射设备的用电要求。

（6）发射设备与空调补气设备应满足导弹对发射筒环境的要求。

（7）发射设备与控制设备应保证导弹的正常发射。

6.5.3.3　舰载飞航导弹发射装置总体协调设计的主要内容

舰载飞航导弹发射装置与导弹、舰艇、火控系统及装填设备等有密切的结构与功能协调关系。总体协调设计的主要内容是功能接口协调、机械接口协调和电气接口协调。

通常根据发射装置的主要功能进行功能接口协调，协调内容包括舰艇的航行速度、发射装置的调平精度、定位定向精度、导弹的初始射角、导弹的滑离速度、发控台与导弹之间的信号传递及为导弹提供供电通路等。

通常根据弹架协调与装舰协调要素进行机械接口协调，协调内容包括发射装置与舰艇、导弹及装填设备等的连接关系。譬如，发射装置与舰艇大多采用螺栓连接；发射装置与导弹大多采用滑块连接；发射装置与装填设备大多通过对接装置和对接高度协调。

通常根据发射装置的芯线表和舰面电缆网的连接图进行电气接口协调，协调内容包括电源种类、逻辑控制信号、发动机点火信号、接地要求、屏蔽要求及发控台对发射装置的状态控制等。

1. 发射装置与导弹的主要协调关系

发射装置与导弹的主要协调关系通常包括：

（1）导弹在发射装置上的滑行与离轨参数，主要有导轨轨距、导轨长度或离轨速度、离轨方式和飞离通道尺寸等。

（2）导弹在发射装置上的支承参数。

（3）舰艇上导弹固定装置的结构参数。

（4）发射装置运动部件与导弹的连接方式、协调尺寸及分离运动规律等。

2. 发射装置与舰艇的主要协调关系

发射装置与舰艇的主要协调关系通常包括：

（1）发射装置在舰艇上的固定方式，安装尺寸与精度，安装弦角、仰角及精度等。

（2）诸如舰面电缆的出口位置和液压管路的甲板出口位置等发射装置与舰艇设备之间的协调项目。

（3）发射安全界线。

（4）动力源的种类、容量、供配方式及特性。

（5）装填补给方式。

3. 发射装置内部的主要协调关系

发射装置内部的主要协调关系包括：

（1）根据导弹在导向梁上的位置，确定导向梁的结构形式和导弹支承、固定与锁定结构。

（2）根据装填要求确定对接装置。

（3）合理布置瞄准机构（含控制系统与电气设备）。

（4）合理选择耳轴高度（"火线高"），降低整体结构的质心高度，提高舰艇的稳定性。

（5）合理布置支架或架体的受力构件，在保证整体结构刚度与强度的条件下，减小构件的结构质量。

（6）确定电插头机构的位置、结构和运动参数。

地面设备系统总体协调设计应遵循两个原则：一是协调一致性，二是协调全面性。

协调一致性是指地面设备系统的设计水平和性能应与导弹相称，地面设备系统内部某个分系统或设备的设计水平和性能应与其他分系统或设备相称。对于任何导弹武器系统，若只追求导弹的高性能，只重视导弹的设计与制造，而淡然于地面设备系统的使用性能，忽视地面设备系统的设计与制造，则结果必然是地面设备系统的使用性能不能满足导弹武器系统的战术技术要求。工程实践表明，地面设备系统总体方案设计应与导弹总体方案设计同步进行。只有这样，才能使地面设备系统与导弹及地面设备系统内部在设计水平和性能方面协调一致。

协调全面性是指地面设备系统与导弹及地面设备系统内部在性能和接口方面均有良好的协调性。对于任何导弹武器系统，若只重视地面设备系统与导弹在性能和接口方面的协调性，而忽视地面设备系统内部在性能和接口方面的协调性；若只重视地面设备系统与导弹在少数性能和接口方面的协调性，而忽视大多数性能和接口方面的协调性，则结果必然是地面设备系统的使用性能不能满足导弹武器系统的战术指标要求。工程实践表明，只有一个不漏地协调地面设备系统与导弹及地面设备系统内部所有与导弹武器系统战术技术指标有关的性能和接口，才能使导弹武器系统具有最佳的技术状态和使用性能。

6.5.4　可靠性设计

通常将在规定的发射限制条件（发控条件、测控条件、通信条件、气象条件和维修条件等）下，按照规定的发射工艺流程和程序时间完成导弹或运载火箭射前准备及发射任务的概率称为地面设备系统的发射任务可靠性，它是导弹武器系统或运载火箭系统有效性的重要基础之一。为了保证导弹武器系统或运载火箭系统的有效性，应在地面设备系统总体方案设计阶段进行可靠性设计。可靠性设计是指在设计与制造水平、费用和时间允许的基础上，利用可靠性工程方法使地面设备系统的固有可靠性达到预定可靠性的过程。

虽然不同的地面设备系统有不同的可靠性设计内容与重点，但其可靠性设计准则大同小异。常用的可靠性设计准则是：

（1）应将系统或设备的可靠性设计与其基础性设计、环境适应性设计、简化设计、裕度设计和安全性设计等有机地结合起来，以得到比较满意的系统或设备总体方案。

（2）分系统或设备的可靠性设计应满足系统总体的可靠性设计要求。

（3）可靠性设计应有利于提高系统或设备的通用化、系列化、组合化和标准化水平。

（4）可靠性设计的重点是确保系统或设备的效能和任务成功性。

（5）不能用系统或设备的可靠性换取所谓的系统或设备的先进性。

在总体方案设计阶段，可靠性设计的主要内容通常包括规定可靠性指标、建立可靠性模型、可靠性预计、可靠性指标分配和系统可靠性分析等。

6.5.4.1　规定可靠性指标

通常根据任务、用途、重要性、当前设计与制造水平、时间、费用和国内外同类系统或设备已经达到的可靠性水平等，规定即将研制的系统或设备的可靠性指标。对于那些复杂或需要采用先进技术设计与制造的系统或设备，在保证使用要求的条件下，应适

当降低其可靠性指标；对于那些简单或采用成熟技术即可设计与制造的系统或设备，应适当提高其可靠性指标。对于某些系统或设备，为了满足使用要求，除了规定可靠性指标外，有时还要规定故障判定依据和可靠性指标的检验方法。在研制过程中，可根据研制情况及可能达到的可靠性水平，及时调整系统或设备的可靠性指标。

6.5.4.2 建立可靠性模型

为了对地面设备系统进行定量可靠性预计、可靠性指标分配及可靠性分析，应建立系统或设备的可靠性模型。可靠性模型包括可靠性框图及其数学模型。

1. 可靠性框图

可靠性框图是对系统成功工作的一种图解逻辑描述，表征产品各单元之间故障逻辑关系的图。该图由若干方框和方框之间的连线组成，每一个方框代表一个具有可靠性值的单元或功能，所有方框对完成系统任务而言相互独立。通过可靠性框图可以直接看出组成系统的各单元可靠度 R_i 与系统可靠度 R_s 的关系。系统可靠性与各单元可靠度的函数关系可用式（6-50）表示：

$$R_s = H(R_1, R_2, \cdots, R_n) \tag{6-50}$$

将式（6-50）称为系统的可靠性函数，它是进行系统可靠性计算的重要关系式。

工程上，通常仿照电流的流动来处理系统的可靠性信息。譬如，若系统中任一单元失效，则系统就不能完成规定的任务，这种系统的可靠性框图就像串联电路图［图6-43（a）］

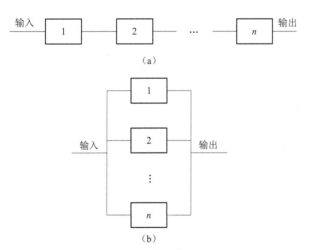

图6-43 系统可靠性框图
（a）串联；（b）并联

一样；系统中只要有任一单元完好，系统就能完成规定的任务，这种系统的可靠性框图就像并联电路图［图6-43（b）］一样。虽然可靠性框图与一般电路图有相似之处，但它仍有自己的特点：①可靠性框图中的连线或接点只表示单元之间的关系。②可靠性框图与系统的直观结构可能有很大的差别。对于某些复杂的设备，由于其任何一部分都是不可或缺的，故有比较简单的串联可靠性框图；对于某些直观上并不复杂的设备，由于其功能作用，却有比较复杂的可靠性框图。③对于同一种设备，不同的规定任务、失效判据和失效模式将有不同的可靠性框图。

这里的"系统"具有相对的意义，即系统是相对于其组成单元而存在。譬如，液压传动设备只是发射装置的一个组成单元；而在研究液压传动设备的可靠性时，液压传动设备又是一个由泵、阀门和导管等多个不同单元组成的系统。随着研制工作的进展，可靠性框图将逐级得到细化；原则上，同一可靠性框图中的各个单元具有相同的详细程度。

2. 基本系统的可靠性数学模型

可靠性数学模型是用于表达可靠性框图中各方框的可靠性与系统可靠性之间的函数关系。

可靠性串联系统的可靠度可用式（6-51）计算

$$R_s = \prod_{i=1}^{n} R_i \tag{6-51}$$

式中　R_i——第 i 单元独立工作时的可靠度，$i=1,2,\cdots,n$；n 为单元总数。

若各单元寿命服从指数分布，则系统寿命也服从指数分布。

可靠性并联系统的失效概率可用式（6-52）计算

$$F_s = \prod_{i=1}^{n} F_i \tag{6-52}$$

式中　F_i——第 i 单元的失效概率，$i=1,2,\cdots,n$；n 为单元总数。

可靠性并联系统的可靠度可用式（6-53）计算

$$R_s = 1 - F_s = 1 - \prod_{i=1}^{n} F_i$$
$$= 1 - \prod_{i=1}^{n}(1-R_i) \tag{6-53}$$

可以证明，若各单元寿命服从指数分布，则系统寿命不服从指数分布，其基本失效率 $\lambda_s(t)$ 随时间 t 增大。

可靠性混联系统由可靠性串联与并联系统组成，其可靠度可采用模块迭代法逐级处理求得。

6.5.4.3　可靠性预计

可靠性预计是指定量地估计系统或设备可靠性水平的过程。可靠性预计的主要用途是：①在方案论证或规划制定阶段，可靠性预计是评定方案可行性和进行方案比较的重要手段；②可靠性预计是规定系统可靠性指标和进行可靠性指标分配的重要依据；③可靠性预计可以发现系统的薄弱环节，为设计优化和设计评审提供重要依据；④试验前的可靠性预计是制订可靠性增长规划和增长策略的重要依据。

可靠性预计的程序是首先确定元器件的可靠性，然后预计部件的可靠性，再逐级进行预计，最后预计设备或系统的可靠性，可靠性预计是一个自下而上的过程。

通常采用相似设备法、元器件计数法和元器件应力分析法等进行可靠性预计。

相似设备法是指根据已有同类型设备经试验验证或使用证明达到的可靠性指标，预计类似设备可能达到的可靠性指标。使用相似设备法时，应考虑相似设备在性能、结构、材料、元器件和工艺等方面的差异。相似设备法主要用于方案设计阶段。

元器件计数法是指根据已有元器件明细表预计单元可能达到的可靠性指标。使用元器件计数法时，应首先根据元器件明细表，将元器件的种类、数量、基本失效率和质量系数等列表，然后按照指数分布的串联系统使用式（6-54）计算单元失效率：

$$\lambda = \sum_{i=1}^{n}(N_i\lambda_i\theta_i) \tag{6-54}$$

式中　N_i——每种元器件的数量；

　　　λ_i——每种元器件的基本失效率，可查可靠性预计手册；

　　　θ_i——每种元器件的质量系数，可查可靠性预计手册。

元器件计数法主要用于初步设计阶段。

元器件应力分析法是指根据已有元器件的环境应力和工作应力修正其失效率，用于预计单元可能达到的可靠性指标。元器件应力分析法主要用于技术设计阶段。

对于发射台导流器和发射箱支架等纯机械结构单元，在使用有限元法进行应力分析的基础上，可使用应力-强度分布干涉理论对其进行可靠性预计。

6.5.4.4　可靠性指标分配

可靠性指标分配是指在方案设计阶段，将地面设备系统的可靠性指标按照一定的原则与方法分配给分系统或设备，作为各分系统或设备可靠性设计的基本依据。可靠性分配是一个自上而下的过程。

可靠性指标分配的目的是落实各分系统或设备的可靠性指标，暴露可靠性薄弱环节，为改进设计提供依据。可靠性指标分配是在可靠性预计的基础上进行的，随着研制工作的进展，应定期修正各分系统或设备的预计可靠性指标，并完善可靠性指标的分配过程。

可靠性指标分配的基本原则是按照各分系统或设备的使用环境、工作时间、复杂性、重要性、继承性、研制费用和研制时间等，进行综合比较与平衡，做出比较合理的分配方案。

常用的可靠性指标分配方法有平均分配法、加权分配法、AGREE 分配法和专家分配法等。

平均分配法是指将系统的可靠性指标等比例地分配给各分系统或设备，通常用于简单地面设备系统的方案论证阶段。

加权分配法是指按照各分系统或设备故障率的大小将系统的可靠性指标分配给各分系统或设备，通常用于方案论证或初步设计阶段。

AGREE 分配法是指按照各分系统或设备的复杂性以及局部故障与系统故障之间的关系，将系统的可靠性指标分配给各分系统或设备。

专家分配法是指按照各分系统或设备的复杂性、重要性和继承性等将系统的可靠性指标分配给各分系统或设备。专家分配法是地面设备系统最常用的可靠性指标分配方法。使用专家分配法的关键是获得相对度量各分系统或设备可靠性的各种分配因子，它们与系统的工程特点与研制经验有关，通常由熟悉系统的工程设计人员或专家给出。选择分配因子的基本原则有两个，一是分配因子对系统的可靠性有重大影响；二是各种分配因子的内容不能重叠。

使用专家分配法进行可靠性指标分配的基本步骤是：

（1）绘制系统可靠性框图。

（2）根据要求的系统可靠性指标 R_s，用公式 $P_s = 1 - R_s$ 求出系统的允许不可靠性指标 P_s。

（3）根据已有同类系统中各分系统或设备的可靠性指标，预计系统中各分系统或设备的可靠性指标 R_i。

（4）根据各分系统或设备的预计可靠性指标 R_i，用公式 $P_i = 1 - R_i$ 求出各分系统或设备的预计不可靠性指标 P_i，P_i 与各分系统或设备的复杂性成正比，与各分系统或设备的重要性成反比，与各分系统或设备的继承性成反比。

（5）求出各分系统或设备的预计不可靠性指标之和 $\sum_{i=1}^{n} P_i$。

（6）计算比例因子 $\dfrac{P_s}{\sum_{i=1}^{n} P_i}$。

（7）用公式 $\dfrac{P_s}{\sum_{i=1}^{n} P_i} \times R_i$ 求出各分系统或设备允许的不可靠性指标。

（8）用公式 $R_i = 1 - \dfrac{P_s}{\sum_{i=1}^{n} P_i} \times R_i$ 求出各分系统或设备要求的可靠性指标。

（9）求出各分系统或设备的要求可靠性指标的乘积，它应大于要求的系统可靠性指标 R_s，否则应按上述步骤重新进行可靠性指标分配，直至满足要求为止。

6.5.4.5　系统可靠性分析

系统可靠性分析是指利用归纳法或演绎法分析各分系统或设备可能发生的故障。

通过系统可靠性分析，可以识别各分系统或设备的所有缺陷，可以识别导致各分系统或设备故障的所有途径，可以对各分系统或设备的故障实施闭环管理。

在研制过程中，对于难以给出可靠性指标与验证方法的复杂分系统或设备，应进行系统可靠性分析。系统可靠性分析又称"3F"分析，第一个"F"是故障模式、影响及危害性分析（FMECA）；第二个"F"是故障树分析（FTA）；第三个"F"是故障报告、分析与纠正系统（FRACAS）。

故障模式、影响及危害性分析的主要特点是：①用于各分系统或设备发生故障之前；②运用归纳法分析各分系统或设备的硬件可能存在的故障模式、影响及危害性；③能识别与分析各分系统或设备的所有缺陷及可能发生的故障；④分析的依据是设计资料和经验数据；⑤分析结束的标志是报告清单；⑥分析的责任人是各分系统或设备的设计者。

故障树分析的主要特点是：①大多用于各分系统发生故障之前，有时也用于发生故障之后；②运用演绎法分析各分系统或设备在硬件和软件等方面的重大故障；③能识别与分析导致各分系统或设备发生故障的所有途径；④一个故障对应一棵故障树，它是故障发生与发展的逻辑结构图；⑤分析的依据是设计资料和经验数据；⑥分析的责任人是各分系统或设备的设计者。

故障报告、分析与纠正系统的主要特点是：①用于各分系统或设备发生故障之后；②有针对性地分析各分系统或设备在硬件和软件等方面发生的特定故障，并对故障实施闭环管理；③分析使用的方法是失效分析、统计分析和故障模拟；④分析的依据是设计资料、使用情况和故障数据；⑤分析结束的标志是故障分析报告与纠正措施建议；⑥分析的责任人是质量管理部门和设计者。

对于大量大型地面机电设备，其可靠性分析计算比较复杂，应根据具体情况确定。

第7章　地面设备系统的使用环境与适应性设计

7.1　概　　述

通常将地面设备系统在诸如贮存、转载、转运、待机、射前准备和发射等过程中遇到的各种环境称为使用环境，它既是地面设备系统方案设计、功能设计、结构设计、可靠性设计和可维修性设计等的重要依据，同时也是地面设备系统可靠性增长试验、鉴定试验和验收试验等的重要内容。使用环境直接影响地面设备系统的功能、使用可靠性和使用寿命。有的使用环境单一影响地面设备系统，有的使用环境与其他使用环境组合起来影响地面设备系统；有的使用环境非常严酷，譬如，地面固定发射使用的地面设备系统耐受的温度为−55 ℃～65 ℃；有的使用环境还是一般民用产品从未遇到过的特殊环境，譬如，导弹发射时会产生 165 dB 的噪声、严重的冲击和烧蚀。

战争和地面设备系统的使用实践表明，使用环境会使地面设备系统产生许多复杂的物理化学现象，对地面设备系统的潜在故障往往具有重要的激励作用。对火箭导弹发射，若任务剖面（产品从射前准备至发射各阶段的工作方式、持续时间、工作模式、完成任务的定义和工作事件经历的环境等）和环境剖面（产品从出厂至发射各阶段工作事件经历的环境条件的时序描述）不正确，故障对策有疏漏，故障分析不得力，则会产生诸如材料蜕变、设备性能漂移和设备完全失效等严重后果。在一定程度上，可以说使用环境涉及地面设备系统研制的全过程，使用环境设计工作起步最早，结束最晚。

通常采用应用环境工程学的理论和研究成果来指导地面设备系统的使用环境设计。地面设备系统使用环境设计的主要内容是：①根据地面设备系统的战术技术指标和任务剖面，确定地面设备系统的环境剖面；②分析地面设备系统的使用环境效应、对环境因素的响应、承受能力和失效机理，确定地面设备系统的设计、试验环境要求和防护方法；③设计并进行环境模拟试验，它包括环境设计试验（环境防护设计需要进行的环境适应性增长试验）和环境适应性鉴定试验；④进行地面设备系统实际使用环境的考核试验。

制定地面设备系统的使用环境条件是导弹武器系统总体设计部门的重要任务，通常根据导弹武器系统的战术技术指标、任务剖面、环境剖面、使用可靠性和可维修性等制定地面设备系统的使用环境条件。制定地面设备系统使用环境条件的一般步骤是：①调查地面设备系统的实际部署环境。根据导弹武器系统的部署区域，调查地面设备系统的实际部署环境，找出影响地面设备系统的所有使用环境因素，确定具有代表性的使用环境因素，分析它们对地面设备系统的影响程度及其变化规律，给出与任务剖面对应的各环境因素严酷度的极限值。②确定主要环境因素的影响等级。在调查地面设备系统实际部署环境的基础上，确定主要环境因素的影响等级。在确定影响等级时，既要反映地面设备系统的实际使用环境，保证设备的使用可靠性和可维修性，同时也要考虑材料、元器件和工艺的现实水平。③验证制定的使用环境条件。通过模拟试验或试样现场运行试验，验证制定的使用环境条件的确切性与合理性。

由于地面设备系统的使用环境与导弹武器系统的使用部门有密切的关系，故地面设备系统的研制部门应与导弹武器系统的使用部门协商确定地面设备系统的使用环境条件，以使地面设备系统既能满足使用要求，又能符合实际科研生产水平，并具有较好的技术经济性能。

通常将地面设备系统在战备或作战过程中所经历的环境称为作战环境，它是地面设备系统在其全寿命周期内所经历的最恶劣的使用环境。作战环境条件直接影响地面设备系统的使用可靠性、可维修性和研制成本。

通常将地面设备系统在非作战状态下所经历的环境称为后勤支援环境。虽然后勤支援环境与作战环境在运输环境等方面基本相同，但大多数后勤支援环境都不像作战环境那样恶劣。因为在后勤作业中，会有针对性地采取各种预防措施，以改善设备的工作环境，譬如，设备封装、设备入库和室内操作等都会使后勤支援环境优于作战环境。应根据设备的具体使用地点确定后勤支援环境条件，少数后勤支援环境条件与作战环境条件相同，但大多数后勤支援环境条件的等级应低于作战环境条件。

通常将地面设备系统中各分系统或设备所经历的局部作战或后勤支援环境称为局部环境，局部环境条件与设备的使用地点、周围环境和防护等级等有关。譬如，导弹多功能发射车就有车外设备和车内设备。车外设备经历的局部环境就是作战环境，车内设备由于有隔热、防风沙和防雨雪等措施，其经历的局部环境就属于后勤支援环境。再如，由于发动机工作时产生的热量逐渐积累，致使多功能发射车动力舱内的温度高达 80 ℃，这远远高于周围环境的最高温度（50 ℃），而且分布很不均匀，离发动机越近，温度越高，因此，动力舱内各种设备的局部环境条件就应按照这个特点予以制定。

地面设备系统的使用环境多种多样，使用环境的分类方法也很多，目前尚无统一的分类标准。按照研究范畴，使用环境可分为自然环境、力学环境、运输环境、发射环境、空间环境和水下环境等。按照环境因素的性质，使用环境又可分为气候环境、机械环境、电磁环境、特种环境和综合环境等。按照环境的成因，使用环境可分为自然环境和诱发环境，自然环境系自然造成的环境，诱发环境系人为或设备产生的某种局部环境，它包括人类生活、生产或科学试验引起的感应环境和战争或特殊需要造成的环境。按照使用地点，使用环境可分为室内环境、露天环境、车内环境、车外环境、舱面环境和舱内环境等。按照设备所处的状态，使用环境可分为贮存环境、测试环境和运输环境等。使用环境可分为以下 7 类：

（1）气候环境，包括高气温、低气温、低气压、地面风、雨、雪、涉水、盐雾、太阳辐射、沙尘、温度冲击和温度循环等。

（2）温度环境，包括高温和低温。

（3）机械环境，包括振动、外压脉冲、冲击、碰撞、颠振、跌落、噪声、加速度和晃振等。

（4）特殊环境，包括有害气体、核冲击波、核辐射、核电磁脉冲、电磁、爆炸大气和油雾等。

（5）空间环境，包括真空、地磁场、电离层、卫星充电、氧原子、微流星体和重力场等。

（6）复合环境，包括低温－低气压、真空冷热浸、热真空、空间外热流、太阳辐射、粒子辐射、温度－湿度－低气压、温度－湿度－低气压－振动、温度－振动、温度－湿度－振动、温度－冲击－振动、加速度－振动和湿热等。

（7）生物环境，包括霉菌、昆虫、啮齿类动物和鸟类等。

核环境效应及其防护方法已在 4.2.3 节（核爆炸效应）中做了较为详细的介绍，这里拟简单介绍气候环境、力学环境、发射环境、水下环境、生物环境、化学环境、爆炸大气环境、电磁干扰环境、雷电环境和地震环境等环境效应及典型使用环境的防护设计提示。

7.2　气 候 环 境

7.2.1　地球气候带和气候区的基本情况

通常将全球分成热带、亚热带、温带、亚寒带和寒带 5 个气候带。将赤道至南、北纬 30°的地区称为热带；将南、北纬 30°～40°的地区称为亚热带；将南、北纬 40°～60°的地区称为温带；将极圈附近地区称为亚寒带；将极地附近地区称为寒带。

按照一般的环境标准，可将全球分为 3 个气候区，即基本区、热气候区及冷与极冷气候区。

基本区覆盖了地球上的大部分地区。美国军用标准规定基本区的最高气温为 43 ℃，最低气温为 –40 ℃。我国规定基本区的最高气温为 40 ℃，最低气温为 –40 ℃

（或 -35 ℃）。基本区的气候特点是长期高湿。

热气候区主要是指热带和亚热带的沙漠地区，其最高气温为 43 ℃～49 ℃。热气候区的气候特点是高温干燥。

冷与极冷气候区主要是指高纬度地区和高寒山区，冷区的最低气温一般低于 -32 ℃，极冷区的最低气温一般低于 -46 ℃，有记录的最低气温为 -68 ℃，南极地区的气温会更低一些。

7.2.2 单一气候环境

7.2.2.1 高气温

1. 环境效应

高气温会降低电子元器件的性能；会缩短电阻器、变压器、真空管、半导体装置、机械电子设备和通信设备等的使用寿命；会使电解电容器和纸质电容器等发生分解；会使控制系统性能下降；会使蓄电池性能变坏；会使灯具性能变差。

高气温会改变设备材料的物理性能；会使绝缘材料发生热老化和绝缘失效；会使润滑剂黏度下降、溶化、氧化、分解和损耗；会使低熔点材料熔化；会使液压油黏度降低；会使电缆老化；会使软管老化；会使玻璃零件变色或透明度降低；会使非金属材料褪色、弯曲、开裂或隆起。

高气温会使材料膨胀；会使活动部分发生粘连；会使相邻部件相互作用产生作用力或发生干涉；会增加机械应力和磨损；会改变密封件的密封性能；会使密封腔内的液体或气体膨胀，引起密封腔压力升高；会使执行元件卡死；会使制动性能下降；会缩短轮胎的寿命等。

高气温会使发动机冷却水过热，影响冷却效果；会使电机、变压器等过热，降低电气设备的效率。

高气温会使金属氧化；会增加接点的接触电阻和金属表面的电阻等。

高气温会增加推进剂或爆炸物的燃烧速度；会使固体装药产生裂纹等。

高气温会使发动机启动困难；会使汽油发动机产生气蚀。

2. 环境要求的选择

通常将地面设备系统的使用地区在高温季节出现的极限高温作为设计和试验的环境要求。在选择和确定高气温时，既要考虑极限高温的数值，也要考虑极限高温出现的概率，还要考虑极限高温的诱发条件。诱发条件是指受高气温和太阳辐射的共同影响，且不通风的诸如壳体内腔、车内设备间、车篷内部、帐篷内部和飞机或导弹的舱段内部等固定环境。密闭空间环境内的诱发高气温可能要比环境气温高出 20 ℃～25 ℃。

基本气候区和热气候区的高温日循环见表 7-1。

表 7-1　基本气候区和热气候区的高温日循环

时间	基本气候区				热气候区			
	环境空气条件		诱发条件		环境空气条件		诱发条件	
	温度/℃	相对湿度/%	温度/℃	相对湿度/%	温度/℃	相对湿度/%	温度/℃	相对湿度/%
01：00	33	36	33	36	35	6	35	6
02：00	32	38	32	38	34	7	34	7
03：00	32	41	32	41	34	7	34	7
04：00	31	44	31	44	33	8	33	7
05：00	30	44	30	44	33	8	33	7
06：00	30	44	31	43	32	8	33	7
07：00	31	41	34	32	33	8	36	5
08：00	34	34	38	30	35	6	40	4
09：00	37	29	42	23	38	6	44	4
10：00	39	24	45	17	41	5	51	3
11：00	41	21	51	14	43	4	56	2
12：00	42	18	57	8	44	4	63	2
13：00	43	16	61	6	47	3	69	1
14：00	43	15	63	6	48	3	70	1
15：00	43	14	63	5	48	3	71	1
16：00	43	14	62	6	49	3	70	1
17：00	43	14	60	6	48	3	67	1
18：00	42	15	57	6	48	3	63	2
19：00	40	17	50	10	46	3	55	2
20：00	38	20	44	14	42	4	48	3
21：00	36	22	38	19	41	5	41	5
22：00	35	25	35	25	39	6	39	6
23：00	34	28	34	28	38	6	37	6
24：00	33	33	33	33	36	6	35	6

7.2.2.2　低气温

1. 环境效应

低气温会使非金属材料变硬变脆，导致设备结构强度下降；会使弹性密封件的密封性能变差，泄漏增加；会使减震垫的减震性能下降；会使电缆弯曲困难，且易折断。

低气温会使润滑油的黏度增加，润滑性能下降；会使液压系统的流体阻力增加，导致耗损增加，甚至使液压回路或液压系统不能正常工作。

低气温会使设备结构产生不均匀的物理收缩，会使活动配合部分的摩擦增加；甚至发生粘连或加大间隙；会使粘接部位开胶；会使密封件收缩，导致密封性能下降；会使塑料管路发生泄漏；会使结构的抗冲击能力下降。

低气温会降低电气设备的绝缘性能；会损坏电器元件，譬如，铝电解电容器损坏，石英晶体不振荡；会使电子元器件的电磁特性发生暂时或永久性改变；会使电气设备的电压和电流下降，譬如，蓄电池的输出电压和有效容量减少；会使继电器动作不灵活。

低气温会使冷却水结冰，失去冷却功能；会使水力系统的容器和管路等发生胀裂。

低气温会使发动机启动困难，甚至不能启动；会使仪器、仪表的精度下降；会使通风设备的效率降低；会改变火药的燃烧速率；会使有毒气体的浓度增加；会使燃油与空气的混合比发生变化；会使金属的电阻发生变化；会使轴承间隙发生变化；会使灯具性能下降；会使轮胎漏气；会增加瞄准的困难。

2. 环境要求的选择

通常将地面设备系统的使用地区在低温季节出现的极限低温作为设计和试验的环境要求。在选择和确定低气温时，既要考虑极限低温的数值，也要考虑极限低温出现的概率。在一般情况下，所选择的极限低温的持续时间应不少于最低温度月总时间的 20%。

根据我国航天产品环境分类和等级的规定，弹道导弹武器系统的低气温环境分为 5 个等级，即 $-20\ ℃$、$-25\ ℃$、$-30\ ℃$、$-35\ ℃$ 和 $-40\ ℃$。

7.2.2.3 温度突变的环境效应

使用环境温度的突然变化通常会降低密封材料的密封性能，严重时，会使密封材料完全失效；会使结构产生变形；会使材料开裂；会降低电气设备的绝缘性能。

7.2.2.4 高湿度

1. 环境效应

高湿度通常是指地面设备系统使用环境的相对湿度不低于 80%。

高湿度会改变材料的物理性能、化学性能和机械性能。

高湿度会使非金属材料吸水膨胀，性能降低；会改变液体推进剂的纯度；会改变固体推进剂的理化性质、力学性质和燃速；会增加润滑剂和液体工质的含水量；会使容器膨胀或破裂；会使吸湿材料变质；会加速霉菌的生长，当相对湿度为 80%～95% 和温度为 $25\ ℃$～$30\ ℃$ 时，霉菌的繁殖最为旺盛。

高湿度会加速化学反应；会加速金属氧化或电蚀，铁的临界腐蚀湿度为 70%～75%，当使用环境的相对湿度超过铁的临界腐蚀湿度时，腐蚀速度将成倍增加；会破坏金属零件的涂层或镀层。

高湿度会使绝缘材料的电性能和热性能下降；会使电子元器件性能下降；会使电器元件击穿；会造成电器短路。

高湿度会使光学元件的透射性能下降；会使零件尺寸不稳定。

2. 环境要求的选择

通常将地面设备系统的使用地区在高湿季节出现的极限相对湿度和对应的温度作为设计和试验环境要求。从全球的范围来看，当相对湿度大于90%时，其对应的温度大多不超过30 ℃，一般为20 ℃～25 ℃。

通常将每天有 12 h 的气温高于 20 ℃，且全年相对湿度不低于 80%的时间超过60 天的地区称为湿热地区。我国的湿热地区约占全国面积的10%，主要分布在南方各省。

对于露天固定发射和机动发射导弹武器系统，地面设备系统使用环境的相对湿度一般规定为95%±3%（20 ℃±5 ℃）。

7.2.2.5　低湿度

低湿度会使长期处于其中的如木材、皮革、塑料和绝缘材料制品等产生干燥、收缩、变形和龟裂。

7.2.2.6　低气压

1. 环境效应

在海平面以上，大气压力随着海拔高度的增加而降低，大气压力与海拔高度的关系如式（7-1）所示：

$$p = 1\,015e^{-0.121H} \qquad (7-1)$$

式中　p——大气压力，MPa；

　　H——海拔高度，km；

　　e——自然对数的底，e=2.718 2……

低气压会增大密封容器的内外压差，可能使压力容器中的液体流出，使容器膨胀，甚至损坏。

低气压会加快润滑剂的挥发，使设备的润滑状况变差。

低气压会使低密度材料的物理或化学性能发生变化。

低气压会使发动机的功率下降，高度每增加 1 000 m，则发动机的功率约下降10%；会使对流散热效果减弱，发热部件的温升增加，高度每增加 100 m，则发热部件的温升约递增 0.5 ℃。

低气压会改变电子或电气设备的工作特性；会使空气绝缘强度下降，使外绝缘表面及不同电位带电间隙发生击穿；会形成电弧、电晕放电和臭氧，引起绝缘破坏或击穿；

会增加接点断开时的燃弧时间，缩短接点的寿命。

2. 环境要求的选择

通常将地面设备系统使用地区的最大海拔高度所对应的低气压作为设计和试验环境要求。地面设备系统的使用海拔高度通常有 1 000 m、2 000 m、2 500 m、3 000 m、4 000 m、4 500 m 等几个档次。

7.2.2.7 太阳辐射

在太阳光透过大气层到达地球表面的过程中，其部分能量被大气吸收，在到达地面的太阳辐射能中，可见光的能量大于 50%，紫外线的能量约为 6%，红外线的能量小于 43%。

1. 环境效应

太阳辐射的环境效应主要包括加热效应和光化学效应。加热效应由红外线产生，它主要与太阳辐射的能量、受照射表面的颜色、粗糙度和太阳光线与受照射面的夹角等有关。光化学效应由紫外线和可见光产生，它主要与紫外线的强度和使用环境的温度等有关。

加热效应除与高气温环境效应具有相同点之外，还会使材料产生膨胀、龟裂、折皱和破裂；会使设备内应力增加；会使橡胶件和塑料件变质；会使涂层或其他保护层褪色、起泡或剥落；会使材料产生脆裂；会使电气或电子元器件的性能发生变化等。

光化学效应会使织物褪色；会使涂层或其他保护层褪色和发生龟裂；会对天然橡胶和聚合物等产生破坏作用；会使设备深层产生龟裂；会使设备表面变得粗糙等。

2. 环境要求的选择

通常将地面设备系统使用地区太阳辐射最强时间的辐射强度作为设计和试验环境要求。地球表面的太阳辐射强度主要与太阳高度角和大气中的杂质含量有关。一天中的太阳高度角在 0°～90° 范围内变化，中午时的太阳高度角为 90°，此时的太阳辐射强度最大。大气中的杂质含量越少，太阳辐射强度越大。当太阳高度角在 0°～90° 的范围内变化时，则太阳辐射强度在 0～1 120 W/m² 的范围内变化。若地面设备系统配置在纬度低于 23°26′ 的地区，则可参照表 7－2 和图 7－1 进行与太阳辐射环境效应相关的设计与试验。对于海拔较高的高原和山区，由于大气层较薄，虽然太阳辐射强度较同纬度的平原地区强，但仍可参照表 7－2 和图 7－1 进行与太阳辐射环境效应相关的设计与试验。

表 7－2　太阳直射点辐射日循环

时间	00：00	03：00	06：00	09：00	12：00	15：00	16：00	18：00	21：00
辐射强度/（W·m⁻²）	0	0	55	730	1 120	915	730	270	0

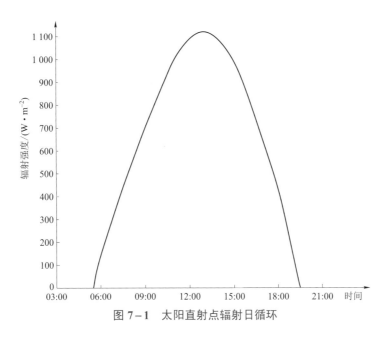

图 7-1　太阳直射点辐射日循环

7.2.2.8　雨

1. 环境效应

雨直接影响地面设备系统的使用性能。按照降水强度和降水量，雨可分为 4 种。将降水强度低于 2.5 mm/h 和日降水量低于 10 mm 的降雨称为小雨；将降水强度为 2.6～8.0 mm/h 和日降水量为 10～24.9 mm 的降雨称为中雨；将降水强度为 8.1～15.9 mm/h 和日降水量为 25～49.9 mm 的降雨称为大雨；将降水强度高于 16 mm/h 和日降水量高于 50 mm 的降雨称为暴雨。

雨水会使材料强度降低；会使结构的物理应力增加，引起结构损坏；会加速金属腐蚀；会损坏零件的涂层或镀层；会降低电气设备的绝缘强度或破坏其绝缘层；会使电气设备发生短路；会加速化学反应；会促进霉菌生长；会增加发热部件的发热量；会降低润滑剂的润滑效果；会干扰无线电通信或损坏无线电通信设备；会影响电子探测装置的使用性能；会降低人的户外工作效率等。

雨水会使设备受潮，增加结构质量；会使吸水材料膨胀，造成性能下降或设备损坏；当低温雨水在设备内部积聚和冻结时，会使零件或结构泡胀或破裂而失效。

雨水会影响光学仪器的工作性能，降低导弹的瞄准精度，延长导弹的瞄准时间；会影响导弹的发射。

2. 环境要求的选择

通常根据地面设备系统使用地区的降雨情况、设备使用性能和导弹武器系统的作战使用要求等确定设计和试验的环境要求。对于弹道导弹武器系统，主要根据瞄准设备的使用条件、通信设备的使用条件、无线电探测设备的使用条件和最低发射条件等确定武器系统能够接受的降水强度和降水量。

对于露天使用的地面设备系统，其适应的降水强度一般规定如下：

（1）对于暴露时间少于 2 年的地面设备，其适应的降水强度为 1.6 mm/min；

（2）对于暴露时间少于 5 年的地面设备，其适应的降水强度为 2 mm/min；

（3）对于暴露时间少于 10 年的地面设备，其适应的降水强度为 2.17 mm/min；

（4）对于暴露时间少于 25 年的地面设备，其适应的降水强度为 2.5 mm/min。

固体战术或战略弹道导弹地面设备系统适应的降水强度一般为 2.6～8.0 mm/h。

7.2.2.9 盐雾

通常将海边或海上空气中悬浮的氯化物液体颗粒称为盐雾。盐雾的浓度用单位体积空气中含氯化物的质量表示。盐雾的沉积量用一昼夜的时间内设备单位面积上沉积的氯化物质量表示。

盐雾对地面设备的影响程度主要与周围环境的空气湿度有关；干燥的盐粒对设备几乎没有影响，当空气湿度增加时，盐粒溶于水中，呈离子状态的盐溶液具有较强的导电和腐蚀作用。

1. 环境效应

盐雾的环境效应通常包括腐蚀效应、电效应和物理效应。

腐蚀效应会使材料产生电化学腐蚀；会破坏金属设备表面镀层的钝化膜，加速金属的腐蚀。

电效应会降低电气设备的绝缘强度；会干扰或损坏电子或电气设备；会影响触点的接触电阻等。

物理效应会使机构阻塞或卡死；会降低材料或结构的强度；会使设备表面的涂层起泡等。

2. 环境要求的选择

通常将地面设备系统使用环境中的最大盐雾浓度和盐雾沉淀量作为设计和试验的环境要求。若地面设备系统部署在沿海、沿湖或海上，则必须考虑盐雾对地面设备系统使用性能的影响。

7.2.2.10 沙尘

通常将随风移动的直径为 100～1 000 μm 的石英颗粒称为沙尘。

1. 环境效应

沙尘会吸附在设备表面上，造成表面磨损和腐蚀；会增加密封件的磨损，甚至引起密封失效；会加速轴承等运动件的磨损。

沙尘会使机构阻塞或卡死；会阻塞液压系统的导管、阀门和过滤器等；会堵塞发动机的空气滤清器。

沙尘会降低冷却系统的效率；会降低机械配合的效果。

沙尘会降低绝缘材料的绝缘性能；会产生静电积聚，引起电噪声或随机故障；会使电气开关失效；会增加接触电阻，严重时会烧坏触点；会降低电路的电气性能。

沙尘会使液压缸底部产生黑色的黏液，腐蚀液压缸，堵塞液压阀；含有氧化铝的黏土颗粒会产生放热效应，引起高温腐蚀。

沙尘会使光学器件蒙尘或划伤。

2. 环境要求的选择

通常根据地面设备系统使用地区的自然沙尘环境、最小相对湿度、最大风速和人为沙尘环境等确定设计和试验的环境要求。对于干热的沙漠地区，空气中悬浮的最大尘埃浓度约为 10.6 g/m³；对于无人为因素干扰的单一自然环境，空气中悬浮的最大尘埃浓度约为 0.2 g/m³；对于有车辆快速通过的干燥沙石路面，其附近空气中悬浮的最大尘埃浓度约为 1.1 g/m³；对于有飞机起降的简易机场跑道，其附近空气中悬浮的最大尘埃浓度约为 2.2 g/m³。一般地面设备系统在沙尘天气的水平能见距离应大于 50 m。

7.2.2.11　风

风的环境效应主要包括力学效应和热学效应。力学效应由风载荷产生，它主要与风力等级有关。热学效应由风速引起，它也与风力等级有关。

通常用风力等级表示风力的大小，蒲氏风力等级见表 7-3。

表 7-3　蒲氏风力等级

风力等级	自由海面状况		海面船只征象	陆上地物征象	距地 10 m 处的相当风速		
	浪高				/(km·h⁻¹)	/(nmile·h⁻¹)①	/(m·s⁻¹)
	一般/m	最高/m					
0	—	—	静	静，烟直上	小于1	小于1	0~0.2
1	0.1	0.1	普通渔船略有摇动	烟能表示风向，但风向标不能转动	1~5	1~3	0.3~1.5
2	0.2	0.3	渔船扬帆时，每小时可随风移动 2~3 km	人的面部感觉有风，树叶微响，风向标能转动	6~11	4~6	1.6~3.3
3	0.6	1.0	渔船簸动逐渐增强，每小时可随风移动 5~6 km	树叶和树枝微微摇动不息，旌旗招展	12~19	7~10	3.4~5.4
4	1.0	1.5	当渔船满帆时，船体倾向一侧	地面上的灰尘扬起，纸张飘向空中，小树枝随风摇动	20~28	11~16	5.5~7.9
5	2.0	2.5	渔船缩帆（收去帆的一部分）	带叶的小树发生摇摆，水面产生小波纹	29~38	17~21	8.0~10.7

① 1 nmile（海里）=1.852 km。

续表

风力等级	自由海面状况		海面船只征象	陆上地物征象	距地 10 m 处的相当风速		
	浪高				/(km·h⁻¹)	/(nmile·h⁻¹)	/(m·s⁻¹)
	一般/m	最高/m					
6	3.0	4.0	渔船加倍缩帆,捕鱼船有风险	大树枝摇动,风吹电线有声,张伞困难	39～49	22～28	10.8～13.8
7	4.0	5.5	渔船进港避风,海上的渔船下锚停航	整棵树随风摇动,迎风步行困难	50～61	29～33	13.9～17.1
8	5.5	7.5	渔船皆进港避风	小树枝折断,迎风步行阻力很大	62～74	34～40	17.2～20.7
9	7.0	10.0	机帆船航行困难	烟囱顶部摆动,建筑物有局部损坏	75～88	41～47	20.8～24.4
10	9.0	12.5	机帆船航行有倾翻的危险	偶见树木连根拔起,建筑物损坏较严重,陆上少见	89～102	48～55	24.5～28.4
11	11.5	16.0	机帆船航行非常危险	大片树木和建筑物损毁,陆上极少见	103～117	56～63	28.5～32.6
12	14.0		浊浪滔天	树木和建筑物等的损毁极其严重,陆上绝少见	118～133	64～71	32.7～36.9
13					134～149	72～80	37.0～41.4
14					150～166	81～89	41.5～46.1
15					167～183	90～99	46.2～50.9
16					184～201	100～108	51.0～56.0
17					202～220	109～118	56.1～61.2

注：13～17 级风极为少见。

1. 环境效应

大风会使结构产生变形、失稳或损坏；会加强散热效果；会产生气动加热效应，强化高气温的影响；会强化雨和沙尘的环境效应；会使设备涂层脱落；会降低结构的机械强度；附加风载会影响设备的使用性能；会加速机械配合和密封件的磨损；会加速设备表面的擦伤；会使机械产生干涉和阻塞。

2. 环境要求的选择

通常根据地面设备系统使用地区的最大风速和设备的耐风能力等确定设计和试验

的环境要求。平均使用风速一般为 11～17 m/s，瞬时最大风速一般为 15～22.5 m/s。

7.2.2.12　雾

雾是近地大气层中的天气现象，由大量悬浮的小水滴或冰晶构成。雾的成因很多，主要由近地大气层中水汽冷却凝结所致。

1. 环境效应

雾影响光学瞄准和光电瞄准，影响瞄准点、基准点、校验点和基准方向的标定精度；会使视野模糊不清，使水平能见距离缩小；会影响车辆和船只的行驶；会产生与湿度相类似的效应，但作用时间通常很短。

2. 环境要求的选择

通常根据地面设备系统使用地区雾天的数量、轻重情况和设备工作需要的最小水平能见距离等确定设计和试验的环境要求。一般地面设备系统的水平能见距离应大于 30～50 m。

7.2.2.13　雪

通常将降雪量为 2.5～5.0 mm/天的降雪称为中雪，将降雪量超过 5 mm/天的降雪称为大雪。

雪会增加道路的滚动阻力；会加速金属腐蚀；会使电气设备发生漏电或短路；会污染燃油和润滑剂；会使设备受潮或发霉。

7.2.3　复合气候环境

1. 高温-湿度的环境效应

高温会提高湿气的浸透速度和增强湿度的锈蚀作用。

2. 高温-低压的环境效应

高温会提高密封腔的内压，低压会降低密封腔的外压，两因素共同作用会使密封腔的内外压差增大，加速密封结构或材料的损坏。

3. 高温-盐雾的环境效应

高温与盐雾共同作用会增加金属材料的锈蚀速度。

4. 高温-太阳辐射的环境效应

高温与太阳辐射共同作用会加快有机材料的光化学反应和物理化学反应。

5. 高温-沙尘的环境效应

高温会强化沙尘对材料的腐蚀作用。

6. 低温-低压的环境效应

低温与低压共同作用会加速密封件的损坏。

7. 低温-太阳辐射的环境效应

低温会削弱太阳辐射的影响。

8. 低温 – 盐雾的环境效应

低温会减慢盐雾的侵蚀速度。

9. 低温 – 湿度的环境效应

湿度随着温度的降低而降低，低温会使湿气冷凝，更低的温度还会出现霜冻和结冰现象。

10. 低温 – 沙尘的环境效应

低温会增加沙尘的侵透性。

11. 湿度 – 低压的环境效应

湿度会增强低压对电子或电气设备的影响。

12. 湿度 – 盐雾的环境效应

高湿度可以冲淡盐雾的浓度，但不会减少盐的侵蚀作用。

13. 湿度 – 沙尘的环境效应

沙尘对水具有自然的附着性，湿度与沙尘共同作用会加强对材料的磨蚀。

14. 湿度 – 太阳辐射的环境效应

湿度会加强太阳辐射对有机材料的侵蚀作用。

15. 盐雾 – 沙尘的环境效应

盐雾与沙尘共同作用会加强对材料的磨蚀作用。

7.3 力 学 环 境

在使用过程中，地面设备系统会经常遇到由机械作用诱发产生的具有动力学效果的力学环境，主要包括振动、冲击、噪声和加速度等。

7.3.1 振动环境

7.3.1.1 振动分类

通常根据地面设备系统的使用工艺流程和振动环境的诱发机理等，将振动分为运输振动和使用振动。

1. 运输振动

无论是固定发射导弹武器系统还是机动发射导弹武器系统，地面设备系统一般都要经历如铁路运输、公路运输、水路运输和空中运输等转运环节，各转运环节都可能诱发各具特点的运输振动环境。

1）铁路运输振动。

由于实际的铁路轨道不是绝对平直和刚性的，存在各种各样的不平顺，实际的车轮也不具有理想的几何外形，因此，运输地面设备的车辆在轨道上运行时，轮轨之间会产生不断变化着的轮轨作用力，它们会激起车辆振动。铁路运输振动主要与钢轨接头处的轮轨冲击、轨道的垂直变形、轨道的局部不平顺、轨道的随机不平顺、车轮偏心、车轮不均重、车轮踏面擦伤和锥形踏面轮对的蛇形运动等有关。铁路运输振动包括宽带随机振动和窄带随机振动。宽带随机振动是由轨道的垂向变形、局部不平顺和随机不平顺等引起的。窄带随机振动是由钢轨接头引起的。宽带随机振动与窄带随机振动叠加成为铁路运输振动的联合谱形。

　　2）公路运输振动。

　　公路运输振动是由路面不平度引起的，路面不平度又由无穷多正弦波的谐量成分组成，不同路面不平度的频谱构成大同小异，基本符合正态分布的规律。路面功率谱密度与路面不平度成正比，与输入频率成分的平方成反比。车辆悬架系统垂直振动功率谱密度与路面功率谱密度、簧上质量、簧下质量、轮胎刚度、固有频率和相对阻尼系数等有关。

　　良好的公路运输振动环境基本是宽带随机频谱，其中低频（$10 \sim 40$ Hz）部分的能量较高，路面功率谱密度为 $0.000\,65 \sim 0.015\ g^2/\text{Hz}$，垂向最大功率谱密度约为 $0.015\ g^2/\text{Hz}$，纵向最大功率谱密度约为 $0.006\,5\ g^2/\text{Hz}$，横向最大功率谱密度约为 $0.000\,65\ g^2/\text{Hz}$。

　　较差的公路运输振动环境是宽带随机振动与离散峰和谷振动叠加而成的联合谱，其中仍是低频（40 Hz 以下）部分的能量较高，垂向最大功率谱密度约为 $0.57\ g^2/\text{Hz}$，纵向最大功率谱密度约为 $0.38\ g^2/\text{Hz}$，横向最大功率谱密度约为 $0.26\ g^2/\text{Hz}$。

　　履带车的运输振动环境是低量值宽带随机振动与履带扑打地面引起的窄带随机振动叠加而成的联合谱，其中宽带随机振动的功率谱密度约为 $0.004\ g^2/\text{Hz}$，窄带随机振动的最大功率谱密度可能高出宽带随机振动一个数量级。

　　公路运输振动对地面设备的影响主要与输入的功率谱密度、振幅量级和设备及设备的安装型式对输入频谱响应的灵敏度等有关。

　　3）水路运输振动。

　　水路运输振动主要是由船体振动引起的。船体振动是宽带随机振动与周期振动的综合作用。宽带随机振动主要与水域涌浪、水流、船体撞击过载、水动阻力和航行稳定性等有关。周期振动主要与发动机、传动系统和螺旋桨的性能及船体外形等有关。

　　由于地面设备对水路运输振动的响应较其对公路运输振动的响应小，因此，在一般情况下，若考虑了公路运输振动对地面设备的影响，就不再考虑水路运输振动对地面设备的影响。

　　4）空中运输振动。

　　采用空中运输的地面设备系统应具有体积小、适应剧烈的温度变化和承受较大的振动及过载等特点。空中运输振动是由机身振动引起的，机身振动主要与飞行环境、飞机颠簸、发动机的工作性能和自身控制系统的使用性能等有关。常用的空中运输工具有直升机、喷气式飞机和螺旋桨飞机。

直升机的运输振动基本是宽带随机振动与很强的振动峰值的叠加。很强的振动峰值是由直升机的主旋翼、尾桨和发动机变速箱等旋转部分产生的。在飞行状态下，振动峰值的大小主要与离旋转部分的距离有关。

喷气式飞机的运输振动主要是宽带随机振动与结构弹性响应的叠加。宽带随机振动的主要来源是：①发动机噪声对飞机弹性结构的激励；②飞机外部的气动扰动；③飞机的机动飞行、气动颤振、气动颤簸和着陆滑杆等对飞机弹性结构的激励；④战时重复炮击脉冲压力对飞机弹性结构的激励。结构的弹性响应主要是指飞机结构在载荷和环境作用下产生的位移、振型和结构参量的时间历程。

螺旋桨飞机的运输振动主要是基础频谱与尖峰信号的叠加。基础频谱包括宽带随机振动和非纯正弦周期振动。宽带随机振动的主要来源是：①发动机噪声对飞机弹性结构的激励；②空气扰动；③战时重复炮击脉冲压力对飞机弹性结构的激励。非纯正弦周期振动主要是由螺旋桨飞机的旋转部分和发动机共同产生的。尖峰信号主要是由螺旋桨叶片旋转引起的谐波。

2. 使用振动

无论是固定发射导弹武器系统还是机动发射导弹武器系统，在发射准备过程中，由于地面设备系统会有各种各样的使用地点和技术状态，因而会遇到各种各样的使用振动环境。地面设备系统经常遇到的使用振动环境是：

（1）陆基机动发射导弹武器系统在机动过程中会产生随机使用振动环境，它属于宽带随机振动，主要与设备支承结构、车辆的动力性、机动速度、车辆的悬挂系统和路面的不平度等有关。

（2）传递机械能和压力的流体在管路系统中流动时引起的激振，它基本属于宽带随机振动，主要与流体的流动状态、流动速度、压力变化、管路结构和安装特点等有关。

（3）由设备的回转或往复运动部件（或设备邻近的其他设备的回转或往复运动部件）引起的设备自身的振动，它与正弦振动相近似，主要与振源强度、设备结构和安装特点等有关。

（4）由导弹发射引起的发射振动种类较多，譬如，由燃气噪声和燃气流引起的热发射振动；由发射装置导向部分的不平度引起的滑行发射振动；由发射筒压力变化和适配器误差引起的冷发射振动，它们都是地面设备系统的使用振动。发射振动主要与发射动力源和部件的相对运动状态等有关。发射动力源引起的振动为宽带随机振动，部件相对运动引起的结构振动大多集中在低频区。

（5）水面或水下机动发射导弹武器系统在机动过程中会产生随机使用振动环境，它是宽带随机振动和周期振动的叠加。宽带随机振动主要与水域涌浪、水流、舰艇或潜艇的撞击过载、水动阻力和航行速度等有关。周期振动主要与发动机、传动系统和螺旋桨的性能及舰艇或潜艇等的外形有关。

（6）空中机动发射导弹武器系统在作战和机动飞行时会产生随机使用振动，它与空中运输时产生的运输振动环境相类似，但比运输振动环境要恶劣一些。

诸如导弹发射导轨和悬挂系统等载机外挂设备的使用振动通常是由气动扰流附面层和载机的机动飞行等引起的。

一般外挂设备的使用振动主要由宽带扰流附面层产生，虽然与载机和外挂设备在载机上的安装位置无关，但与外挂设备的形状、空气动力、空气动力力矩和表面压力分布等有密切关系，振动源沿外挂设备表面分布，可用噪声试验代替外挂设备的使用振动试验。

组合外挂设备的使用振动主要由载机的机动飞行产生，机动飞行振动的能量集中在低频区（20～100 Hz），振动持续时间一般不超过 10 s，出现峰值的时间一般不超过 1 s。

7.3.1.2 环境效应

振动能使相邻元器件、导线和管路等产生碰撞及摩擦；会使紧固件松动；会使机件松动；会产生机械卡死；会使构件疲劳，产生裂纹或断裂；会使密封失效；会加速轴、孔磨损；会损坏摩擦结合面；会使滚动轴承的滚道产生压痕；会使均匀混合物或悬浮物分层或分离等。

振动会使元器件松动，产生短路；会使惯性器件和测量仪器的漂移增大，精度下降；会使晶体管和固体器件等的管脚折断；会使导线断裂；会使连接器和继电器等开关瞬间断开或吸合，使电气设备的性能下降或产生故障；会使光学或光电器件失效；会使电路产生强电噪声等。

7.3.1.3 环境要求的选择

通常将地面设备系统在使用过程中可能遇到的最恶劣的运输振动和使用振动环境作为设计和试验的环境要求。在选择设计和试验的环境要求时，应分析设备在运输和使用过程中可能遇到的所有振动环境，确定各种振动的频谱和振幅，确定设备可能有的响应；若设备遇到多种振动环境且各种振动环境又独立作用，则应选择使设备有最大响应的振动环境作为设备的动力学输入；若设备同时遇到几种振动环境的综合作用，则应按照振动频谱的包络线，选取最恶劣的状况作为设备的动力学输入。

7.3.2 冲击环境

冲击是地面设备系统或设备在突然、强烈的机械能量激励下产生的瞬时、猛烈的机械运动。在运输、安装和射前准备过程中，地面设备系统可能会遇到各种仅为少数几次的重复性机械冲击，它能在极短的时间内将机械能量传递到设备上，激励函数是非周期性的，频谱是连续的。

地面设备系统经常遇到的冲击环境是：

（1）在转载或转运中，因操作失误或机械故障产生的坠落或撞击。

（2）在公路运输过程中，因遇到路障或凹坑产生的撞击或跌落。

（3）在公路或铁路运输过程中，因突然制动产生的撞击。

（4）在铁路运输过程中，因挂钩故障或溜放产生的撞击。

（5）飞机起飞（或弹射起飞）和着陆（或拦阻着陆）时产生的撞击。

（6）热发射导弹时产生的燃气流冲击。

（7）冷发射导弹时产生的弹射冲击。

（8）导弹离轨时，因发射臂折动或反弹产生的冲击。

1. 环境效应

冲击会使结构应力快速增长；会使结构产生永久变形或断裂；会使结构之间产生相对运动，增加或减少了构件之间的摩擦或干扰，使设备发生故障或失效；会加速材料的低周期疲劳；会改变设备的绝缘电阻，降低绝缘强度；会使磁场或静电场的强度发生变化等。

2. 环境要求的选择

通常将地面设备系统在使用过程中可能遇到的最恶劣的冲击环境作为设计和试验的环境要求。在选择设计和试验的环境要求时，应分析设备在运输、安装和射前准备过程中可能遇到的所有冲击环境，确定各种冲击的加速度和频谱，确定设备可能有的响应。

对于转载、转运、公路或铁路运输过程中产生的冲击，一般通过专门的试验确定强度数据，若无强度试验数据时，可规定设备功能试验的最大冲击加速度为 $40g$，冲击持续时间为 $6\sim9$ ms，交越频率为 45 Hz；可规定设备坠落或撞击安全试验的最大冲击加速度为 $75g$，冲击持续时间为 $3.5\sim5.0$ ms，交越频率为 80 Hz。

对于处于包装状态的地面设备在坠落或撞击过程中产生的冲击，可规定设备功能试验的最大冲击加速度为 $40g$，冲击持续时间为 11 s；可规定安全试验的最大冲击加速度为 $75g$，冲击持续时间为 6 ms。

实际上，飞机弹射起飞和拦阻着陆时产生的冲击是一种较低频率的瞬间周期振动，可用特性大致相同、持续时间为 2 s 的常幅正弦振动代替。

对于发射导弹时产生的冲击，可规定设备功能试验或安全试验的最大冲击加速度为 $80g\sim100g$，冲击时间为 $6\sim12$ ms。

7.3.3 噪声环境

噪声是地面设备系统或设备在使用过程中遇到的由不同频率和声强的声音无规律地组合在一起的混合声音，它是一种对地面设备有危害的声音，其危害主要与声音的物理性质和操作人员的生理与心理状态有关。

在使用过程中，地面设备系统可能遇到的噪声环境有：①汽车发动机工作时的噪声；②火箭发动机点火时的噪声；③炸弹或炮弹爆炸时的噪声；④发电机组工作时的噪声；

⑤电动机工作时的噪声；⑥泵工作时的噪声；⑦空气压缩机、氮压缩机或氦压缩机工作时的噪声；⑧回转或往复运动部件产生的噪声；⑨变压器铁芯产生的电磁噪声；⑩ 共振时产生的噪声；⑪空运时机舱内的噪声；⑫空中机动时，机舱内的噪声和外挂设备遇到的噪声；⑬气体排放时产生的噪声。

1. 环境效应

由于噪声的低频影响与振动相同，噪声在设备上激起的振动类似于机械振动，故噪声环境效应与振动环境效应相类似；噪声试验通常是设备振动试验的补充部分。

噪声会降低操作人员的工作效率，诱发疾病；会污染或破坏建筑物的使用环境；会影响或破坏仪器的正常工作，使之产生故障或失效。

2. 环境要求的选择

通常将地面设备系统在使用过程中可能遇到的最恶劣的噪声环境作为设计和试验的环境要求。若噪声环境依次出现，则应选择强者；若多个噪声环境同时起作用，则应将多个噪声环境按式（7-2）综合，并将综合后的噪声量值作为设计和试验的环境要求。

$$Lp=10 \lg \sum_{i=1}^{n} 10^{\frac{Lp_i}{10}} \qquad (7-2)$$

式中　　Lp——综合后的噪声量值，dB；

　　　　n——同时起作用的噪声环境的数目；

　　　　L_{pi}——第 i 项噪声的量值，dB。

在对噪声环境提出控制要求时，首先，应分别考虑操作人员和设备对可能遇到的噪声环境的耐受能力；其次，应根据操作人员和设备与噪声源的距离、对噪声环境的耐受能力及操作人员与设备的相对位置等确定可以接受的噪声量值。

操作人员对噪声环境的耐受能力主要与其生理、心理素质及状态有关，为了使操作人员能够正常地工作，噪声环境的量级通常不能超过 85 dB。各种噪声环境的允许量级在我国制定的《工业企业噪声卫生标准》（1980 年版）中已经做了具体的规定。

设备对噪声环境的耐受能力要比操作人员大得多。工程实践表明，设备对量级很小的噪声环境几乎没有响应或响应十分微弱；只有当噪声环境的能量达到一定的量级后，设备才有较为明显的响应；设备能够承受的宽带随机噪声环境的量级通常小于 130 dB（参考声压为 20 μPa）；若设备在每一赫兹频带内承受的噪声量级小于 100 dB，则可忽略噪声环境对设备的影响，若噪声量级大于 135 dB，则必须考虑噪声环境对设备的影响。

由于发电机组、电动机和泵等在工作时产生的噪声环境的量级往往小于 130 dB，故通常不考虑其对设备的影响。在大多数情况下，虽然 130 dB 的噪声环境不会影响设备的正常工作，但它对操作人员有较大的伤害，因此，必须采取相应的防护措施，将噪声环境的量级衰减至操作人员能够接受的程度。

工程实践表明，由空中运输和空中发射引起的噪声环境的量级往往超过 135 dB，有时达到 140 dB；在噪声源附近和飞机噪声锥内，噪声环境的量级最大可达 160 dB；对于靠近噪声源并用薄板与噪声源隔开的机载设备内，噪声环境的量级最大可达 150 dB；飞机外挂设备可能遇到的噪声环境的量级与飞机的航速、外挂设备的外形和位置等有关，为 150～170 dB；对于靠近气流或位于气流的作用范围内的敞开空腔，譬如，已打开舱门的导弹舱等，其内往往会产生空腔共振频率下的驻波，它局限于舱门附近而不向外传播，其噪声量级可能超过 170 dB。

由上可以看出，在选择机载设备的环境要求时，必须考虑噪声环境对机载设备的影响。

导弹发射时，火箭发动机喷出的高温、高速的燃气流会产生很强的噪声，噪声环境的量级可达到 165 dB。对于火箭发动机附近的地面设备，必须考虑噪声环境的影响。

7.3.4 加速度环境

加速度是描述速度变化快慢和方向的物理量。通常将速度的变化与变化所历时间的比值称为这段时间内的"平均加速度"，如果所历时间极短（趋近于零），则将这一比值的极限称为物体在该时刻的加速度，亦称"瞬时加速度"。加速度是一个矢量，其方向就是速度变化的极限方向。加速度能够引起惯性载荷，当加速度与重力方向相反时，加速度引起的惯性载荷抵消重力；当惯性载荷与重力接近或相等时，则物体处于失重状态；当加速度大于重力加速度时，则会产生抵消重力后的剩余反向载荷。地面设备系统经常遇到的加速度环境是：

（1）在公路运输、铁路运输和陆上机动过程中，因车辆加速、减速和摇晃等产生的加速度环境。陆上加速度环境的量级通常与车辆的总体结构布局、最高速度、加速能力、悬架系统的性能、制动系统的性能和道路情况等相关。

（2）在水路运输和水面或水下机动过程中，因舰船或潜艇的加速、减速或摇晃等产生的加速度环境，水路加速度环境的量级通常与舰船或潜艇的总体结构布局、水域涌浪、水流、撞击和水动阻力等有关。

（3）在空中运输和飞机机动过程中，因飞机滑行、起飞、降落、翻滚和转弯等产生的加速度环境，它比陆上和水上的加速度环境恶劣，环境机理也比较复杂。空中加速度环境的量级通常与机种、机载设备的质量和载机的总体结构布局等有关。

1. 环境效应

加速度引起的惯性载荷会使设备产生弹性形变、永久变形或裂纹，影响设备的操作和使用，严重时会损坏设备；会使紧固件和固定支架发生断裂；会改变机械传动装置的正常工作状态；会损坏密封件；会改变压力或流量调节装置的正常工作状态；会使泵产生气蚀现象等。

加速度会使电子线路板短路；会使接插件松动；会使电路断开；会使电感或电容变

值；会使继电器误动作；会使伺服阀上的线圈移位，产生电流涡流或控制系统的危险响应等。

2. 环境要求的选择

通常将地面设备系统在使用过程中可能遇到的最恶劣的加速度环境作为设计和试验的环境要求。

由于陆上和水上加速度环境的量级较小，通常将加速度引起的惯性载荷作为设计载荷的一部分予以考虑，不专门安排加速度试验。公路运输或机动产生的加速度环境的量级不大于 $3g$。铁路运输或机动产生的加速度环境的量级不大于 $2g$。水路运输或机动产生的加速度环境的量级不大于 $1g$。

由于空中加速度环境的量级较大，在考虑加速度试验的量值时，通常将空中飞行加速度分解成 6 个轴向加速度分量，首先确定前向加速度分量，然后将前向加速度乘以相应的系数，从而求出了向后、向上、向下、向左和向右等 5 个轴向加速度分量。空中运输和机动所产生的加速度量级通常不大于 $8g$。当飞机做机动飞行时，对于远离载机质心的设备，应考虑因飞机机动增加的附加加速度；对于安装在机翼上的设备，既要考虑因飞机横滚引起的向上、向下和侧向的附加加速度，同时也要考虑因飞机偏航引起的侧向、向前和向后的附加加速度；对于安装在机身上的设备，既要考虑因飞机俯冲引起的向上、向下、向前和向后的附加加速度，同时也要考虑因飞机偏航引起的侧向、向前和向后的附加加速度。

7.3.5　碰撞环境

碰撞是相对运动的物体相遇后在极短的时间内运动状态发生显著变化的过程。通常将碰撞体速度的大小和方向都发生改变但其内部状态没有变化的碰撞称为弹性碰撞；将碰撞体内部产生发热、变形或破裂的碰撞称为非弹性碰撞。在地面设备系统的运输和使用过程中，可能遇到一次或多次机械碰撞；在不同的周期内，多次重复性机械碰撞都具有随机和复杂的性质。碰撞环境效应与振动或冲击环境效应类似，主要与碰撞峰值加速度和重复频率有关。对于峰值加速度较小和脉冲重复频率较高的碰撞，其环境效应接近于振动环境，会使连接松动，会使零件产生疲劳破坏，会加剧机械磨损等。对于峰值加速度较大和脉冲重复频率较低的碰撞，其环境效应接近于冲击环境，会使结构产生裂纹，会使连接部位产生错位和变形等。

7.3.6　摇摆环境

摇摆是一定条件下运动规律较为确定、重复频率较低的机械运动。在地面设备系统的运输和使用过程中，设备可能遇到各种各样的摇摆环境，譬如由涌浪、水流和航速变化等引起的舰船纵向摇摆和横向摇摆，摇摆的倾角和重复的周期均接近于定值；对于由车辆行驶速度变化、转向、重心位置、环境风力和道路等引起的公路或越野车辆的摇摆，公路车辆的摇摆幅度较小，但频率较高，越野车辆的摇摆幅度和重复周期变化都比较大。虽然摇摆环境引起的结构破坏和机械磨损等比振动或冲击环境小，但它对舰载发射设备的瞄准和导弹发射的影响仍然不能忽略。

7.3.7 跌落环境

跌落是自由下落的物体在与地面或其他物体表面的接触瞬间所承受的冲击或碰撞。在地面设备系统的运输、装卸或维修过程中，跌落环境是一种很少遇到的意外力学环境，它能使设备表面产生碰伤、凹痕、变形、开裂或断裂；会使连接部位产生变形或错位等。

7.3.8 力学环境与气候环境的相互影响

在大多数情况下，力学环境与气候环境相遇时产生的联合环境效应都会在一定程度上强化单一环境因素的影响。

1. 冲击振动－高温

冲击振动与高温互相强化对方的环境效应，塑料或聚合物比金属更容易接受这种综合因素的影响。

2. 冲击振动－低温

仅在温度很低的时候，低温才能强化冲击振动的环境效应。

3. 振动－湿度

振动与湿度的联合环境效应会提高电气材料的分解速度。

4. 振动－低压

振动与低压的联合环境效应会强化单一环境因素对电子或电气设备的影响。

5. 振动－盐雾

振动与盐雾的联合环境效应会提高电气材料的分解速度。

6. 振动－沙尘

振动能够强化沙尘环境的磨损效应。

7. 振动－加速度

在高温和低气压条件下，振动与加速度互相强化对方的环境效应。

8. 加速度－低压

通常在高温条件下才考虑加速度与低压的联合环境效应。

7.4 发 射 环 境

与单一气候环境和力学环境相比，发射环境是集多种环境因素影响于一身的复合环境，其环境效应主要与导弹的发射动力有关，不同的发射动力产生不同的环境效应。发射动力有两种：一种是自动力，它来自导弹的自身动力装置——火箭发动机；另一种是外动力，它来自导弹的外部动力装置，诸如压缩空气动力装置、燃气式动力装置、燃气－蒸气式动力装置、炮射式动力装置、自弹式动力装置、液压式动力装置、电磁式动力装置、投放式动力装置和复合式动力装置等。

发射环境效应的强度较高，影响较大，形成机理也比较复杂。

7.4.1　自动力发射环境

自动力发射环境包括由高温高速燃气流产生的热动力烧蚀环境和由导弹在发射装置上的机械运动产生的机械力学环境。

1. 环境效应

自动力发射产生的环境效应主要有：

（1）火箭发动机喷出的高温高速燃气流能够产生强大的压力脉冲，它迅速向周围传播和扩散，压力载荷作用到火箭发动机附近的设备上，使设备产生激振响应。

（2）火箭发动机喷出的高温高速燃气流会对火箭发动机附近的设备产生冲刷、烧蚀和腐蚀作用。

（3）火箭发动机喷出的高温高速燃气流遇到导流装置后会产生激波，波后压力和温度升高；压力升高会产生附加载荷，温度升高会强化烧蚀效应。

（4）火箭发动机喷出的高温高速燃气流会产生很强的噪声，使设备产生激振响应。

（5）由火箭发动机的推力偏心和导流装置的安装误差等引起的设备机械振动。

（6）由导弹滑动和导轨不平度等引起的设备机械振动。

2. 环境要求的选择

通常根据导弹一级火箭发动机（含助推发动机）的参数（发动机额定推力、喷管数量、喷管布置和燃气流参数等）计算自动力发射环境参数–燃气流场参数，也可以通过一级火箭发动机的动力试车测出燃气流场参数。

由火箭发动机点火产生的压力脉冲的强度很高，作用时间很短，其峰值通过动力试车测定。

火箭发动机喷出的高温高速燃气流产生的噪声功率为发动机功率的 0.4%～0.8%，最大声压级可达到 160～165 dB，频率范围为 20～10 000 Hz。噪声场的强度和频谱通常由试验测定。

燃气流场核心区的温度在 1 000 ℃以上，未经衰减的燃气流的速度约为两倍声速。

由火箭发动机的推力偏心、导弹滑动和导轨不平度等引起的设备机械振动主要与发射设备的结构特点有关。对于台式垂直发射，由于导弹离开发射台的 4 个支撑点后无须初始导向即可开始其主动段飞行，故没有因导弹滑动和导轨不平度等引起的设备机械振动。对于筒式或导轨式垂直发射，由于导弹点火后还需沿发射筒或导向支撑臂滑行一段才开始其主动段飞行，故应考虑由火箭发动机的推力偏心、导弹滑动和导轨不平度等引起的设备机械振动。对于筒式或导轨式倾斜发射，由于导弹点火后也要沿发射筒或导向支撑臂滑行一段才开始其主动段飞行，故亦应考虑由火箭发动机的推力偏心、导弹滑动和导轨不平度等引起的设备机械振动。对于空中发射，主要考虑由载机振动和气动噪声等引起的设备机械振动。

7.4.2　外动力发射环境

外动力亦称辅助动力，将辅助动力装置安装在发射设备上的外动力发射称为弹外动力弹射；将辅助动力装置安装在导弹上，且完成弹射后自动脱落的外动力发射称为弹载动力弹射。辅助动力装置的种类很多，这里只介绍燃气 – 蒸气式辅助动力装置，其主要优点是压力变化比较平稳，可获得理想的内弹道参数，温度较低，易于解决导弹和发射设备的防热问题。这种外动力发射环境主要包括由燃气 – 蒸气式辅助动力装置工作产生的热环境、压力环境和由导弹在发射设备内的机械运动产生的机械力学环境。

1. 环境效应

外动力发射产生的环境效应主要有：

（1）发射导弹时，点火器通电点燃固体药柱，燃气发生器产生的高温高压的燃气通过喷管向外喷出，喷管和发射设备除受到热动力作用外，还受到流动燃气引起的激振。

（2）燃气发生器产生的高温高压的燃气经过喷管喷向燃气冷却器，在形成燃气 – 蒸气混合物的同时，产生了压力脉冲，它作用到发射设备底部的隔热装置和导弹的尾部，既推动导弹离开发射设备，又使发射设备受到动压和激振。

（3）燃气 – 蒸气混合物的温度通常高于 200 ℃，对发射设备的防热涂层和适配器（密封环）等均有一定的影响。

（4）燃气 – 蒸气混合物经过导流器进入发射设备的工作腔并形成涡流和噪声，经过多次反射和共振后，较强的噪声会使发射设备产生激振。

（5）燃气 – 蒸气混合物含有氧化物和固体颗粒，会使发射设备的工作腔和导弹的尾部受到冲刷和腐蚀。

（6）燃气 – 蒸气混合物使导弹产生加速度，对发射设备的底部产生后坐力。

在由辅助动力装置产生的诸环境效应中，动压、噪声和发射后坐力是发射设备设计时必须考虑的主要载荷。

2. 环境要求的选择

通常根据导弹主动段的飞行弹道和弹体结构等确定发射内弹道，也就是确定了导弹在发射设备内部的运动规律、飞离发射设备的速度和点火高度等；然后根据发射内弹道确定辅助动力装置，也就是确定了发射设备工作腔内的压力和温度等的分布规律，从而确定了外动力发射的环境要求。

对于外动力发射的陆基导弹，其主动段的飞行弹道主要与导弹点火时的速度、姿态、点火高度和一、二级的分离高度等有关，其发射载荷应小于飞行中的最大载荷。

对于外动力发射的水基导弹，其主动段的飞行弹道主要与出水后的点火速度、姿态和水中弹道的稳定性等有关。

对于外动力发射的空基导弹，其主动段的飞行弹道主要与点火速度、姿态和弹射距离等有关；而弹射距离和弹射可靠性又是确定内弹道时需要重点考虑的问题。

导弹发射时，由导弹运动产生的发射设备的机械振动主要与导弹的发射姿态、发射设备的结构特性和发射内弹道等有关。

7.5　水　下　环　境

与发射环境一样，水下环境也是集多种环境因素影响于一身的复合环境，其环境效应主要与海区、海流、海况、海底地貌与底质、海底地震和风力与风向等有关。

海区是导弹潜艇的作战水域，它包括海水水体、海洋生物、邻近海面上空的大气、围绕海区周边的海岸和海底等。

海流亦称洋流，它是受大气环境和行星风系推动的海水漂流。

海况是海区物理、化学和生物等因子及其变化的情况，主要包括温度、盐度及密度分布、海水成分、海水流动、波浪和浮游生物等。

海底地貌与底质是指如海台、海盆和海岭等海底地形与构造。

海底地震是指海底地质构造的活动情况。

风力与风向是指海区风力与风向的随机变化。

1. 环境效应

水下环境产生的环境效应主要有：

（1）海流会使导弹潜艇产生诸如摇摆、升降和振动等动力学响应。

（2）海水中的氯化钠和氯化镁等会使导弹潜艇接触海水的部分产生化学或电化学腐蚀。

（3）海水中的浮游生物和微生物等会吸附和侵蚀导弹潜艇的外露部分。

（4）导弹潜艇的外露部分由下潜深度带来的附加载荷。

2. 环境要求的选择

通常将导弹潜艇在作战海区可能遇到的最严酷的水下环境作为设计和试验的环境要求。

7.6 其 他 环 境

其他环境主要包括生物环境、化学环境、爆炸大气环境、电磁干扰环境、雷电环境和地震环境等。

7.6.1 生物环境

生物环境分为自然生物环境和诱导生物环境。自然生物环境是指由诸如霉菌、昆虫、啮齿目动物和鸟类等自然生物造成的生物环境。诱导生物环境是指由诸如致病菌和细菌等生物战杀伤因素造成的生物环境。

霉菌会改变设备材料的物理性能；会直接破坏某些天然材料、以天然材料为基础的衍生材料和有机合成材料等；会直接影响电气和光学设备的使用性能；会使材料产生腐蚀和剥蚀等。

昆虫会蚕食某些天然材料和有机材料；会影响机械传动的性能；会引起电气线路短路等。

许多啮齿目动物不仅是农业与林业的害兽，有的还是疾病的传播者；会咬坏导线和非金属材料；会损坏电子元器件；会降低电气或电子设备的使用可靠性等。

许多鸟类会影响飞机的机动性能；会损坏机载设备；会直接威胁飞机的飞行安全。

致病微生物和细菌会损害操作人员的身体健康，间接影响导弹的发射准备和发射。

7.6.2 化学环境

化学环境分为流体泄漏产生的化学环境和化学武器产生的化学环境。流体泄漏产生的化学环境是指诸如有毒的液体推进剂及其蒸气、制冷剂、中和清洗剂、洗消和分析化验用化学物质等形成的化学环境。化学武器产生的化学环境是指由诸如神经性毒剂、糜烂性毒剂、全身中毒性毒剂、窒息性毒剂、失能性毒剂和刺激性毒剂以及装有上述毒剂的炮弹、炸弹、火箭弹、导弹弹头、地雷和飞机布洒器等形成的化学环境。

从导弹及其地面设备系统中泄漏出来的有毒流体会腐蚀或损坏设备；会不同程度地损害操作人员的身体健康；会不同程度地破坏导弹发射地点及其周围的生态环境。

化学武器产生的化学环境会污染设备；会不同程度地损害操作人员的身体健康；会不同程度地污染设备及其周围的生态环境。

7.6.3 爆炸大气环境

爆炸大气环境是指由诸如燃油、液氢和偏二甲肼等易燃液体的泄漏及挥发在有限空间内形成的具有一定体积浓度的爆炸蒸汽环境。汽油库房、柴油库房、液氢槽罐间、液氢加注泵间、偏二甲肼槽罐间和偏二甲肼加注泵间等都有可能存在爆炸大气环境。

爆炸大气环境会直接威胁设备和操作人员的安全；会引发电气设备的故障和灾害；会对某些设备产生腐蚀作用等。

7.6.4　电磁干扰环境

电磁干扰环境是外界电磁场对电或非电设备的影响以及设备自身的电磁场对外界的影响。

电磁干扰的分类方法很多，按照电磁干扰的来源，可分为自然干扰和人为干扰。自然干扰主要包括天电干扰（如雷电）和宇宙干扰（如太阳电磁辐射）。人为干扰主要包括工业干扰（如输电线、电网和电气或电子设备工作时产生的电磁干扰）和战争干扰（如电子战干扰和核弹头爆炸时产生的电磁干扰）。按照电磁干扰的传输方式，可分为辐射干扰、传导干扰和串扰。辐射干扰是指由部件、天线、电缆或连接线等辐射的电磁干扰，其传播形式包括近区场感应耦合和远区场辐射耦合。传导干扰是指沿着导体传输的电磁干扰，其传播形式包括电耦合、磁耦合和电磁耦合。串扰是指由其他传输电路通过电或磁的相互耦合在某个传输电路中引起的不希望有的信号扰动。

电子战干扰是未来信息化战争的主要攻击手段之一，它是削弱或破坏敌方电子设备效能而采取的电子技术措施；人为地辐射和转发电磁波或声波，制造假回波或吸收电磁波，达到扰乱或欺骗敌方电子设备的目的。按照是否辐射能量，电子战干扰可分为有源干扰和无源干扰。按照干扰效果，电子战干扰可分为杂波干扰和欺骗干扰。新式电子战干扰系统都有杂波干扰和欺骗干扰两种工作状态，这两种工作状态能够酿成恶劣的电磁干扰环境和虚假的多目标。电子战使用的干扰设备种类很多，有源干扰设备包括瞄准式、杂波－阻塞式、回答式和投掷式（辐射电磁波或红外线）。无源干扰设备包括无源诱饵和干扰物（反射材料）投放器。干扰物主要有箔条、敷金属气悬体、激光干扰气悬体和空气电离气溶胶等。

电磁干扰会破坏无线电通信系统的正常工作状态，会使数字电路和计算机系统产生误码，会使电气控制线路产生误动作，会降低检测仪表的测量精度，会使测量仪表产生误指示。电源会干扰继电器；点火系统会干扰显示装置；发电机会干扰指示仪表；电动机会干扰指示仪表；电弧会干扰低功率电路；雷达发射机会干扰雷达接收机；无线电发射机会干扰无线电接收机；日光灯会干扰控制设备；继电器、计算机、汽车、舰船和飞机等会干扰同类元器件或设备。

7.6.5　雷电环境

雷电是云层间、云地间和云与空气间的电位差增大到一定程度时发生的猛烈放电现象。在放电的路径上，空气强烈增热，水滴迅速汽化，体积骤然膨胀，并伴有强烈的爆炸声。一次雷电放电的持续时间为数万分之一秒至零点几秒。在发生对地雷闪时，雷电电压高达 1 亿 V 左右。

雷电会干扰计算机等电子设备；会破坏电气设备的绝缘层；会烧坏被击设备；会危及操作人员的生命安全。

7.6.6　地震环境

地震是地面的震动，它主要发生在环太平洋地震带和欧亚横贯地震带上，我国地处这两个地震带之间，是多地震国家，对于部署在西南、西北和华北地区的导弹地面设备系统，均需考虑地震环境的影响。

地震可分为天然地震和人工地震。天然地震包括构造地震和火山地震。通常将由地下岩石的构造活动产生的地震称为构造地震，它的破坏性可能很大，影响范围可能很广。通常将由火山爆发产生的地震称为火山地震，其强度一般较小，波及面也不大。此外，岩洞的崩塌和大陨石的撞击等也会产生天然地震，但这种情况是极其罕见的。人工地震是指用人为的方法产生的地震，如工业爆炸和地下核爆炸等。一般所说的破坏性地震均指构造地震，它以地震波的形式向周围传播，地震波包括纵波和横波；纵波先到达地面，使地面上下震动，横波后到达地面，使地面左右和前后震动。

地震的强度用震级表示，它表示地震释放能量的数量。地震的震级见表 7-4。

表 7-4　地震的震级

震级	0	1	2.5	5	6	7	8	8.5	8.9
释放能量/J	1×10^5	2×10^6	4×10^8	2×10^{12}	6×10^{13}	2×10^{15}	6×10^{16}	4×10^{17}	1×10^{18}

某一地区受地震影响和破坏的程度用地震烈度表示，地震烈度与震级、至震中的距离和地质状况等有关，但与震级并不成比例。地震的烈度见表 7-5。

表 7-5　地震的烈度

地震烈度	主　要　指　标
Ⅰ（无感）	只能用仪器测出
Ⅱ（很弱）	在完全静止时才能有感觉
Ⅲ（弱）	与马车驰过的震动相类似
Ⅳ（中度）	地板、门窗和器皿等发出响声，与载重汽车疾驰而过的震动相类似
Ⅴ（相当强）	室内有较强的震感，个别窗玻璃破碎
Ⅵ（强）	书籍或器皿等翻倒或坠落，墙体灰泥裂开，较轻的木质家具移位

续表

地震烈度	主　要　指　标
Ⅶ（很强）	旧房损坏严重，井体错位，井内水位发生变化
Ⅷ（破坏）	多数房屋损坏，人站立不稳，人畜均有伤亡
Ⅸ（毁坏）	大多数房屋倾倒损坏
Ⅹ（毁灭）	土地变形，坚固建筑物损坏，山体滑坡，管道破裂
Ⅺ（灾难）	地层发生大断裂，自然景观显著改变
Ⅻ（大灾难）	地形、地貌剧烈变化，建筑物全部损坏，动植物毁灭

7.7　典型地面设备的使用环境载荷

地面设备的设计载荷通常包括两部分，一部分是基本载荷，它是由导弹的起飞质量、运输质量和设备的结构质量等产生的；另一部分是附加载荷，它是由气候环境、力学环境和发射环境等使用环境的影响产生的，故又将之称为使用环境载荷。这里，仅介绍几种典型地面设备的使用环境载荷。

7.7.1　弹道导弹地面发射台的使用环境载荷

弹道导弹地面发射台通常支承在平整的混凝土发射场坪上，场坪的变形可以忽略。当弹道导弹竖立在地面发射台上以后，一般都要连接防风装置并初步调平，因此，无须考虑风载荷作用下弹道导弹在地面发射台上的抗滑稳定性。地面发射台的使用环境载荷包括两部分：一部分是地面发射台主体结构承受的风力引起的风载荷，另一部分是地面发射台导流器承受的由火箭发动机喷出的高温高速燃气流引起的燃气流冲击载荷。

在风力作用下，弹道导弹的支点载荷会发生周期性的变化；在规定的风速下，弹道导弹的倾覆力矩和剪力通常由弹体结构设计部门给出。倾覆力矩和剪力分别以对称和反对称载荷的形式作用到地面发射台上。对于近程弹道导弹，由风力引起的作用到地面发射台主体结构上的使用环境载荷仅为基本载荷的15%～20%，它对地面发射台主体结构的强度设计影响不大。对于远程弹道导弹，由风力引起的作用到地面发射台主体结构上的使用环境载荷对其强度设计影响较大。弹道导弹的4个支点通常都是对称分布的，由于弹体结构的刚度比地面发射台主体结构小得多，故大多数地面发射台的支腿或回转部支承盘都要承受由风力引起的使用环境载荷。在设计地面发射台主体结构时，通常考虑由两种风向的风力引起的作用到支腿或回转部支承盘上的使用环境载荷，并取其最大者作为地面发射台主体结构的附加载荷。两种风向分别是沿着地面发射台的对角线和垂直于地面发射台的正面。

火箭发动机喷出的高温高速燃气流引起的作用到导流器上的使用环境载荷是一种瞬态燃气流冲击载荷，使导流器产生冲击应力，它对导流器的结构危害很大；燃气流冲击会使导流器结构的薄弱部分产生疲劳裂纹，扩展的疲劳裂纹会使导流器结构发生低应力破坏。在设计导流器结构时，应侧重燃气流场的动力学分析与计算。燃气流冲击载荷主要与火箭发动机喷口的燃气参数和导流器的结构参数等有关。

7.7.2 防空导弹车载发射装置的使用环境载荷

防空导弹车载发射装置工作时承受的使用环境载荷是发射装置总体设计和零部件设计的重要依据之一。

车载发射装置有 3 种工作状态，即瞄准状态、发射状态和运输状态。

7.7.2.1 车载发射装置处于瞄准状态时的使用环境载荷

瞄准状态是车载发射装置瞄向并跟踪预定目标的状态，它包括调转状态和跟踪瞄准状态。调转状态是使发射装置快速地接近目标方向或使发射装置快速地回到装弹位置的运动状态。跟踪瞄准状态是发射装置根据目标的运动规律进行的瞄准运动状态。

处于瞄准状态时，车载发射装置的使用环境载荷主要有带导弹起落架加速瞄准时产生的惯性力矩、回转装置调转时产生的惯性力矩和风载荷。这里只介绍惯性载荷。

带导弹起落架加速瞄准时产生的惯性力矩主要与带导弹起落架绕耳轴的转动惯量和起落架的瞄准角加速度有关。回转装置调转时产生的惯性力矩主要与回转装置绕中心轴的转动惯量和回转装置的调转角加速度有关。

7.7.2.2 车载发射装置处于发射状态时的使用环境载荷

发射状态是火箭发动机点火后，防空导弹在导轨上运动而车载发射装置的起落架和回转装置仍处于跟踪瞄准的状态，通常又将之称为瞄准发射状态。车载发射装置处于发射状态时，防空导弹做复杂的空间运动，其质心运动主要有相对加速度运动、牵连加速度运动和科氏加速度运动。

处于发射状态时，车载发射装置的使用环境载荷主要有相对惯性力、牵连惯性力、科氏惯性力、燃气流冲击载荷和风载荷。这里，拟介绍惯性载荷和燃气流冲击载荷。

相对惯性力是由防空导弹在不平的导轨上运动产生的。导轨的不平直度主要与机械加工和导轨的装配等有关。相对惯性力主要与导轨弯曲的波高、波长和防空导弹的离轨速度等有关。

牵连惯性力是由防空导弹的牵连运动产生的，牵连运动是动坐标系相对于固定坐标系的运动。牵连加速度包括切向加速度和法向加速度，法向加速度比切向加速度小，通常可以忽略。牵连惯性力主要与防空导弹离轨瞬间其质心至回转中心轴的距离和瞄准角加速度等有关。

科氏惯性力是由防空导弹在转动的起落架上运动产生的。科氏惯性力主要与发射装置方位回转角速度、防空导弹的运动速度及其与起落架耳轴的夹角等有关。

燃气流冲击载荷是火箭发动机喷出的高温高速燃气流作用到导流器上的动压力，它除对导流器产生冲刷和烧蚀作用外，对发射装置的其他部分也有不利的影响。燃气流冲击载荷主要与火箭发动机的喷口燃气参数和导流器的结构参数等有关。

7.7.2.3　车载发射装置处于运输状态时的使用环境载荷

运输状态是车载发射装置通过铁路、公路、水路和空中运输时的状态。车载发射装置采用不同运输方式时产生的过载系数见表 7-6。

表 7-6　不同运输方式的过载系数

运输方式	方　向		
	轴向	横向	法向
铁路	±0.25～±3.0	±0.25～±0.75	0.2～3.0
公路（载重汽车）	±3.5	±2.0	2.0～3.0
公路（拖车）	±1.0	±0.75	2.0
水路	±0.5	±2.5	2.5
空中	±3.0	±1.5	3.0

铁路运输环境载荷主要与轨道的不平度、钢轨接头处的轮轨冲击、车辆启动和紧急制动等有关，通常认为铁道车辆的振动或冲击波形是半正弦波，峰值加速度可达 25g，持续时间为 25 ms。

公路运输环境载荷主要与路面的不平度、车辆启动、紧急制动、装载质量、行驶速度和悬挂系统等有关，通常认为公路车辆的振动或冲击波形是半正弦波，峰值加速度可达 3.5g，持续时间为 20～50 ms。

水路运输环境载荷主要与水流、涌浪、舰（船）体结构和装载质量等有关。

空中运输环境载荷主要与跑道表面不平度、起飞、降落、制动、阵风和颤振等有关，通常认为运输机的振动或冲击波形是半正弦波，峰值加速度可达 12g，持续时间为 100 ms。

7.7.3　飞航导弹舰载固定角发射装置的使用环境载荷

与弹道导弹、防空导弹和飞航导弹的车载发射装置不同，飞航导弹舰载发射装置的停泊状态、航行状态和发射状态都会受到舰艇运动的影响；舰艇运动主要影响舰载发射装置的受力状态。由于舰艇的航行速度和机动转弯速度都比较小，故舰艇运动主要与舰艇的结构尺寸和风浪等有关。在风浪的作用下，通常认为舰艇的垂荡、横摇和纵摇运动均为简谐运动。舰艇的运动状态与海况的关系见表 7-7。

表 7-7 某型舰艇的运动状态与海况的关系

运动状态	三一单幅值	海况等级			
		四	五	六	九
垂荡	$\dfrac{Z}{3}$/m	0.4~1.0	1.0~2.0	2.0~3.0	≥7
	周期/s	5~7			
横摇	$\dfrac{\varphi}{3}$/3 (°)	2~6	6~12	12~18	≥30
	周期/s	8~12			
纵摇	$\dfrac{\theta}{3}$ (°)	0.4~1.2	1.2~2.5	2.5~4.0	≥7
	周期/s	5~7			

注：三一单幅值是 $\dfrac{1}{3}$ 最大单幅值的平均值。

对于舰载固定角发射装置，虽然风浪引起的舰艇运动机理十分复杂，但产生惯性载荷的主要因素仍是舰艇摇摆中心的垂荡运动及绕摇摆中心的横摇和纵摇运动。

舰载固定角发射装置主要用于发射那些在发射后可自行修正方位并进入所需射向的飞航导弹，无论在航行状态还是在发射状态，这种发射装置都没有相对于舰艇的运动。因此，可以将之视为舰艇上的一个固定部分来分析其使用环境载荷。

舰载固定角发射装置的使用环境载荷主要有由舰艇运动产生的惯性载荷、由飞航导弹运动产生的惯性载荷、燃气流冲击载荷和风载荷。这里，拟介绍惯性载荷和风载荷。

由舰艇运动产生的惯性载荷包括两部分。一部分是由舰艇摇摆中心的垂荡运动产生的惯性载荷，舰艇摇摆中心的垂荡运动与舰艇运动、波浪运动和舰艇与波浪间的相对运动有关。另一部分是由舰艇的横摇和纵摇运动产生的惯性载荷，舰艇在摇摆过程中，当其运动到平衡位置时有最大的摇摆速度，产生最大的法向惯性载荷；当其运动到最大摇摆角时有最大的摇摆加速度，产生最大的切向惯性载荷，一般地说，切向惯性载荷总是大于法向惯性载荷，由于两者不会同时出现，故主要考虑切向惯性载荷。每一种舰艇都有各自的摇摆特性，每一种舰载发射装置都有各自的结构特点和总体布局，因此，在设计舰载发射装置时，摇摆运动引起的惯性载荷的计算可按具体情况在下述 3 种方式中选取一种：认为舰艇的横摇和纵摇同时达到最大；只考虑横摇；只考虑纵摇。显然，第一种方式比较保守。

由飞航导弹运动产生的惯性载荷包括三部分：第一部分是由飞航导弹的牵连运动引起的惯性载荷，它只与舰艇的运动有关；第二部分是由飞航导弹的转动引起的科氏惯性载荷，它仅与舰艇的摇摆运动有关；第三部分是牵制力和摩擦力。舰载发射装置上的牵制装置能够防止飞航导弹在舰艇摇摆的情况下自行移动，牵制力的大小与飞航导弹因舰艇摇摆所产生的轴向惯性力有关，牵制力是发射装置在飞航导弹助推器点火至弹体开始移动期间承受的载荷之一。摩擦力是飞航导弹在导轨上或发射筒内滑行过程中作用到发射装置上的载荷，它与飞航导弹的牵连运动和转动有关。

风载荷与舰载发射装置的迎风面积和计算风压等有关。计算风压又与额定风压、气动阻力系数、风压的高度修正系数和阵风作用的修正系数等有关。额定风压是指以某一稳定速度作用在发射装置上产生的压力。额定风压有两种，一种是额定工作风压，它是发射装置正常工作时允许的最大风速所对应的风压；另一种是额定非工作风压，它是发射装置虽不能正常工作却能保持结构稳定性时允许的最大风速所对应的风压。在发射装置的设计任务书中，通常给出发射装置正常工作时允许的平均风速和发射装置保持结构稳定性时允许的最大瞬时风速。气动阻力系数与发射装置的结构和形状有关。风压的高度修正系数与发射装置的高度有关。阵风作用的修正系数与发射装置的结构和自然振动周期有关。迎风面积计算值与发射装置的结构和轮廓线以内的面积等有关。

7.8　使用环境适应性设计提示

通常将采取有效措施使地面设备适应使用环境的设计称为使用环境适应性设计。使用环境适应性设计能够提高地面设备的使用可靠性、可维修性和使用寿命。

地面设备使用环境适应性设计通常包括气候环境适应性设计、力学环境适应性设计、水下环境适应性设计、生物环境适应性设计、化学环境适应性设计、爆炸大气环境适应性设计和电磁干扰环境适应性设计等。

环境适应性设计涉及的专业门类很多，这里，仅对地面设备系统经常遇到的使用环境给出适应性设计提示。

7.8.1　气候环境适应性设计提示

1. 高气温与太阳辐射环境适应性设计提示

高气温与太阳辐射环境适应性设计举例提示如下：

（1）选用闪点较高、性能稳定的燃油、液压油和润滑油。

（2）选用耐高气温的密封材料和结构。

（3）选用耐高气温的非金属材料。

（4）选用耐热老化的绝缘材料。

（5）选用高气温下耐蠕变的金属材料。

（6）选用耐高气温的灯具。

（7）选用耐高气温的电子或电气元件；元器件应合理布局，降低功耗，减少发热器件的数量；对于发热量大的单元或组合，应采取风冷或液冷等措施。

（8）对于受阳光直射的电子或电气设备，应有耐热涂层或加遮阳罩。

（9）选用耐太阳辐射的非金属材料和涂层。

（10）车辆的制动系统应选用耐高气温的制动材料。

（11）车辆应选用高气温下耐久性优良的轮胎。

（12）液压系统中的油箱、液压泵、液压马达、液压缸、液压管路和液压阀件等应有防热措施。

（13）选用高气温下性能稳定的温度传感器、指示仪表和显示装置。

（14）在高气温下，调温系统的制冷剂不分解、不燃烧和不爆炸。

（15）在高气温下，电站各独立电气回路之间以及回路对地之间应有足够的绝缘介电强度；冷态和热态绝缘电阻不应超过规定值。

（16）选用耐高气温的可编程控制器和微机控制系统；选用耐高气温的测量元件、变换元件、放大元件、执行元件和校正元件。

2. 低气温环境适应性设计提示

低气温环境适应性设计举例提示如下：

（1）选用耐低气温的密封材料和结构。

（2）选用耐低气温的润滑油、液压油、冷却液和胶黏剂等。

（3）选用耐低气温的绝缘材料。

（4）选用耐低气温的电子或电气元件。

（5）选用耐低气温的非金属材料。

（6）选用耐低气温的灯具。

（7）提高低气温环境中仪表的指示精度。

3. 高气温－高湿度环境适应性设计提示

高气温－高湿度环境适应性设计举例提示如下：

（1）采用耐腐蚀的结构材料。

（2）提高电气设备、导线和电缆等的绝缘强度。

（3）采用电镀和喷涂等隔离技术，阻断金属材料与高温、高湿环境的联系。

（4）降低设备的温度变化频率。

（5）通过空调或正压通风，改善设备的工作环境。

（6）选用透射性能好的光学器件。

4. 低气压环境适应性设计提示

低气压环境适应性设计举例提示如下：

（1）选用不易挥发的润滑油。

（2）动力系统应有足够的功率储备。

（3）选用低气压下性能稳定的电子或电气元件。

（4）提高电气设备、导线和电缆等的绝缘强度。

（5）选用高密度结构材料。

（6）提高冷却系统的效率。

5. 雨、雪环境适应性设计提示

雨、雪环境适应性设计举例提示如下：

（1）电气设备应有防雨措施。

（2）选用耐雨、雪的涂层或镀层。

（3）防止雨、雪污染燃油、液压油、润滑油和冷却液等。

（4）提高电气设备、导线和电缆等的绝缘强度。

（5）电缆及接插件应有防水措施。

（6）光学器件应有憎水性。

（7）应考虑车辆在有雨水或冰雪路面上的通过性、制动性和行驶稳定性。

6. 雾、盐雾环境适应性设计提示

雾、盐雾环境适应性设计举例提示如下：

（1）对于瞄准设备，应选用高亮度、方向性好和穿雾能力强的准直点光源；应设置光能量和电气放大倍数的贮存及释放机构。

（2）选用耐盐雾的涂层或镀层。

（3）提高电气设备、导线和电缆等的绝缘强度。

（4）选用耐盐雾的金属材料。

7. 沙尘、风环境适应性设计提示

沙尘、风环境适应性设计举例提示如下：

（1）采用防尘措施，减少密封件的磨损。

（2）电气元件应有防尘措施。

（3）精密仪器应有防尘措施。

（4）防止沙尘污染燃油、液压油、润滑油和冷却液等。

（5）设备应有附着性好、强度高的表面涂层或镀层。

（6）在规定的风速下，设备结构应有良好的整体稳定性。

（7）为了瞄准在风中摆动的导弹，光电瞄准仪应有足够大的口径，亦可增加扩束装置或风摆跟踪装置；应有足够的导轨平移量。

7.8.2　力学环境适应性设计提示

适应力学环境的方法通常有两种：一种是消除或削弱激励源的作用，如车辆的消声器；另一种是减少设备的响应，如采用合理的总体布局和结构参数等。

力学环境适应性设计举例提示如下：

（1）选用合适的标准公差等级，减少机械磨损。

（2）选用疲劳极限高的结构材料。

（3）选用耐振的密封材料和结构。

（4）选用振动和噪声均较小的原动机。

（5）选用耐振的传感器、变送器、液压元件、光学元件、指示仪表和显示装置等。

（6）可拆卸连接应有防松措施。

（7）设备焊缝应有足够的强度。

（8）电气设备、液压系统和精密仪器等应有减振措施。

（9）应避免导线或电缆互相接触。

（10）应避免导线或电缆过长。

（11）应避免管道过长。

（12）应在规定的曲率半径范围内使用液压软管和供气软管。

（13）液压软管和供气软管等应有拖链。

7.8.3 水下环境适应性设计提示

水下环境适应性设计举例提示如下：

（1）设备应有耐化学或电化学腐蚀的涂层或镀层。

（2）设备应有防止水中微生物侵入的隔离罩。

（3）选用不长霉的结构材料。

7.8.4 其他环境适应性设计提示

7.8.4.1 生物环境适应性设计提示

生物环境适应性设计举例提示如下：

（1）尽量选用不长霉的材料，若必须选用，则应采取防霉措施。

（2）应防止昆虫蚕食设备内部的天然材料和有机材料。

（3）应防止昆虫进入电气设备和机械设备。

（4）电气设备、机械设备、液压设备和光学设备等应有防霉措施。

（5）应防止霉菌污染燃油、液压油、润滑油和制冷剂等。

（6）应防止啮齿类动物噬咬导线、电缆和元器件等。

（7）应及时消除生物战剂及其载体，及时清洗被污染的设备，及时将致病战剂与操作人员隔开。

7.8.4.2 化学环境适应性设计提示

化学环境适应性设计举例提示如下：

（1）尽量选用毒性和腐蚀性均较小的推进剂、制冷剂、中和清洗剂、洗消和分析化验用化学物质。

（2）装载有毒或腐蚀性液体的容器应有良好的密封性能。

（3）在操作过程中，应使有毒或腐蚀性液体及其蒸气安全溢出，并及时洗消。

（4）应及时清除设备上的化学毒剂，防止操作人员中毒。

7.8.4.3　爆炸大气环境适应性设计提示

爆炸大气环境适应性设计举例提示如下：

（1）装载易燃易爆液体的容器应有良好的密封性能。

（2）应使易燃易爆液体的蒸气安全溢出，并及时做燃烧或中和处理。

（3）对于贮存易燃易爆液体容器的有限空间，应降低爆炸蒸气的体积浓度。

（4）处于爆炸大气环境中的电气设备应有防爆措施，防爆等级与爆炸气体的种类和浓度极限有关。

（5）选用不产生电火花的电气设备。

7.8.4.4　电磁干扰环境适应性设计提示

电磁干扰环境适应性设计举例提示如下：

（1）使用高导电率或高导磁率材料制成的无孔、缝的金属外壳将欲保护的电子设备屏蔽起来。

（2）在铺设线路时，采用公共接地点和绞扭的电缆对；将系统间的接线及系统内部的接线按照辐射状排列，避免形成环路或与其他线路发生耦合。

（3）电气设备采用浮动、单点或多点接地，接地点位于阻抗最低的元件上，以降低电气设备对电磁干扰的敏感性。

（4）采用放电器、带通滤波器、限幅器、断路器和保险丝等器件或由它们组成的混合装置去除或削弱电磁干扰。

（5）采用同轴电缆进行多路通信或馈送高频电能，屏蔽层两端接地，以避免辐射损失。

（6）选用抗电磁干扰的电子元器件、传感器、变送器、指示仪表和显示装置。

（7）选用耐潮、耐老化和耐腐蚀的绝缘材料。

（8）抑制电子系统内部的电磁干扰。

（9）给导线或电缆加装绝缘套管。

（10）增加电子设备和电缆绝缘层的厚度。

（11）减少导线或电缆的长度。

（12）在雷电较多的地区，利用避雷装置保护电子设备。

第8章 地面设备系统试验

8.1 概　　述

通常将在模拟或实际使用环境条件下检测地面设备系统的设计质量、生产质量和战术技术指标的试验称为地面设备系统试验。通过地面设备系统试验，可以及时地发现地面设备系统的设计缺陷和生产缺陷；可以全面地分析在使用过程中地面设备系统产生的诸多物理现象的过程和原因；可以深入地了解综合环境条件随时间变化的环境图集合（任务环境剖面）；可以真实地表现单一或复合使用环境对地面设备系统的影响；可以有效地提高地面设备系统的使用可靠性和可维修性。

在未来地面设备系统的研制过程中，设计计算与使用环境试验相结合的方法仍然是应用最普遍和最有效的方法。虽然设计计算方法日益先进并日臻完善，但仍不能全面、真实地确定和验证地面设备系统对使用环境的响应机理；使用环境试验仍是设计计算的重要延伸和必要补充；使用环境试验仍是验证地面设备系统、分系统或设备修改设计正确性的主要手段；使用环境试验仍是验证新技术、新材料、新结构和新工艺的重要途径。

一般按照研制程序和研制工作的进展情况安排地面设备系统试验项目的排列顺序；若在同一研制阶段，地面设备系统需要进行多项试验时，则可按下列原则选择试验项目的排列顺序：①先做功能试验或性能试验，后做使用环境试验；②先做实验室模拟环境试验，后做自然环境试验；③采用能够使使用环境产生最显著影响或者使地面设备系统产生最显著响应的试验顺序；④从最严酷的试验项目开始安排试验顺序，便能早期发现地面设备系统的失效趋势；⑤从最不严酷的试验项目开始安排试验顺序，能得到更多的有关地面设备系统的质量信息；⑥按照地面设备系统在使用过程中可能遇到且有重要影响的使用环境因素出现的次序安排试验顺序；⑦根据研制工作的实际情况和条件安排试验顺序；⑧地面设备系统尽量参加导弹武器系统或运载火箭系统的使用环境试验。

地面设备系统试验的标准大气条件包括正常试验的标准大气条件和仲裁试验的标准大气条件。正常试验的标准大气条件是：①温度为 15 ℃～35 ℃；②相对湿度为 20%～80%；③大气压力为试验场地的气压。室内仲裁试验的标准大气条件是：①温度为 23 ℃±2 ℃；②相对湿度为 45%～55%；③大气压力为 96 kPa±10 kPa。

地面设备系统试验条件的最大容差一般是：①温度的容差为±3 ℃；②相对湿度的容差为±5%；③大气压力的容差为±5%。

用于测量地面设备系统试验参数的仪表或试验装置的校正精度一般不应低于被测参数容差的1/3，并应在规定的有效期内。

判定地面设备系统试验温度是否稳定的一般方法是：①当地面设备达到规定的温度条件后，再暴露24 h，则认为试验温度已经处于稳定状态；②当地面设备中热惯性最大部分的温度变化不超过每小时2 ℃时，则认为试验温度已经处于稳定状态。

地面设备系统的试验状态应符合其设计图样和技术要求。

地面设备系统试验的一般程序是：①预处理；②初始检测；③试验；④状态恢复；⑤最后检测。

预处理是指试验前按照试验大纲或有关标准确认受试地面设备技术状态的过程。

初始检测是指试验前按照试验大纲或有关标准对处于标准大气条件下的受试地面设备进行外观检查或性能测量的过程。若试验场地不具备标准大气条件，则可按下列情况进行处理：①可将受试地面设备进入试验场地前的最后一次检测作为初始检测；②可将受试地面设备进入试验场地后的第一次检测作为初始检测。

试验是最主要的试验程序，试验主要是指受试地面设备在规定的试验条件下进行的贮存、展开、工作、检测和撤收的过程。

状态恢复是指试验结束后，将受试地面设备置于标准大气条件，使其恢复到初始检测状态的过程。若试验场地不具备标准大气条件，则可按下列情况进行处理：①可将受试地面设备运至具有标准大气条件的地区，停放24 h，使其恢复到初始检测的状态；②可使受试地面设备在试验场地停放至试验场地日极端气温相反的温度点，保持数小时。

最后检测是指受试地面设备的状态恢复后，按照试验大纲或有关标准对其进行外观检查和性能测量的过程。

若地面设备系统试验由于某种原因必须中断，则应对试验做出中断处理。试验中断一般分为容差范围内的试验中断、欠试验条件中断和过试验条件中断。

通常将试验条件未超出容差范围的试验中断称为容差范围内的试验中断。对于容差范围内的试验中断，认为试验中断时间是总试验时间的一部分，当排除试验故障后，应继续进行试验。

通常将试验条件低于容差下限的试验中断称为欠试验条件中断。当发生欠试验条件中断时，应停止试验；当试验条件重新处于容差范围之内时，应恢复试验，直至预定的总试验时间。通常将试验条件超出容差上限的试验中断称为过试验条件中断。当发生过试验条件中断时，应停止试验，并参照下列情况进行处理：

（1）若受试地面设备无任何损坏，则当试验条件处于容差范围之内时，继续进行试验；

（2）若受试地面设备虽然出现损坏，但不影响试验的继续进行或受损部分可以修复，且当试验条件处于容差范围之内时，应恢复试验，直至预定的总试验时间；

（3）若受试地面设备的受损程度阻碍试验继续进行，待修复或更换受试地面设备后，应按试验程序重新开始试验。

地面设备系统试验大纲的内容一般包括受试地面设备的试验状态、试验方案、预处理要求、初始检测项目与要求、恢复条件、最后检测项目与要求、特殊试验条件、合格判据和故障预案等。

地面设备系统试验一般包括性能试验和自然环境试验。在不同的研制阶段，地面设备系统的性能试验或自然环境试验会有不同的试验项目。地面设备系统试验项目的种类和数量主要与导弹武器系统或运载火箭系统的战术技术指标、使用环境条件、研制条件和地面设备系统的具体情况等有关。这里，简单介绍性能试验中的协调试验、运输试验、电磁环境试验、发射试验和可靠性试验等，简单介绍自然环境试验中的高气温试验、低气温试验、温度冲击试验、湿热试验、低气压试验、太阳辐射试验、淋雨试验、盐雾试验、沙尘试验、风压试验和霉菌试验等。

8.2 协调试验

协调试验在发射试验之前进行，通过协调试验，检查地面设备系统与导弹或运载火箭及发射工程设施之间的协调性。常见的协调试验主要有机械对接试验、电气匹配试验和地面设备系统的靶场合练。

通常将地面机械设备之间、地面机械设备与弹体或箭体结构之间、地面机械设备与弹头或卫星整流罩之间和地面机械设备与试验场技术区或发射区机械设备之间的支承、运输、吊装、供气、加注和瞄准等接口的协调试验称为机械对接试验。

通常将地面电源与地面用电设备之间、地面电源与导弹或运载火箭动力装置系统、控制系统、遥测系统、外测安全系统、推进剂利用系统和试验场测发控设备之间的电气接口和供配电参数等的协调试验称为电气匹配试验。

通常将导弹或运载火箭地面设备系统在试验场按照合练工艺流程或模拟发射工艺流程进行的，与导弹武器系统或运载火箭系统的其他有关部分和试验场发射工程设施之间的协调试验称为靶场合练。

由于许多地面机械设备都含有电气部分，许多地面电气设备又都含有机械部分，大多数的机械对接试验并不都是单纯的机械协调试验，同时还包括电气匹配试验的内容；大多数的电气匹配试验也并不都是单纯的电气性能协调试验，同时还包括机械对接试验的内容。只有地面设备系统的靶场合练才是比较完整的协调试验，只有导弹武器系统或运载火箭系统的靶场合练才是真正完整的协调试验。

根据地面设备系统的研制程序和研制工作的实际需要，一般是先分别进行机械对接试验和电气匹配试验，在已暴露的协调问题得到基本解决后，再进行地面设备系统的靶场合练。

8.2.1 机械对接试验

机械对接试验亦称机械设备联合使用试验，又称机械合练。机械对接试验是地面设备系统研制过程中的重要环节。地面设备系统中所有正式配套的机械设备均应参加出厂后的机械对接试验。

1. 试验目的

通过机械对接试验，检查地面机械设备（包括工具及备附件）配套的正确性和完整性；检查地面机械设备与其设计图样和技术文件的一致性；检查地面机械设备技术状态（新设计、修改设计、外购或借用）的正确性；检查发射设备、运输设备、吊装设备、加注设备、供气设备、瞄准设备和辅助支承设备等与导弹或运载火箭的协调性；检查地面机械设备之间的协调性；检查地面机械设备与发射工程设施的协调性；对参试地面机械设备的设计合理性、功能完整性和使用性能等做出初步鉴定；为地面设备系统的靶场合练和导弹或运载火箭的发射试验积累设备数据和使用经验等。

2. 试验要求

对机械对接试验的一般要求是：

（1）全部受试地面设备均应为正式配套产品，并配有全部工具及备附件；

（2）参加机械对接试验的模型弹或模样箭应为合格产品；

（3）尽量按照导弹或运载火箭的发射工艺流程安排机械对接试验程序；

（4）试验场地的气候、面积、工程设施和设备等应符合试验大纲的要求；

（5）应制定机械对接试验中断处理预案；

（6）应规定机械对接试验的合格判据；

（7）应配备机械对接试验所需的全部技术文件。

3. 试验方法

按照机械对接试验大纲进行试验。

8.2.2 电气匹配试验

电气匹配试验亦称电气设备联合使用试验。电气匹配试验是地面设备系统研制过程中的重要环节。地面设备系统中所有地面电源、电控系统、发射控制系统以及供气系统、加注系统、液压系统、瞄准设备和部分地面机械设备中的电气部分均应参加电气匹配试验。电气匹配试验一般在设备出厂后进行。

1. 试验目的

通过电气匹配试验，检查地面电气设备（包括工具及备附件）配套的正确性及完整性；检查地面电气设备与其设计图样和技术文件的一致性；检查地面电气设备技术状态（新设计、修改设计、外购或借用）的正确性；检查工频、中频和直流等电源与其负载的接口协调性；检查地面电源的电压稳定度、频率稳定度、纹波系数、输出功率、起动性能、连续运行时间和对使用环境的适应性；检查电控系统与调平设备、起竖设备和回转设备等的接口及性能协调性；检查发射控制系统与装填设备、跟踪设备、瞄准设备、发射设备和导航设备等的接口及性能协调性；检查动力控制系统与加注系统、供气系统和推进剂利用系统等的协调性；检查电插头机构、加注连接器、溢出连接器和供气连接器等与弹体或箭体接口及脱落性能的协调性；检查控制信号、通信信号的协调性及传输质量等。

2. 试验要求

对电气匹配试验的一般要求是：

（1）全部受试地面设备均应为正式配套产品，并配有全部工具及备附件；

（2）参加电气匹配试验的导弹或运载火箭应为合格产品；

（3）尽量按照导弹或运载火箭的发射工艺流程安排电气匹配试验的程序；

（4）由于生产等原因，若某些受试地面设备不能参加试验，则可用其等效器代替，但等效器必须是正式配套产品；

（5）试验场地的气候、电磁环境、面积、工程设施和设备等应符合试验大纲的要求；

（6）应制定电气匹配试验中断处理预案；

（7）应规定电气匹配试验的合格判据；

（8）应配备电气匹配试验所需的全部技术文件。

3. 试验方法

按照电气匹配试验大纲进行试验。

8.2.3　靶场合练

靶场合练是地面设备系统研制过程中的重要环节，是设计方和使用方按照靶场合练工艺流程检查、考核地面设备系统的功能、使用性能以及地面设备系统与导弹武器系统或运载火箭系统中其他系统协调关系的过程。靶场合练一般分为合练弹靶场合练、遥测弹靶场合练、战斗弹靶场合练、合练箭靶场合练和遥测箭靶场合练等。虽然靶场合练的种类较多，各种靶场合练的试验目的和试验程序等也不尽相同，但试验要求和试验方法等大同小异。地面设备系统中所有正式配套设备均应参加靶场合练。靶场合练通常在遥测弹或遥测箭发射试验前进行。

1. 试验目的

通过靶场合练，检查地面设备系统技术配套的正确性和完整性；检查地面设备系统实物配套的正确性和完整性；检查地面设备系统技术文件配套的正确性和完整性；检查地面设备系统中各分系统或设备的技术状态；检查地面设备与导弹或运载火箭的协调性；检查地面设备系统与靶场发射工程设施和设备的协调性；为地面设备系统的修改设计提供依据；为导弹或运载火箭的发射试验积累使用数据和经验等。

2. 试验要求

对靶场合练的一般要求是：

（1）全部受试地面设备均应为正式配套产品，并配有全部工具及备附件；

（2）参加靶场合练的合练弹、遥测弹、战斗弹、合练箭和遥测箭等应为合格产品；

（3）靶场合练程序应从导弹或运载火箭出厂开始，至导弹或运载火箭发射为止；

（4）尽量按照导弹或运载火箭发射试验工艺流程制定地面设备系统的靶场合练工艺流程；

（5）靶场的诸如温度、相对湿度、大气压力、太阳辐射、雨、盐雾、沙尘和风速等气候条件应符合试验大纲的要求；

（6）靶场的电磁环境应符合试验大纲的要求；

（7）应制定靶场合练中断处理预案；

（8）应规定靶场合练的合格判据；

（9）应配备靶场合练所需的全部技术文件。

3. 试验方法

按照地面设备系统靶场合练大纲进行试验。

8.3　运　输　试　验

运输试验亦称运输振动试验；对于机动发射导弹武器系统，有时又将运输试验称为机动性试验。运输试验是导弹地面设备系统（尤其是机动发射导弹地面设备系统）或运载火箭地面设备系统研制过程中的重要环节。运输试验包括公路运输试验、铁路运输试验、水路运输试验和空中运输试验。这里，拟简单介绍公路运输试验和铁路运输试验。

8.3.1　公路运输试验

1. 试验目的

通过公路运输试验，评定运输设备在规定道路上的通过性、动力性、制动性、行驶平顺性和稳定性；评定上装（火箭、导弹、航天器或其他设备）对运输设备的适应性；检查上装与运输设备的接口协调性。

2. 试验要求

对公路运输试验的一般要求是：

（1）受试地面运输设备应为正式配套产品，并配有全部工具及备附件；

（2）参加公路运输试验的上装应为合格产品；

（3）由于生产等原因，若真实上装不能参加试验，则可用配重代替上装，配重的外形尺寸、质量、质心及其与运输设备的连接形式等应与真实上装相同；

（4）试验温度、相对湿度、大气压力、地面平均及瞬时最大风速、道路条件、试验里程（包括空载和满载行驶里程）和空载、满载行驶里程路面分配比例等应符合试验大纲的要求；

（5）停车检查时机及次数等应符合试验细则的要求；

（6）应在平坦的路面上进行运输设备的紧急制动试验，制动初速度、制动距离和制动次数等应符合试验细则的要求；

（7）对于满载公路运输试验，应测量上装支承部位及上装与运输设备连接部位的振动、冲击参数，具体测量位置和次数应符合试验细则的要求；

（8）应制定公路运输试验中断处理预案；

（9）应规定公路运输试验的合格判据；

（10）应配备公路运输试验所需的全部技术文件。

3. 试验方法

按照公路运输试验大纲或国家军用标准进行试验。

8.3.2 铁路运输试验

1. 试验目的

通过铁路运输试验，评定铁路运输车在规定等级线路上的通过性、动力性、制动性、行驶平顺性和稳定性；评定上装（火箭、导弹、航天器或其他设备）对铁路运输车的适应性；检查上装与铁路运输车接口的协调性。

2. 试验要求

对铁路运输试验的一般要求是：

（1）受试铁路运输车应为正式配套产品，并配有全部工具及备附件；

（2）参加铁路运输试验的上装应为合格产品；

（3）由于生产等原因，若真实的上装不能参加试验，则可用配重代替上装，配重的外形尺寸、质量、质心及其与铁路运输车的连接形式等应与真实上装相同；

（4）试验温度、相对湿度、大气压力、地面平均及瞬时最大风速等可按线路经行地区的实际气候条件确定；

（5）试验线路应符合"标准轨距铁路机车车辆限界"的规定；

（6）应按上装的设计任务书或技术要求、"铁路货物运输规程"和"铁路超限货物运输规则"等确定铁路运输车的行驶速度；

（7）空载或满载铁路运输试验里程、停车检查时机和次数等应符合试验细则的要求；

（8）应在平直的线路上进行铁路运输车的紧急制动试验，制动初速度、制动距离和制动次数等应符合试验细则的要求；

（9）对于满载铁路运输试验，应测量上装支承部位及其与铁路运输车连接部位的振动、冲击参数，具体测量位置及次数应符合试验细则的规定；

（10）应制定铁路运输试验中断处理预案；

（11）应规定铁路运输试验的合格判据；

（12）应配备铁路运输试验所需的全部技术文件。

3. 试验方法

按照铁路运输试验大纲或国家军用标准进行试验。

8.4　电磁环境试验

电磁环境试验亦称电磁兼容试验，是地面设备系统研制过程中的重要环节，地面设备系统中的地面电源、电控系统和发射控制系统等地面电气设备均应参加电磁环境试验。在条件允许的情况下，地面设备系统应参加导弹武器系统或运载火箭系统的全系统电磁环境试验。

1. 试验目的

通过电磁环境试验，评定地面电气设备在导弹武器系统或运载火箭系统与试验场的电磁环境中能够正常工作的能力；验证地面电气设备在工作过程中不对导弹或运载火箭及其他电气设备发出不能承受的电磁骚扰的性能。

2. 试验要求

对电磁环境试验的一般要求是：

（1）受试地面电气设备应为正式配套产品，并配有全部工具及备附件；

（2）导弹或运载火箭及其他电气设备应为合格产品；

（3）电磁环境试验一般在实验室外进行；

（4）试验场地的温度、相对湿度、大气压力、地面风速、日照强度和降雨等应符合受试地面电气设备及测试仪器、仪表的使用环境条件；

（5）试验场地应开阔、平坦，无反射物；

（6）应按导弹或运载火箭发射试验工艺流程制定受试地面电气设备电磁环境试验程序；

（7）应使用首台地面电气设备做电磁环境试验；

（8）应选择外界（地面设备系统周围）电磁环境对试验场地影响最小的时间做电磁环境试验；

（9）试验过程中，不得随意改变设计状态规定的受试地面电气设备的屏蔽、滤波和接地等防干扰措施；

（10）试验过程中，不得随意改变设计状态规定的受试地面电气设备的灵敏度、精度、传输电平和负载特性等；

（11）受试地面电气设备在试验场地的安放位置应与实际使用时的位置相同或相近；

（12）地面用电设备使用的电源应与测试设备使用的电源相互隔离；

（13）外部电源的品质应符合试验大纲的要求；

（14）用于试验的所有仪器、仪表均应校准，并在有效期内；

（15）试验时间应为地面电气设备展开、工作和撤收所需的时间；

（16）应制定电磁环境试验中断处理预案；

（17）应规定电磁环境试验的合格判据；

（18）应配备电磁环境试验所需的全部技术文件。

3. 试验方法

按照电磁环境试验大纲或国家军用标准进行试验。

8.5 发 射 试 验

发射试验是火箭或导弹与其地面设备系统的综合性能试验，是地面设备系统研制过程中最重要的环节。通常将在航天器发射场或导弹试验场按照发射工艺流程发射火箭或导弹的试验称为发射试验。

航天器发射场包括技术区和发射区。一个航天器发射场可以有一个或几个发射区。发射区的规模与发射工位的数量、发射工程设施的类型及数量等有关；发射区的组成与运载火箭、航天器的类型及用途等有关。发射区一般包括发射设备、导流槽、发射控制室、固定或活动服务塔、推进剂贮存间及加注设备、压缩气体贮存间及供气设备、电源间及供配电设备、瞄准间及瞄准设备、通信设备、消防设备、电视设备、照相设备、废液处理设备和避雷装置等。

导弹试验场是完成导弹装配、测试、发射、跟踪测量、监视与安全控制以及鉴定发射试验的专门区域。导弹试验场一般包括发射区、航区和弹着区。发射区包括技术阵地、发射阵地、测量控制设施、发射勤务保障设施、后勤保障设施、行政管理和训练中心等。航区是导弹从发射点至预定弹着点之间的飞行"走廊"。弹着区是导弹弹头着落的地区。

发射工艺流程亦称发射程序，是发射火箭或导弹的工作流程，通常与火箭、导弹及航天器的技术要求和发射准备工作的内容等有关。通常将发射工艺流程绘制成图表或编制成软件存入计算机，用于指挥火箭或导弹的发射准备和发射工作。发射工艺流程的内容、顺序和每个工序需要的时间与火箭、导弹及航天器的类型有关。

发射试验的种类较多，如方案设计阶段的缩比模型发射试验、试样设计阶段的模型弹发射试验、定型阶段的战斗遥测弹发射试验和运载火箭的发射试验等。这里，拟简单介绍模型弹外动力发射试验和遥测箭自动力发射试验。

8.5.1　模型弹外动力发射试验

模型弹外动力发射试验通常在缩比模型发射试验和地面设备系统机械对接试验后进行。

1. 试验目的

通过模型弹外动力发射试验，考核外动力发射装置工作的稳定性和可靠性；确定发射内弹道参数的偏差范围；测定后效作用对模型弹出筒速度的影响；获得发射环境条件下与发射装置有关的环境参数和导弹出筒后的初始偏差；验证发射装置结构设计的合理性；为定型样机的修改设计提供依据等。

2. 试验要求

对模型弹外动力发射试验的一般要求是：

（1）除供气设备、加注设备和瞄准设备外，地面设备系统（试样阶段）技术配套表中其余地面设备均应参加模型弹外动力发射试验，并配有全部工具及备附件；

（2）试验场地的温度、相对湿度、大气压力、地面风速和降雨等应符合受试地面设备及测试仪器、仪表的使用环境条件；

（3）试验场地的面积、工程设施和设备等应符合试验大纲的要求；

（4）应按照模型弹外动力发射试验大纲制定地面设备系统试验大纲和使用工艺流程；

（5）模型弹的外形、质量和质心等应与战斗弹相同，但不装弹上仪器和火工品；

（6）应测量发射内弹道参数（出筒速度、筒内压力和温度）、筒内导弹的运动参数（位移、速度和加速度）、筒内的环境参数（振动、冲击和噪声）、导弹出筒后的运动参数和发射装置的环境参数（冲击、振动、温度和位移）等；

（7）应制定模型弹外动力发射试验中断处理预案；

（8）应规定模型弹外动力发射试验的合格判据；

（9）应配备模型弹外动力发射试验所需的全部技术文件。

3. 试验方法

按照试验大纲进行试验。

8.5.2　遥测箭自动力发射试验

遥测箭自动力发射试验通常在遥测箭靶场合练后进行。

1. 试验目的

通过遥测箭自动力发射试验，考核地面设备系统工作的稳定性和可靠性；检查地面设备系统对使用环境条件的适应性；检查地面设备系统与箭体结构、动力装置系统、控制系统和推进剂利用系统等的协调性；检查地面设备系统与航天器发射场的工程设施和设备的协调性；为地面设备系统的修改和参加商业发射积累相关数据和使用经验等。

2. 试验要求

对遥测箭自动力发射试验的一般要求是：

（1）地面设备系统技术配套表中的所有设备均应参加发射试验，并配有全部工具及备附件；

（2）遥测箭应为合格产品；

（3）应按照遥测箭自动力发射试验大纲制定地面设备系统试验大纲和使用工艺流程；

（4）应制定遥测箭自动力发射试验中断处理预案；

（5）应规定遥测箭自动力发射试验的合格判据；

（6）应配备遥测箭自动力发射试验所需的全部技术文件。

3. 试验方法

按照试验大纲进行试验。

8.6 可靠性试验

通常将为分析、评价产品可靠性而进行的各种试验统称为可靠性试验。在地面设备系统的研制过程中，可靠性试验是与研究地面设备系统故障有关的试验，通过对可靠性试验结果的统计分析和失效（故障）分析，评价地面设备系统的基本可靠性、任务可靠性，发现和纠正地面设备系统在设计、制造、元器件及原材料等方面的缺陷，为消除地面设备的单点故障和使用可靠性的评估提供质量信息。

可靠性试验是地面设备系统研制过程中的重要环节，是地面设备系统可靠性保证工作的重要内容，是提高地面设备系统任务成功能力、使用可靠性、贮存寿命、工作寿命和技术经济性的重要手段。

在地面设备系统的研制过程中，会经常发现设计、元器件、原材料和工艺等方面的多种缺陷。将用常规检查或功能检测等手段无法发现的缺陷称为"潜在缺陷"。在地面设备系统的诸多缺陷中，大部分缺陷属于"明显缺陷"，一小部分缺陷属于"潜在缺陷"。研究实践表明，由于绝大多数"潜在缺陷"具有使地面设备系统发生早期故障或失效的特征，故"潜在缺陷"比"明显缺陷"对地面设备系统的使用可靠性具有更大的威胁和损害。为了消除地面设备系统的"潜在缺陷"，除了在设计上采取措施和在生产过程中进行严格的质量控制外，还必须对地面设备系统进行可靠性试验，以尽早暴露地面设备系统的"潜在缺陷"，并及时地予以排除。

必须对地面设备系统、分系统和设备中的关键部分进行可靠性试验。关键部分通常是指严重影响功能的部分、危及使用安全的部分、采用了新技术的部分、采购比较困难的部分、生产比较困难的部分、应力超过规定降额标准的部分、尚存在疑点的部分和需要采取特殊保护措施的部分等。

可靠性试验的一般程序如图 8-1 所示，在进行可靠性试验时，一般应参照该程序进行。可靠性试验的一般程序虽然可以提高试验的有效性和可信性，但也不可刻板地套用，应视地面设备系统的具体情况灵活地运用。

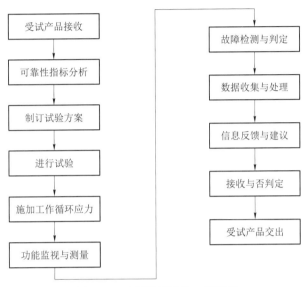

图 8-1　可靠性试验的一般程序

可靠性试验工作的主要内容是确定试验任务书、制订试验方案、编写试验计划、试验准备、试验、汇总试验数据与校审测试结果、数据处理、编写试验报告和评估试验结果等。

试验任务书是可靠性试验的依据，一般由地面设备系统总体设计部门编写。试验任务书的主要内容是：

（1）受试分系统或设备的说明；

（2）试验性质、内容及时间；

（3）受试分系统或设备可靠性的预估值；

（4）判决风险率；

（5）应提供的可靠性试验数据和质量信息。

试验方案是可靠性试验的框架。在制订试验方案时，除应进行充分的论证和优化外，还应合理地确定试验条件和应力等级，亦应正确地处理可靠性与试验质量的关系。虽然关于可靠性试验的一系列国家军用标准能够为各种可靠性试验提供一般性的指导原则，具有一定的可操作性，但任何一个关于可靠性试验的国家军用标准都不可能普遍地适用于不同分系统或设备的不同类型的可靠性试验，因此，不同的分系统或设备有不同的可靠性试验方案，不同的可靠性试验方案又有不同的环境应力类型和水平。研制实践表明，可靠性试验结果与试验环境条件和统计规律有密切的关系；可信的可靠性试验结果往往离不开充足的试验时间、符合实际使用条件的试验环境和较高的试验成本。为了得到试验任务书要求的试验结果和不过多地增加试验费用，使研制方和使用方都避免承担不必要的风险，在工程实践中，通常根据受试分系统或设备的重要性、关键项目的数量、计划费用、交付时间、允许用于可靠性试验的时间、希望的风险率与鉴别比以及类似分系统或设备的研制经验等确定合理的试验方案。

试验计划是可靠性试验的具体规划和安排。试验计划的主要内容一般包括受试分系统或设备的一般情况、试验准备工作的分工、试验进度和试验场地等。一般情况包括任务依据、试验目的、试验时间、试验地点及受试分系统或设备的来源、数量和技术状态等。试验准备工作的分工是指各参试单位的工作要点、受试分系统或设备的检测项目和必要的物资器材保障等。试验进度是指试验项目的时序、检测项目的时序和物资器材保障条件的完成时间等。试验场地是指试验场地的气候、面积、供水、供电、供气、厂房洁净度和照明条件等。

试验准备是可靠性试验的基础。试验准备的主要内容是：

（1）根据试验目的与要求，明确受试分系统或设备正常工作的定义、故障或失效判据和数据监视与提取要求等；

（2）根据制订的试验方案（诸如常用的定时截尾、一次抽样和二次抽样等），确定试验方法；

（3）确定受试分系统或设备的使用环境、操作和维护条件；

（4）确定受试分系统或设备的测试参数及监测内容；

（5）确定试验记录表格及相应的函数表和概率表等；

（6）应准备两种或多种环境应力条件，每种应力条件都要尽可能地反映受试分系统或设备的实际使用条件，尽可能地使欲获取的试验数据与受试分系统或设备的实际使用数据有充分的相关关系，以便分析试验故障；

（7）应规定受试分系统或设备性能参数的测量、应力条件的提供与控制和维护管理方法；

（8）应规定受试分系统或设备的更换原则和方法；

（9）对全部仪器仪表进行校准。

试验实施是可靠性试验的中心内容。在试验过程中，不能简化既定的试验程序，不得降低规定的试验标准与要求，应严格遵守有关试验的各项规章制度，正确填写试验记录。可靠性试验的主要内容是受试分系统或设备的状态检查、功能调试、参数测量、预防维修、故障观察、故障分析、故障排除和状态恢复等。

试验结束后，汇总各参试单位的试验数据，并逐一校审测试结果，以保证测试结果的真实性与准确性。

试验结束以后，根据试验内容、试验要求和测试结果进行数据分析与处理，以获得统计计算需要的基础数据。

试验结果评估是可靠性试验的最后一项内容。通常根据统计试验方案中的合格判据、试验时间和责任故障数等进行试验结果评估。

试验报告是可靠性试验的正式、真实的记录，用于评估受试分系统或设备的可靠性要求得到满足的程度。试验报告的内容主要包括试验概述、试验项目、试验数据、故障或失效记录、故障或失效处理、试验结果分析、试验结论、今后设想和试验照片等。

可靠性试验通常分为环境应力筛选试验、可靠性增长试验、可靠性鉴定试验、可靠性验收试验、加速寿命试验、实验室模拟试验和使用现场试验等。

8.6.1　环境应力筛选试验

通常将研制和批生产质量合格的零件、元器件、电路板和组件等较低层次的产品置于单一或混合环境应力中进行的可靠性试验称为环境应力筛选试验，亦称预处理或老炼，它属于可靠性工程试验的范畴。

环境应力筛选试验通常分为一次环境应力筛选试验和二次环境应力筛选试验。将在产品生产厂进行的环境应力筛选试验称为一次环境应力筛选试验；将在产品使用单位进行的环境应力筛选试验称为二次环境应力筛选试验。不论一次环境应力筛选试验还是二次环境应力筛选试验，都必须按照产品使用要求选择合适的试验项目、环境应力和筛选顺序。

环境应力的类型较多，主要有力学环境应力、气候环境应力、特殊环境应力和混合环境应力等。力学环境应力主要包括振动、冲击和离心加速度等。气候环境应力主要包括高气温、低气温、温度循环、温度冲击、低气压、恒温和恒湿等。特殊环境应力主要包括高温和高压等。混合环境应力主要包括振动–湿度、高温–湿度、高温–低压、低温–低压、冲击振动–高温和冲击振动–低温等。工程实践表明，只要能将产品中的潜在缺陷激发成故障的环境应力均可用于环境应力筛选试验，但使用最多、最有效的环境应力还是温度循环和随机振动。

虽然环境应力筛选试验不能改变受试产品的故障机理，不能提高受试产品的固有可靠性，但可以提高批次产品的可靠性水平；虽然环境应力筛选试验不是可靠性验证试验，但有利于可靠性验证试验的进行。

1. 试验目的

通过环境应力筛选试验，将受试产品在设计、材料和工艺等方面的"潜在缺陷"激发成为早期故障并加以排除，以提高受试产品的使用可靠性。

2. 试验要求

对环境应力筛选试验的一般要求是：

（1）环境应力筛选试验一般在研制阶段、批生产阶段或大修阶段进行；

（2）环境应力筛选试验主要用于电子、电气、机电和光电设备；

（3）环境应力筛选试验选用的环境应力应能激发出受试产品的早期故障或关联失效，但不能损坏受试产品；

（4）环境应力筛选试验不需要对受试产品的寿命剖面进行准确的模拟；

（5）受试产品的一次环境应力筛选试验应在生产厂的实验室进行，其二次环境应力筛选试验应在使用单位的实验室进行；

（6）若受试产品同时承受两种以上的环境应力，且做综合环境应力筛选试验又有困难时，应按照规定顺序施加不同类型的环境应力；

（7）对于关键零件、组件和元器件，既要做一次环境应力筛选试验，也要做二次环境应力筛选试验；

（8）环境应力筛选试验的试件数应为产品的总数；

（9）应先做费用低的试验项目，后做费用高的试验项目；

（10）应按产品环境应力的等级确定环境应力筛选试验的持续时间；

（11）环境应力筛选试验应采用加速应力环境，以缩短试验持续时间；

（12）环境应力筛选试验的试验方案一般应包括受试产品的环境应力特征（类型、水平、状况及施加时间）、性能参数、试验项目的排列顺序、失效判据和试验持续时间等；

（13）应制定环境应力筛选试验中断处理预案；

（14）应规定环境应力筛选试验的合格判据；

（15）应配备环境应力筛选试验所需的全部技术文件。

3. 试验方法

按照试验大纲或国家军用标准进行试验。

8.6.2 可靠性增长试验

可靠性增长贯穿于分系统或设备的全寿命周期，是表示分系统或设备的可靠性特征量随时间逐渐改进的过程，是保证复杂分系统或设备投入使用后具有要求可靠性的有效途径。实现可靠性增长的基本要素是：①通过分析与试验发现故障；②发现故障后的反馈；③有效的改正措施。其中关键的要素是故障模式、影响及危害性分析（FMEA）、故障树分析（FTA）和改进设计。

通常将在设计或制造过程中不断地消除各分系统或设备的薄弱环节，并使其可靠性随时间逐步增长的过程称为可靠性增长过程。在分系统或设备的可靠性增长过程中，需要建立可靠性增长模型，用以估算和预测各分系统或设备的可靠性水平，确定试验时间和增长速度。

通常将有计划地激发分系统或设备的失效、分析其失效原因、改进设计和证明改进措施有效性而进行的可靠性试验称为可靠性增长试验，它属于可靠性工程试验的范畴。

由于可靠性增长试验能够确实提高分系统或设备的可靠性，并能使研制者用数理统计的方法进行可靠性评估，因此，当地面设备系统可靠性保证大纲中有可靠性增长试验时，在分系统或设备的可靠性增长试验成功后，若征得订购方或使用方同意，则可以不再进行分系统或设备的可靠性鉴定试验。

可靠性增长试验的核心是反复进行的 TAAF 过程（试验—故障分析—改进过程），其工作步骤如下：

（1）借助模拟实际使用条件的试验诱发产品失效，充分暴露产品的问题和缺陷；

（2）通过失效定位和分析，找出失效机理；

（3）根据失效分析结果，给出失效的纠正措施；

（4）制造新设计的有关硬件；

（5）将新硬件重新投入试验，以验证纠正措施的有效性，并暴露产品的其他问题和设计缺陷。

为了进行严格、有效的可靠性增长试验，应对产品的 TAAF 过程进行计划、跟踪和控制，使产品的可靠性达到预期的目标。

通过故障报告、分析和纠正措施系统（FRACAS）来收集在可靠性增长试验期间产品出现的所有失效信息，及时地分析产品的这些失效信息，及时地记录对产品的这些失效所采取的纠正措施。FRACAS 应与受试产品、受试产品接口、试验仪器、试验设备、试验程序、安装说明和操作指南等相关联。

在可靠性增长试验前，通常都无法准确地肯定产品的可靠性水平。由于试验大纲中规定的总试验时间与各种因素的综合作用有关，因此，不一定符合产品的实际情况，也许会因产品的实际可靠性水平较高而提前合格中止可靠性增长试验；也许会因产品的实际可靠性水平太低而提前不合格中止可靠性增长试验；也许到了规定的总试验时间恰好达到了规定的指标；也许到了规定的总试验时间仍未达到规定的指标。可靠性增长试验的结束通常有以下 5 种情况。

（1）当可靠性增长试验已经到了规定的总试验时间和利用试验数据估计的 MTBF（平均故障间隔时间或平均寿命）值已经达到了试验大纲的要求时，可以结束试验；

（2）当可靠性增长试验尚未进行到规定的总试验时间，而利用试验数据估计的 MTBF 值已经达到了试验大纲的要求时，可以提前结束试验，并认为试验符合要求；

（3）在可靠性增长试验过程中，若一直未出现产品失效，则认为产品寿命服从指数分布，可以提前结束试验，譬如，当试验时间达到要求的 MTBF 值的 2.3 倍时，失效次数为 0，则可以以 90%置信水平确信受试产品的 MTBF 已经达到要求值，从而提前结束试验；

（4）在可靠性增长试验过程中，已经出现了几次失效，但在最后一次失效后的很长一段时间内没有再次出现失效，若产品最后一次失效的时间至试验结束时的时间是要求的 MTBF 值的 2.3 倍，则可以提前结束试验，并认为试验符合要求；

（5）当可靠性增长试验已经到了规定的总试验时间，而利用试验数据估计的 MTBF 值尚未达到试验大纲的要求时，应立即停止试验，并及时做好以下工作：①承制方应对纠正措施进行全面的分析，以确定纠正措施的有效性；②承制方组织专家对拟采取的措施和方案进行评审；③在征得订购方同意后，转入下一阶段工作。

在可靠性增长试验过程中，受试产品的结构可能会有较大的变化，加之试验时间又比较长，受试产品很可能已带有较大的残余应力。基于此，经过可靠性增长试验的受试产品一般不能再用于其他试验，更不能将之作为合格产品交付使用。

可靠性增长试验的数据类型有 3 种，即失效时间数据、成败型数据和可靠度型数据。

失效时间数据是经常使用的可靠性增长试验数据，它既可用于单台产品，亦可用于多台产品。失效时间可能是精确的，也可能是分组的。失效时间数据又可分为单台产品失效时间数据、失效时间分组数据和多台产品失效时间数据。

通常将记录单台产品的失效次数、累积失效时间或失效时间间隔的数据称为单台产品失效时间数据。将单台产品投入可靠性增长试验，直至其发生失效，根据失效分析采取纠正措施，然后继续进行试验，直至发生另一次失效。单台产品失效时间数据分为累积型和非累积型两类。累积型单台产品失效时间数据示例见表 8-1。从表 8-1 可以看出，试验进行了 10 h，单台产品发生了第一次失效，采取纠正措施后，继续进行试验，当试验进行了 25 h 时，单台产品发生了第二次失效。非累积型单台产品失效时间数据示例见表 8-2。从表 8-2 可以看出，当试验进行 10 h 时，单台产品发生了第一次失效，采取纠正措施后，当试验又继续进行了 15 h 时，单台产品发生了第二次失效。

表 8-1　累积型单台产品失效时间数据示例

失效次数	累积失效时间/h
1	10
2	25
3	50
4	79
5	130

表 8-2　非累积型单台产品失效时间数据示例

失效次数	非累积失效时间/h
1	10
2	15
3	25
4	29
5	51

通常将记录单台产品在停止试验前的某个时间段里发生多次失效的试验时间和累积失效次数的数据称为失效时间分组数据。累积型单台产品失效时间分组数据示例见表 8-3。从表 8-3 可以看出，当试验进行 10 h 时，单台产品的累积失效次数为 4；当试验进行到 20 h 时，单台产品的累积失效次数为 6。

表 8-3　累积型单台产品失效时间分组数据示例

组号	试验时间/h	累积失效次数
1	10	4
2	20	6
3	30	7
4	40	9
5	50	9

通常将记录多台产品的失效台号、每台产品的试验和累积试验时间的数据称为多台产品失效时间数据。多台产品同时投入试验，一旦某台产品发生一次失效，就对全部受试产品采取设计纠正措施，然后继续进行试验。两台产品失效时间数据示例见表 8-4。

表 8-4　两台产品失效时间数据示例

失效序号	失效台号	第一台产品试验时间/h	第二台产品试验时间/h	累积试验时间/h
1	1	0.2	2.0	2.2
2	2	1.7	2.9	4.6
3	2	4.5	5.2	9.7
4	1	8.8	9.1	17.9
5	2	17.3	15.5	32.8

成败型试验数据是记录单台或多台产品的试验次数和试验结果（成功或失败）的数据。在很多可靠性增长试验中，只能观测到成功或失败的数据。成败型数据又可分为简单成败型数据、带有失效模式的简单成败型数据和多台产品成败型数据。

通常将记录单台产品试验次数和试验结果的数据称为简单成败型数据，其示例见表 8-5。

表 8-5　简单成败型数据示例

试验次数	试验结果	试验次数	试验结果
1	成功	6	成功
2	失败	7	失败
3	失败	8	成功
4	成功	9	成功
5	成功	10	成功

通常将记录带有失效模式的单台产品试验次数、试验结果和失效模式的数据称为带有失效模式的简单成败型数据，其示例见表8－6。

表8－6　带有失效模式的简单成败型数据示例

试验次数	试验结果	失效模式	试验次数	试验结果	失效模式
1	成功	—	6	成功	—
2	失败	2	7	失败	1
3	失败	1	8	成功	—
4	成功	—	9	成功	—
5	成功	—	10	成功	—

通常将记录同时投入试验的多台产品试验次数、总台数和失效台数的数据称为多台产品成败型数据，其示例见表8－7。

表8－7　多台产品成败型数据示例

试验次数	总台数	失效台数	试验次数	总台数	失效台数
1	10	5	4	9	2
2	8	3	5	10	1
3	9	3			

可靠度型数据是记录产品在不同时间或不同阶段可靠性的数据。在产品可靠性增长过程中，在某个时间段，产品的可靠度是仍然正常工作的产品数量与投入试验的产品数量之比。可靠度型数据示例见表8－8。

表8－8　可靠度型数据示例

时间或阶段	可靠度/%	时间或阶段	可靠度/%
0	58.0	3	78.0
1	66.0	4	82.0
2	72.5	5	85.0

1. 试验目的

通过可靠性增长试验，暴露和确定分系统或设备在设计和工艺等方面的故障模式和机理；清除分系统或设备在设计和工艺等方面的薄弱环节；采取纠正措施防止同类故障再次出现；提高所有同类型分系统或设备的固有可靠性水平。

2. 试验要求

对可靠性增长试验的一般要求是：

（1）可靠性增长试验应在环境应力筛选试验之后、可靠性鉴定试验之前进行。

（2）凡采用较多高新技术的、复杂的、关键的、有定量可靠性要求和较高安全性要求的分系统或设备均应进行可靠性增长试验。

（3）应根据同类分系统或设备的可靠性增长经验、实际需要和现实可能性来确定可靠性增长试验的总试验时间，它通常为分系统或设备的预期 MTBF 目标值的 5～25 倍，囿于经费，对于可靠性目标较高的分系统或设备，其总试验时间可以取下限值。

（4）为了使受试分系统或设备能够高概率地通过可靠性增长试验，受试分系统或设备的可靠性增长目标值应当稍高于合同或研制任务书的规定值，如果合同或研制任务书中没有具体规定，则应根据国内外同类分系统或设备的研制水平、受试分系统或设备的固有可靠性、可靠性预计值和可靠性增长潜力等确定可靠性增长目标。

（5）应根据样机调试信息、可靠性增长潜力、系统可靠性水平和研制经验等确定受试分系统或设备的初始可靠性水平。

（6）为了准确地验证受试分系统或设备的初始可靠性水平和暴露更多的潜在缺陷，可靠性增长试验第一阶段的时间应适当延长。

（7）试验前，应选定可靠性增长模型，根据可靠性增长模型绘制可靠性计划增长曲线；应对受试分系统或设备进行最新的可靠性预计；应将受试分系统或设备的任务剖面转化成环境剖面，再将环境剖面转化成综合试验剖面，它应包括电应力、振动应力、温度应力、湿度应力和受试分系统或设备的工作循环等；应对受试分系统或设备进行性能测试、老炼、筛选、磨合和试运行等预处理；应编写可靠性增长试验大纲，其内容主要包括试验目的、试验要求、受试分系统或设备的技术状态、试验环境条件、试验程序、试验进度、可靠性增长模型、预防性维修要求、数据收集与记录要求、失效判据、失效分析与改进设计需要的条件、受试分系统或设备的最后处理要求和可靠性增长试验的结束条件等。

（8）若只是为了提高受试分系统或设备的可靠性，并不要求准确地评估其可靠性，则应在可靠性增长试验中施加加速或加强的环境应力，以缩短总试验时间和尽早发现设计缺陷。

（9）若既要提高受试分系统或设备的可靠性，又要准确地评估其可靠性，则应在可靠性增长试验中动态模拟受试分系统或设备的真实使用环境条件；若拟用可靠性增长试验代替可靠性鉴定试验，则可靠性增长试验必须使用与可靠性鉴定试验完全相同的环境应力。

（10）应制定可靠性增长试验的中断处理预案。

（11）应规定可靠性增长试验的合格判据。

（12）应配备可靠性增长试验所需的全部技术文件。

3. 试验方法

按照国家标准、国家军用标准或试验大纲进行试验。

8.6.3　可靠性鉴定试验

通常将在工程研制阶段结束时，由订购方委托承试单位对抽取的分系统或设备的样机，在规定环境条件下进行的可靠性试验称为可靠性鉴定试验，它属于可靠性统计试验的范畴。在可靠性鉴定试验中，只对发现的失效进行修复，不采取纠正措施。

1. 试验目的

通过可靠性鉴定试验，验证分系统或设备的可靠性达到合同规定指标的程度，并将之作为是否批准定型的依据。

2. 试验要求

对可靠性鉴定试验的一般要求是：

（1）可靠性鉴定试验应主要用于设备级产品，可与定型试验或寿命试验结合进行；

（2）在进行可靠性鉴定试验之前，应对分系统或设备进行环境应力筛选试验，以排除早期失效；

（3）对于新研制的复杂分系统或设备，应先进行可靠性增长试验，后进行可靠性鉴定试验；

（4）应按照合同规定，确定受试分系统或设备的数量；

（5）应采用真实或模拟的任务环境进行分系统或设备的可靠性鉴定试验；

（6）应按照选用的试验方案确定可靠性鉴定试验的总试验时间；

（7）应制定可靠性鉴定试验的中断处理预案；

（8）应规定可靠性鉴定试验的合格判据；

（9）应配备可靠性鉴定试验所需的全部技术文件。

3. 试验方法

按照国家标准、国家军用标准或试验大纲进行试验。

8.6.4　可靠性验收试验

通常将在批量生产阶段，由订购方委托承试单位对抽取的代表性设备在规定环境条件下进行的可靠性试验称为可靠性验收试验，它属于可靠性统计试验的范畴。在可靠性验收试验中，只对发现的失效进行修复，不采取纠正措施。

1. 试验目的

通过可靠性验收试验，验收受试分系统或设备的可靠性不随诸如工艺、工装、生产流程和零部件质量等生产条件的变化而降低的情况，以便对分系统或设备的可靠性做出评价。

2. 试验要求

对可靠性验收试验的一般要求是：

（1）应由订购方确定可靠性验收试验的对象，它一般是已交付或批生产的分系统或设备；

（2）应按合同规定确定受试分系统或设备的数量；

（3）在进行可靠性验收试验之前，应对各分系统或设备进行环境应力筛选试验，以排除早期失效；

（4）应按照选用的试验方案确定可靠性验收试验的总试验时间；

（5）应采用真实或模拟的任务环境进行分系统或设备的可靠性验收试验；

（6）可靠性验收试验的试验方案和试验程序应取得订购方的同意；

（7）应制定可靠性验收试验的中断处理预案；

（8）应规定可靠性验收试验的合格判据；

（9）应配备可靠性验收试验所需的全部技术文件。

3. 试验方法

按照国家标准、国家军用标准或试验大纲进行试验。

8.6.5　加速寿命试验

通常将在不改变受试分系统或设备的失效机理与不增加新失效因素的前提下，通过提高试验应力加速其失效过程的可靠性试验称为加速寿命试验，它是一种根据试验结果、一定的物理模型和统计方法推算额定环境应力条件下分系统或设备可靠性水平的试验。加速寿命试验能够显著地缩短可靠性试验时间，能够有效地节省人力和物力，能够快速地确定分系统或设备的可靠性水平和寿命保险期。

由于加速寿命试验有一定的理论依据，故在工程上日益受到重视，并且得到了广泛的应用。对加速寿命试验的一般要求是：

（1）应规定正确的试验方法和测试条件；

（2）应准确地辨别分系统或设备的诸如非关联失效、关联失效、系统性失效和残余性失效等失效类型，并按照失效类型和受试分系统或设备的特点，采取即时、非即时以及即时与非即时相混合的失效处置方式；

（3）应通过失效机理分析和与以往历次同类试验结果的比较，解释本次试验的结果。

8.6.6　实验室模拟试验

通常将实验室内对分系统或设备在规定典型综合环境应力下进行的可靠性试验称为实验室模拟试验。实验室模拟试验的主要特点是：①虽然可以严格控制试验条件（如规范性、可控性、真实性和代表性等），但不能全部模拟分系统或设备的真实使用环境条件；②可以比较方便地收集与分析试验数据；③可以比较容易地获得需要的质量信息；④受试分系统或设备的外形尺寸受到一定的限制；⑤能够较早地发现分系统或设备的故障；⑥试验时间较短；⑦试验成本较高。

8.6.7 使用现场试验

通常将在分系统或设备的使用现场对其进行使用环境条件下的可靠性试验称为使用现场试验。使用现场试验的主要特点是：①使用现场能够提供真实、有代表性但不可控制的使用环境条件；②虽然可将不同使用环境条件下的可靠性试验结果折算成标准典型使用环境下的可靠性值，但由于可信性较低，仍无法统一比较不同使用环境条件下分系统或设备的可靠性；③由于试验数据的完整性和准确性较差，故可靠性较低；④受试分系统或设备的外形尺寸不受限制；⑤出厂使用后才能发现受试分系统或设备的故障；⑥由于试验可结合用户使用进行，故样本量较多，试验费用较低；⑦试验时间较长。

8.7 自然环境试验

8.7.1 高气温试验

1. 试验目的

通过高气温试验，评定分系统或设备在贮存或工作过程中对高气温环境的适应性。

2. 试验要求

对高气温试验的一般要求是：

（1）高气温贮存试验一般在实验室内进行，高气温工作性能试验一般在实验室外进行；

（2）实验室内的温度为 50 ℃±2 ℃，相对湿度不大于 15%～20%，空气流动速度不超过 1.7 m/s，温度均匀性不超过±2 ℃，温度变化率不超过 10 ℃/min；

（3）高气温贮存试验的持续时间为 7 个循环日（24 h 为一个循环日）；

（4）试验室外的气温为晴天 40 ℃±2 ℃，相对湿度不大于 20%～30%，地面瞬时风速不超过 3.3 m/s，海拔高度不超过 2 000 m；

（5）高气温工作性能试验的持续时间为 1～3 个循环日，停放试验与工作性能试验应交替进行；

（6）应制定高气温贮存试验和高气温工作性能试验的中断处理预案；

（7）应规定高气温贮存试验和高气温工作性能试验的合格判据；

（8）应配备高气温贮存试验和高气温工作性能试验所需的全部技术文件。

3. 试验方法

按照国家军用标准或试验大纲进行试验。

8.7.2　低气温试验

1. 试验目的

通过低气温试验，评定分系统或设备在贮存或工作过程中对低气温环境的适应性。

2. 试验要求

对低气温试验的一般要求是：

（1）低气温贮存试验在实验室内进行，低气温工作性能试验在实验室外进行；

（2）实验室内的温度为 $-50\ ℃±2\ ℃$，空气流动速度不超过 1.7 m/s，温度均匀性不超过 $±2\ ℃$，温度变化率不超过 10 ℃/min，试验室内壁的温度与试验温度之差不应超过试验温度（K 氏温标）的 8%；

（3）低气温贮存试验的持续时间为 72 h；

（4）实验室外的气温为 $-40\ ℃±2\ ℃$，地面平均风速不大于 15 m/s，地面瞬时最大风速不超过 22.5 m/s；

（5）低气温工作性能试验的持续时间为 2~7 个循环日（24 h 为一个循环日），停放试验与工作性能试验应交替进行；

（6）应制定低气温贮存试验和低气温工作性能试验的中断处理预案；

（7）应规定低气温贮存试验和低气温工作性能试验的合格判据；

（8）应配备低气温贮存试验和低气温工作性能试验所需的全部技术文件。

3. 试验方法

按照国家军用标准或试验大纲进行试验。

8.7.3　温度冲击试验

1. 试验目的

通过温度冲击试验，评定分系统或设备在工作过程中对温度急剧变化的周围大气的适应性。

2. 试验要求

对温度冲击试验的一般要求是：

（1）试验高温为 70 ℃，试验低温为 $-55\ ℃$；

（2）试验高温或试验低温的保持时间为 1 h 或受试分系统或设备达到温度稳定所需的时间；

（3）试验高温与试验低温的转换时间不应超过 5 min；

（4）温度冲击的循环次数不应少于 3 次；

（5）温度冲击试验应在温度冲击试验箱（室）或高温试验箱（室）与低温试验箱（室）中进行，试验箱（室）应符合国家军用标准的规定；

（6）当受试分系统或设备放入试验箱（室）后，试验箱（室）的容积应能在 1/10 试验温度保持时间内使试验箱（室）的温度达到规定的要求；

（7）应制定温度冲击试验的中断处理预案；

（8）应规定温度冲击试验的合格判据；

（9）应配备温度冲击试验所需的全部技术文件。

3. 试验方法

按照国家军用标准或试验大纲进行试验。

8.7.4 湿热试验

1. 试验目的

通过湿热试验，评定分系统、设备及其样件或零部件对湿热环境的适应性。

2. 试验要求

对湿热试验的一般要求是：

（1）整机湿热试验应在实验室外进行，样件或零部件湿热试验应在实验室内进行；

（2）样件或零部件湿热试验条件应符合表 8-9 的规定；

表 8-9 样件或零部件湿热试验条件

试验阶段	温度/℃	相对湿度/%	试验持续时间/h
高温高湿	40±3	≥95	8
常温高湿	25±3	≥85	16

（3）实验室的结构应能防止冷凝水滴落到样件或零部件上，实验室应设排气孔，实验室内的空气流动速度不应超过 2 m/s，应使用蒸馏水或去离子水为实验室加湿，加湿用水的电阻率不应小于 500 Ω·m，实验室的接线柱应具有规定的绝缘性能，实验室内不应有锈蚀或腐蚀污染物；

（4）整机湿热试验的温度不应低于 35 ℃，试验日的最大相对湿度不应低于 90%，试验持续时间不应少于 10 天；

（5）应制定湿热试验的中断处理预案；

（6）应规定湿热试验的合格判据；

（7）应配备湿热试验所需的全部技术文件。

3. 试验方法

按照国家军用标准或试验大纲进行试验。

8.7.5　低气压试验

1. 试验目的

通过低气压试验，评定分系统或设备在工作过程中对低气压环境的适应性。

2. 试验要求

对低气压试验的一般要求是：

（1）低气压试验一般在实验室外进行；

（2）试验压力一般不高于 57 kPa（海拔高度为 4 500 m），试验温度和相对湿度为试验场地的实际条件；

（3）低气压工作性能试验的持续时间一般为分系统或设备的展开和工作时间；

（4）应制定低气压试验的中断处理预案；

（5）应规定低气压试验的合格判据；

（6）应配备低气压试验所需的全部技术文件。

3. 试验方法

按照国家军用标准或试验大纲进行试验。

8.7.6　太阳辐射试验

1. 试验目的

通过太阳辐射试验，评定分系统或设备的样件或零部件在无遮蔽贮存或工作过程中对太阳辐射环境的适应性。

2. 试验要求

对太阳辐射试验的一般要求是：

（1）太阳辐射产生循环热效应、劣化效应和光效应，分系统或设备的样件或零部件一般只做循环热效应试验；

（2）循环热效应试验应在实验室内进行；

（3）实验室光源的总辐射强度不应小于 1 120 W/m^2±112 W/m^2，光源辐射光谱应近似于日光，光源与样件或零部件任何表面的距离不应小于 0.76 m，光源辐射面积不应小于样件或零部件水平投影面积的 4 倍，光源谱能分布及容差见表 8-10；

表 8-10　光源谱能分布及容差

光谱特性	紫外线		可见光	红外线
波长/μm	0.28～0.32	0.32～0.40	0.40～0.78	0.78～3.00
辐射强度/（W·m^{-2}）	5	63	517～604	492
容差/%	±35	±25	±10	±20

（4）实验室内的温度为 40 ℃±2 ℃（照射时）和 25 ℃±2 ℃（非照射时），并可在 25 ℃～50 ℃范围内任意调节和自动保持，升降温速率为 0.05～0.20 ℃/min，实验室内的空气流动速度不应超过 0.5 m/s，实验室内的相对湿度为 15%～20%；

（5）实验室的容积不应小于样件或零部件体积的 10 倍，样件或零部件的表面至实验室任一内壁表面的距离不应小于 0.3 m；

（6）试验持续时间不应少于 3 个循环日，但不应超过 7 个循环日；

（7）应制定太阳辐射试验的中断处理预案；

（8）应规定太阳辐射试验的合格判据；

（9）应配备太阳辐射试验所需的全部技术文件。

3. 试验方法

按照国家军用标准或试验大纲进行试验。

8.7.7 淋雨试验

1. 试验目的

通过淋雨试验，评定分系统或设备在工作过程中对淋雨环境的适应性。

2. 试验要求

对淋雨试验的一般要求是：

（1）淋雨试验包括有风源的淋雨试验、滴雨试验和防水性试验，分系统或设备一般只做有风源的淋雨试验；

（2）整机的淋雨试验可在实验室内或实验室外进行；

（3）有风源的淋雨试验应在中雨或暴雨条件下进行，中雨或暴雨的人工或自然降雨参数见表 8-11。

表 8-11 中雨或暴雨的人工或自然降雨参数

降雨类型	降雨强度 /（mm·h⁻¹）	雨滴平均直径 /mm	降雨持续时间 /min	雨滴降落速度 /（m·s⁻¹）	分系统或设备 倾角/（°）
中雨	10±5	1～2	30±1	5.0±0.5	0
暴雨	100±20	2～5	30±5	7.0±0.5	0

（4）在实验室内，分系统或设备的淋雨面应垂直于喷水轴线，人工喷水装置应能调节降雨强度，应根据分系统或设备的位置确定风源的位置，风速不应超过 15 m/s，试验开始时，受试分系统或设备表面的温度应比喷水温度高出约 10 ℃；

（5）若在实验室外进行淋雨试验，则试验场地的地面风速不应超过 15 m/s；

（6）应制定淋雨试验的中断处理预案；

（7）应规定淋雨试验的合格判据；

（8）应配备淋雨试验所需的全部技术文件。

3. 试验方法

按照国家军用标准或试验大纲进行试验。

8.7.8　盐雾试验

1. 试验目的

通过盐雾试验，评定分系统或设备的样件或零部件在贮存或工作过程中对含水盐雾大气环境的适应性。

2. 试验要求

对盐雾试验的一般要求是：

（1）应在沙尘试验之前、其他环境试验之后进行盐雾试验；

（2）盐雾试验应在实验室内进行；

（3）盐雾试验使用的盐溶液、喷雾器、洁净收集器和压缩空气等应符合有关标准的规定；

（4）实验室应耐盐雾腐蚀，有足够大的空间，设排气孔；

（5）实验室内的温度一般为 35 ℃±2 ℃；

（6）不应使盐雾直接喷向分系统或设备的样件或零部件；

（7）应使盐雾均匀地沉降在分系统或设备的样件或零部件上；

（8）试验前，应对实验室连续喷雾，直至实验室内的盐雾浓度及 pH 值符合试验要求为止；

（9）应制定盐雾试验的中断处理预案；

（10）应规定盐雾试验的合格判据；

（11）应配备盐雾试验所需的全部技术文件。

3. 试验方法

按照国家军用标准或试验大纲进行试验。

8.7.9　沙尘试验

1. 试验目的

通过沙尘试验，评定分系统或设备的样件或零部件对沙尘环境的适应性。

2. 试验要求

对沙尘试验的一般要求是：

（1）应在湿热试验、霉菌试验和盐雾试验之后进行沙尘试验；

（2）应在实验室内进行分系统或设备的样件或零部件的吹尘试验和吹沙试验；

（3）应在实验室外进行整车的沙尘试验；

（4）吹尘试验使用的硅石粉应符合有关标准的规定；

（5）吹沙试验使用的石英砂应符合有关标准的规定；

（6）吹尘试验条件见表 8－12；

表 8－12　吹尘试验条件

试验类型	试验参数				
	温度/℃	相对湿度/%	风速/（m·s⁻¹）	吹尘浓度/（g·m⁻³）	持续时间/h
1	23	＜30	8.9±1.2	10.6±7.0	6
2	60	＜10	1.5±1.0	—	16
3	60	≤10	8.9±1.2	10.6±7.0	6

（7）吹沙试验条件见表 8－13；

表 8－13　吹沙试验条件

温度/℃	相对湿度/%	风速/（m·s⁻¹）	吹沙浓度/（g·m⁻³）	持续时间/h
60	＜30	18～29	1.10±0.25	1.5

（8）沙尘试验条件见表 8－14；

表 8－14　沙尘试验条件

温度/℃	相对湿度/%	风速/（m·s⁻¹）	沙尘浓度/（g·m⁻³）	持续时间/h
23～40	≤30	8.0～22.5	0.20～17.6	6

（9）实验室的工作容积应大于分系统或设备样件或零部件体积的 3.3 倍，实验室工作空间的横截面积应大于分系统或设备样件或零部件横截面积的 2 倍；

（10）实验室应有用于监测试验条件的仪器或设备；

（11）实验室应设沙分离器，使风扇在无沙条件下驱动空气循环流动；

（12）应将分系统或设备样件或零部件置于实验室的中心位置；

（13）应使分系统或设备样件或零部件的关键、薄弱表面朝向沙尘的流动方向；

（14）应制定沙尘试验的中断处理预案；

（15）应规定沙尘试验的合格判据；

（16）应配备沙尘试验所需的全部技术文件。

3. 试验方法

按照国家军用标准或试验大纲进行试验。

8.7.10　风压试验

1. 试验目的

通过风压试验，评定分系统或设备在工作过程中对大风环境的适应性。

2. 试验要求

对风压试验的一般要求是：

（1）风压试验包括防风稳定性试验和耐风强度试验，分系统或设备一般只做防风稳定性试验；

（2）风压试验应在实验室外进行；

（3）试验场地应开阔，对主要风向无阻挡；

（4）风压试验的温度、相对湿度和海拔高度等应按试验场地的实际条件确定；

（5）试验场地的地面平均风速不应大于 15 m/s，瞬时最大风速不应大于 22.5 m/s；

（6）风压试验的持续时间一般为分系统或设备的展开、工作和撤收所需的时间；

（7）应制定风压试验的中断处理预案；

（8）应规定风压试验的合格判据；

（9）应配备风压试验所需的全部技术文件。

3. 试验方法

按照国家军用标准或试验大纲进行试验。

8.7.11　霉菌试验

1. 试验目的

通过霉菌试验，评定分系统或设备的样件或零部件在贮存或工作过程中对霉菌环境的适应性。

2. 试验要求

对霉菌试验的一般要求是：

（1）应在盐雾试验和沙尘试验之前进行霉菌试验；

（2）霉菌试验应在实验室内进行；

（3）实验室的结构应能避免冷凝水滴落到分系统或设备的样件或零部件上，实验室的容积应保证试验条件的均匀稳定，实验室的材料应具有防潮防霉性能，实验室应设换气装置、照明装置和观察窗；

（4）实验室内的温度不应低于 24 ℃，相对湿度不应低于 90%，任何一点的温度波动都不能超过 1 ℃/h，空气流动速度应为 0.5～2.0 m/s；

（5）实验室加湿用水的电阻率不应低于 500 Ω·m；

（6）当对分系统或设备的样件或零部件仅做外观检查时，试验持续时间为 28 天，当需要对样件或零部件进行性能测试时，试验持续时间为 84 天；

（7）霉菌试验使用的菌种、无机盐溶液、混合孢子悬浮液、对照样品和化学试剂等应符合有关标准的规定；

（8）应制定霉菌试验的中断处理预案；

（9）应规定霉菌试验的合格判据；

（10）应配备霉菌试验所需的全部技术文件。

3. 试验方法

按照国家军用标准或试验大纲进行试验。

参 考 文 献

[1] 史超礼. 中国大百科全书　航空　航天 [M]. 北京：中国大百科全书出版社，1985.

[2] 刘桐林. 世界导弹大全 [M]. 北京：军事科学出版社，1998.

[3] 王丹阳. 世界航天运载器大全 [M]. 北京：中国宇航出版社，1996.

[4] 顾诵芬，等. 世界航天发展史 [M]. 郑州：河南科学技术出版社，2000.

[5] 周载学. 发射技术 [M]. 北京：中国宇航出版社，1993.

[6] [苏] В. И. 瓦费洛缅也夫，[苏] М. И. 科普托夫. 弹道式导弹设计和试验 [M]. 邸晓华，等，译. 北京：国防工业出版社，1977.

[7] 王林琛. 弹道式导弹 [M]. 北京：中国宇航出版社，1987.

[8] [苏] A. M. 谢尼可夫，[苏] H. N. 莫洛佐夫. 弹道式导弹的设计 [M]. 邸晓华，等，译. 北京：国防工业出版社，1974.

[9] 薛成位. 弹道导弹工程 [M]. 北京：中国宇航出版社，2002.

[10] 何庆芝. 航空航天概论 [M]. 北京：北京航空航天大学出版社，1997.

[11] 孙家栋. 导弹武器与航天器装备 [M]. 北京：原子能出版社·航空工业出版社·兵器工业出版社，2003.

[12] 吴明昌. 地面设备设计与试验 [M]. 北京：中国宇航出版社，1994.

[13] 王立工. 防空导弹地面设备总体工程 [M]. 北京：中国宇航出版社，1996.

[14] 李喜仁. 防空导弹发射装置 [M]. 北京：中国宇航出版社，1993.

[15] 徐品高. 防空导弹体系总体设计 [M]. 北京：中国宇航出版社，1996.

[16] 金其明. 防空导弹工程 [M]. 北京：中国宇航出版社，2004.

[17] 吕佐臣. 飞航导弹发射装置 [M]. 北京：中国宇航出版社，1996.

[18] 路史光. 飞航导弹总体设计 [M]. 北京：中国宇航出版社，1991.

[19] 刘兴洲. 飞航导弹动力装置 [M]. 北京：中国宇航出版社，1992.

[20] 李福昌. 运载火箭工程 [M]. 北京：中国宇航出版社，2002.

[21] 徐福祥. 卫星工程 [M]. 北京：中国宇航出版社，2002.

[22] 李廷杰. 导弹武器系统的效能及其分析 [M]. 北京：国防工业出版社，2000.

[23] 黄瑞松. 飞航导弹工程 [M]. 北京：中国宇航出版社，2004.

[24] 秦志高. 陆基战略弹道导弹生存能力 [M]. 北京：中国宇航出版社，1987.

[25] 乔登江. 核爆炸物理概论 [M]. 北京：国防工业出版社，2003.

［26］王坚，李路翔. 核武器效应及防护［M］. 北京：北京理工大学出版社，1993.

［27］周璧华. 电磁脉冲及其工程防护［M］. 北京：国防工业出版社，2003.

［28］张廷良，陈立新. 地地弹道式战术导弹效能分析［M］. 北京：国防工业出版社，2001.

［29］田连生. 高技术与军事伪装［M］. 北京：国防大学出版社，1993.

［30］陆廷孝，等. 可靠性设计与分析［M］. 北京：国防工业出版社，1995.

［31］邱有成. 可靠性试验技术［M］. 北京：国防工业出版社，2003.

［32］金伟新. 大型仿真系统［M］. 北京：电子工业出版社，2004.

［33］梅文华. 可靠性增长试验［M］. 北京：国防工业出版社，2003.

［34］谢国华. 红外隐身涂料与雷达波吸收材料相容性研究［J］. 材料工程，1993（5）：5.

［35］周建勋，刘世才. 红外与激光复合隐身［J］. 红外技术，1996，18（5）：23-25.

［36］葛强林. 军用运输车辆伪装防护性能现状浅议［J］. 后勤科技装备，1998（5）：27.

索　引